职场无忧 丛书

# AutoCAD 2009 机械制图

罗珍妮 编著

快学易用 · 职场无忧

结构清晰 阅读方便　实时提示 延伸知识　内容合理 快速上手
案例贴切 实用性强　配套光盘 互动学习

科学出版社
www.sciencep.com

北京希望电子出版社
Beijing Hope Electronic Press
www.bhp.com.cn

## 内容简介

本书详细介绍了在AutoCAD 2009中绘制机械图形的方法以及该软件在机械设计领域中的应用。全书内容包括AutoCAD 2009入门基础、绘图前的准备工作、绘制和编辑二维图形、图层的应用、图案填充、图块和外部参照、创建文字标注和尺寸标注以及三维模型的创建、辅助工具的使用和图形的输入与输出等。

本书定位于从零开始学习AutoCAD 2009的初、中级读者，也可以作为机械设计师和大中专院校师生的参考用书。

本书配套光盘内容包括范例的部分素材、源文件以及视频教学，读者在学习中可以参考使用。

需要本书或技术支持的读者，请与北京清河6号信箱（邮编：100085）发行部联系，电话：010-62978181（总机）转发行部、010-82702675（邮购），传真：010-82702698，E-mail：tbd@bhp.com.cn。

图书在版编目（CIP）数据

AutoCAD 2009机械制图／罗珍妮编著．—北京：科学出版社，2010
（职场无忧丛书）
ISBN 978-7-03-025903-5

Ⅰ.A…　Ⅱ.罗…　Ⅲ. 机械制图：计算机制图—应用软件，AutoCAD 2009　Ⅳ.TH126

中国版本图书馆CIP数据核字（2009）第198120号

责任编辑：罗　蕊　　／责任校对：马　君
责任印刷：媛　明　　／封面设计：叶毅登

科学出版社 出版
北京东黄城根北街16号
邮政编码：100717
http://www.sciencep.com
北京市媛明印刷厂印刷
科学出版社发行　各地新华书店经销

*

2010年1月第 1 版　　开本：787mm×1092mm 1/16
2010年1月第1次印刷　　印张：16 1/2
印数：1-3 000册　　字数：366千字

定价：32.00元（配1张DVD）

# 前 言

> 我们为什么要学习计算机?
> 计算机在日常生活中主要有哪些用途?
> 不熟悉计算机和专业软件，找工作会遇到哪些困难?
> 在工作中使用计算机时，是不是经常遇到各种困惑?

随着计算机在商务领域的广泛应用，熟练掌握计算机专业软件的使用方法已经成为现代职场最基本的技能要求之一。广大在职人员需要提升自己的计算机使用技能，即将进入职场的人员也需学习计算机专业软件的应用。将计算机图书作为学习工具，是目前最广泛的学习计算机软件的途径之一，因此如何在众多计算机图书中选择一本好书、一本适合自己的书，更是学习计算机软件的关键。

《职场无忧》丛书是本书编委会经过深入的市场调研，推出的一套以实用为依据、以易学为基准的计算机自学图书。全书采用“基础讲解＋实例巩固”的编写方式。读者通过本书对基础知识讲解的学习，从零开始循序渐进地学习相应软件的操作，通过典型的商业案例巩固所学知识，实现操作与应用的融会贯通，做到学以致用。本套丛书主要包括以下图书。

| | |
|---|---|
| Office 2007 三合一办公应用 | 局域网组建与维护 |
| 计算机操作基础 | Windows Vista 系统操作 |
| 互联网应用 | CorelDRAW X4 图形绘制 |
| Word 2007 文档制作 | Excel 2007 表格与财务办公 |
| PowerPoint 2007 演示文稿与多媒体课件制作 | Photoshop CS4 图像处理与制作 |
| Access 2007 数据库办公应用 | Flash CS4 动画设计 |
| Dreamweaver CS4 网页制作 | AutoCAD 2009 机械制图 |

## 丛书特点

> **结构清晰 阅读方便**

全书采用直观易读的结构，“基础内容”采用通栏讲解，“新手演练”与“知识点拨”采用双栏排版，确保内容充足的情况下，使内容结构更加合理，阅读起来更加直观。

> **案例贴切 实用性强**

在“新手演练”版块中全部采用典型的商业案例，读者通过案例不仅能掌握软件的操作方法，还能同步了解常用商业案例的制作方法与制作理念，以便将所学知识充分发挥。

> **内容合理 快速上手**

本书完全从读者角度出发，阐述读者在学习过程中“哪些知识简单了解”、“哪些知识重点掌握”的学习层次，合理安排章节内容，保证读者掌握软件的基本应用。

➢ **实时提示 延伸知识**

全书穿插了“温馨提示牌”与“职场经验谈”两个小栏目，“温馨提示牌”用于提示知识点技巧、注意事项以及扩展知识等，避免读者在学习中走弯路；“职场经验谈”用于在制作典型商业案例时延伸讲解制作经验，补充读者对相关行业案例的认识。

## 本书读者对象

- 机械设计师。
- 公司在职人员。
- 大中专学生、培训机构。

注意：本书尤其适用于需要在短时间内快速掌握 AutoCAD 机械制图的读者。

## 光盘使用说明

在使用光盘时，显示器的分辨率设置为 1024×768 像素。

## 关于我们

本书由登巅咨询策划，罗珍妮编著。在本书编写过程中得到了陈洪彬、尼春雨、杨静、黄馨、胡芳、卢如海、明君、于新杰、黄梅、刘红、刘华等人的帮助。由于作者水平有限，书中存在疏漏和不足之处在所难免，恳请专家和广大读者赐教指正。

编著者

# 目 录

# 第1章 AutoCAD 2009入门基础

将功能区最小化

创建一个基于“Tutorial-iArch”模板的图形文件

加密设计好的图形

## 本章导读

使用AutoCAD可以精确、快速地绘制出多种图形，因此它被广泛应用于机械、建筑和电子等多个行业。各行业的工程师，尤其是机械设计行业的设计师和绘图员等需要掌握在AutoCAD中绘制零件图、装配图和三维模型等专业技能。本章介绍较新版本的AutoCAD 2009，包括AutoCAD 2009的工作界面、机械图形文件的操作及认识与设置坐标系等。

# 1.1 AutoCAD 2009 概述

AutoCAD 即 Auto Computer Aided Design，是美国 Auto desk 公司首次于 1982 年开发的计算机辅助设计软件，主要应用于二维绘图、详细绘制、设计文档和基本的三维设计。AutoCAD 2009 是 AutoCAD 系列软件的较新版本。

## 1.1.1 AutoCAD 的应用

AutoCAD 是一款用于二维及三维设计绘图的辅助工具，使用它可以创建、浏览、管理、打印、输出和共享设计图形。

使用 AutoCAD 不仅可以绘制机械设计中的剖面图、平面图、零件图和装配图等二维零件图，以及绘制正交轴测图和三维实体图形等，还可以利用它进行工程设计，这大大节约了设计成本、减少了设计人员的工作量、提高了设计质量和效率、缩短了设计周期。如下图所示为使用 CAD 制作的机械部件图。

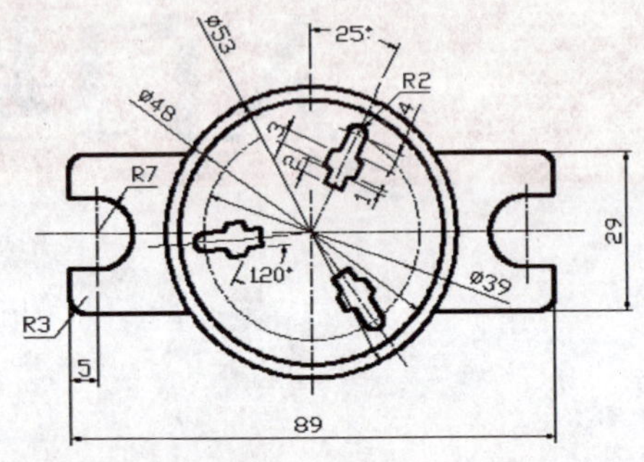

## 1.1.2 AutoCAD 2009 的新功能

AutoCAD 2009 与之前的版本相比，在性能和功能方面都有较大的改进，使用户能高效工作。

**知识点拨 Knowledge** AutoCAD 2009 主要的新增功能

快速属性工具：通过它可以脱离属性面板快速查看和修改对象属性。通过状态栏打开快速属性后，只要选择一个对象，其属性就会显示出来，以便对其进行编辑。

3D 导航立方体：当将鼠标移动到导航立方体上时，立方体会变成活动的。单击导航立方体上文字，可以切换到相应的视图，选择并拖动导航立方体上的任意文字，可以在同一个平面上旋转当前视图。注意，导航立方体只有当图形被设置为任意三维可视样式时才能被使用。

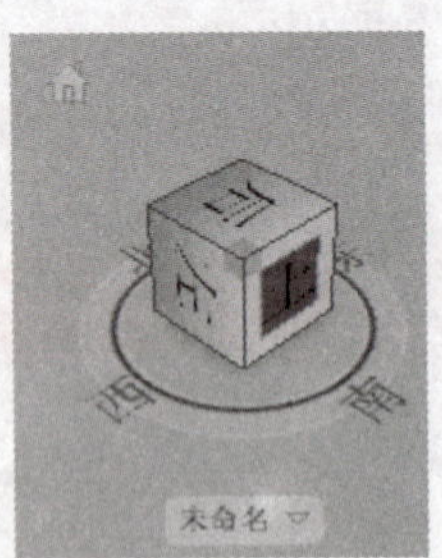


快速查看布局与图形：在 AutoCAD 2009 中，用户可以看到图形化的布局与打开图形的预览效果，这两个功能可通过状态栏打开。

动作录制器：AutoCAD 2009 具有一个类似于 Office 的宏录制器的功能，即动作录制器。通过它可以快速地录制绘图步骤以重复使用。

### 1.1.3 启动或退出 AutoCAD 2009

在安装 AutoCAD 2009 后，就可以进入 AutoCAD 2009 进行绘图了，下面首先介绍如何启动和退出 AutoCAD 2009。

#### 1. 启动 AutoCAD 2009

启动 AutoCAD 2009 的方法与启动之前的版本相同，都有多种启动方法，下面介绍几种常见的方法。

知识点拨 Knowledge 启动 AutoCAD 2009 的方法

双击快捷图标：双击桌面上的 AutoCAD 2009 快捷方式图标。

选择命令：选择“开始”|“所有程序”“Autodesk”|“AutoCAD 2009-Simplified Chinese”|“AutoCAD 2009”命令。

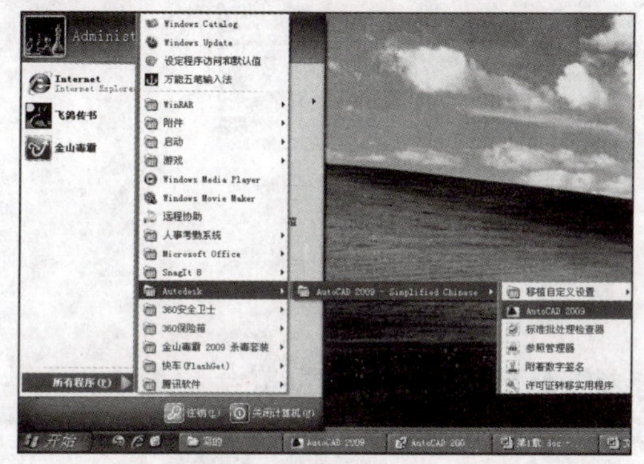

双击图形文件：在“我的电脑”或“资源管理器”窗口中双击 AutoCAD 图形文件，如*.dwg、*.dwt 格式的文件。

温馨提示牌 Warm and prompt licensing

如果将 AutoCAD 2009 的快捷方式图标添加到了任务栏左侧的快速启动栏中，那么单击快速启动栏中的快捷方式图标，也可以启动 AutoCAD 2009。

#### 2. 退出 AutoCAD 2009

在 AutoCAD 2009 中完成绘图并保存后，建议及时退出 AutoCAD 2009，以减少电脑内存的占用空间。

退出 AutoCAD 2009 的方法

单击按钮：单击 AutoCAD 2009 窗口标题栏最右端的“关闭”按钮。

选择命令：选择“文件”|“退出”命令。

快捷键：按快捷键 Alt+F4 或 Ctrl+Q。

执行命令：在命令窗口中执行 EXIT 或 QUIT 命令。

选择菜单命令：单击 AutoCAD 2009 标题栏中的程序图标，在菜单中选择“关闭”命令。

## 1.2 AutoCAD 2009 的工作界面

AutoCAD 2009 的工作界面较之前的版本有很大变化，其布局更加人性化。AutoCAD 2009 的工作界面类似于 Office 2007 的工作界面，它拥有定制化与可扩展的增强用户界面，能够提高整体绘图效率，减少执行命令所需步骤，从而提高工作效率。

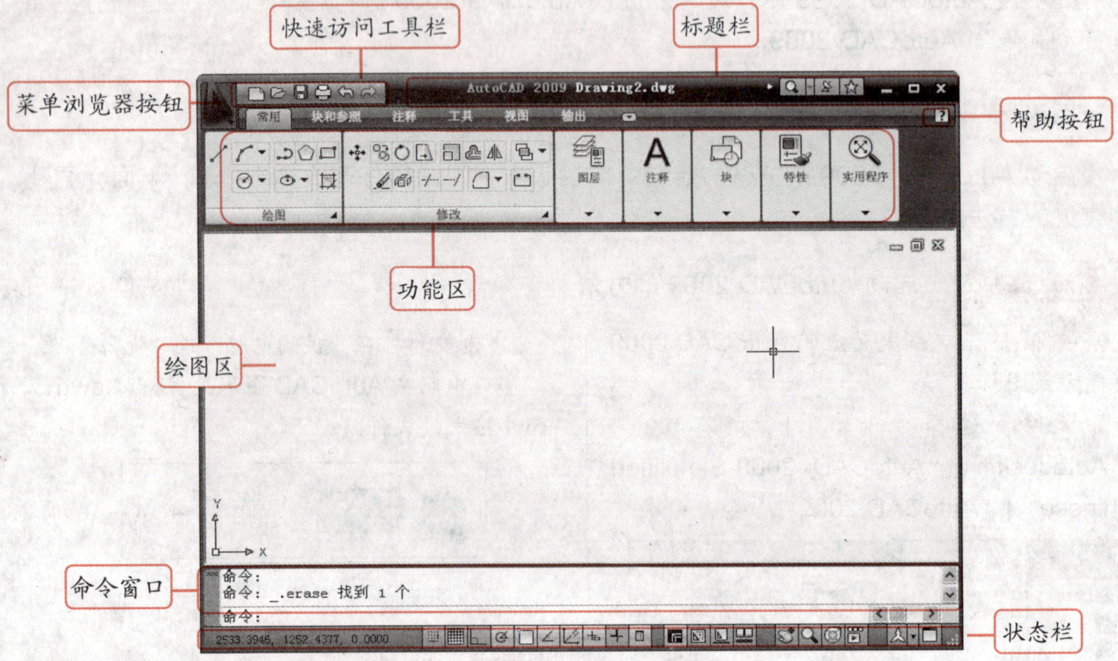


### 1.2.1 菜单浏览器

单击位于工作界面左上方的“菜单浏览器”按钮可打开菜单浏览器。菜单浏览器由搜索菜单栏、菜单项列表、常规图形菜单、选项按钮和退出 AutoCAD按钮组成。

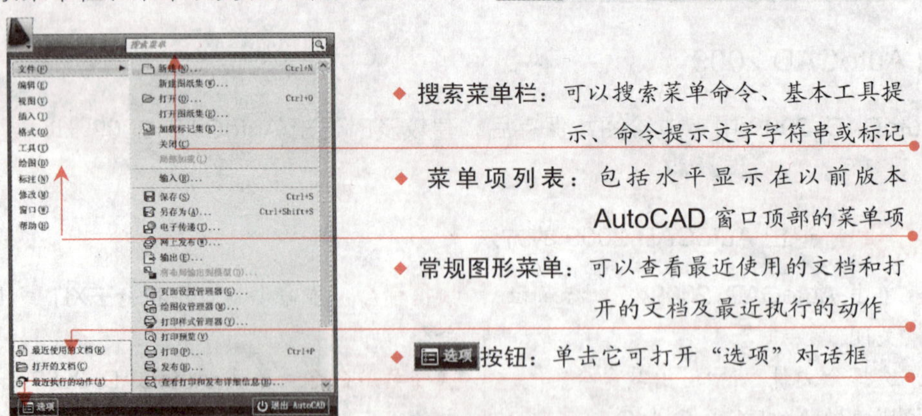

## 1.2.2 快速访问工具栏

快速访问工具栏用于存储经常访问的命令，它固定位于标题栏的左侧，其默认的命令包括新建、打开、保存、打印、放弃和重做。

用户可以在 AutoCAD 2009 的快速访问工具栏上添加、删除和重新定位命令，但其位置却是固定不变的。

新手演练 Novice exercises　**向快速访问工具栏中添加和删除命令**

Step 01　启动 AutoCAD 2009，在快速访问工具栏上右击，在弹出的快捷菜单中选择“自定义快速访问工具栏”命令。

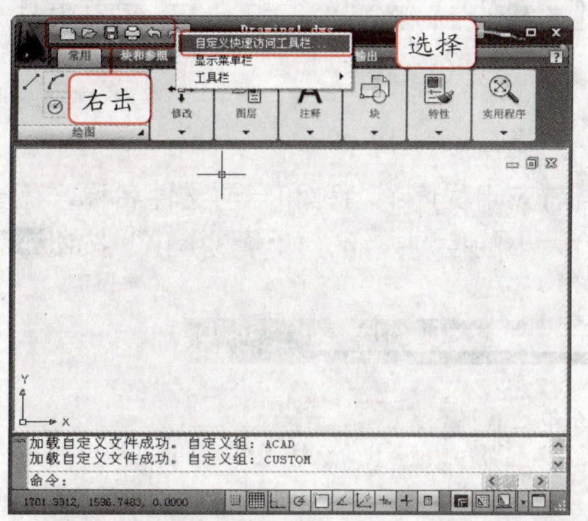


Step 02　在打开的“自定义用户界面”对话框中的“命令列表”下拉列表框中选择“编辑”选项，将“命令”列表框中的“剪切”选项拖动到快速访问工具栏中。

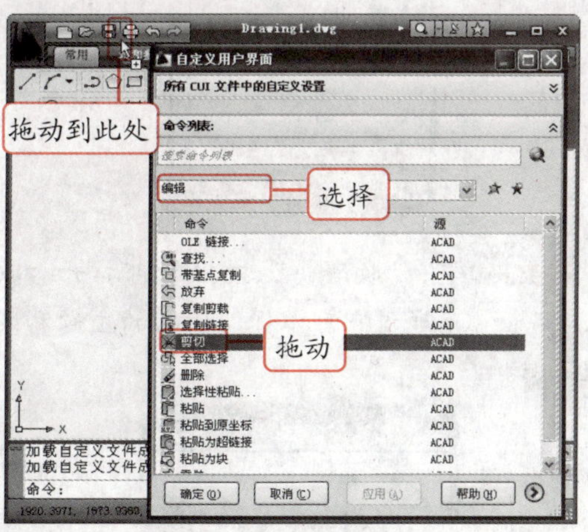


温馨提示牌 Warm and prompt licensing

将“命令”列表框中的选项拖动到快速访问工具栏中时，将出现一条灰色垂直线，它所在的位置就是添加的命令所在的位置。

Step 03　单击“自定义用户界面”对话框右上角的按钮，展开“所有 CUI 文件中的自定义设置”栏，在其下面的列表框中展开“工作空间”选项，选择“二维草图与注释 默认（当前）”选项，然后单击右下角的按钮，展开“工作空间内容”栏。

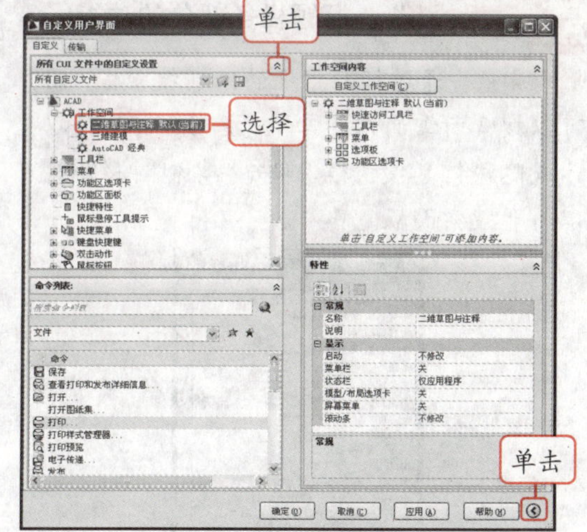


Step 04　在“工作空间内容”栏中展开“快速访问工具栏”选项，在“打印”选项上右击，在弹出的快捷菜单中选择“从空间中删除”命令。

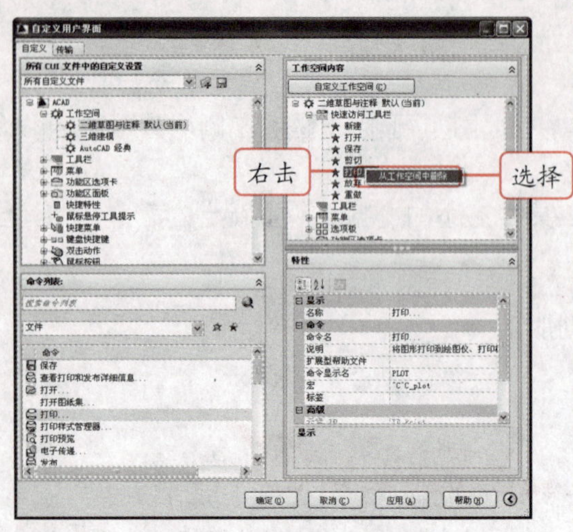


Step 05 单击[确定(O)]按钮，关闭“自定义用户界面”对话框，完成向快速访问工具栏中添加和删除命令的操作。

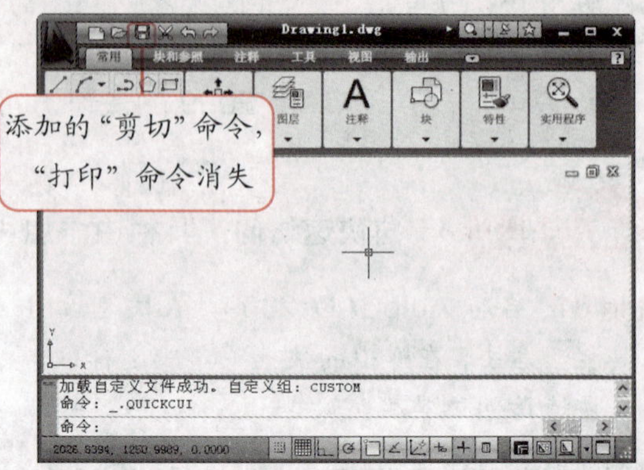


## 1.2.3 标题栏

标题栏位于工作界面的最上方，不仅显示当前应用程序的名称和当前文件名称，还显示信息中心、通讯中心和收藏夹及用于控制窗口大小的控制按钮，如“最小化”按钮和“最大化”按钮。

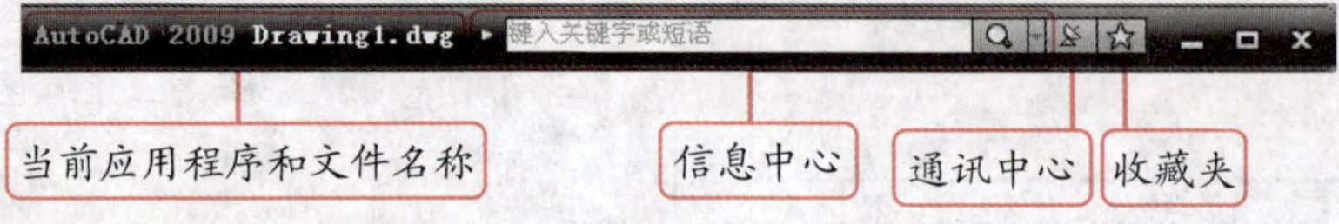


知识点拨 Knowledge 标题栏各部分的功能

信息中心：通过标题栏上的信息搜索框，用户可以搜索所需的信息。单击左侧的箭头可以显示或隐藏信息搜索框，单击“搜索”按钮可以打开搜索面板。

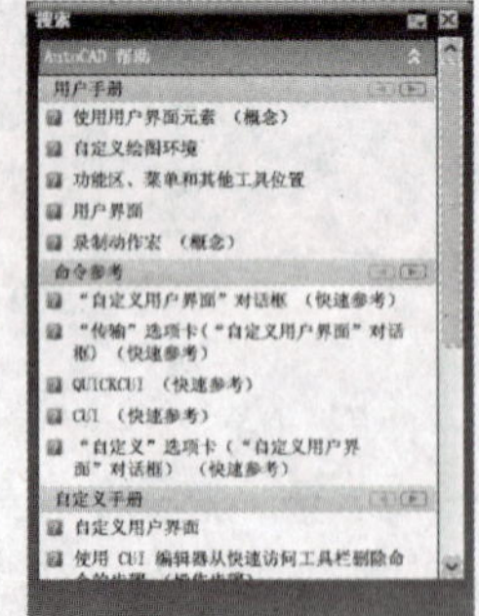

通讯中心：单击“通讯中心”按钮可打开“通讯中心”面板，其中显示有关产品更新和产品通告信息的链接。

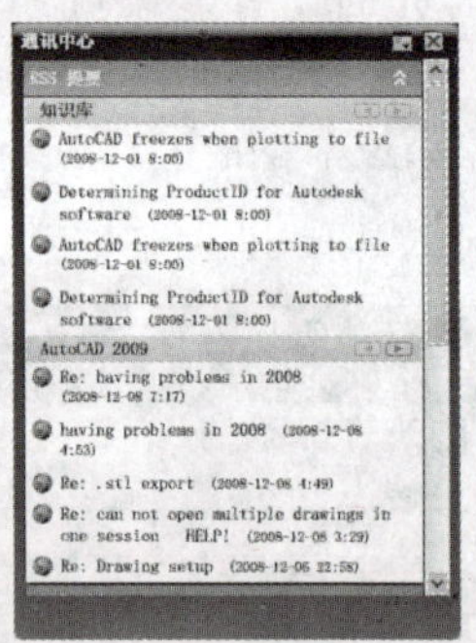

收藏夹：单击“收藏夹”按钮可打开“收藏夹”面板，通过它可以保存所需的主题和网址等。

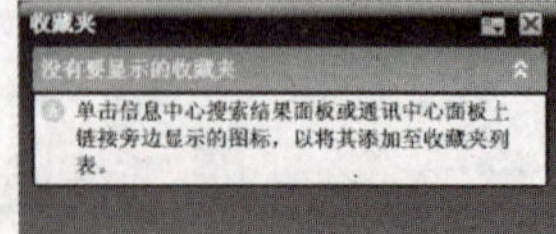

## 1.2.4 功能区

功能区位于标题栏的下方，它将各种相似功能集合在一起。功能区由选项卡、面板和命令三部分组成。

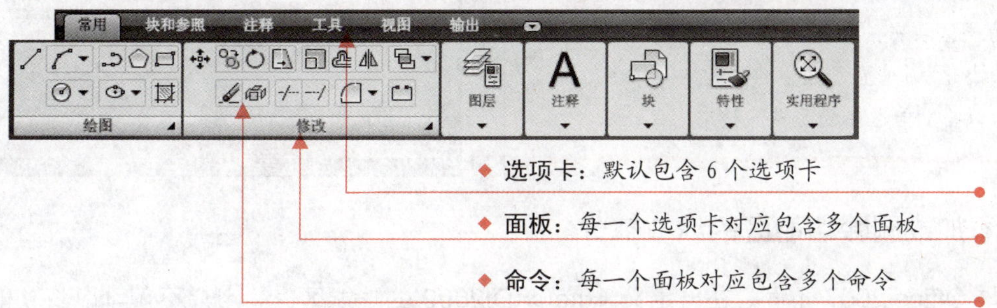


与快速访问工具栏相同，用户也可以自定义功能区，包括最小化功能区，添加或删除选项卡、面板和命令，设置功能区各部分的初始位置。

### 1. 最小化功能区

在绘制一些较复杂的机械图时，为了更方便绘制，可以将功能区最小化，以增大绘图区的显示空间。

**新手演练** Novice exercises **将功能区最小化**

**Step 01** 启动 AutoCAD 2009 后，右击功能区处，在弹出的快捷菜单中选择“最小化”|“最小化为选项卡”命令。

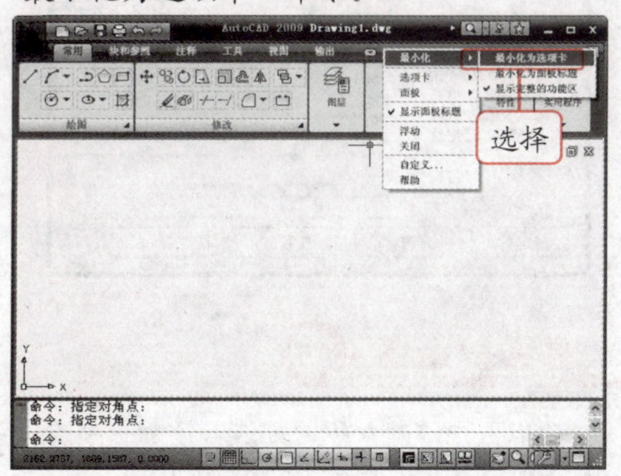


**Step 02** 此时功能区将只显示选项卡，右击功能区处，在弹出的快捷菜单中选择“最小化”|“最小化为面板标题”命令。

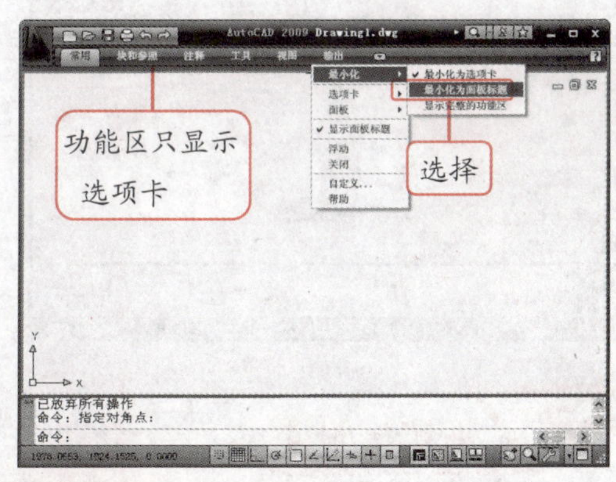


**职场经验谈** Workplace Experience

在“输出”选项卡的右侧有一个按钮，第一次单击它时，面板将最小化为标题进行显示；第二次单击时，将只显示选项卡；第三次单击时，功能区将恢复为默认状态。

**Step 03** 此时面板将以面板标题的形式显示在功能区中。

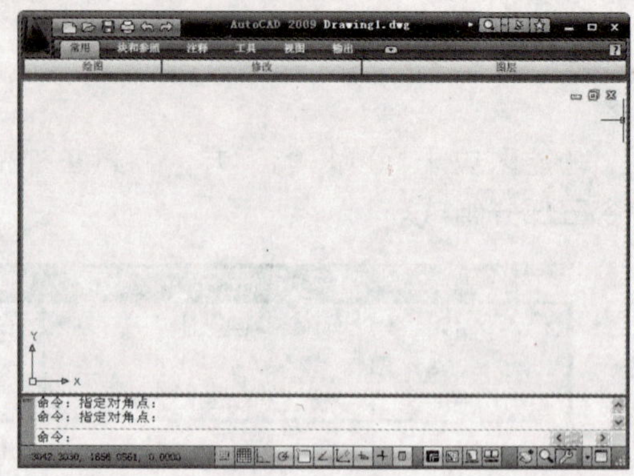

**温馨提示牌** Warm and prompt licensing

在功能区右击，在弹出的快捷菜单中选择“最小化”|“显示完整的功能区”命令，也可以将功能区恢复为默认状态。

## 2. 添加或删除功能区的组成部分

与 Office 2007 不同，在自定义 AutoCAD 2009 的功能区时，用户不仅可以将功能区最小化，还可以添加或删除功能区中的选项卡、面板和命令。

**新手演练** Novice exercises　在功能区中添加或删除选项卡

**Step 01** 启动 AutoCAD 2009 后，右击功能区处，在弹出的快捷菜单中选择“自定义”命令。

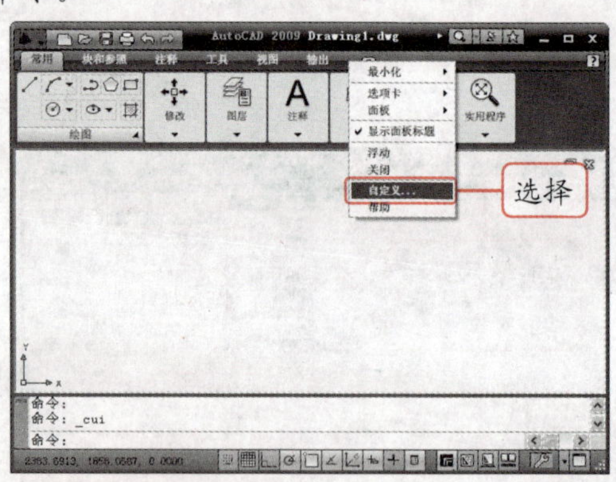


**职场经验谈** Workplace Experience

在功能区上右击，在弹出的快捷菜单中选择“浮动”命令，功能区将以选项板的形式显示在界面中，用户可以随意调整功能区在工作界面中的位置。

**Step 02** 在打开的“自定义用户界面”对话框中展开“所有 CUI 文件中的自定义设置”栏，右击“功能区选项卡”选项，在弹出的快捷菜单中选择“新建选项卡”命令。

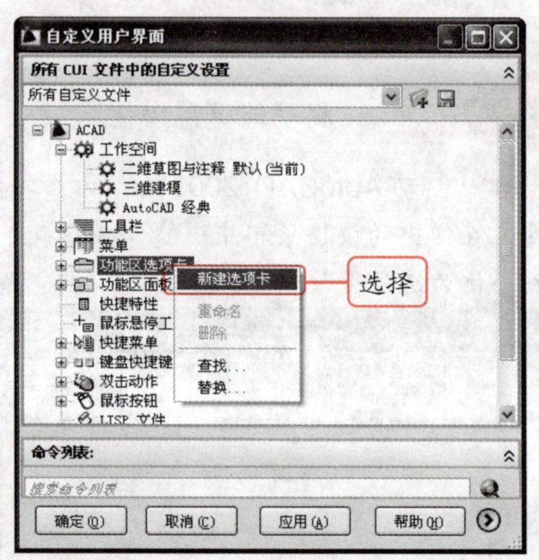


**温馨提示牌** Warm and prompt licensing

在功能区中添加面板的方法与添加选项卡的方法相同，这里就不再详细讲解。

**Step 03** 系统将在“功能区选项卡”选项下自动新建一个选项卡，切换到中文输入法，将新建的选项卡重命名为“我的选项卡”。

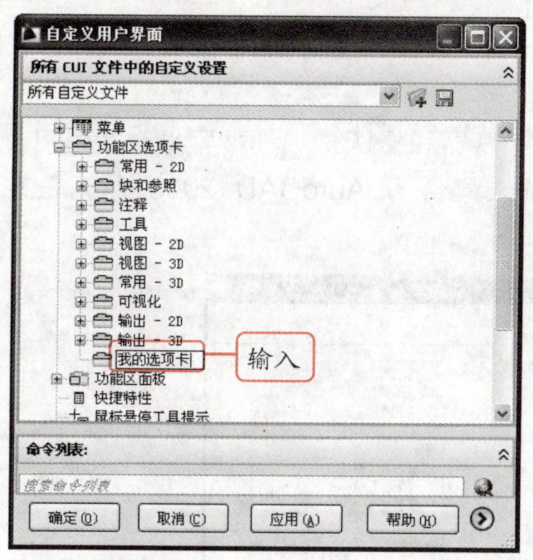


Step 04 右击“可视化”选项，在弹出的快捷菜单中选择“删除”命令，然后单击 确定(O) 按钮即可添加和删除功能区中的选项卡。

Step 05

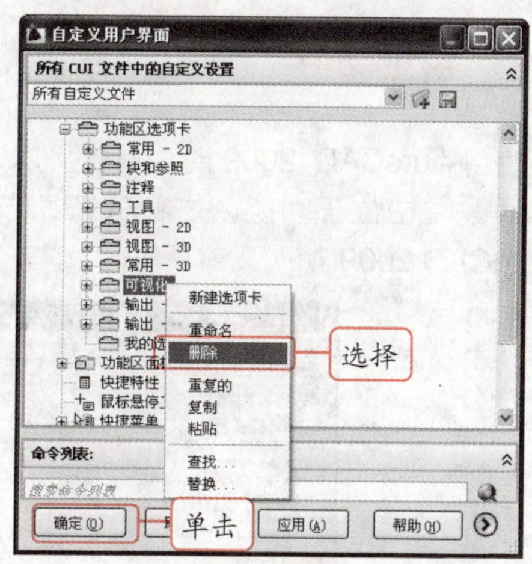


**温馨提示牌** Warm and prompt licensing

右击功能区处，在弹出的快捷菜单中有“选项卡”和“面板”两个命令，选择其中的子命令，可以显示或隐藏相应的选项卡或面板。

## 3. 设置功能区各部分的初始位置

AutoCAD 2009 默认功能区中的选项卡、面板或命令的位置并不是固定不变的，用户可以根据自己的习惯调整其位置。

**新手演练** Novice exercises　**调整功能区中面板的位置**

Step 01 打开“自定义用户界面”对话框，依次展开“功能区选项卡”选项和“常用-2D”选项。

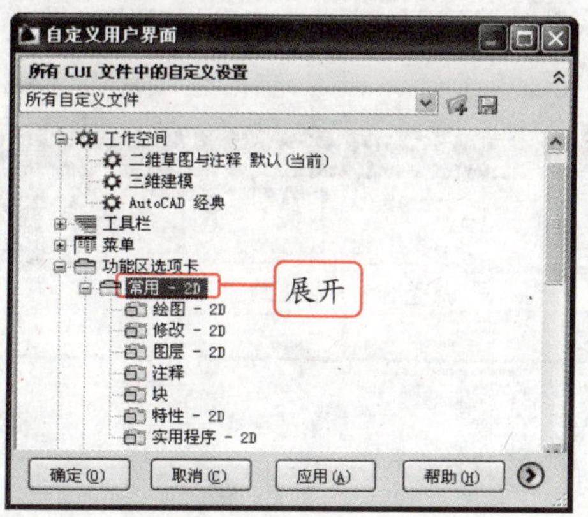


Step 02 选择“特性-2D”选项，并将其拖动到“图层-2D”选项后，单击 确定(O) 按钮，即可将“特性-2D”面板调整到“图层”面板后。

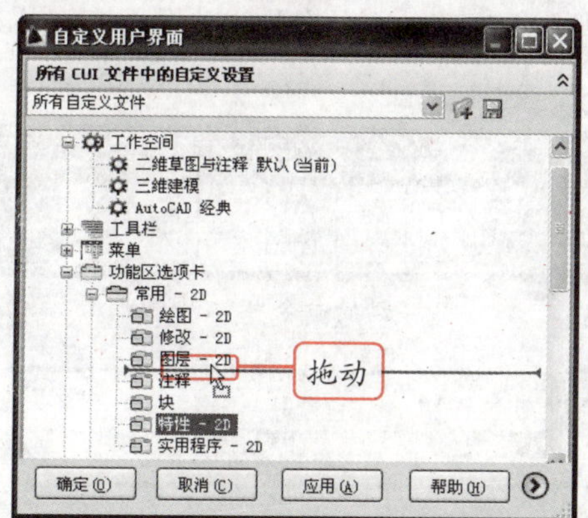

## 1.2.5 帮助按钮

使用 AutoCAD 2009 时，不仅可以通过菜单浏览器和标题栏中的搜索框查找信息，还可以通过单击位于功能区右侧的帮助按钮?，进入集合了 AutoCAD 2009 所有信息的“AutoCAD 2009 帮助”对话框。

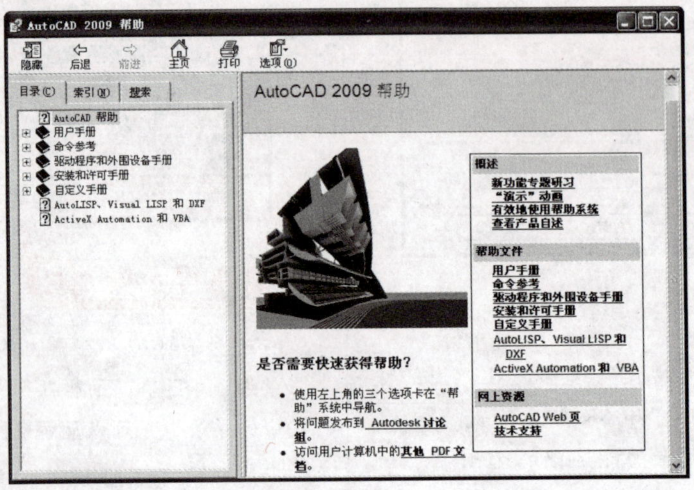

## 1.2.6 命令窗口

命令窗口位于绘图区的下方，它是 AutoCAD 输入命令、显示执行后的命令及相关信息的区域。命令窗口与功能区相同，用户可以根据需要更改其位置和大小等。

**知识点拨 Knowledge** 自定义命令窗口

**更改命令窗口的位置：** 默认情况下，命令窗口固定在绘图区的下方，只有将其设置为浮动窗口时，才能随意改变其位置。设置命令窗口为浮动窗口的方法是：将命令窗口拖离固定区域。

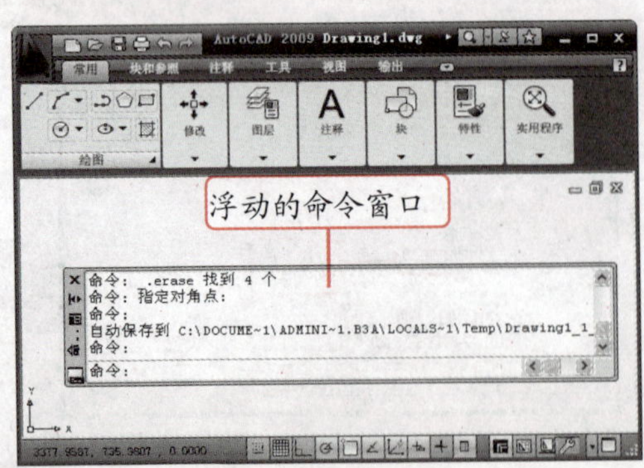


**调整命令窗口的大小：** 命令窗口中默认只显示三行命令。当命令窗口固定时，可以通过拖动命令窗口中的拆分条垂直调整其大小。当窗口为浮动时，通过拖动窗口四周的双线边界线来调整大小。

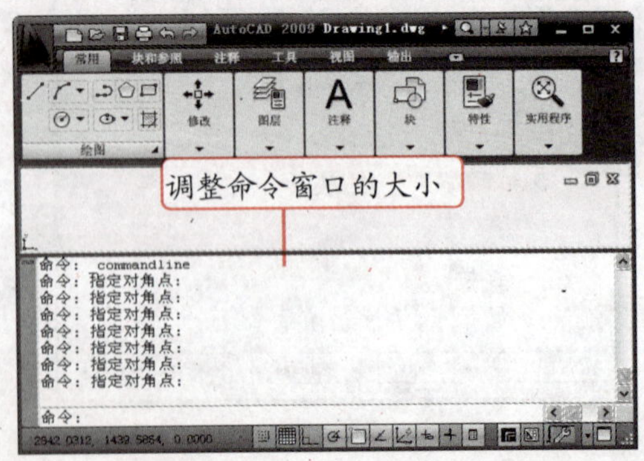

温馨提示牌 Warm and prompt licensing

命令窗口不仅可以固定在绘图区的下方，还可以固定在功能区的上方，而调整窗口大小的拆分条则位于窗口与功能区之间。

**锚定命令窗口：** 用户可以将命令窗口锚定在工作界面的左边或右边。通过锚定，命令窗口可以最小化显示在工作界面上。锚定命令窗口的方法是：将命令窗口设置为浮动，然后在其标题栏上右击，在弹出的快捷菜单中选择“锚点居左”或“锚点居右”命令。

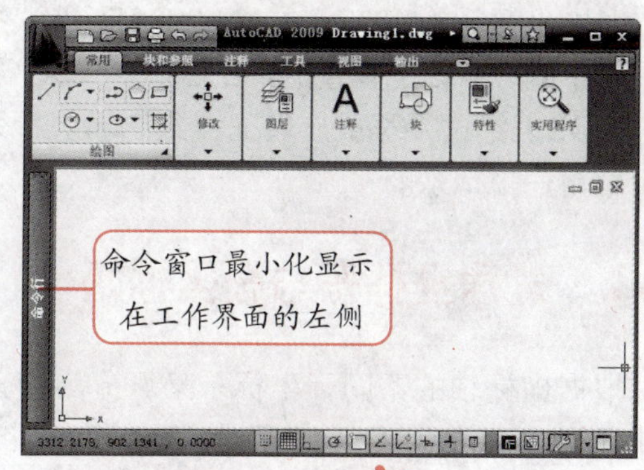


温馨提示牌 Warm and prompt licensing

将命令窗口拖动到工作界面的固定区域中，可以再次固定浮动的命令窗口。

### 1.2.7 状态栏

状态栏位于命令窗口的下方，其中显示了十字光标在绘图区中的坐标。绘图辅助工具包括用户常用的几个功能相近的切换按钮，如“对象捕捉”按钮、“栅格显示”按钮、“正交模式”按钮和“动态输入”按钮等。

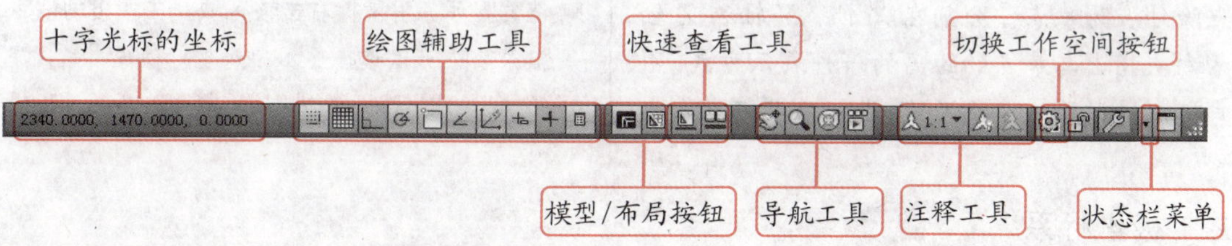


## 1.3 认识坐标系

不管是建筑工程图还是机械图，它们都需要有高精确度的尺寸。虽然 AutoCAD 提供了一个绘图环境，但是在绘图时，依然不能偏离建筑工程图和机械图现实特定的尺寸，通过 AutoCAD 中的坐标系就可以辅助用户绘制精确的图形。

### 1.3.1 坐标系的概念

坐标系是通过确定点的位置，从而确定物体位置的定位系统。在 AutoCAD 中主要包括固定不变的世界坐标系（WCS）和可移动的用户坐标系（UCS）两种。

世界坐标系（WCS）是 AutoCAD 默认的坐标系，它一般用于绘制二维图形，其中 *X* 轴是水平的，*Y* 轴是垂直的，*Z* 轴垂直于 *XY* 平面。用户坐标系（UCS）是通过将世界坐标系（WCS）经过平移或旋转而得到的新坐标系，因此用户可以在绘图过程中根据需要定义或删除用户坐标系。

## 1.3.2 直角坐标系与极坐标系

根据坐标轴的不同，坐标系又可分为直角坐标系、极坐标系、球坐标系和柱坐标系，下面介绍在 AutoCAD 中使用最广泛的直角坐标系和极坐标系。

### 1. 直角坐标系

直角坐标系又称为笛卡儿坐标系，它由一个原点和两个通过原点的相互垂直的坐标轴构成，其中水平方向的坐标轴为 *X* 轴，垂直方向的坐标轴为 *Y* 轴，其坐标值表达方式为(*x*,*y*)。

按照坐标值参考点的不同，直角坐标可以分为绝对直角坐标和相对直角坐标。

知识点拨 Knowledge **绝对直角坐标和相对直角坐标的含义**

**绝对直角坐标：**是以坐标原点（0,0,0）为基点，分别在 *X* 轴、*Y* 轴和 *Z* 轴方向上指出与原点的距离的一种表示方式。用户可以通过输入坐标（*x*,*y*,*z*）来确定点在坐标系中的位置。

**相对直角坐标：**是某点以另外一个坐标点（原点除外）为基点，分别在 *X* 轴、*Y* 轴和 *Z* 轴方向上指出与基点的距离的一种表示方式。用户可以通过输入“@*X*,*Y*”坐标来确定点在坐标系中的位置。

温馨提示牌 Warm and prompt licensing

单击状态栏的坐标显示区域，可以隐藏坐标值的显示。用鼠标右击该区域，在弹出的快捷菜单中可以选择显示相对坐标值。

### 2. 极坐标系

极坐标系使用距离和角度进行点的定位，即使用点与原点的直线距离和该直线角度进行定位，其中角度以当前坐标系的 *X* 轴正向为度量基准，逆时针方向为正，顺时针方向为负。极坐标的表达方式为“距离<角度”，例如与原点距离为 30，角度为 45° 的点的极坐标为“30<45”。

极坐标也分为相对极坐标和绝对极坐标，它们的含义与绝对直角坐标和相对直角坐标的含义相似，绝对极坐标的坐标值只与坐标原点有关系，而相对极坐标的坐标值与坐标原点没有关系，它只与当前作为参照的基点有关系。在绝对极坐标的坐标值前添加“@”符号即为相对极坐标，表达方式为“@距离<角度”。

# 1.4 AutoCAD 命令的执行方式

AutoCAD 2009 命令的执行方式与之前版本的命令执行方式大相径庭，除了可以通过命令窗口和动态输入框输入命令及使用透明命令执行外，还可以通过功能区面板中的命令来执行。

了解 AutoCAD 2009 命令的执行方式后，选择一种或多种自己使用方便且快速的命令执行方式，以便在绘图过程中提高效率。

## 1.4.1 在命令窗口中执行命令

在命令窗口中输入命令是在 AutoCAD 中执行命令的一种常用方式，用户只需在命令窗口中输入要使用工具的命令，按 Enter 键或空格键进行确认，然后根据命令窗口中的提示输入各选项所对应字母，执行相应的操作。

知识点拨 Knowledge　命令窗口中命令提示的组成部分

命令选项：在命令提示中，中括号“[ ]”中以“/”隔开的内容表示各种选项。只要在命令窗口中输入各选项后面圆括号中的字母(输入时不区分大小写）并按 Enter，即可指定该命令选项。

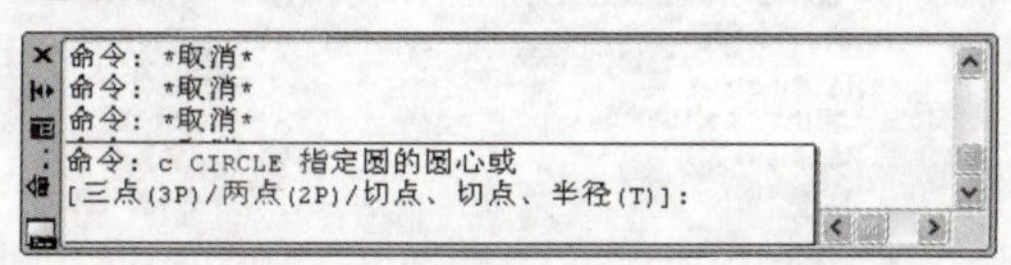


尖括号中的数值：在执行某些命令时，命令提示中有一个尖括号，如“<1.0000>”，其中的数值表示当前的默认值。

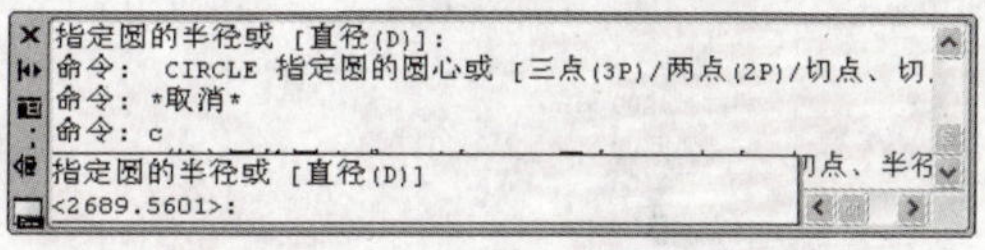

在 AutoCAD 中，为了方便用户操作，大部分命令都具有简化形式，如直线命令 LINE 的简化形式为“L”，圆命令 CIRCLE 的简化形式为“C”。

## 1.4.2 通过功能区执行命令

AutoCAD 2009 的工作界面中增加了集合大部分命令的功能区，因此用户可以通过单击功能区中的按钮来执行命令。在执行命令后，根据命令窗口中的命令提示，用户就可以绘制需要的图形。

## 1.4.3 动态输入功能

动态输入是从 AutoCAD 2006 开始新增的功能，它是通过在光标附近提供一个命令输入框来方便用户绘图，以提高绘图效率。通过动态输入功能，用户可以直接在十字光标位置处输入命令，并且在创建和编辑几何图形时还会自动显示相关信息。

## 1.4.4 重复执行命令

在绘图的过程中，执行一个命令后，如果还需要使用相同的命令，可以重复执行前面使用过的命令。

**知识点拨 Knowledge　重复执行命令的方法**

**使用快捷键：** 按 Enter 键或空格键可以重复执行前一次的命令。

**使用右键快捷菜单命令：** 用鼠标右击绘图区，在弹出的快捷菜单中选择第一个命令可以重复执行前一次的命令。

**使用方向键：** 如果要再次执行以前的命令，可通过按↑键在动态输入框中翻阅前面执行的命令。当显示出所需的命令时，按 Enter 键或空格键再次执行该命令。

**使用“最近输入”命令：** 用鼠标右击绘图区，在弹出的快捷菜单中选择“最近输入”命令，在弹出的子菜单中列出了最近执行过的命令，选择其中一个命令即可执行该命令。

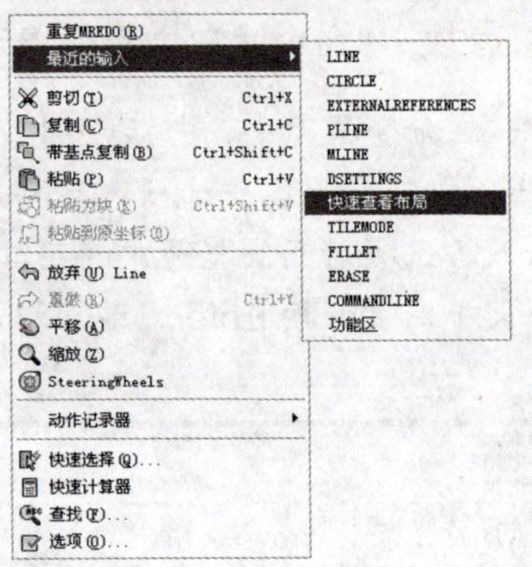


## 1.4.5 重做已取消的命令

在绘图过程中，通过取消功能取消刚刚执行的一个命令后，可以通过重做功能来恢复取消过的命令。

**知识点拨 Knowledge　重做命令的方法**

**使用命令：** 执行 UNDO 命令后，立刻执行 REDO 命令，可恢复前一次执行的命令。

**使用快速访问工具栏：** 单击快速访问工具栏中的“重做”按钮，可以重做前一次所执行的命令。

**选择命令：** 取消执行命令后，在菜单浏览器中选择“编辑”|“重做”命令。

**使用快捷键：** 取消执行命令后，按 Ctrl+Y 组合键可依次重做前面取消的命令。

**温馨提示牌 Warm and prompt licensing**

取消命令的方法包括执行 UNDO 命令、单击快速访问工具栏中的“放弃”按钮、选择“编辑”|“放弃”命令和按 Ctrl+Z 组合键四种。

### 1.4.6 使用透明命令

透明命令是指在执行其他命令的过程中，可以同时执行的命令。透明命令经常用于更改图形设置或显示选项，它不仅可以在执行其他命令的过程中执行，还可以单独执行，如 AREA、ZOOM 等命令就是透明命令。

在执行其他命令的过程中执行透明命令的方法是：输入单引号“‘”，然后执行透明命令并根据提示进行操作。当完成透明命令的操作后，系统将自动返回执行透明命令前所执行的命令状态。

## 1.5 管理图形文件

在使用 AutoCAD 2009 绘图前，首先应掌握有关 AutoCAD 图形文件的基本操作，以便有条理地管理图形，提高绘图效率。

### 1.5.1 创建图形文件

在启动 AutoCAD 2009 后，系统将自动创建一个名为“Drawing1.dwg”的图形文件。但机械设计师在绘制复杂的机械图形时，不仅要绘制平面图，还需要绘制剖面图、剖视图等，这时就要创建多个图形文件。

**新手演练 Novice exercises** 创建一个基于“Tutorial-iArch”模板的图形文件

Step 01 输入“NEW”，按 Enter 键执行“新建”命令。

Step 02 在打开的“选择样板”对话框中的列表框中选择“Tutorial-iArch”选项，单击 打开(O) 按钮。

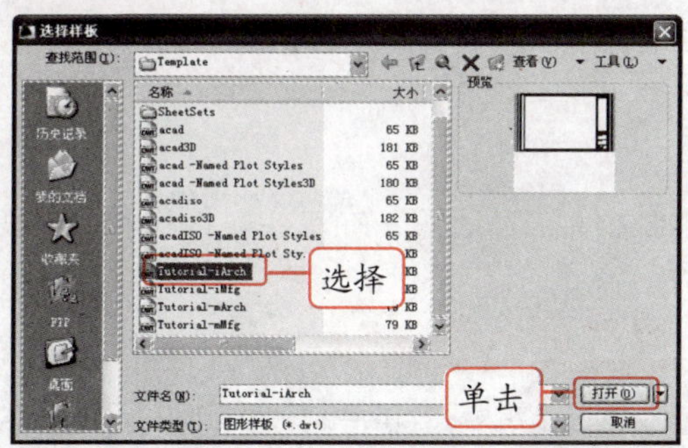


Step 03 此时系统将新建一个基于“Tutorial-iArch.dwt”样板的图形文件。

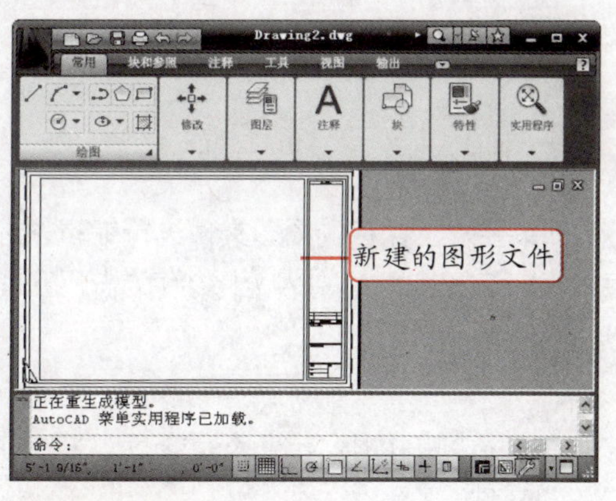


**职场经验谈 Workplace Experience**

调用新建文件命令的方法还包括：在菜单浏览器中选择“文件” | “新建”命令、按 Ctrl+N 组合键或单击快速访问工具栏中的“新建”按钮。

## 1.5.2 保存图形文件

保存图形文件是 AutoCAD 2009 的基本操作之一，掌握保存图形文件的方法，可以避免因电脑故障造成的文件丢失，或方便以后进行修改。

知识点拨 Knowledge 保存图形文件命令的调用方法

选择命令：在菜单浏览器中选择"文件"|"保存"命令。

单击按钮：单击快速访问工具栏中的"保存"按钮。

使用快捷键：按 Ctrl+S 组合键。

执行命令：输入"SAVE"，按 Enter 键执行"保存"命令。

新建文件后第一次进行保存操作时，将打开"图形另存为"对话框，在该对话框中可以对图形文件的保存位置、保存名称、文件类型进行设置。对于已经保存过的图形文件，当再次进行保存时，将不会打开"图形另存为"对话框，而是进行直接保存。

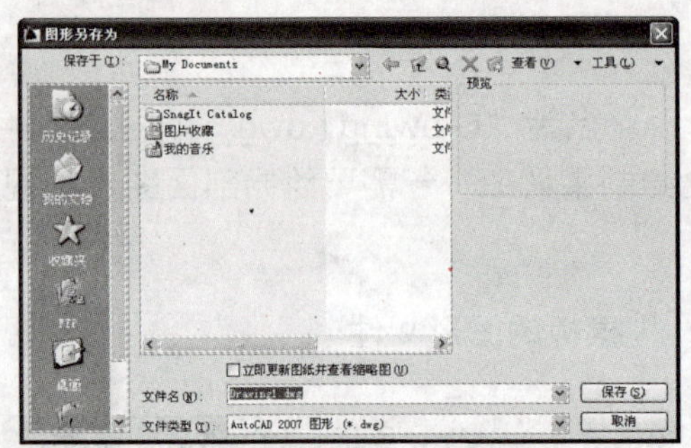

温馨提示牌 Warm and prompt licensing

如果要修改已经保存过的文件的名称、类型和保存位置，需要在菜单浏览器中选择"文件"|"另存为"命令或执行"SAVEAS"命令，在打开的"图形另存为"对话框中进行相应设置即可。

## 1.5.3 打开或关闭图形文件

如果要对已保存的图形文件进行编辑，首先要将其打开。在对图形文件进行编辑、修改并保存后，应该将其关闭，以减少内存的占用空间。下面介绍有关打开或关闭图形文件的方法。

### 1. 打开图形文件

在执行打开图形文件的命令后，将打开"选择文件"对话框，在其中可以选择要打开的图形文件。

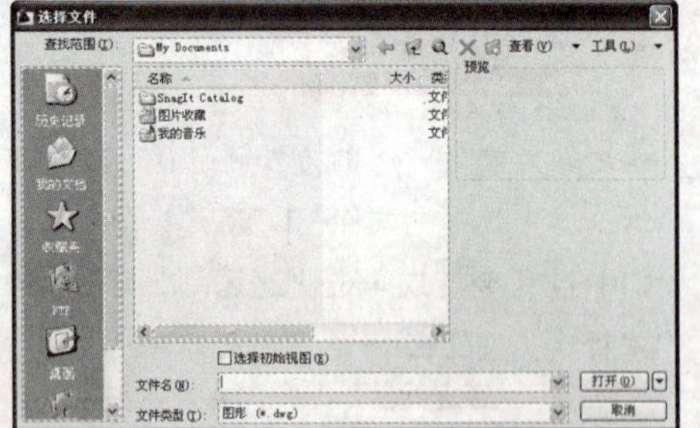

温馨提示牌 Warm and prompt licensing

单击"选择文件"对话框中打开(O)按钮中的▼，在弹出的下拉菜单中可以选择打开文件的方式，包括直接打开、以只读方式打开、局部打开和以只读方式打开局部打开。

**知识点拨 Knowledge** 打开图形文件命令的调用方法

选择命令：在菜单浏览器中选择“文件”|“打开”命令。

单击按钮：单击快速访问工具栏中的“打开”按钮。

使用快捷键：按 Ctrl+O 组合键。

执行命令：输入“OPEN”，按 Enter 键执行“打开”命令。

2. 关闭图形文件

关闭图形文件的方法主要包括在菜单浏览器中选择“文件”|“关闭”命令、单击菜单栏右侧的按钮、按 Ctrl+F4 组合键及执行 CLOSE 命令。

## 1.5.4 加密图形文件

对于工程师或机械设计师来说，设计绘制的工程图或机械图可能是需要保密的，这就需要对其进行加密，以防止设计的图形被泄漏出去。

**新手演练 Novice exercises** 加密设计好的图形

Step 01 创建一个基于“acad.dwt”模板的图形文件，输入“SAVE”，按 Enter 键执行“保存”命令。

Step 02 在打开的“图形另存为”对话框中单击工具(L)按钮，在弹出的下拉菜单中选择“安全选项”命令。

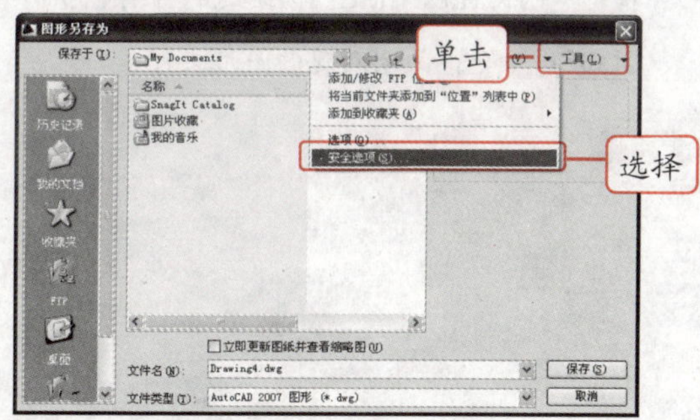


Step 03 在打开的“安全选项”对话框中单击“密码”选项卡，在“用于打开此图形的密码或短语”文本框中输入图形文件的保护密码，单击确定按钮。

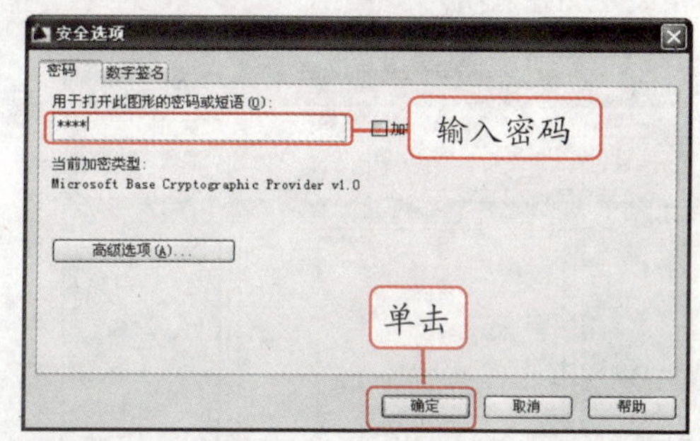


Step 04 在打开的“确认密码”对话框中再次输入密码，单击确定按钮，返回“图形另存为”对话框，单击保存(S)按钮完成图形文件的加密操作。

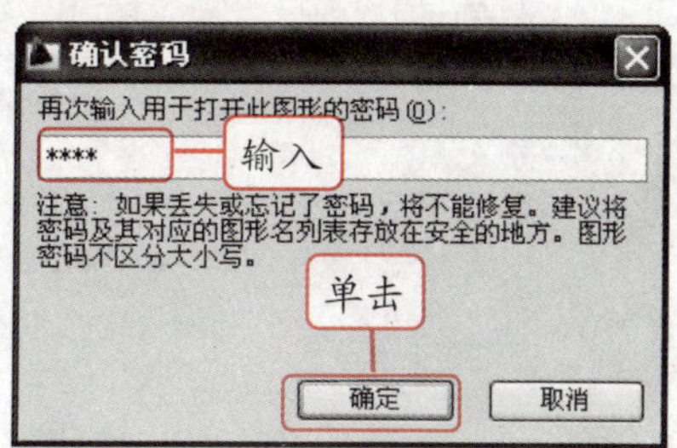

## 1.6 职场特训

本章主要讲解了 AutoCAD 2009 的基础知识，包括 AutoCAD 2009 概述、AutoCAD 2009 的工作界面、认识坐标系、AutoCAD 命令的执行方式及如何管理图形文件。学完本章内容后，下面通过两个实例巩固本章知识。

### 特训 1：自定义工作界面中的功能区

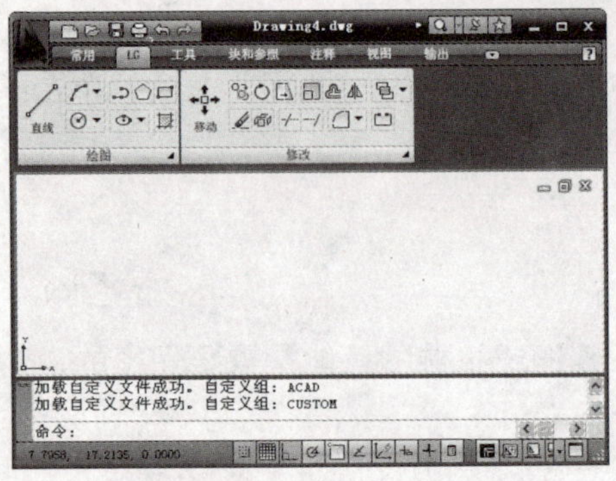

1. 启动 AutoCAD 2009，新建一个名称为“LG”的选项卡，并将其移动到“常用”选项卡之后。
2. 将“绘图-2D”和“修改-2D”面板移动到“LG”选项卡中。
3. 将“工具”选项卡移动到“LG”选项卡之后，完成自定义功能区的操作。

### 特训 2：加密图形文件

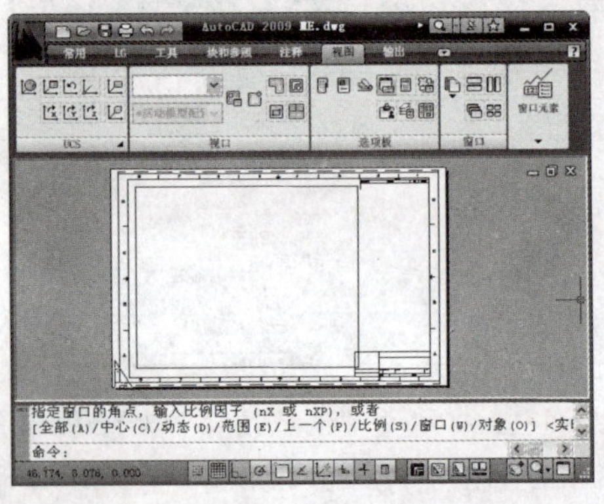

1. 启动 AutoCAD 2009，新建一个基于模板“Tutorial-iMfg”的图形文件。
2. 执行 SAVE 命令，打开“图形另存为”对话框，在其中进行图形文件的加密操作。
3. 将新建的文件以“ME”为名进行保存，执行 CLOSE 命令，关闭新建的图形文件。

# 第2章

# 绘图前的准备工作

## 精彩案例

将绘图区的颜色设置为白色

设置十字光标大小与颜色

自定义命令窗口的字体样式

## 本章导读

使用 AutoCAD 2009 绘图前，首先应该做好相关准备以提高绘图效率。本章介绍在绘图前应该做的准备工作，包括设置绘图环境和辅助工具，以及调整视图等知识。

# 2.1 设置绘图环境

系统默认的绘图环境并不能满足所有的用户，因此不同的用户可以根据自己的使用习惯和需要对绘图环境进行相应设置。

## 2.1.1 设置绘图单位

由于机械图形具有很高的精确度，因此机械设计师在设计、绘制机械图时需要采用精确的单位。设置绘图单位主要是在“图形单位”对话框中进行，执行 UNITS、DDUNITS 或 UN 命令即可打开该对话框。

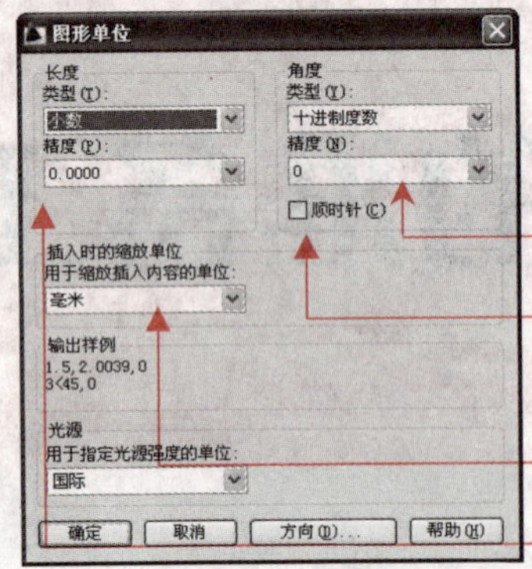

- “角度”栏：用于设置角度单位的类型和精度
- “顺时针”复选框：用于设置角度的正方向
- “插入时的缩放单位”栏：用于设置以拖放方式插入图块时的单位
- “长度”栏：用于设置长度单位的类型和精度

**新手演练 Novice exercises** 根据自己的需要来调整 AutoCAD 的绘图单位

Step 01 启动 AutoCAD 2009，执行 UNITS 命令。

Step 02 打开“图形单位”对话框，在“长度”栏的精度下拉列表框中选择“0.00”选项，勾选“角度”栏中的“顺时针”复选框，单击 确定 按钮，完成绘图单位的设置。

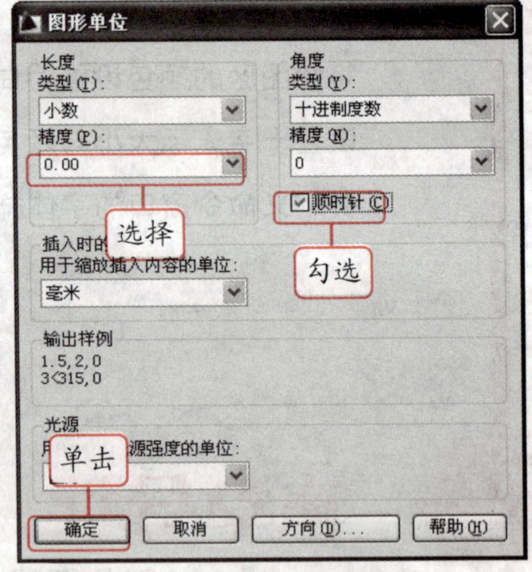


**职场经验谈 Workplace Experience**

单击“图形单位”对话框中的 方向(D)... 按钮，在打开的对话框中可以设置基准角度的方向。

## 2.1.2 设置绘图界限

正规的机械图通常要打印在规格为 0~5 号的图纸上，即纸张大小为 A5~A0，因此在绘制图形前应根据图纸的规格设置绘图范围。AutoCAD 系统默认的绘图界限为 420 mm×

297 mm，因此在设置绘图界限时，绘图界限应大于或等于选择的图纸尺寸。

将 AutoCAD 绘图界限更改为 400 mm×300 mm

Step 01 启动 AutoCAD 2009，执行 LIMITS 命令，此时动态输入框中提示设置绘图区左下角的点。

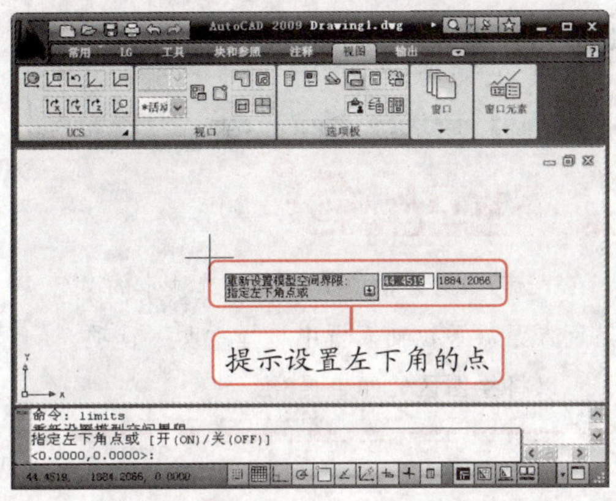


Step 02 按 Enter 键保持默认的坐标 (0.0000,0.0000)，系统继续提示设置右上角的点，这里输入“400,300”，按 Enter 键完成绘图界限的设置。

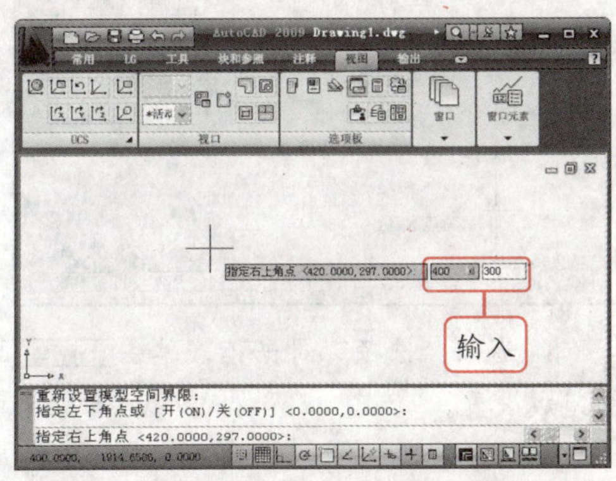


## 2.1.3 设置绘图区颜色

默认情况下 AutoCAD 2009 绘图区的背景颜色为乳黄色，用户可以根据自己的习惯将背景颜色更改为其他颜色。

新手演练 Novice exercises 将绘图区的颜色设置为白色

Step 01 单击“菜单浏览器”按钮，在打开的菜单浏览器中单击 选项 按钮。

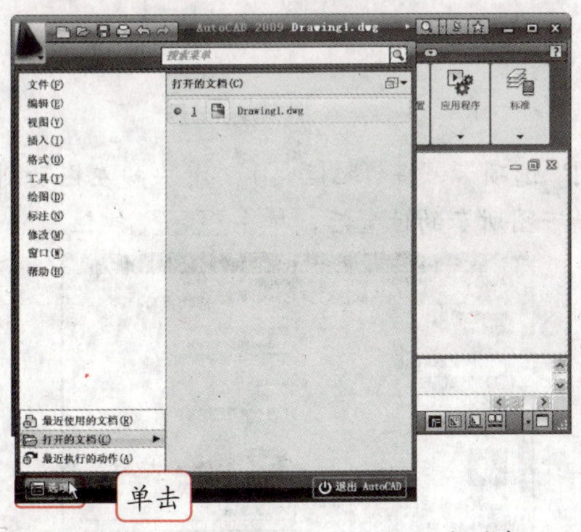


Step 02 在打开的“选项”对话框中选择“显示”选项卡，单击 颜色(C)... 按钮。

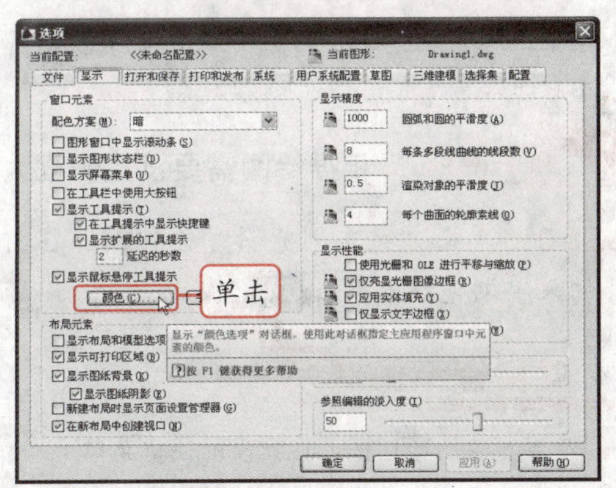


Step 03 在打开的“图形窗口颜色”对话框的“上下文”和“界面元素”列表框中分别选择“二维模型空间”选项和“统一背景”选项，

在“颜色”下拉列表框中选择“白”选项，单击 应用并关闭(A) 按钮。

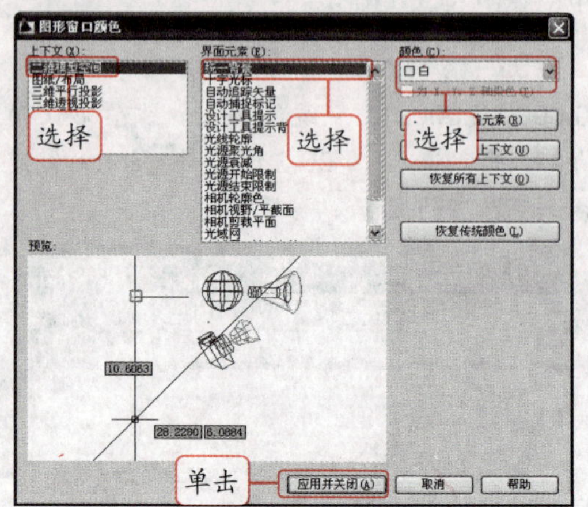


Step 04 返回“选项”对话框，单击 确定 按钮完成设置。

**温馨提示牌** Warm and prompt licensing

在“选项”对话框中，“显示”选项卡的“配色方案”下拉列表框中选择“明”选项，可以将绘图区的颜色提亮。

## 2.1.4 设置光标样式

光标由十字光标和靶框组成，靶框位于十字光标的中心。十字光标和靶框的设置分别是在“选项”对话框的“显示”选项卡和“草图”选项卡中进行。设置光标样式主要包括设置光标颜色和光标大小，其中光标颜色主要由十字光标的颜色决定，光标的大小由十字光标和靶框共同决定。

### 1. 设置靶框

在绘制一些复杂的机械图形时，只有将靶框设置为适合的大小时，才能轻松、快捷地绘制图形，从而提高绘图效率。

**根据绘图需要设置靶框大小**

Step 01 单击“菜单浏览器”按钮，在打开的菜单浏览器中单击 选项 按钮。

**温馨提示牌** Warm and prompt licensing

用鼠标右击绘图区，在弹出的快捷菜单中选择“选项”命令，也可以打开“选项”对话框。

Step 02 在打开的“选项”对话框中选择“草图”选项卡，将“靶框大小”滑块向左拖动到如下图所示的位置后，单击 确定 按钮。

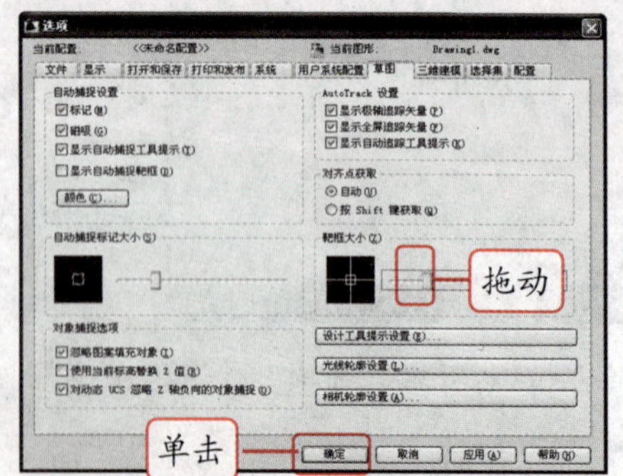

## 2. 设置十字光标

在 AutoCAD 中绘制图形时，十字光标中心所在的位置就是点所在的位置，因此设置合适的十字光标大小，在绘制图形的过程中可以使点的定位更加精确。合适的颜色能使用户的眼睛不致过于疲劳。

新手演练 Novice exercises 调整十字光标大小与颜色

**Step 01** 在打开的“选项”对话框中选择“显示”选项卡，拖动“十字光标大小”滑块，将十字光标大小设置为“10”。

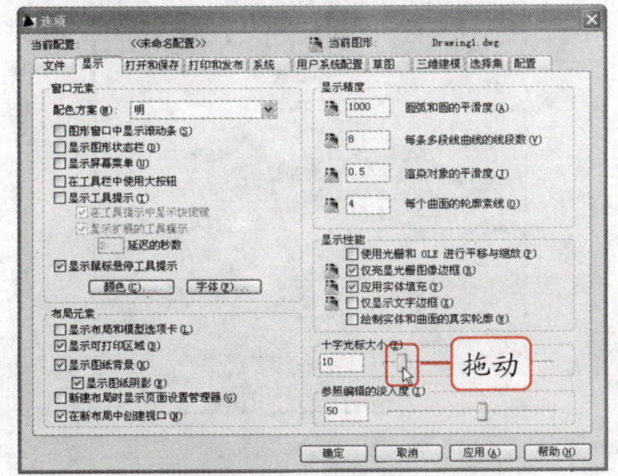


**Step 02** 单击 颜色(C)... 按钮，打开“图形窗口颜色”对话框，在“界面元素”列表框中选择“十字光标”选项，在“颜色”下拉列表框中选择“蓝”选项，单击 应用并关闭(A) 按钮。

温馨提示牌 Warm and prompt licensing

“参照编辑的淡入度”数值框用于指定在编辑参照过程中对象的褪色度值。

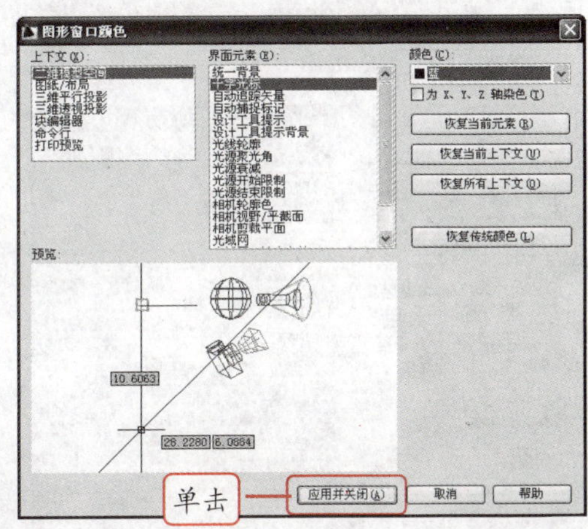


**Step 03** 返回“选项”对话框，单击 确定 按钮完成设置。

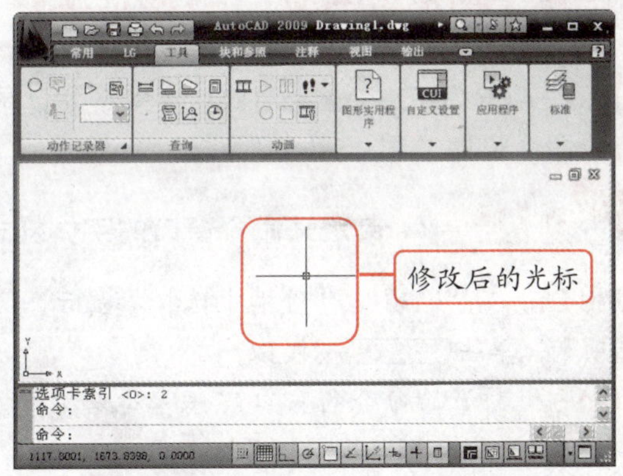


## 2.1.5 设置右键菜单

在绘图区单击右键后，将弹出一个快捷菜单，其中列出了在绘图时使用的部分基本命令，如剪切、复制等命令。

如果用户习惯于在执行命令时用单击鼠标右键来表示确认操作的话，可以将在绘图区域中单击鼠标右键设置为与按 Enter 键的作用相同。由于单击右键快捷菜单会影响绘图速度，因此用户也可以取消右键快捷菜单。

取消右键快捷菜单的方法是：在菜单浏览器中单击[选项]按钮，在打开的“选项”对话框中选择“用户系统配置”选项卡，取消勾选“Windows 标准操作”栏中的“绘图区域中使用快捷菜单”复选框。

**新手演练 Novice exercises　将右键功能设置为确认所执行的命令**

Step 01　在菜单浏览器中单击[选项]按钮，在打开的“选项”对话框中选择“用户系统配置”选项卡，单击“Windows 标准操作”栏中[自定义右键单击(I)...]按钮。

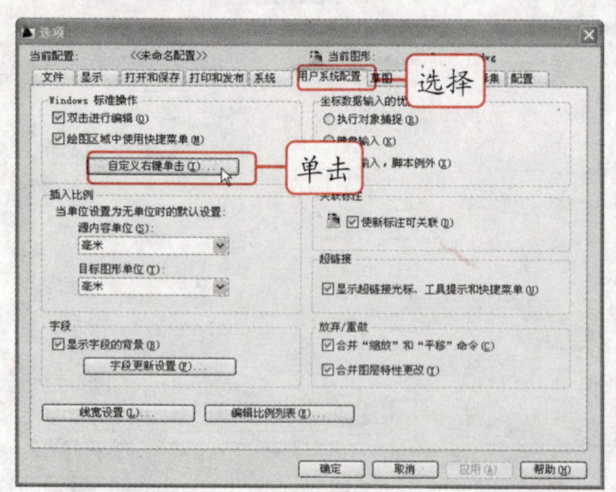


Step 02　在打开的“自定义右键单击”对话框中点选“命令模式”栏中的“确认”单选按钮，单击[应用并关闭(A)]按钮，返回“选项”对话框，单击[确定]按钮完成设置。

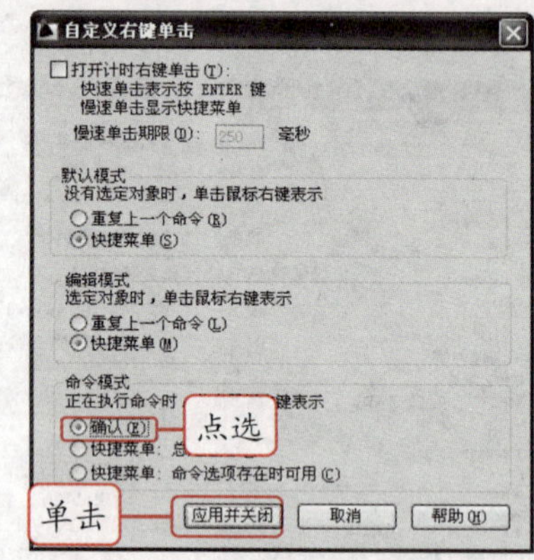


## 2.1.6　更改命令窗口的显示字体

在 AutoCAD 的命令窗口中，系统默认显示的字体为 Courier NEW，用户可以根据需要修改命令窗口的显示字体。

**新手演练 Novice exercises　自定义命令窗口的字体样式**

Step 01　在“选项”对话框中选择“显示”选项卡，单击[字体(F)...]按钮。

Step 02　打开“命令行窗口字体”对话框，在“字体”、“字形”和“字号”下拉列表框中分别选择“楷体 GB2312”、“粗斜体”和“12”选项，单击[应用并关闭(A)]按钮。

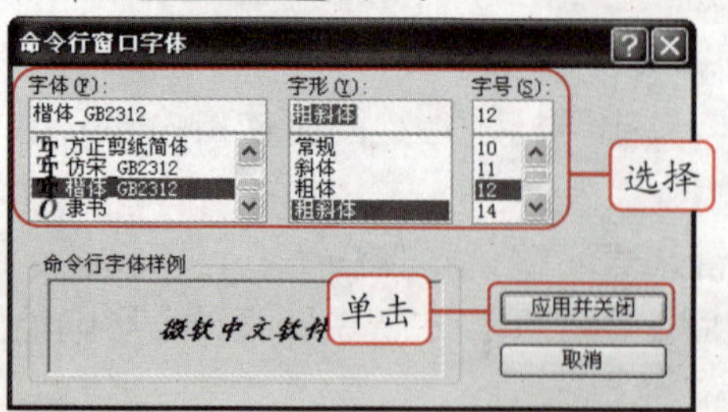


Step 03　返回“选项”对话框，单击[确定]按钮完成设置。

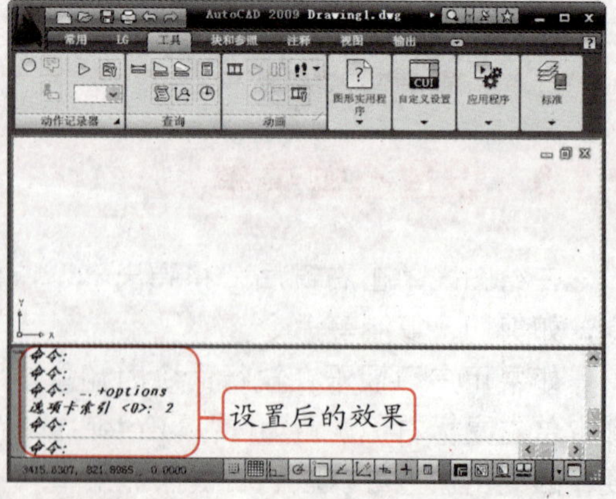

# 2.2 使用 AutoCAD 的辅助功能

对于机械设计师来说，在使用 AutoCAD 绘制机械图时，不仅要熟练运用各种常见绘图工具，还需要掌握一些辅助绘图工具的使用，有时使用这些辅助工具绘图更加快捷、灵活，从而提高绘图效率。

AutoCAD 的辅助功能包括捕捉功能、正交与极轴功能以及对象捕捉和对象追踪功能。在状态栏中单击这些功能相对应的按钮，可以开启或关闭它们。右击这些按钮，在弹出的快捷菜单中选择“设置”命令，在打开的“草图设置”对话框中可以对它们进行设置。

## 2.2.1 栅格与捕捉

栅格是点或线的矩形阵列，使用栅格功能类似于在图形下放置一张坐标纸，利用它可以对齐对象并直观显示对象之间的距离。开启栅格功能后，在绘图区的某块区域中将显示一些小点，这些小点即栅格。但在打印图纸时，栅格并不会被打印输出。

捕捉用于限制十字光标，使其按照用户定义的间距移动，使用捕捉功能可以精确地定位点。开启捕捉功能后，移动鼠标，将十字光标沿 X 轴或 Y 轴移动时，十字光标将自动定位到附近的栅格点上。打开“草图设置”对话框，选择“栅格和捕捉”选项卡，在其中即可对栅格和捕捉进行相应设置。

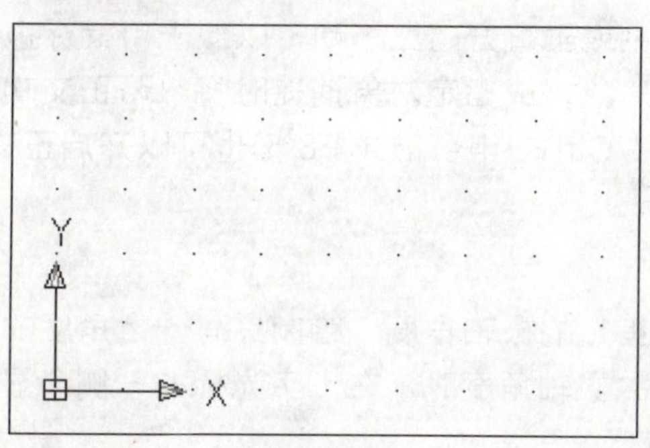


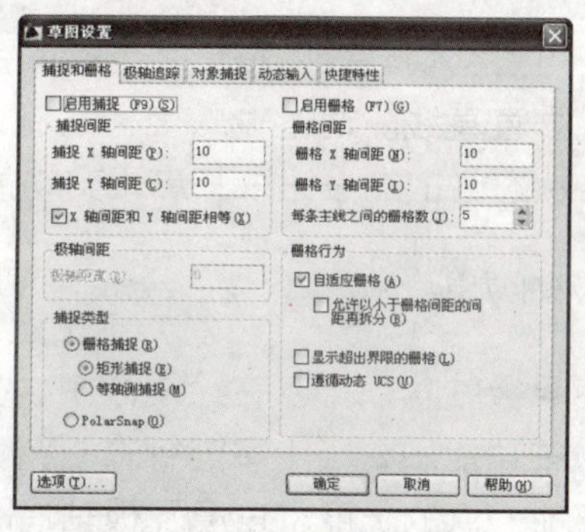


**知识点拨 Knowledge** “栅格和捕捉”选项卡中各选项的作用

**“启用捕捉”和“启用栅格”复选框：**勾选该复选框，可以开启捕捉和栅格功能。

**“捕捉间距”栏：**设置 X 轴和 Y 轴方向上的捕捉间距，该值必须为正实数。若勾选“X 轴间距和 Y 轴间距相等”复选框，则捕捉间距和栅格间距强制使用同一 X 轴和 Y 轴间距值。

**“栅格间距”栏：**指定 X 轴和 Y 轴方向的栅格间距，该值也必须为正实数。其中的“每条主线之间的栅格数”数值框用于指定主栅格线相对于次栅格线的频率。

**“极轴间距”栏：**用于控制极轴捕捉的增量距离。

**“栅格捕捉”单选按钮：**用于设置栅格捕捉的类型。若指定点，光标将沿垂直或水平栅格点进行捕捉。

**“矩形捕捉”单选按钮：**点选该单选按钮将捕捉样式设置为标准“矩形”捕捉模式。当捕捉类型设置为“栅格”并且打开捕捉功能时，十字光标将捕捉矩形捕捉栅格。

"等轴测捕捉"单选按钮：点选该单选按钮，将捕捉样式设置为"等轴测"捕捉模式。当捕捉类型设置为"栅格"并且打开捕捉功能时，十字光标将捕捉等轴测捕捉栅格。

"PolarSnap"单选按钮：点选该单选按钮后，如果开启了捕捉功能并在极轴追踪开启的情况下指定点，十字光标将沿"极轴追踪"选项卡上相对于极轴追踪起点设置的极轴对齐角度进行捕捉。

"栅格行为"栏：控制将当前视口设置为除二维线框之外的任何视觉样式时，所显示栅格线的外观。

温馨提示牌 Warm and prompt licensing

按 F7 键开启栅格功能，按 F9 键开启捕捉功能。另外，在菜单浏览器中选择"工具|草图设置"命令也可打开"草图设置"对话框。

## 2.2.2 正交与极轴

正交和极轴功能可以限制十字光标在指定的方向上移动，以便于精确地创建和修改对象。极轴功能与正交功能不能同时开启，当开启其中一个功能后，再开启另一个功能，系统将自动关闭前一个功能。

### 1. 正交功能

使用正交功能可以将十字光标限制在水平或垂直方向上移动，以便于用鼠标拖动绘制水平或垂直直线。通过输入坐标绘制、编辑对象，或指定对象捕捉时将忽略正交功能。除了单击状态栏上的按钮来开启正交功能外，按 Ctrl+L 组合键或 F8 键也可以开启正交功能。

### 2. 极轴功能

使用极轴功能可以在绘图区中根据用户指定的极轴角度，绘制具有一定角度的直线。开启极轴功能后，当十字光标靠近用户指定的极轴角度时，在十字光标的一侧会显示当前点距离前一点的长度、角度及极轴追踪的轨迹。

系统默认的极轴追踪角度为 90°，用户也可以通过"草图设置"对话框中的"极轴追踪"选项卡对极轴追踪角度等进行设置。

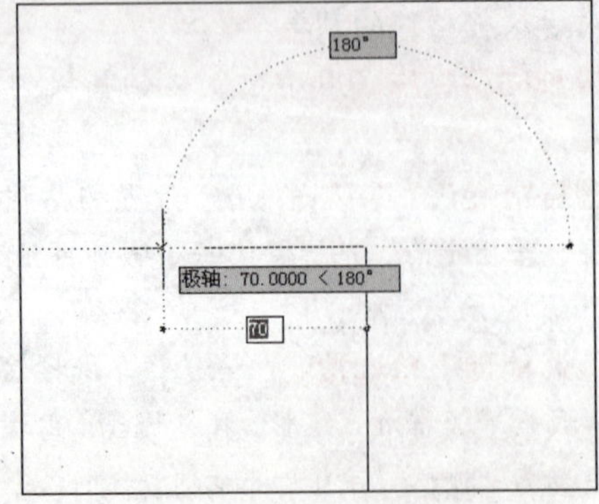


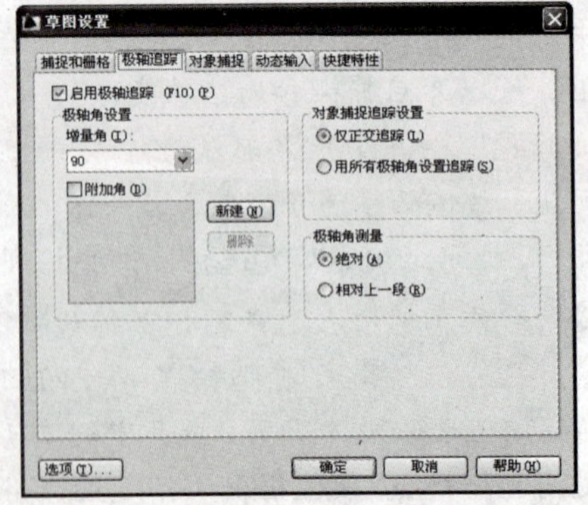

**“极轴追踪”选项卡中各选项的作用**

**“启用极轴追踪”复选框：**勾选该复选框，可以开启极轴追踪功能。

**“增量角”下拉列表框：**在其中选择或直接输入角度值来指定极轴角度。

**“附加角”复选框：**勾选该复选框后单击 新建(N) 按钮，可以在下方的列表框中添加多个极轴角度，但最多可以添加 10 个。

**“对象捕捉追踪设置”栏：**设置追踪捕捉的显示方式，勾选“仅正交追踪”单选按钮，则只显示捕捉的正交追踪路径；勾选“用所有极轴角设置追踪”单选按钮，则十字光标将从捕捉点起沿极轴角度进行追踪。

**“极轴角测量”栏：**用于更改极轴的角度类型，默认为绝对，即以当前用户坐标系确定极轴追踪的角度；若点选“相对上一段”单选按钮，则根据上一个绘制线段确定极轴的追踪角度。

## 2.2.3 对象捕捉与对象追踪

机械图形对尺寸的精确度要求很高，因此 AutoCAD 开发了对象捕捉功能和对象追踪功能，使用对象捕捉功能和对象追踪功能不仅可以提高绘图效率，还可以使绘制的机械图形更加精确。

### 1. 对象捕捉

使用对象捕捉功能可以指定对象上的精确位置，如端点、中点、交点和圆心等。系统默认开启的捕捉模式有端点、圆心、交点和延长线，用户也可以通过“草图设置”对话框中的“对象捕捉”选项卡对对象捕捉进行设置。

用户在绘制图形时，如果打开“草图设置”对话框进行设置后，再进行绘图，不仅会浪费大量的时间，往往还会打断绘图的思路。如果在绘图过程中需要进行中心捕捉时，单击“对象捕捉”工具栏上的“捕捉到中心”按钮，就可以快速、方便地进行捕捉。在菜单浏览器中选择“工具”|“工具栏”|“AutoCAD”|“对象捕捉”命令，就可以打开“对象捕捉”工具栏。

知识点拨 Knowledge **“对象捕捉”工具栏中各按钮的作用**

**“临时追踪点”按钮：**该种捕捉方式将跟踪上一次单击的位置，并将其作为当前的目标点。

**“捕捉自”按钮：**该种捕捉方式可以根据指定的基点，偏移一定距离来捕捉点。使用 FROM 命令也可以开启该捕捉方式。

**“捕捉到端点”按钮：**该种捕捉方式可以捕捉到圆弧、椭圆弧、直线、多线、多段线线段、样条曲线、面域或射线最近的端点，或捕捉宽线、实体或三维面域的最近角点，捕捉到的端点以□表示。

**“捕捉到中点”按钮：**该种捕捉方式可以捕捉到圆弧、椭圆、椭圆弧、直线、多段线和样条曲线等的中点。也可以捕捉三维实体、面域边的中点，捕捉到的中点以△表示。

“捕捉到交点”按钮：该种捕捉方式可以捕捉圆弧、圆、椭圆、直线、多线、多段线、射线、样条曲线或构造线等对象的交点，捕捉到的交点以×表示。

“捕捉到外观交点”按钮：该种捕捉方式在二维空间中与捕捉到交点的功能相同，但是，它不可在三维空间中捕捉两个对象的视图交点。

“捕捉到延长线”按钮：该种捕捉方式可以捕捉直线和圆弧的延伸交点。

“捕捉到圆心”按钮：该种捕捉方式可以捕捉到圆弧、圆、椭圆或椭圆弧的圆心，还可以捕捉实体、面域中圆的圆心，捕捉到的圆心以⊕表示。

“捕捉到象限点”按钮：该种捕捉方式可以捕捉圆弧、圆、椭圆或椭圆弧最近的象限点，如0°、90°、180°或270°等，捕捉到的象限点以◇表示。

“捕捉到切点”按钮：该种捕捉方式可以捕捉圆或圆弧的切点，捕捉到的切点以表示。

“捕捉到垂足”按钮：该种捕捉方式可以捕捉到与圆弧、圆、构造线、椭圆、椭圆弧、直线、多线、多段线、射线、实体或样条曲线等正交的点，也可捕捉到对象的外观延伸垂足，捕捉到的垂足点以⊾表示。

“捕捉到平行线”按钮：该种捕捉方式可以用于绘制已知线条的平行线，捕捉到的平行点以表示。

“捕捉到插入点”按钮：该种捕捉方式可以捕捉块、文字、属性或属性定义等对象的插入点。

“捕捉到节点”按钮：该种捕捉方式可以捕捉到点对象、标注的定义点或标注文字的原点。

“捕捉到最近点”按钮：该种捕捉方式可以捕捉对象与指定点距离最近的点，捕捉到的最近点以⧗表示。

### 2. 对象追踪

对象追踪是指当捕捉到图形中某个点时，系统将自动以这个点为基准点沿正交或某个极坐标方向寻找另一个点，同时在追踪方向上显示一条辅助线。打开“草图设置”对话框，在“极轴追踪”选项卡中的“对象捕捉追踪设置”栏中可以对对象追踪进行设置。

## 2.3 调整视图

在 AutoCAD 中根据尺寸绘制图形时，有时绘制的图形显示不完整，这时需要在不改变图形实际大小的前提下将其缩放显示。通过 AutoCAD 中的视图调整工具可以对视图进行缩放和平移。

### 2.3.1 缩放视图

在绘制一些较大、较复杂机械图形的细节部分时，可以通过放大局部图形，进行细部绘制。在绘制完成后，还需要将图形缩小查看整体效果。缩放视图只是增加或减少图形对象在屏幕上的显示大小，并不会改变对象的实际尺寸。执行 ZOOM 命令，根据命令窗口中的提示选择缩放视图的方法后，就可以进行视图的缩放。

知识点拨 Knowledge

## 执行 ZOOM 命令后，命令窗口提示文字中各选项的含义

全部：当绘制的图形包含在图形界限内时，则在当前视口中完全显示出图形界限。若超出了图形界限，则以图形范围进行显示。

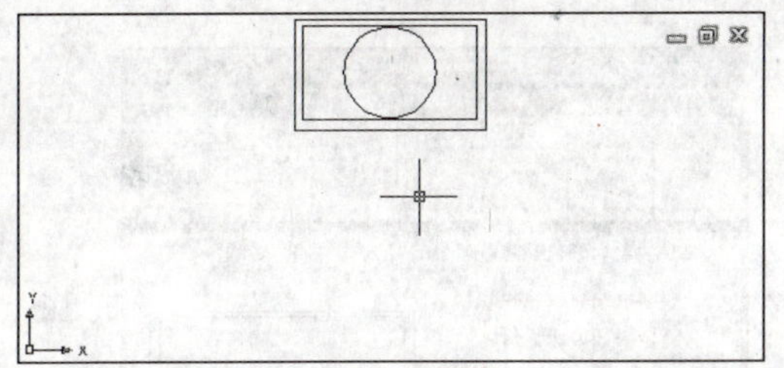

中心：以指定的点为中心进行缩放，并需要输入缩放的倍数。

动态：选择该选项后屏幕上将显示出几个不同颜色的方框，包括观察框、图形扩展区、当前视区和生成图形区等。拖动鼠标移动当前视区到所需位置，单击鼠标，然后拖动鼠标缩放当前视区框，调整到适当大小后按 Enter 键即可将当前视框内的图形最大化显示。

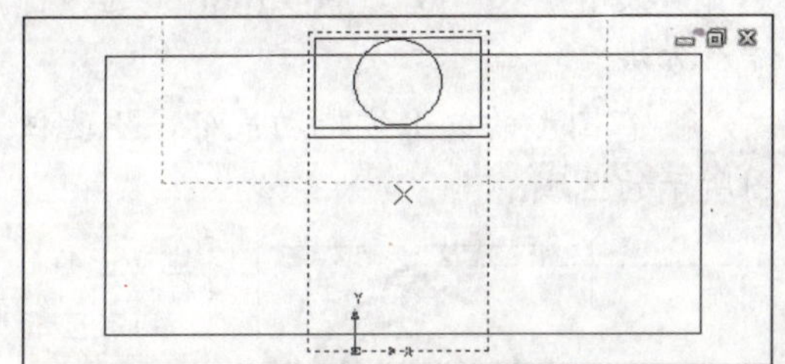

范围：将当前窗口中的所有图形尽可能大地显示在屏幕上。

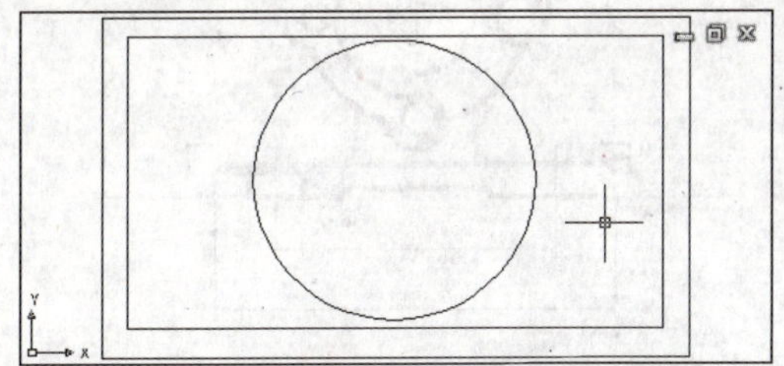

上一个：当使用其他选项对视图进行缩放后，选择此选项可以使用前一个视图。

比例：根据输入的比例值缩放图形。输入比例值的方式有 3 种。其中直接输入数值表示相对于图形界限进行缩放；在输入的比例值后面加上 X，表示相对于当前视图进行缩放；在输入的比例值后面加上 XP，表示相对于图纸空间单位进行缩放。

窗口：用鼠标拖曳出一个矩形区域，释放鼠标后该范围内的图形便最大化显示。

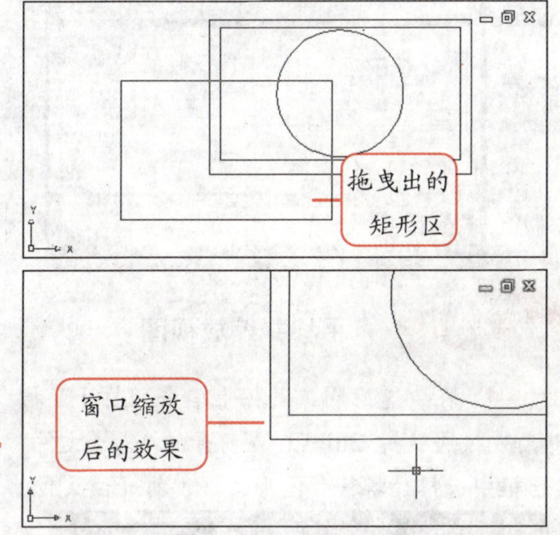


对象：选择该选项后，再选择另一个图形对象时，会将该对象及其内部所有的内容最大化显示。

实时：该选项为默认选项，执行 ZOOM 命令后按 Enter 键即可使用该选项。选择该选项后将在屏幕上出现一个Q+形状的光标，按住鼠标左健不放向上移动则放大视图；向下移动则缩小视图。如果要退出该方式，需按 Esc 键、Enter 键或单击鼠标右键，在弹出的快捷菜单中选择“退出”命令即可。

温馨提示牌 Warm and prompt licensing

1. 通过滚动鼠标滚轮，也可以快速对视图进行缩放。

2. 双击鼠标中键，可以将图形最大化显示于屏幕中。

## 2.3.2 平移视图

平移视图可以改变图形在屏幕上的显示位置，但不会改变图形中对象的位置或比例。通过执行 PAN 命令可以进行视图的平移，此时十字光标变为手形状。按住鼠标左键不放，拖动图形到所需位置，松开鼠标左键后，图形将被平移到该处。

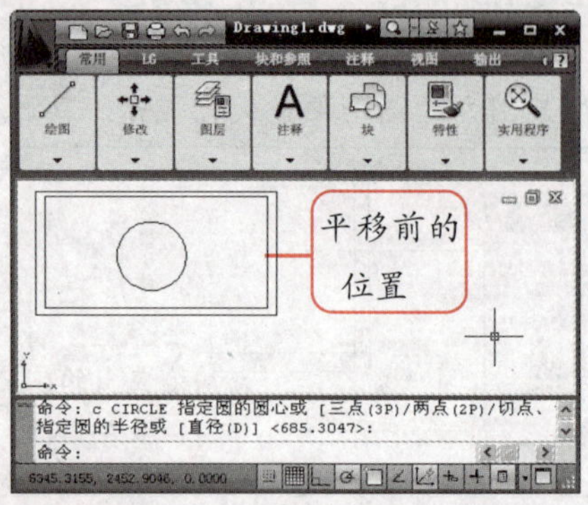


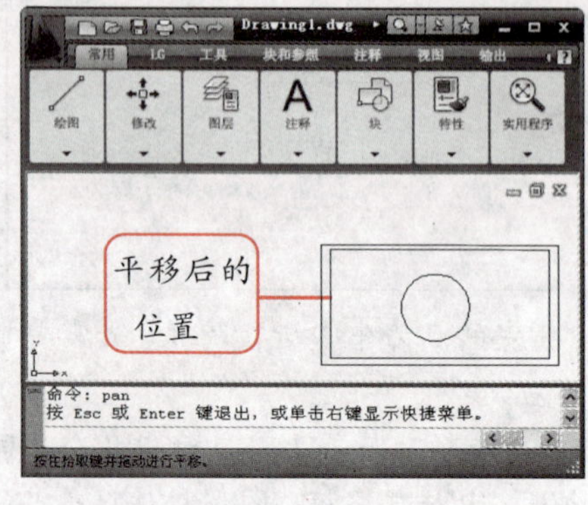


### 新手演练 Novice exercises 平移并缩放视图

Step 01 在快速访问工具栏上单击"打开"按钮或按快捷键 Ctrl+O，在打开的"选择文件"对话框中选择"螺栓"图形文件，打开该文件。

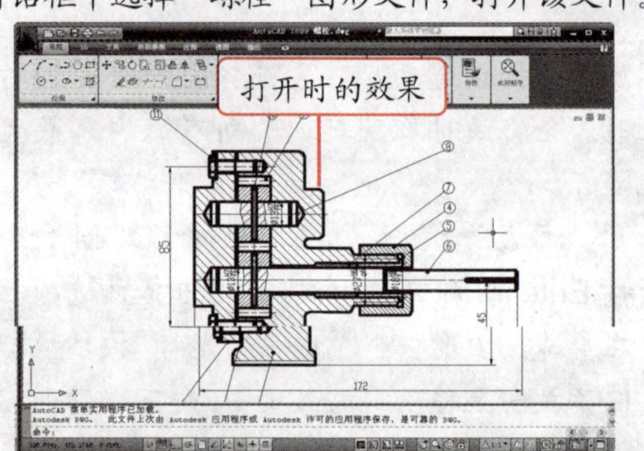


Step 02 执行 PAN 命令，当十字光标变为手形状时，向左拖动鼠标，显示出左侧的图形。

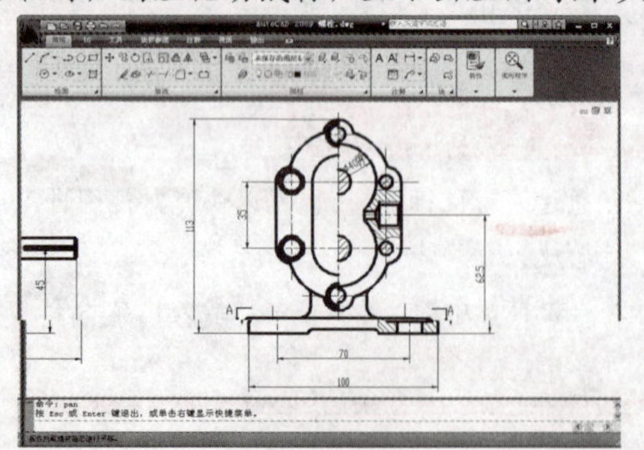

Step 03 按 Esc 键退出平移视图命令。输入 ZOOM，按 Enter 键执行缩放视图命令，根据命令窗口提示输入"W"，按 Enter 键选择窗口缩放方法。

Step 04 在图形的最上方拖动鼠标，框选住如图所示的区域。

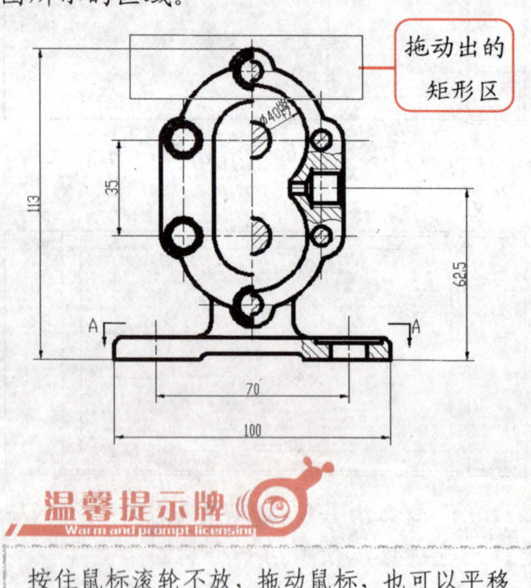


**温馨提示牌** Warm and prompt licensing

按住鼠标滚轮不放，拖动鼠标，也可以平移视图。

Step 05 释放鼠标，矩形区域中的图形被放大，同时退出缩放视图命令。

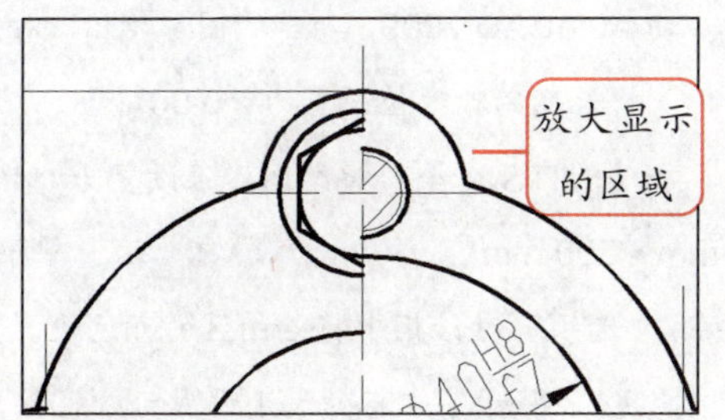


Step 06 按 Enter 键，重复执行缩放视图命令，根据命令窗口提示输入“A”，并按 Enter 键，将图形完整地显示在绘图区中。

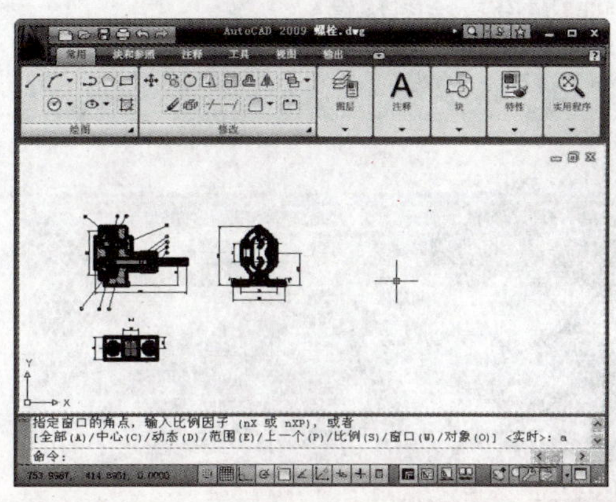

## 2.4 重画与重生成

在绘制一些复杂的图形时，绘图区中常会留下一些用来显示对象位置的标记点，从而使绘图区看起来有些杂乱，此时可通过重画或重生成操作来刷新当前视图中的图形，以消除残留的标记点。

选择“视图”|“重画”|“视图”|“重生成”或“视图”|“全部重生成”命令，或者是执行 REDRAWALL、REGEN 和 REGENALL 命令都可以进行重生成操作。

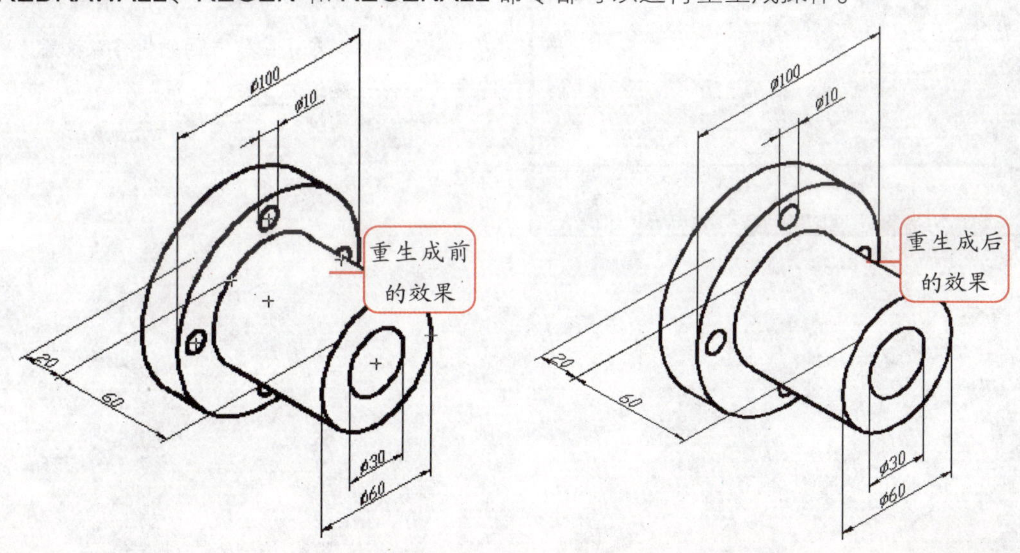


## 2.5 职场特训

本章主要讲解了在绘制机械图形前的一些准备工作，包括设置绘图环境，设置辅助功能及调整视图等知识。学习完本章内容后，下面通过两个实例巩固本章知识。

## 特训 1：设置绘图环境

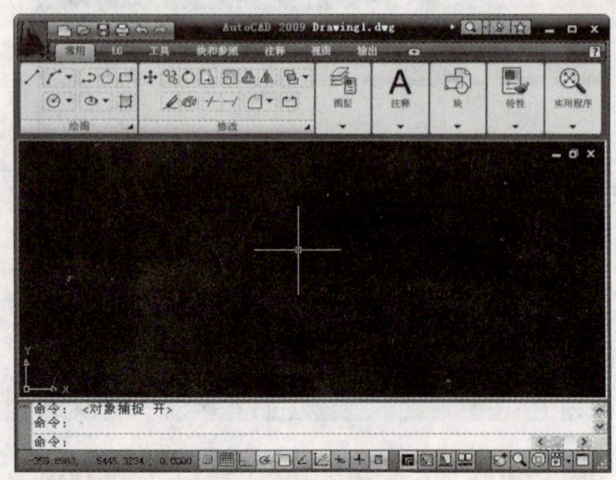


1. 启动 AutoCAD 2009，打开“图形单位”对话框，将长度的精度值设置为“0.00”。
2. 执行 LIMITS 命令，将绘图界限设置为“450 mm × 300 mm”。
3. 在“选项”对话框中将绘图区的颜色设置为“黑色”，将十字光标的大小设置为“10”。

## 特训 2：设置对象捕捉方式和栅格

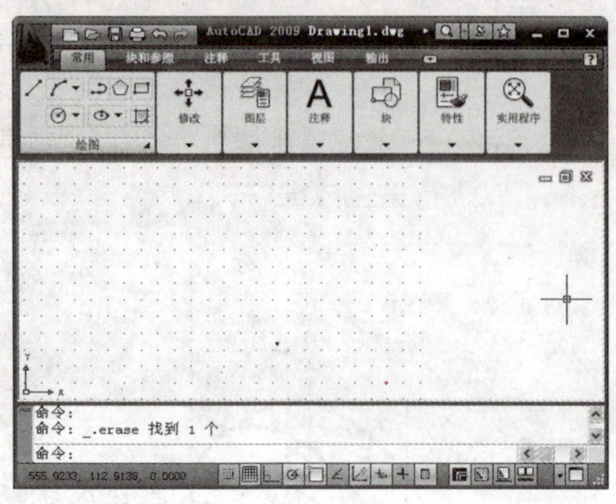


1. 开启栅格功能，在“草图设置”对话框中选择“对象捕捉”选项卡，勾选“中点”复选框，取消勾选“延长线”复选框。
2. 选择“捕捉和栅格”选项卡，将栅格间距设置为“1”，每条主线之间的栅格数设置为“2”，完成后单击 确定 按钮。

# 第3章

# 绘制二维图形

## 精彩案例

使用“直线”命令绘制零件图

自定义设置多线样式

通过“圆”命令绘制压板的轴孔和螺孔

绘制底板

## 本章导读

在 AutoCAD 中，所有图形都是由点、线等最基本的元素构成的。AutoCAD 2009 提供了多个二维绘图命令，利用这些命令，可以绘制简单的二维图形。只有熟练掌握了二维绘图命令的操作方法，才能融会贯通地使用它们绘制出复杂的二维图形或三维图形。

# 3.1 绘制点

两点确定一条直线，多条直线则组成一个平面，因此点是二维图形中的基本元素。但是在使用 AutoCAD 绘制图形的过程中，点主要用于进行标记或辅助定位对象。

## 3.1.1 设置点样式

默认情况下，AutoCAD 中绘制的点不会显示出来。为了在绘图过程中更加直观地找到绘制的点，用户可以在绘制点之前对点的大小、样式进行设置。

新手演练 Novice exercises　自定义设置点样式与大小

Step 01 双击桌面上的快捷图标，启动 AutoCAD 2009，执行 DDPTYPE 命令，打开“点样式”对话框。

Step 02 选择对话框上方第二行二列的图标选项，在“点大小”数值框中输入“10.0000”，单击确定按钮，完成点样式的设置。

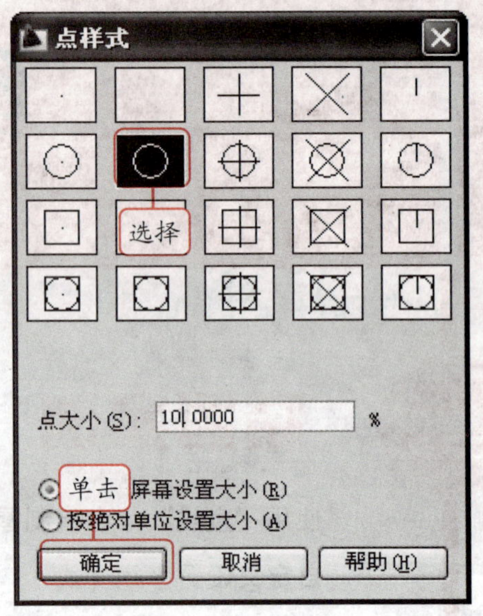


温馨提示牌 Warm and prompt licensing

点选“相对于屏幕设置大小”单选按钮，当缩放图形时，点的显示大小不变；点选“按绝对单位设置大小”单选按钮，当缩放图形时，绘图区中显示点的大小也会随之改变。

## 3.1.2 绘制单点和多点

设置点样式后，就可以在绘图区域中绘制点了。单点是指执行命令后，只能绘制一个点，多点则可以绘制多个点。若直接执行 POINT 命令或在菜单浏览器中选择“绘图”|“点”|“单点”命令，则只能绘制单点；如果在菜单浏览器中选择“绘图”|“点”|“多点”命令，则可以绘制多点。

在执行 POINT 命令后，命令窗口将提示当前点的样式，它是用 PDMODE 和 PDSIZE 两个系统变量来表示的，如果对当前点的样式不满意，可以通过“点样式”对话框对其进行设置。

**PDMODE 和 PDSIZE 两个系统变量的含义**

PDMODE：用于控制点的样式，不同的值对应不同的点样式。当值为 0 时，显示为小圆点；当值为 1 时，不显示任何图形，但可捕捉到该点。

PDSIZE：用于控制点的大小，当该值为 0 时，点为系统默认大小；当该值为负时，表示点的相对尺寸大小，相当于勾选“点样式”对话框中的“相对于屏幕设置大小”单选按钮；当该值为正时，表示点的绝对尺寸大小，相当于勾选“点样式”对话框中的“按绝对单位设置大小”单选按钮。

## 3.1.3 创建等分点

在 AutoCAD 中，不仅可以绘制单点和多点，还可以在所选的对象上创建等分点。通过创建等分点，能够在复杂的图形上绘制按规律分布的点，等分点包括定数等分点和定距等分点两种。

### 1. 创建定数等分点

通过创建定数等分点，可以将所选对象等分为指定数目的相等长度，并将点沿对象的长度或周长等方向间隔排列。

新手演练 Novice exercises **创建定数等分点（源文件\第 3 章\定数等分点.dwg）**

**Step 01** 打开“定数等分点”图形文件，执行 DDPTYPE 命令，在打开的“点样式”对话框中将点设置为⊠样式。

**Step 02** 执行 DIVIDE（DIV）命令，系统提示“选择要定数等分的对象”，选择长方形上方的边。

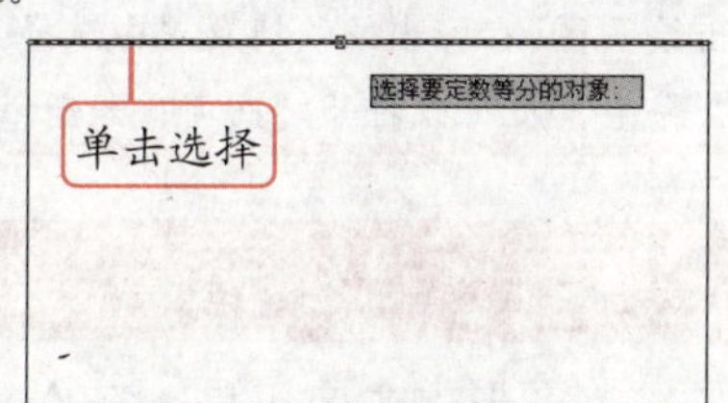


**Step 03** 系统提示“输入线段数目或 [块(B)]”，输入“3”。

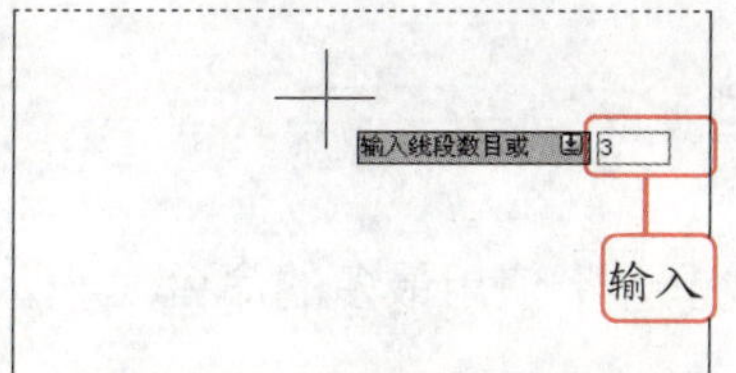


**Step 04** 按 Enter 键，完成创建定数等分点的操作，效果如下图所示。

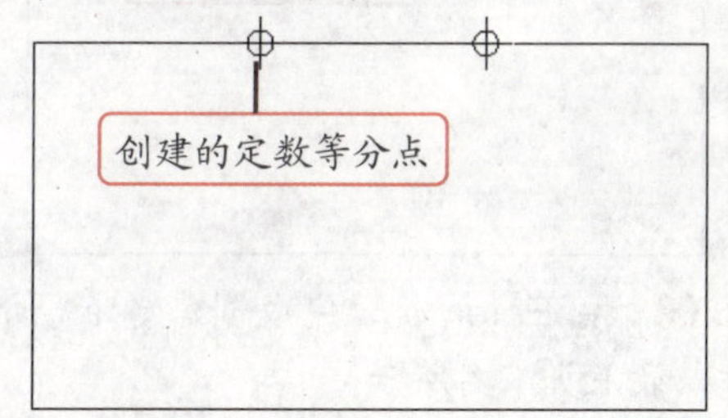


职场经验谈 Workplace Experience

使用定数等分方式等分对象时，输入的等分数不一定等于输入的点数。若等分的是封闭对象，则点的数量等于对象的等分数；若等分的是未封闭对象，则点的数量等于对象的等分数减去 1。

### 2. 创建定距等分点

定距等分是指在所选对象上按指定距离绘制多个点。由于通过定距等分点等分后的线段的数量是原线段长度除以指定的等分距，因此在绘制图形时，如果要通过定距等分点来均分线段，首先就要考虑线段的总长度。

新手演练 Novice exercises 创建定距等分点（源文件\第 3 章\定距等分点.dwg）

Step 01 打开“定距等分点”图形文件，执行 MEASURE（ME）命令，系统提示“选择要定距等分的对象”，选择长方形上方的边。

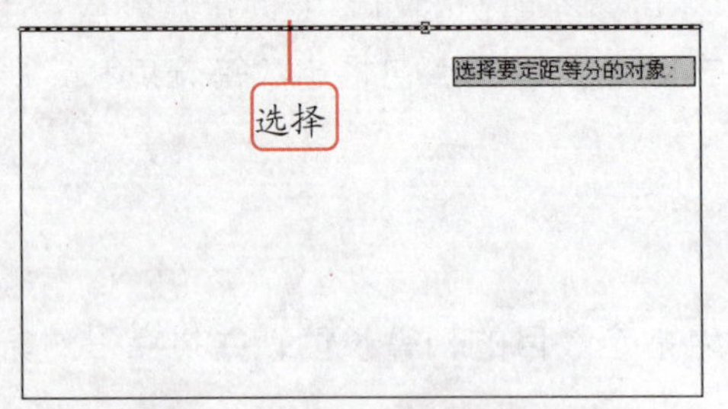


Step 02 系统提示“指定线段长度或［块（B）］”，输入“100”。

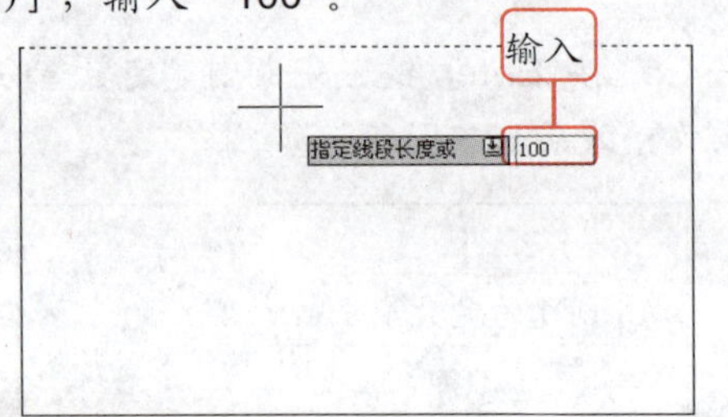


Step 03 按 Enter 键，完成创建定距等分点操作，效果如下图所示。

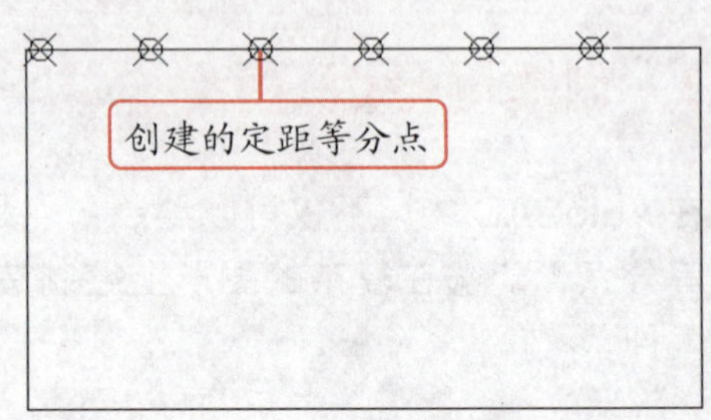


Step 04 用相同的方法将矩形右侧的线段进行定距等分。

温馨提示牌 Warm and prompt licensing

右击绘图区，在弹出的快捷菜单中选择“选项”命令，也可以打开“选项”对话框。

## 3.2 绘制直线型对象

直线型对象不仅是构成二维图形的基本元素，还是绘制图形的主要工具。在 AutoCAD 中，直线型对象包括直线、射线、构造线、多段线和多线，这些线型对象可以单独使用，也可以结合使用，根据实际绘图需要进行选择。

### 3.2.1 直线

在 AutoCAD 中绘制图形时，“直线”命令是机械设计中使用最多的命令之一，只要指定起点和终点即可绘制出需要的直线。

使用“直线”命令绘制零件图（源文件\第 3 章\零件图.dwg）

**Step 01** 执行 LINE（L）命令，系统提示“指定第一点”，在绘图区中任意位置单击，指定起点。系统提示“指定下一点或[放弃(U)]”，输入“@80,0”，按 Enter 键指定下一点。

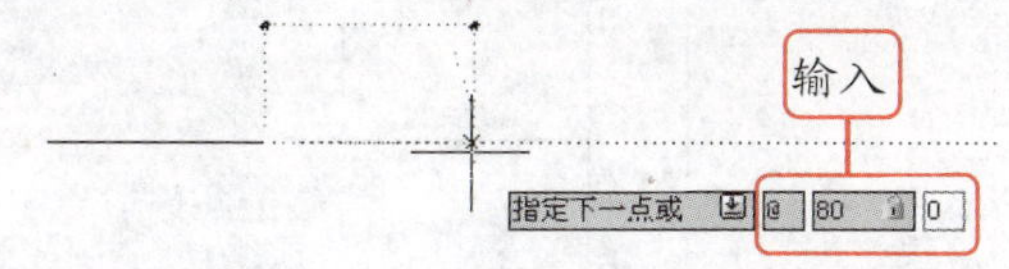


**Step 02** 系统提示“指定下一点或[放弃(U)]”，输入“@0,-600”，按 Enter 键指定下一点。

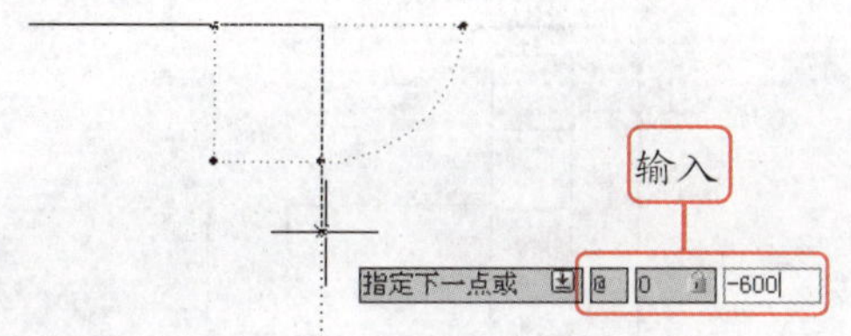


**Step 03** 系统提示“指定下一点或[闭合(C)/放弃(U)]”，输入 “@-80,0”，按 Enter 键指定下一点。然后再输入“@0,600”，按 Enter 键指定下一点。

**Step 04** 系统提示“指定下一点或[闭合(C)/放弃(U)]”，输入“C”，按 Enter 键闭合图形。

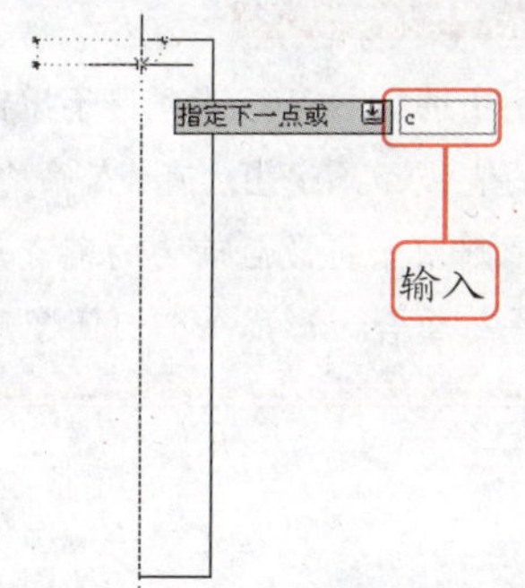


**Step 05** 按 Enter 键重复执行“直线”命令，系统提示“指定下一点或[放弃(U)]”，输入“from,”，按 Enter 键。

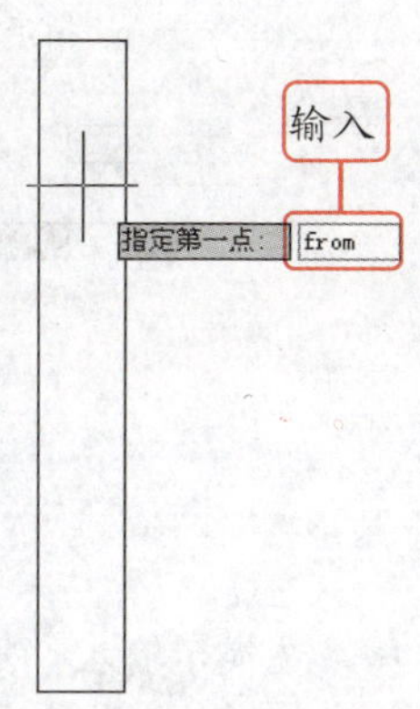


**Step 06** 系统提示“基点”，开启对象捕捉功能，拾取如下图所示的端点。

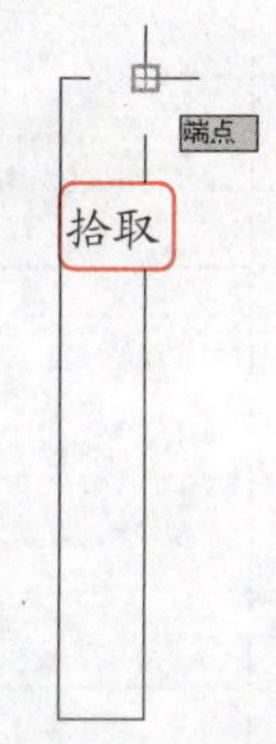


**Step 07** 系统提示“<偏移>”，输入“@0,-150”，按 Enter 键，指定起点。

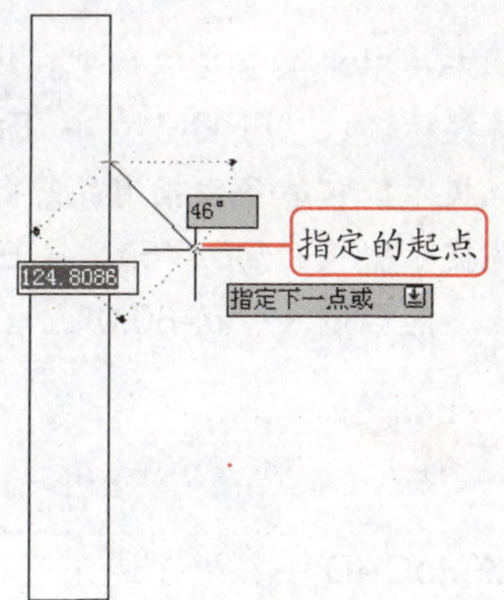


**Step 08** 系统提示“指定下一点或[放弃(U)]”，输入“@200,0”，按 Enter 键指定下一点。

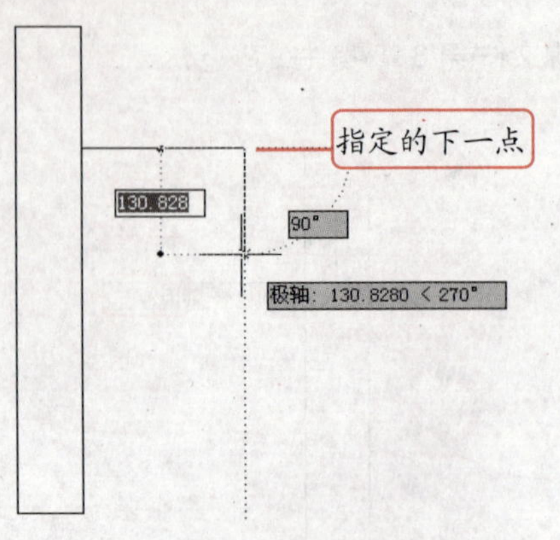


**Step 09** 根据系统提示输入“@0,-300”，按 Enter 键指定下一点。系统提示“指定下一点或[闭合(C)/放弃(U)]”，输入“@-200,0”，按两次 Enter 键退出“直线”命令。

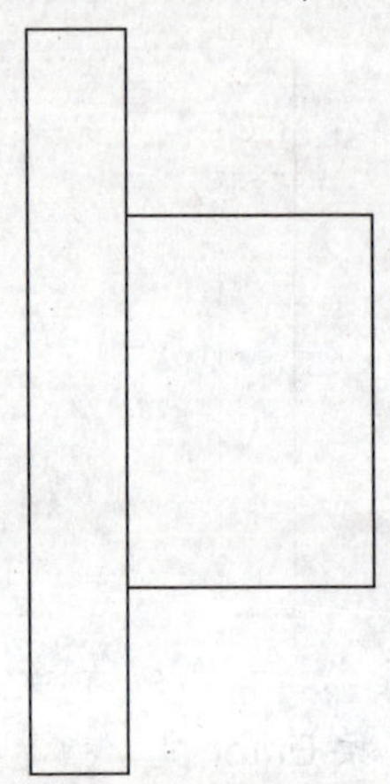

**Step 10** 按 Enter 键重复执行“直线”命令，根据系统提示输入“FROM”，按 Enter 键，根据系统提示拾取第 6 步指定的基点。根据系统提示输入“@0,-75”，按 Enter 键，指定起点。然后输入“@-80,0”，

**Step 11** 按两次 Enter 键退出“直线”命令。

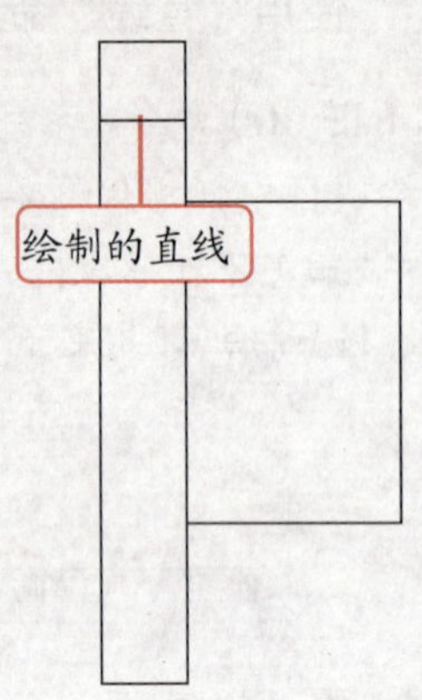


**Step 12** 用相同的方法绘制如下图所示的直线，完成零件图的绘制。

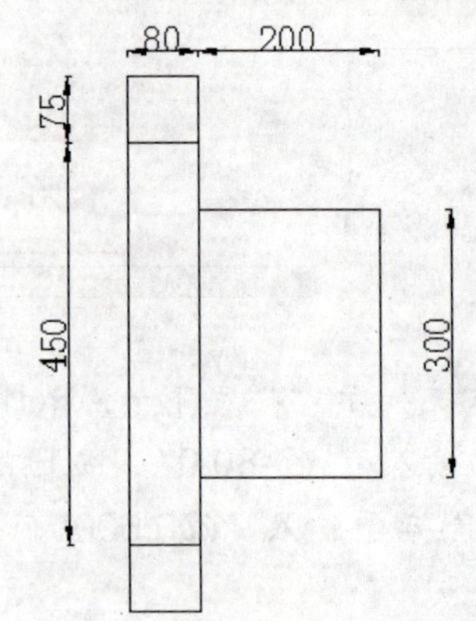


**温馨提示牌** Warm and prompt licensing

系统提示中的“放弃”选项用于撤销上一步绘制的直线而不退出“直线”命令。“闭合”选项则用于将最后确定的端点与第一个起点进行重合，形成一个封闭图形。

## 3.2.2 射线

在 AutoCAD 中，可以通过在绘图区中指定一个点作为起点，然后指定另一个点来确定射线的方向。在机械图的设计中，射线主要作为辅助线使用，以辅助绘制其他图形。

输入“RAY”，按 Enter 键可执行“射线”命令。执行一次“射线”命令后，可以以指定的第一个点为起点，绘制多条射线。

## 3.2.3 构造线

构造线与射线相似，它是两端无限延长的直线，在机械制图中主要作为辅助线使用。输入“XLINE”或“XL”后按 Enter 键，就可执行“构造线”命令。

**知识点拨 Knowledge** 执行“构造线”命令后，系统提示中各选项的含义

水平（H）：选择该选项可以创建一条通过指定点且平行于 X 轴的构造线。

垂直（V）：选择该选项可以创建一条通过指定点且平行于 Y 轴的构造线。

角度（A）：选择该选项，可以以指定的角度创建一条构造线。指定的角度是构造线与坐标系水平方向上的夹角，当角度值为负值时，绘制的构造线将顺时针旋转。

二等分（B）：使用该选项创建的构造线将平分指定的两条相交线之间的夹角。

偏移（O）：选择该选项可以以另一条直线为参照，创建与其平行的构造线。

## 3.2.4 多线

多线是 AutoCAD 中应用最复杂的直线型对象，它由一组平行线组成。平行线最少可以是一条直线，最多可以是 16 条直线。

### 1. 设置多线样式

在绘制机械图形的过程中，系统默认的是两条平行线的多线，但这并不能满足所有的绘图要求，因此需要对多线的样式进行设置。

**新手演练 Novice exercises** 自定义设置多线样式

Step 01 执行 MLSTYLE 命令，打开“多线样式”对话框，单击 新建(N)... 按钮。

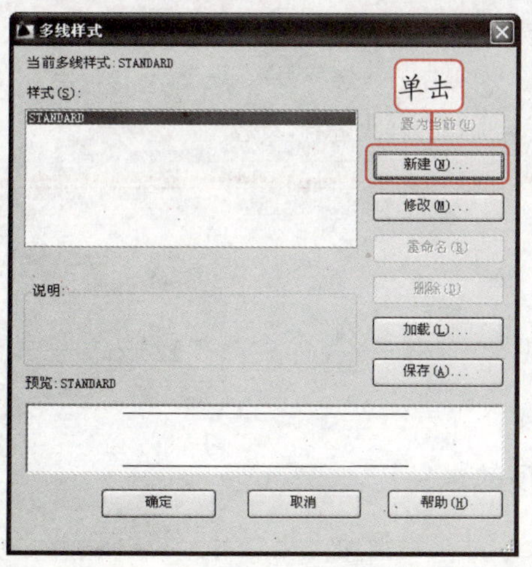


Step 02 打开“创建新的多线样式”对话框，在“新样式名”文本框中输入样式名称“机械图”，单击 继续 按钮。

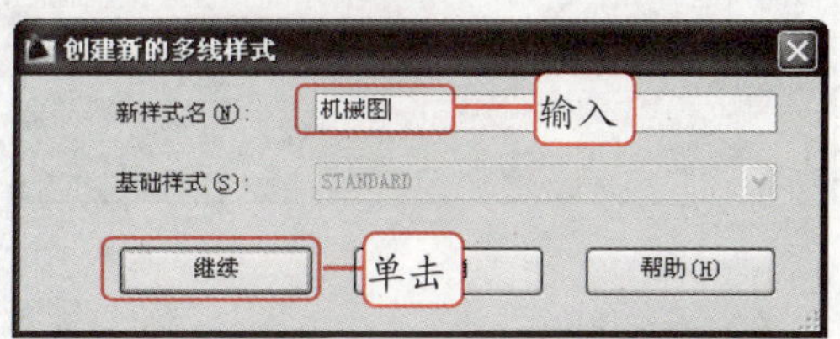


Step 03 打开“新建多线样式：机械图”对话框，在“封口”栏中勾选“外弧”选项对应的两个复选框，然后在“填充”栏中单击“填充颜色”下拉按钮，在弹出的下拉列表中选择“Bylayer”选项。

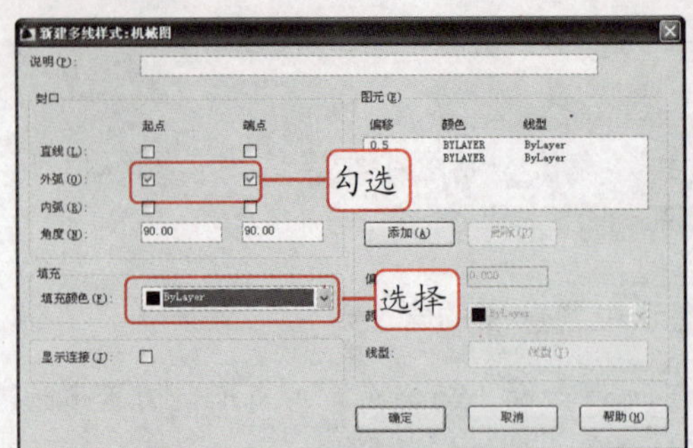


## 职场经验谈 Workplace Experience

“封口”栏用于设置多线的平行线之间两端封口的样式。“直线”选项表示多线端点由垂直于多线的直线封口；“外弧”和“内弧”选项均表示多线端点以弧形线封口，只是弧形线的方向不同；“角度”选项用于指定端点封口的角度。

**Step 04** 在“图元”栏的列表框中选择第一个选项，并在“偏移”数值框中输入“1”。用相同方法修改列表框第二个选项的偏移值为“-1”，然后单击 确定 按钮。

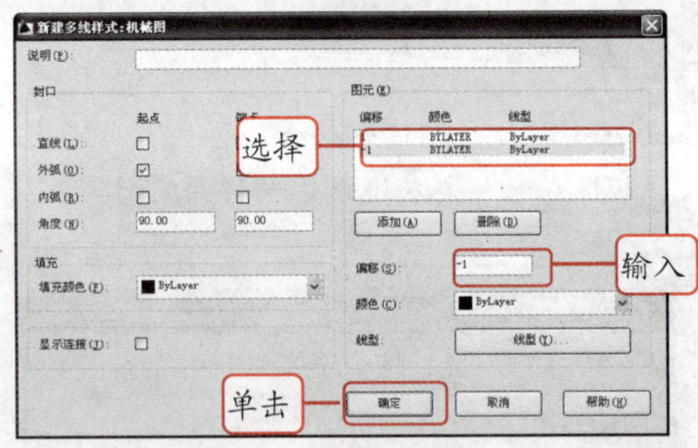


## 职场经验谈 Workplace Experience

“图元”栏列表框中列出的选项表示多线中平行线的参数，偏移值是指多线中的平行线从中线偏移出来的值，值为正表示向上偏移，值为负表示向下偏移。另外，用户还可以设置多线的线型、颜色及多线中平行线的数量。

**Step 05** 返回“多线样式”对话框，单击 置为当前(U) 按钮，将机械图样式置为当前，单击 确定 按钮，完成多线样式的设置。

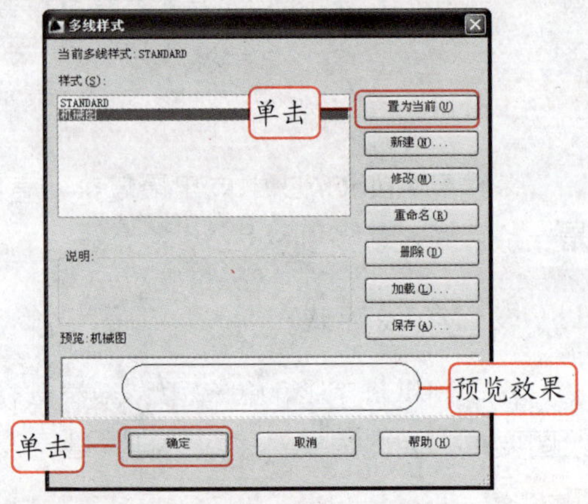


## 温馨提示牌 Warm and prompt licensing

在“多线样式”对话框的“样式”列表框中选择一种已有的样式后，单击 修改(M)... 按钮，在打开的“修改多线样式”对话框中可以对选择的样式进行修改。

## 2. 绘制多线

输入“MLINE”或“ML”后按 Enter 键，可执行“构造线”命令。执行该命令后，系统将提示用户当前的设置以及要求用户指定起点。

**知识点拨 Knowledge** 认识“对齐”下拉列表框中各选项的含义

**对正（J）：** 用于设置在指定的点之间绘制多线的方式。对正类型为“上”时，将以最上方的平行线为中心线绘制多线；对正类型为“无”时，将以中间的平行线为中心绘制多线；对正类型为“下”时，将以最下方的平行线为中心线绘制多线。

比例（S）：用于控制多线的整体宽度。该比例是基于在“多线样式”对话框中设置的宽度，比例因子为 2 时，绘制多线的宽度是样式定义宽度的两倍。

样式（ST）：用于指定多线的样式。选择该选项后，输入多线样式的名称并按 Enter 键即可指定样式。

### 3.2.5 绘制宽线

宽线是多线的一种，由两条平行线组成，它的端点在宽线的中心线上，而且总是被剪切成矩形。输入“TRACE”，按 Enter 键执行“宽线”命令，根据系统提示指定宽线宽度后即可利用绘制直线的方法绘制宽线。

温馨提示牌 Warm and prompt licensing

在绘制宽线时，系统默认填充绘制的宽线。如果用户需要绘制未被填充的宽线，可以执行 FILL 命令，根据系统提示“输入模式[开(ON)/关(OFF)]”选择“关”选项，再绘制宽线即可。

## 3.3 绘制曲线

机械图形一般由平面及曲面构成，越复杂的机械图形，它的曲面越多。曲线是构成曲面的基本元素，因此学习曲线的绘制方法是机械设计者必须掌握的技能之一。在上一节中已经讲解了如何绘制直线型对象，下面开始介绍机械图形中经常需要绘制的圆、圆弧、椭圆、椭圆弧和样条曲线。

### 3.3.1 绘制圆和圆弧

圆和圆弧是机械图形中很常见的图形对象，在机械制图中，圆常用来表示轴、孔和轮等部分，圆弧主要用来表示轮、孔的部分和转角。

1. 绘制圆

圆包括圆心、半径、直径和圆上的点等元素，这些元素确定圆的位置和大小。输入“CIRCLE”或“C”，按 Enter 键即可执行“圆”命令。

通过“圆”命令绘制压板的轴孔和螺孔（源文件\第 3 章\压板.dwg）

**Step 01** 打开“压板”图形文件，输入“C”，按 Enter 键执行“圆”命令。

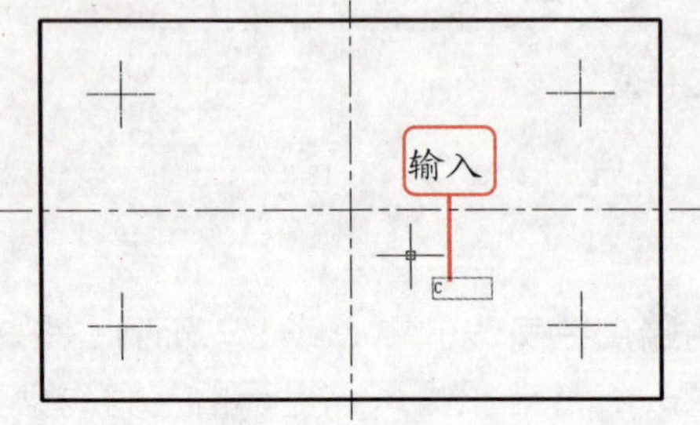


**Step 02** 系统提示“指定圆的圆心或[三点(3P)/两点(2P)/相切、相切、半径(T)]”，拾取中心线的交点，指定圆的圆心。

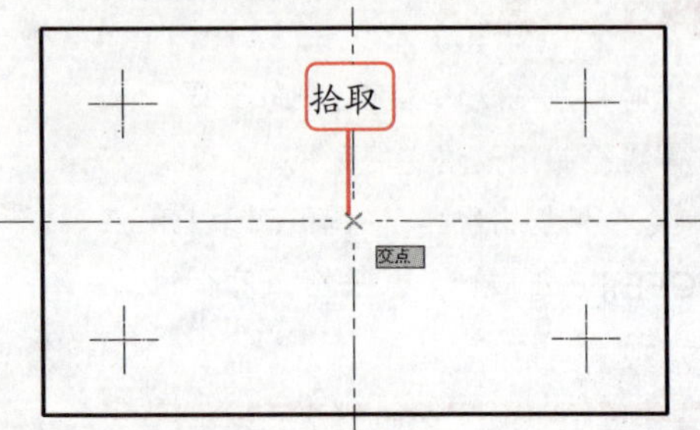


**Step 03** 系统提示：“指定圆的半径或[直径(D)]”，输入“60”，按 Enter 键，指定压板轴孔的半径，完成压板轴孔的绘制。

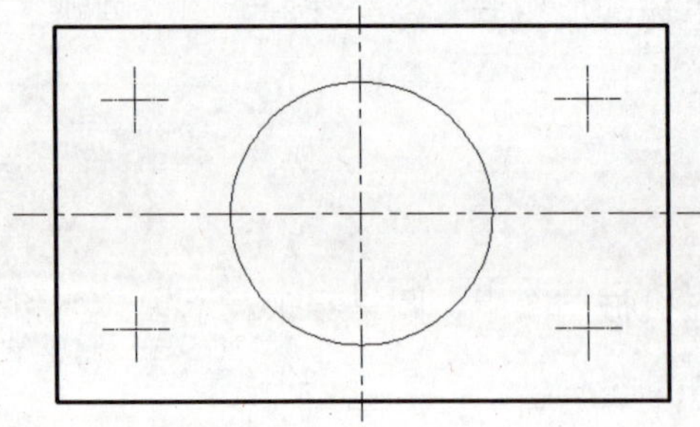

**Step 04** 按 Enter 键重复执行“圆”命令，根据命令行提示拾取如下图所示的交点作为圆心。

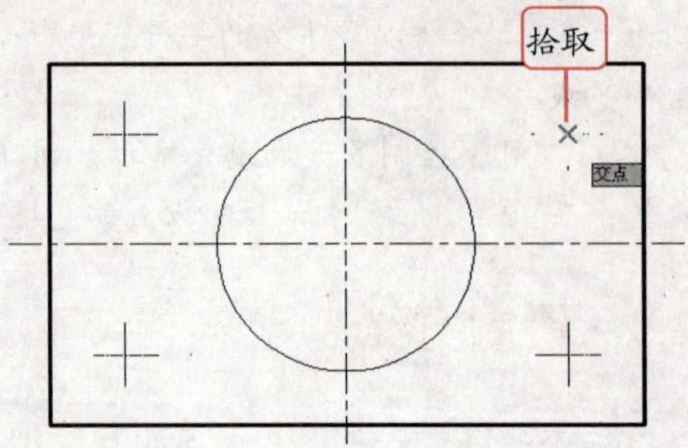


**Step 05** 根据命令行提示输入“10”，按 Enter 键指定压板螺孔的半径。

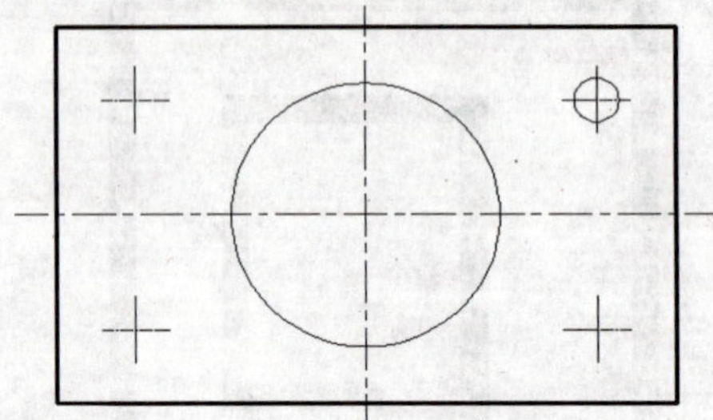

**Step 06** 用相同的方法绘制其他 3 个螺孔，完成所有操作。

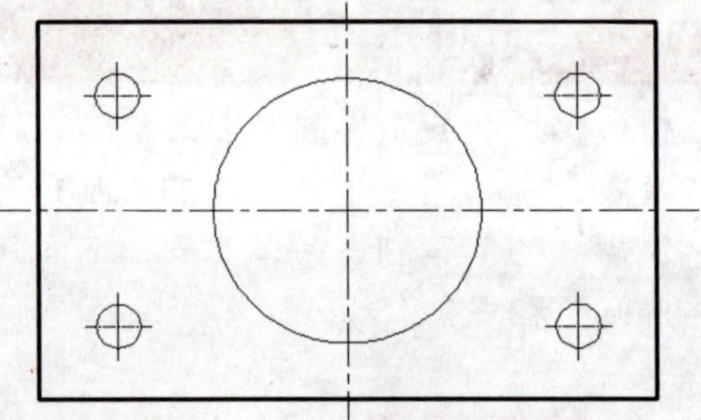

**职场经验谈** Workplace Experience

除了通过指定圆心和半径来绘制圆外，还可以通过指定圆心和直径、直径的两个端点、圆上的 3 点、两个已知对象的切点和圆的半径或 3 个已知对象的切点来绘制圆。

## 2. 绘制圆弧

圆弧也是机械图形中经常绘制的对象之一，它是圆上的一段弧线，输入“ARC”后，按 Enter 键即可执行“圆弧”命令。

新手演练 Novice exercises　使用“圆弧”命令绘制曲柄（源文件\第 3 章\曲柄.dwg）

**Step 01** 执行 CIRCLE（C）命令，根据系统提示绘制一个半径为“15”的圆，然后按 Enter 键重复执行该命令，根据系统提示输入“FROM”。

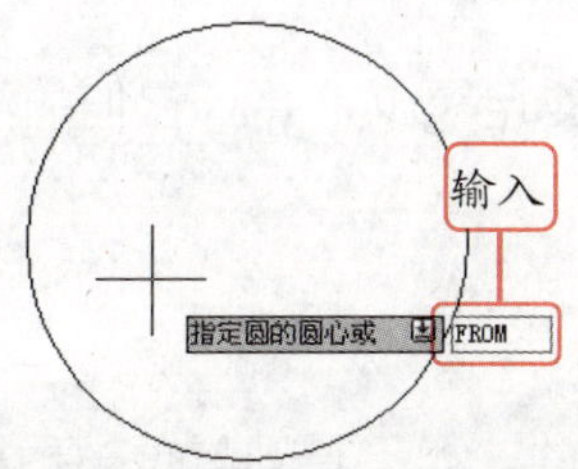


**Step 02** 系统提示“基点”，拾取绘制的圆的圆心，系统提示“<偏移>”，输入“@100, 0”，按 Enter 键指定圆心，然后根据系统提示输入“5”，按 Enter 键，指定圆的半径。

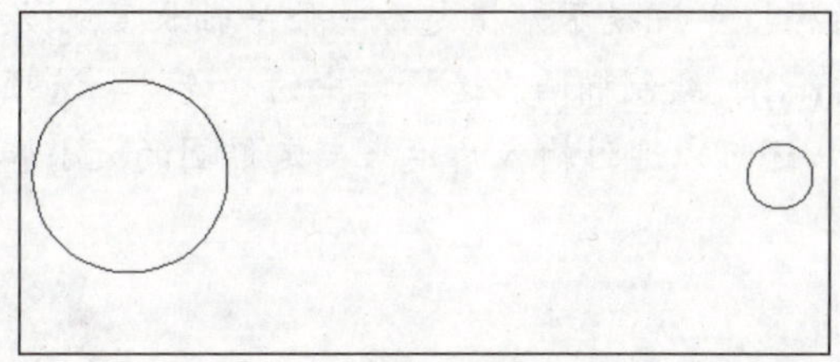

**Step 03** 输入“ARC”，按 Enter 键执行“圆弧”命令。系统提示“指定圆弧的起点或[圆心(C)]”，选择“圆心”选项。

**Step 04** 系统提示“指定圆弧的圆心”，拾取绘制的大圆的圆心。系统提示“指定圆弧的起点”，输入“@0,30”，按 Enter 键。

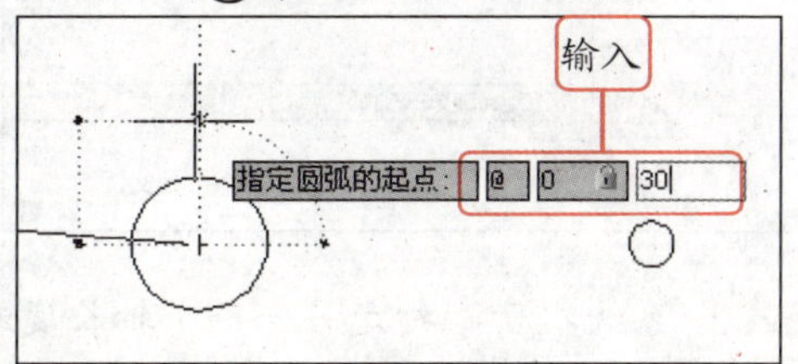


**Step 05** 系统提示“指定圆弧的端点或[角度(A)/弦长(L)]”，输入“@0,-30”，按 Enter 键，绘制出圆弧。

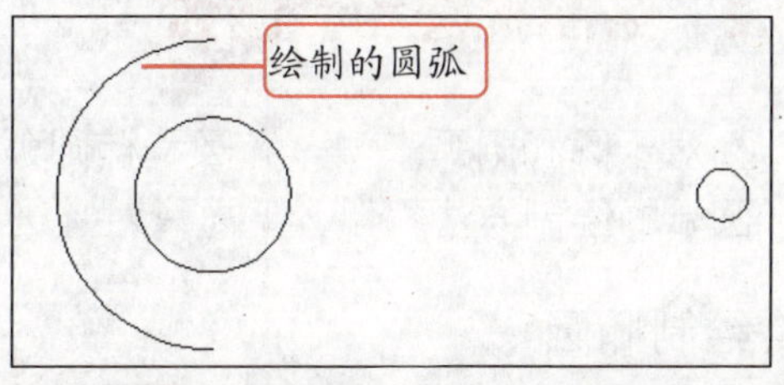


**Step 06** 按 Enter 键重复执行“圆弧”命令，根据系统提示输入“C”，按 Enter 键选择“圆心”选项。

**Step 07** 根据系统提示“指定圆弧的圆心”，拾取绘制的小圆的圆心。

**Step 08** 根据系统提示输入“@0,-10”，按 Enter 键，指定圆弧的起点。

**Step 09** 系统提示“指定圆弧的端点或[角度(A)/弦长(L)]”，输入“A”，按 Enter 键选择“角度”选项。系统提示“指定包含角”，输入“180”，按 Enter 键绘制出圆弧。

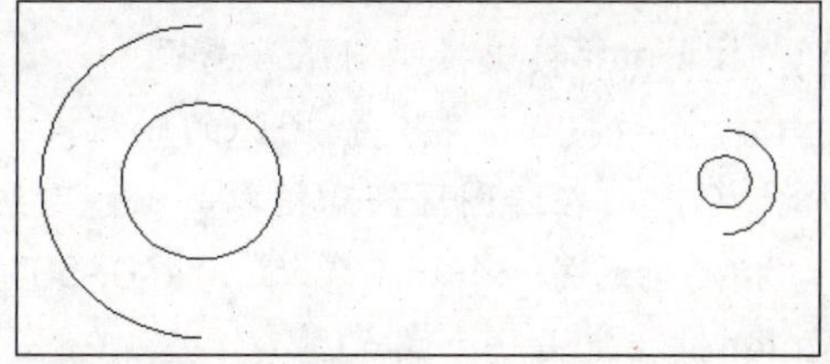

**Step 10** 输入“L”，执行“直线”命令，根据系统提示绘制两条直线。

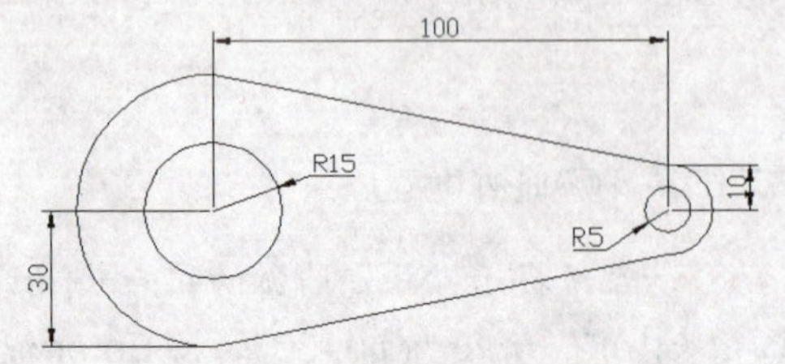


**职场经验谈** Workplace Experience

在绘制大圆左侧的圆弧时，由于系统默认是按逆时针方向绘制的，因此必须要首先指定大圆上方的点，然后指定大圆下方的点，才能使绘制的圆弧位于大圆的左侧。

## 3.3.2 绘制椭圆和椭圆弧

相对于圆和圆弧来说，椭圆和椭圆弧在机械设计中应用较少，并且它们的绘制方法与圆和圆弧的绘制方法相似，下面只对其进行简单介绍。

### 1. 绘制椭圆

椭圆是由中心点、椭圆长轴与短轴 3 个参数来确定的，如果长轴与短轴相等，则可以绘制出正圆。输入“ELLIPSE”后，按 Enter 键即可执行“椭圆”命令。

**知识点拨** Knowledge　绘制椭圆的方法

**端点确定法：** 这是系统默认的绘制方法，它是通过确定椭圆一条轴的两个端点和另一条轴的长度来进行绘制。

**圆心半径法：** 通过指定椭圆的中心点和一条轴的长度来确定椭圆的位置和形状。其方法为：执行“椭圆”命令，选择“中心点”选项，然后根据系统提示“指定另一条半轴长度或[旋转(R)]”绘制椭圆。选择其中的“旋转”选项后，还可以通过输入角度来确定椭圆的大小和形状。

### 2. 绘制椭圆弧

与圆弧的定义相似，椭圆弧则是椭圆上的一部分，在绘制椭圆弧时首先要绘制椭圆，然后指定椭圆弧的起始角度与终止角度。

**新手演练** Novice exercises　绘制一段椭圆弧

**Step 01** 执行 ELLIPSE 命令，系统提示“指定椭圆的轴端点或[圆弧(A)/中心点(C)]”，输入“A”，按 Enter 键选择“圆弧”选项。

**Step 02** 系统提示“指定椭圆弧的轴端点或[中心点(C)]”，在绘图区任意拾取一点，系统提示“指定轴的另一个端点”，输入“@0,-50”，按 Enter 键指定另一个端点。

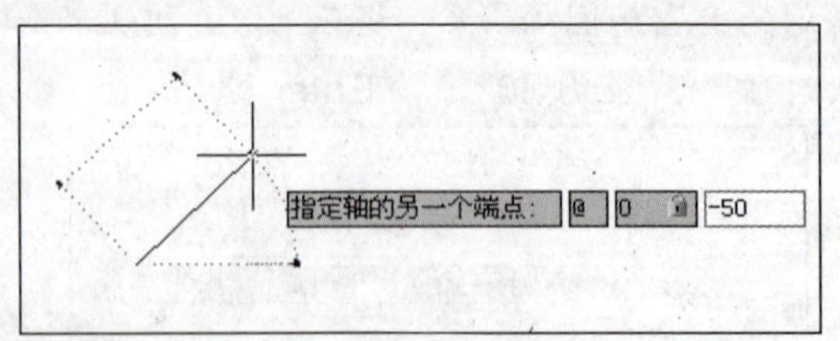


**Step 03** 系统提示“指定另一条半轴长度或[旋转(R)]”，输入“R”，按 Enter 键选择“旋

转”选项，系统提示“指定绕长轴旋转的角度”，输入“60”，按 Enter 键绘制出椭圆。

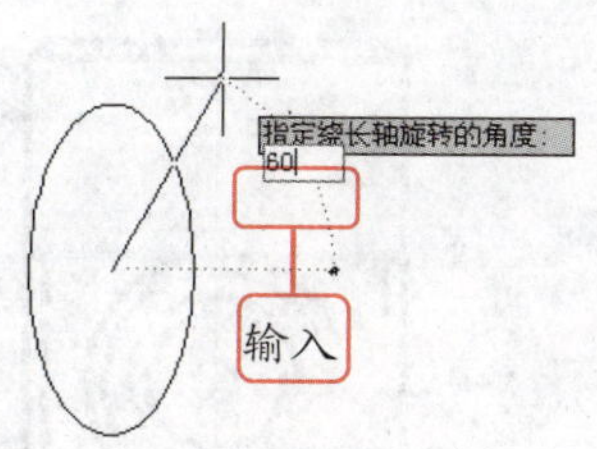


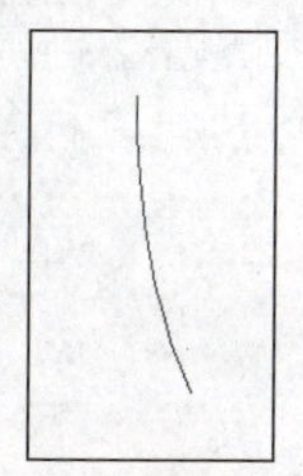

**Step 04** 系统提示“指定起始角度或[参数(P)]”，输入“90”，按 Enter 键，系统提示“指定终止角度或[参数(P)/包含角度(I)]”，输入“150”，按 Enter 键绘制出椭圆弧。

**温馨提示牌** Warm and prompt licensing

如果在菜单浏览器中选择“绘图” | “椭圆” | “圆弧”命令或单击功能区“绘图”面板中“椭圆”按钮右侧的按钮，系统在执行 ELLIPSE 命令后将自动选择“圆弧”选项。

### 3.3.3 绘制圆环

圆环是由两个同心圆组成的图形，圆环中两个圆之间的部分可以是实心的，也可以是空心的，但系统默认填充为实心。

**新手演练** Novice exercises 绘制指定内径的圆环

**Step 01** 输入“DONUT”，按 Enter 键，执行“圆环”命令。系统提示“指定圆环的内径”，输入“10”，按 Enter 键。

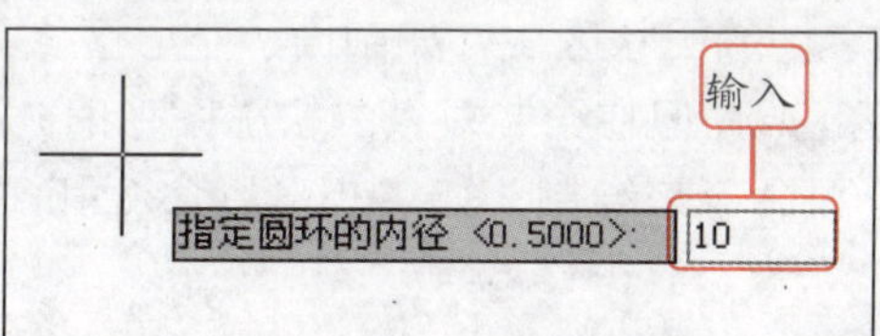


**Step 02** 系统提示“指定圆环的外径”，输入“15”，按 Enter 键，系统提示“指定圆环的中心点或<退出>”，在需要绘制圆环的位置单击，绘制出圆环，然后按 Esc 键退出“圆环”命令。

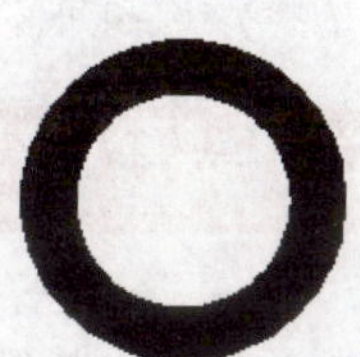

**温馨提示牌** Warm and prompt licensing

如果要绘制空心的圆环，可以通过系统变量 FILL 设置是否填充圆环。其方法是：执行 FILL 命令后，系统提示“输入模式[开(ON)/关(OFF)]”，选择“关”选项。

### 3.3.4 绘制样条曲线

样条曲线是经过或接近一系列给定点且能够自由编辑的光滑曲线，可以通过调整曲线的起点、控制点、终点及偏差变量来修改样条曲线的形状。

在机械设计制图中，样条曲线主要用于绘制局部剖视图中的剖切范围，输入“SPLINE”后按 Enter 键即可执行“样条曲线”命令。

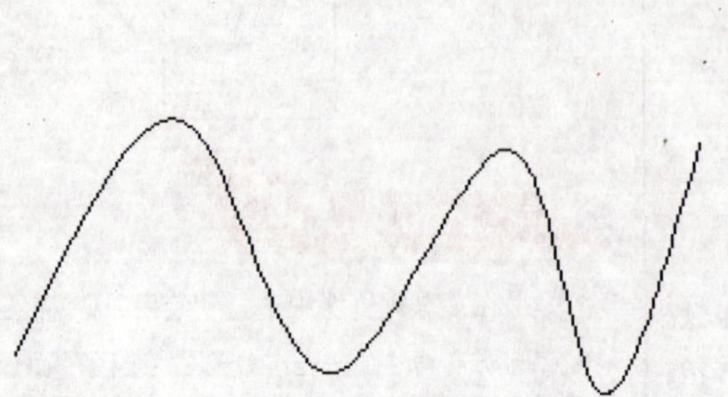

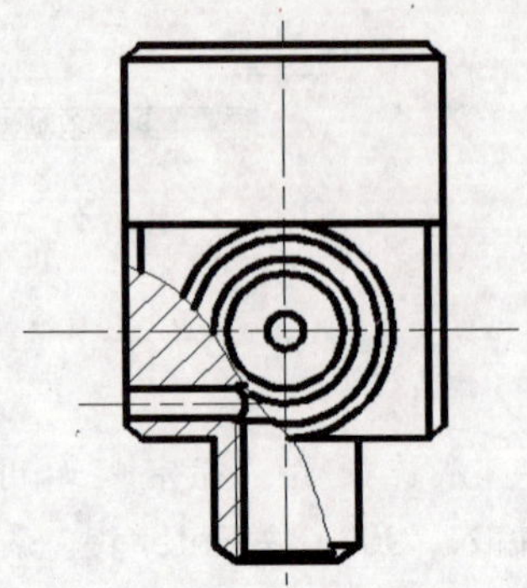

知识点拨 Knowledge　**绘制样条曲线时，系统提示中各选项的含义**

对象(O)：将一条通过编辑多段线命令 PEDIT 中的“样条曲线”选项处理过的多段线拟合生成样条曲线。

闭合（C）：生成一条闭合的样条曲线。当指定两个以上的顶点后，系统提示中会出现此选项。

拟合公差（F）：选择该选项可以设置样条曲线的拟合公差值。输入的值越大，绘制的曲线偏离指定的点越远；输入的值越小，绘制的曲线偏离指定的点越近。

起点切向：指定样条曲线起始点处的切线方向，保持默认即可。

端点切向：指定样条曲线终点处的切线方向，保持默认即可。

# 3.4 绘制多边形

在机械设计中，矩形和正多边形主要用于绘制零件的面状区域，如剖面、空心区域等。虽然通过“直线”命令也可以绘制出一些简单的面状区域。但在绘制复杂的机械图形时，“直线”命令就不太适用了，这时需要使用更快捷的绘图命令来绘制，如“矩形”命令和“正多边形”命令。

## 3.4.1 绘制矩形

在 AutoCAD 中，可以通过指定长度、宽度、面积和旋转参数等确定矩形的形状和大小，而且还可以设置矩形的倒角、圆角等效果，并可以为其设定宽度与厚度值。

输入“RECTANG”或“REC”，按 Enter 键即可执行“矩形”命令，然后根据系统提示就可以绘制矩形了。

新手演练 Novice exercises　绘制底板（源文件\第 3 章\底板.dwg）

Step 01 打开“底板”图形文件，输入“REC”，按 Enter 键执行“矩形”命令。

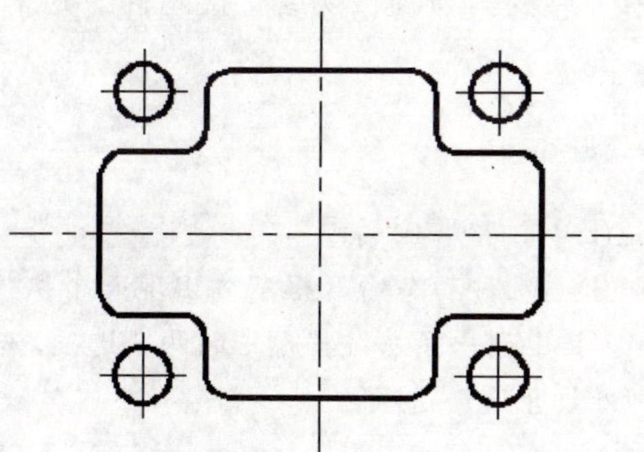

**Step 02** 系统提示“指定第一个角点或[倒角(C)/标高(E)/圆角(F)/厚度(T)/宽度(W)]”，输入“F”，按 Enter 键选择“圆角”选项。

**职场经验谈** Workplace Experience

> 为了避免零件给人带来伤害，因此在设计零件时，一般会对机械零件的边进行倒角或圆角。

**Step 03** 系统提示“指定矩形的圆角半径”，输入“5”，按 Enter 键。

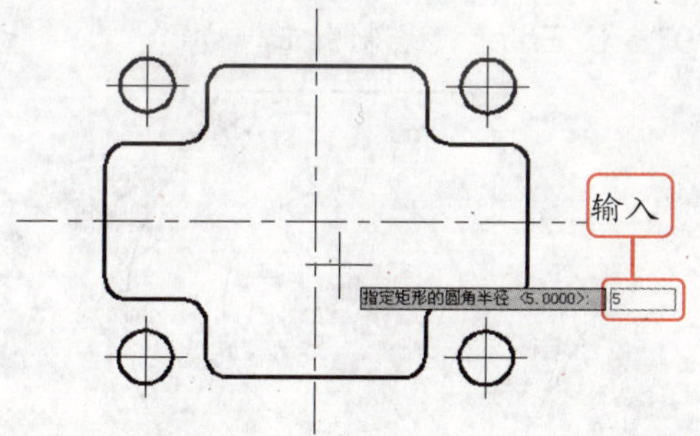


**Step 04** 系统提示“指定第一个角点或[倒角(C)/标高(E)/圆角(F)/厚度(T)/宽度(W)]”，输入“FROM”，按 Enter 键。

**Step 05** 系统提示“基点”，拾取水平中心辅助线和垂直中心辅助线的交点作为基点，如下图所示。

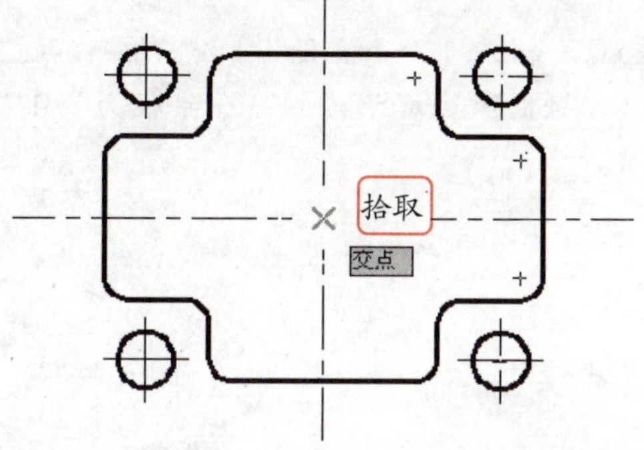


**Step 06** 系统提示“偏移”，输入“@-35,25”，按 Enter 键指定第一个角点。

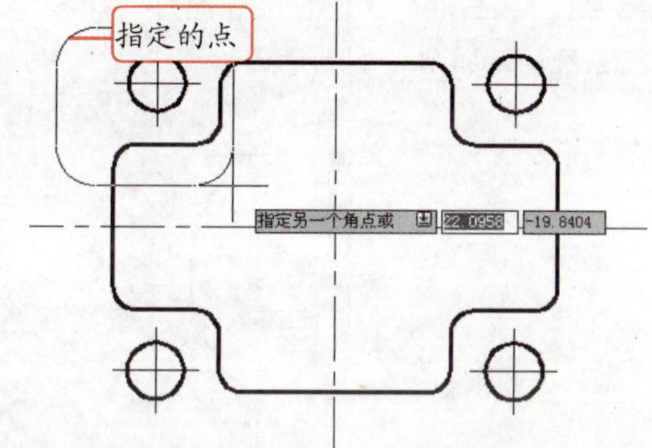


**Step 07** 系统提示“指定另一个角点或[面积(A)/尺寸(D)/旋转(R)]”，输入“@70,-50”，按 Enter 键绘制出底板。

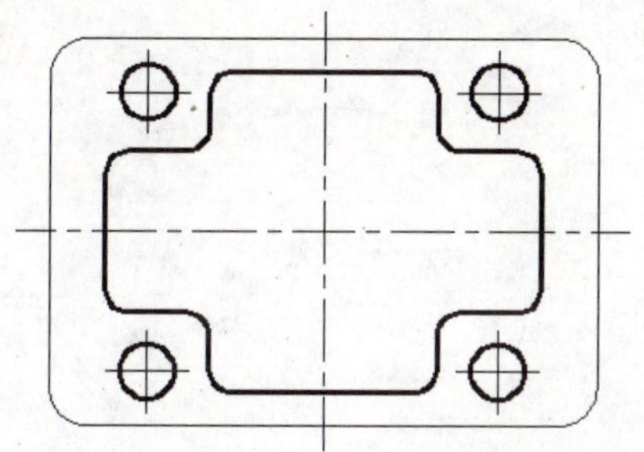

## 3.4.2 绘制正多边形

在机械设计中，“正多边形”命令主要用来绘制螺母等零件图以及一些复杂的机械图形。输入“POLYGON”，按 Enter 键执行“正多边形”命令后就可以绘制正多边形了。在绘制过程中，可以通过指定多边形边长或指定多边形中心点及其与圆相切或相接两种方式来进行绘制。

**新手演练 Novice exercises** 绘制六角螺母（源文件\第 3 章\六角螺母.dwg）

**Step 01** 输入“C”，按 Enter 键，执行“圆”命令，根据系统提示绘制一个半径为“9”的圆。

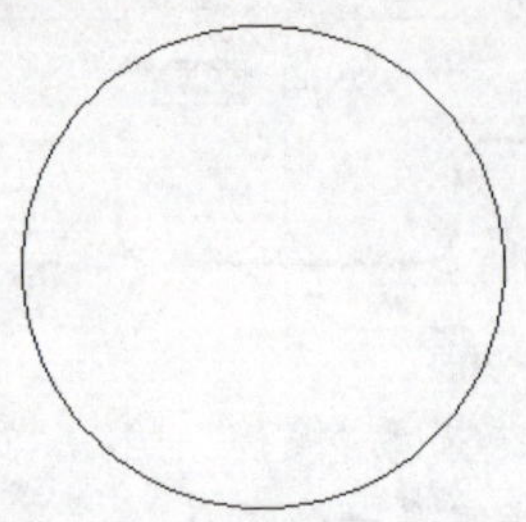

**Step 02** 按 Enter 键重复执行“圆”命令，根据系统提示拾取绘制圆的圆心。

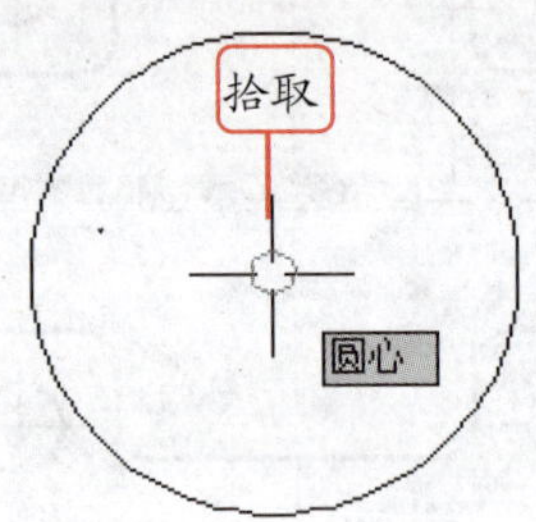


**Step 03** 系统提示“指定圆的半径或[直径(D)]”，输入“D”，按 Enter 键选择“直径”选项。系统提示“指定圆的直径”，输入“10”，按 Enter 键绘制圆。

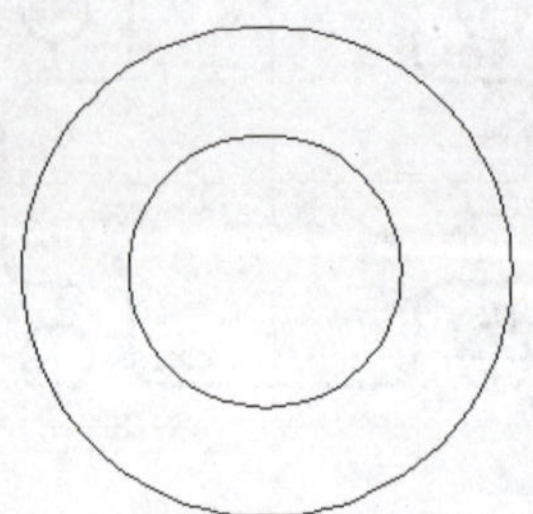

**Step 04** 输入“POLYGON”，按 Enter 键执行“正多边形”命令。系统提示“输入边的数目”，输入“6”，按 Enter 键。

**Step 05** 系统提示“指定正多边形的中心点或[边(E)]”，拾取圆的圆心。

**Step 06** 此时动态输入框下方出现一个快捷菜单，其中列出了系统提示中的两个选项，选择“外切于圆”选项。

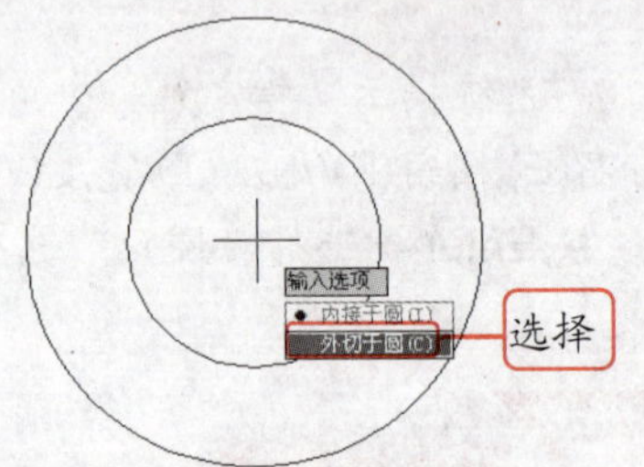


**温馨提示牌 Warm and prompt licensing**

在 AutoCAD 中绘制正多边形时，多边形的边数的限制范围为 3～1024，边数越多，绘制的正多边形越接近圆。

**Step 07** 系统提示“指定圆的半径”，输入“9”，按 Enter 键绘制出正六边形。

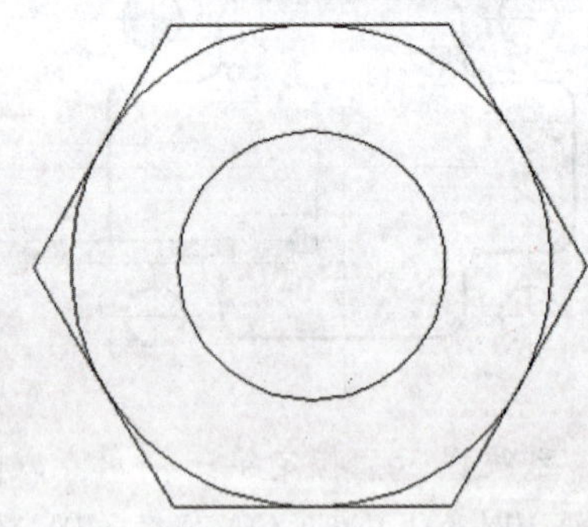

# 3.5 绘制其他二维图形

在 AutoCAD 中，除了可以通过前面讲解的几种绘图命令绘制二维图形外，还可以通过多段线和修订云线进行绘制。

## 3.5.1 绘制多段线

多段线是一种特殊的对象，它具有独特的创建和编辑方法。通过“多段线”命令 PLINE（PL）不仅可以绘制由若干直线，或由直线和圆弧组成的对象，还可以对多段线的每条线段指定不同的线宽，从而绘制一些特殊图形。

### 1. 绘制由直线组成的对象

虽然通过“直线”命令也可以绘制直线，但是绘制的每一段直线都是独立的，编辑一段直线，并不会影响其他段直线。而通过“多段线”命令绘制的多段线中无论包含多少条直线和圆弧，它都是一个单一的对象。

新手演练 Novice exercises 绘制箭头（源文件\第 3 章\箭头.dwg）

Step 01 输入“PL”，按 Enter 键，执行“多段线”命令，系统提示“指定起点”，在绘图区任意位置处单击，指定起点。

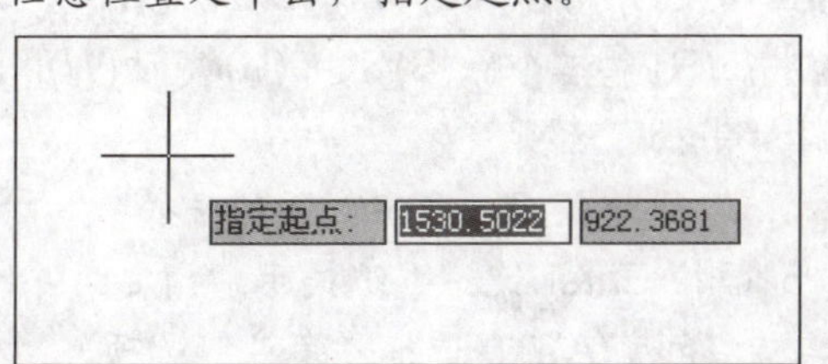


Step 02 系统提示“指定下一个点或[圆弧(A)/半宽(H)/长度(L)/放弃(U)/宽度(W)]”，输入“W”，按 Enter 键选择“宽度”选项。

Step 03 系统提示“指定起点宽度”，输入“5”，指定起点的宽度。系统提示“指定端点宽度”，直接按 Enter 键指定系统默认的端点宽度“5”。

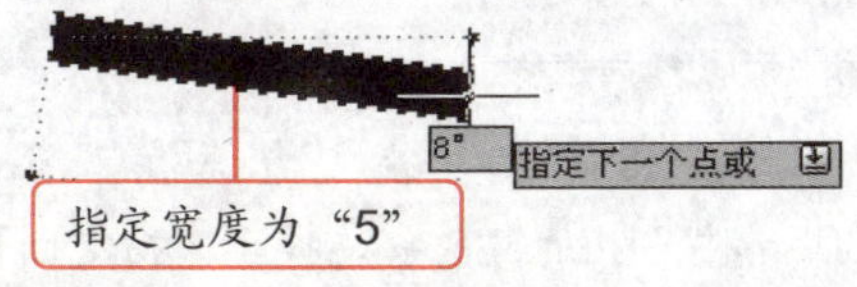


Step 04 系统提示“指定下一个点或[圆弧(A)/半宽(H)/长度(L)/放弃(U)/宽度(W)]”，输入“@30,0”，按 Enter 键绘制出一段具有宽度的直线。

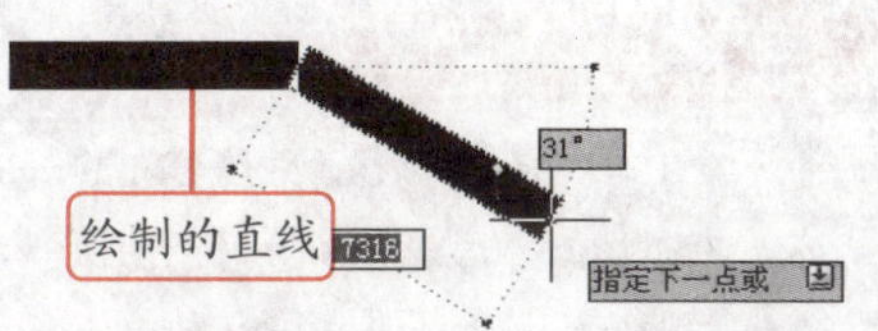


Step 05 系统提示“指定下一点或[圆弧(A)/闭合(C)/半宽(H)/长度(L)/放弃(U)/宽度(W)]”，输入“W”，按 Enter 键选择“宽度”选项。

Step 06 根据系统提示指定起点宽度为“10”，端点宽度为“0”，按 Enter 键。系统提示“指定下一点或 [圆弧(A)/闭合(C)/半宽(H)/长度(L)/放弃(U)/宽度(W)]”，输入“@20,0”，按两次 Enter 键绘制出箭头。

## 2. 绘制由直线和圆弧组成的对象

通过“多段线”命令绘制直线和圆弧组成的对象，从而体现多段线命令将直线和圆弧命令组合为一个命令的优势，并解决了因分别执行命令而浪费大量时间的问题。

新手演练 Novice exercises　绘制座体轮廓（源文件\第 3 章\座体轮廓.dwg）

Step 01 输入“PL”，按 Enter 键，执行“多段线”命令，系统提示“指定起点”，在绘图区任意位置单击，指定起点。

Step 02 根据系统提示输入“@0,-30”，按 Enter 键指定下一点，然后再次根据系统提示输入“@-50,0”。

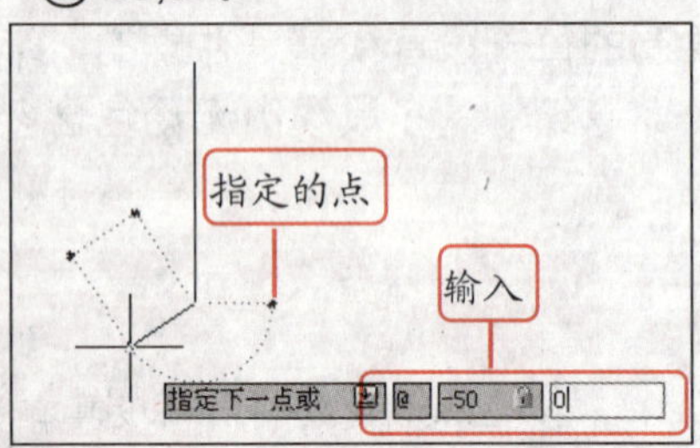


职场经验谈 Workplace Experience

除了可以通过中心点来绘制正多边形外，还可以通过指定正多边形的边来进行绘制。这种绘制方法是通过边的数量和长度来确定其位置和形状。

Step 03 按 Enter 键指定下一点，根据系统提示输入“@0,30”，按 Enter 键指定下一点。

Step 04 根据系统提示输入“@10,0”，按 Enter 键指定下一点。

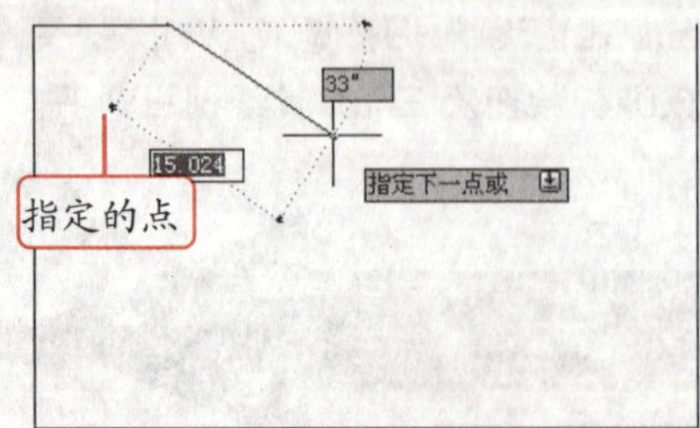


Step 05 系统提示“指定下一点或[圆弧(A)/闭合(C)/半宽(H)/长度(L)/放弃(U)/宽度(W)]”，输入“a”，按 Enter 键选择“圆弧”选项。

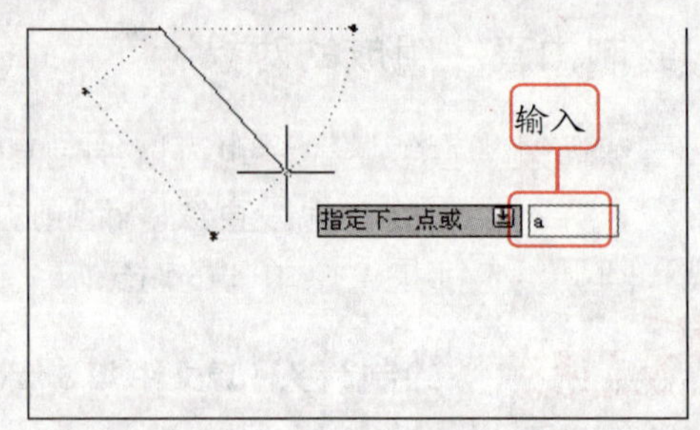


Step 06 系统提示“指定圆弧的端点或[角度(A)/圆心(CE)/闭合(CL)/方向(D)/半宽(H)/直线(L)/半径(R)/第二个点(S)/放弃(U)/宽度(W)]”，选择“半径”选项。

Step 07 系统提示“指定圆弧的半径”，输入“15”，按 Enter 键。系统提示“指定圆弧的端点或 [角度(A)]”，选择“角度”选项。

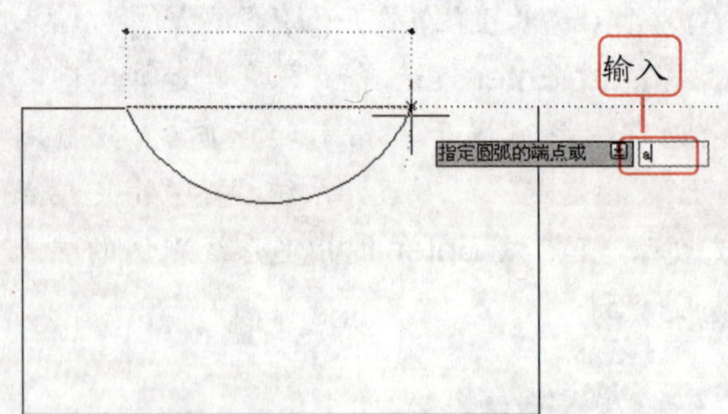


Step 08 系统提示“指定包含角”，输入“180”，按 Enter 键，系统提示“指定圆弧的弦方向”，直接按 Enter 键，指定系统默认圆弧的弦方向。

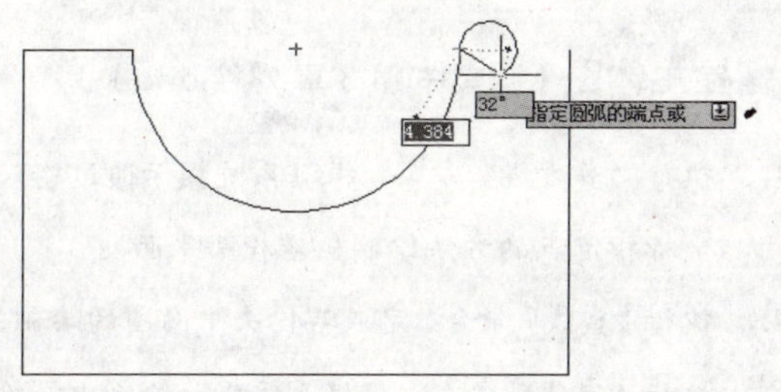


**Step 09** 根据系统提示选择“直线”选项，提示“指定下一点或[圆弧(A)/闭合(C)/半宽(H)/长度(L)/放弃(U)/宽度(W)]”，输入“@10,0”。

**Step 10** 按两次 Enter 键绘制一条直线，完成座体轮廓的绘制。

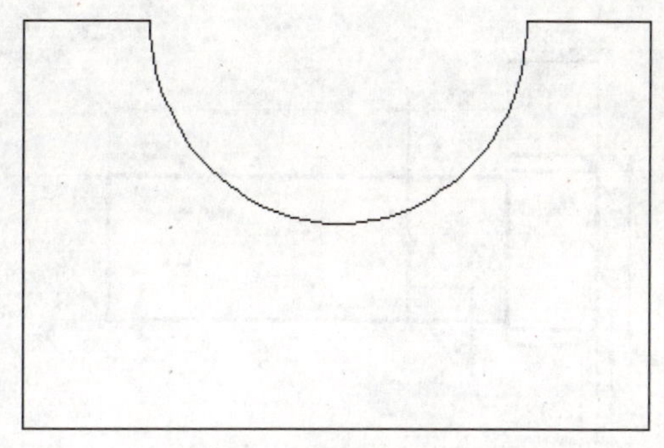

### 3.5.2 绘制修订云线

修订云线一般由连续的圆弧组成，主要用于在检查阶段作为批注，以提醒注意图形的某个部分。输入“REVCLOUD”命令，按 Enter 键即可执行“修订云线”命令。

**知识点拨 Knowledge** 绘制修订云线时，系统提示中各选项的含义

弧长（A）：指定修订云线中的弧长，选择该选项后需要指定最小弧长与最大弧长，其中最大弧长不能超过最小弧长的 3 倍。

对象（O）：选择该选项可以将已有的矩形、圆、椭圆、正多边形等封闭对象转换为修订云线。选择该选项并选择要转换的对象后，系统提示“反转方向[是(Y)/否(N)]”。若选择系统默认的“否”选项，则修订云线中的圆弧向外凸出，若选择“是”选项，则修订云线中的圆弧向内凹进，即反转圆弧的方向。系统默认为“否”选项，如下两图分别是将正六边形转换为修订云线后选择不同反转方向的效果。

样式（S）：该选项用于修改修订云形的样式，选择该选项后，系统提示“选择圆弧样式[普通(N)/手绘(C)]”，一般选择系统默认的“普通”选项。

## 3.6 职场特训

本章主要讲解了绘制机械图形的一些常用命令，其中直线、多线、圆和圆弧、矩形和正多边形及多段线是需要重点掌握的。

用户通过这些基本的绘图命令，要能绘制一些基本的机械图形。学习完本章内容后，下面通过两个实例巩固本章知识。

**特训 1：使用“多段线”和“直线”命令绘制出螺栓主体图**（源文件\第 3 章\螺栓.dwg）

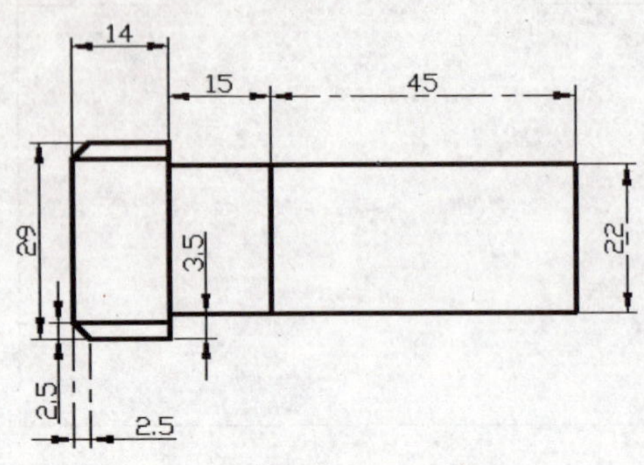


1. 执行“多段线”命令，根据系统提示通过输入坐标指定点的方法绘制出螺栓头平面图。
2. 执行“直线”命令，完成螺栓头平面图的绘制。
3. 执行“直线”命令，根据系统提示绘制出螺栓的螺杆部分，完成螺栓的绘制。

**特训 2：使用“圆”和“多段线”命令绘制出连接件**（源文件\第 3 章\连接件.dwg）

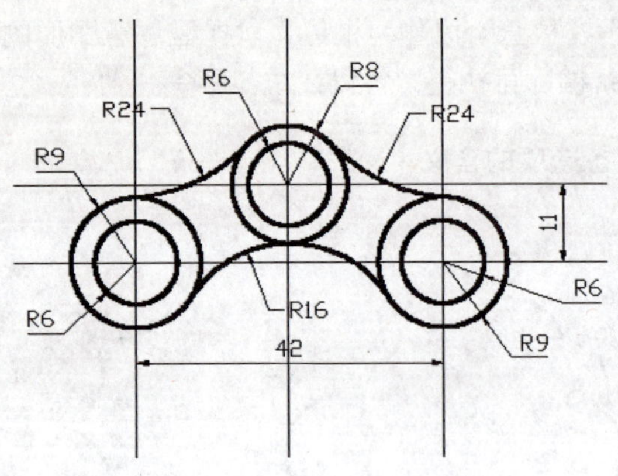


1. 使用“构造线”命令绘制出辅助线，以便辅助绘图。
2. 使用“圆”命令，根据系统提示绘制出连接件的轴轮。
3. 使用“多段线”命令并结合对象捕捉功能，根据系统提示绘制出连接件的轴带，完成连接件的绘制。

# 第4章

# 编辑二维图形

## 精彩案例

栏选矩形和圆

通过矩形阵列来绘制图形

通过“偏移”命令绘制端盖

对压板进行圆角处理

## 本章导读

使用绘图命令虽然可以绘制一些简单的机械图形，但是对于一些复杂的机械图形，只使用绘图命令很难完成，即使能够绘制，也会加大工作量，降低工作效率。如果将绘图命令与图形编辑命令结合使用，不仅可以修改机械图形，还能绘制一些复杂的机械图形。

# 4.1 选择对象

在对图形对象进行修改之前，要选择图形对象。选择图形对象的方法主要包括点选、框选、栏选和快速选择等。

## 4.1.1 点选对象

点选对象是最简单、最常用的一种选择图形的方式，其方法是用光标在绘图区中单击选择的对象。如果要选择多个对象，只需连续单击不同的对象。

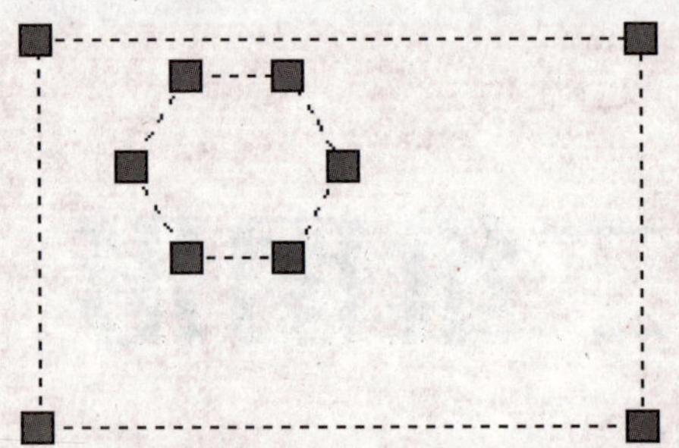

**温馨提示牌** Warm and prompt licensing

按住 Alt 键并单击对象，可以选择彼此接近或重叠的对象，按住 Shift 键并单击对象，可以取消选择对象。

## 4.1.2 框选对象

框选对象是另一种比较常用的选择对象的方法，按住鼠标左键不放拖动鼠标，将出现一个矩形框，只要用该矩形框框住需要选择的对象即可将其全部选中。框选方法可分为左框选和右框选两种方式。

**知识点拨 Knowledge** 框选对象的两种方式

左框选：将光标移动到图形对象的左侧，按住左键不放向右侧拖动，释放鼠标后，被淡蓝色实线矩形框完全包围的对象将被选中。

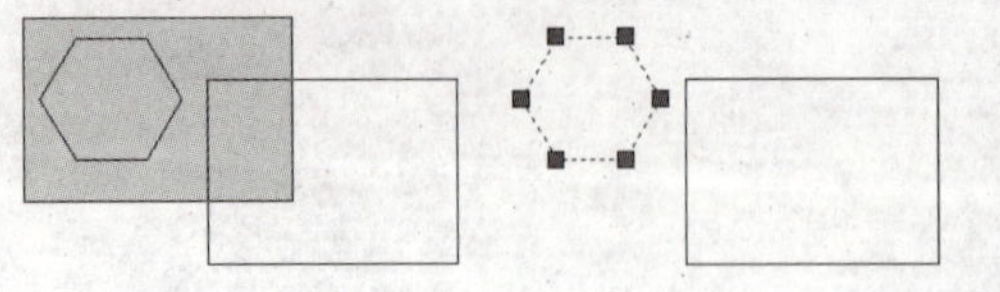

右框选：与左框选方向相反，将光标移到图形对象的右侧，按住左键不放向左侧拖动，释放鼠标后，与绿色虚线矩形框相交及完全被包围的所有对象将被选中。

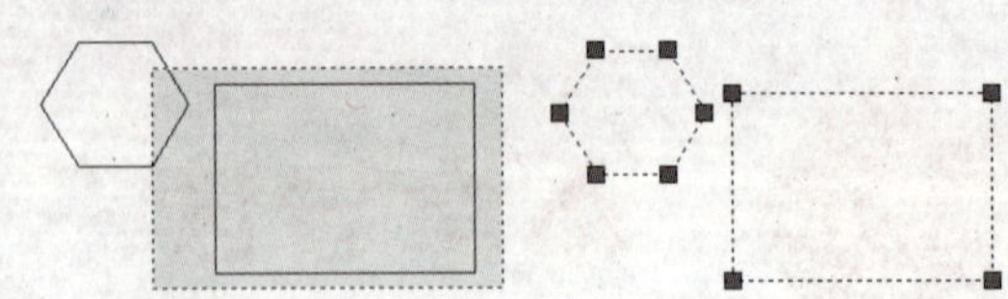

## 4.1.3 栏选对象

栏选对象是通过拖动出虚线来进行选择的，凡是与虚线相交的图形都会被选择。利用该方法可以方便地选择连续性的对象，但是栏选的折线不能封闭或相交。

栏选矩形和圆

Step 01 通过绘图命令任意绘制出一个矩形、一个圆和一个正六边形。

Step 02 执 SELECT 命令，系统提示“选择对象”，输入“FENCE”或“F”并按 Enter 键。

Step 03 系统提示“指定第一个栏选点”，在矩形的左侧单击，指定第一个栏选点。

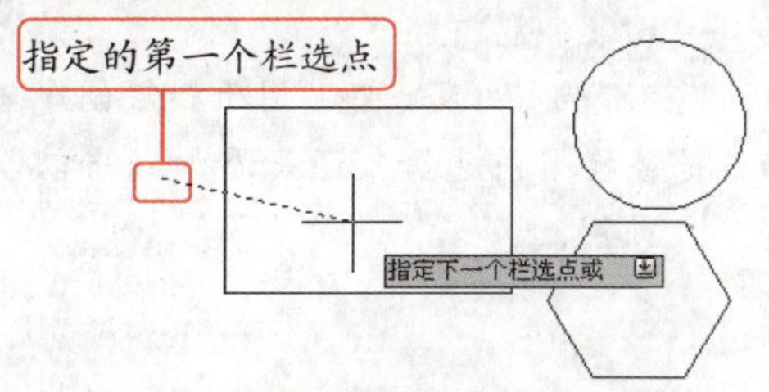


Step 04 系统提示“指定下一个栏选点或[放弃(U)]”，在矩形的下方单击，指定第二个栏选点。

Step 05 系统提示“指定下一个栏选点或[放弃(U)]”，在圆上方单击，指定第三个栏选点。

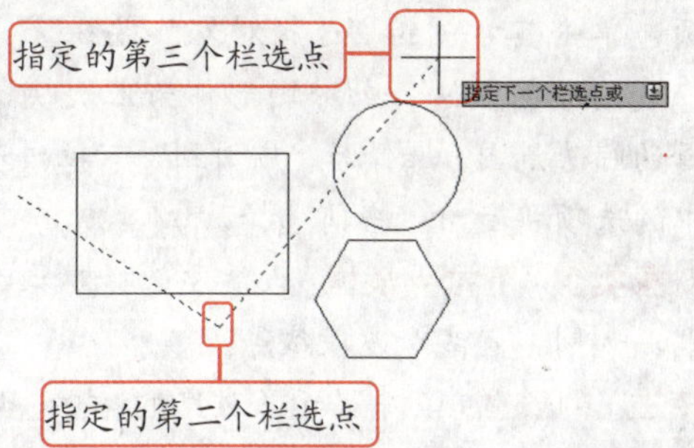


Step 06 按 Enter 键选择与绘制的虚线相交的图形。

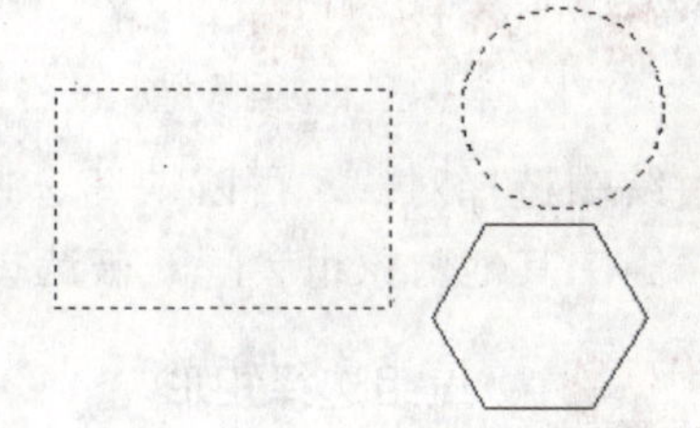

## 4.1.4 快速选择对象

快速选择对象是通过对象特性或对象类型来进行选择的一种方法，该方法可以快速选择具有相同特性或属于同一类型的对象。

在选择之前，需要对选择的对象类型进行设置，这主要是在“快速选择”对话框中进行的，输入“QSELECT”，按 Enter 键即可打开该对话框。有实体时启动该命令，才会弹出此对话框。

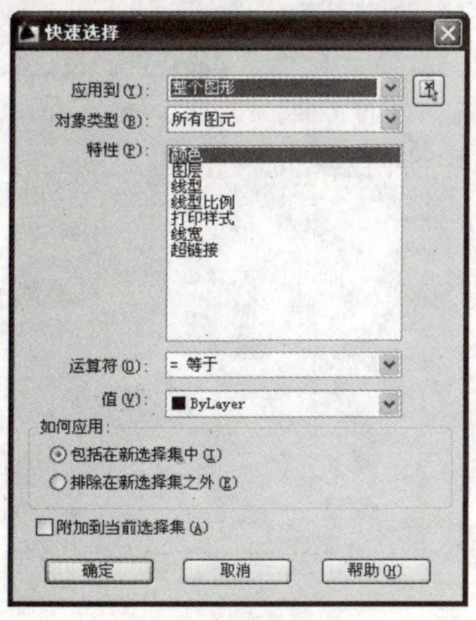


温馨提示牌 Warm and prompt licensing

利用快速选择功能选择对象后，还可以再次利用该功能选择其他类型和特性的对象。这种选择方法适用于在绘制一些复杂的机械图形时，选择特性相同的大部分图形。

**知识点拨 Knowledge** 认识“对齐”下拉列表框中各选项的含义

“应用到”下拉列表框：默认选择“整个图形”选项，单击其右侧的“选择对象”按钮，可以返回绘图区选择部分图形作为本次快速选择的筛选范围，选择后“应用到”下拉列表框中的选项将变为“当前选择”。

“对象类型”下拉列表框：设置要选择对象的类型，如圆、直线和多段线等。

“特性”列表框：其中显示了对象的特性，如颜色、图层和线型等。

“运行符”下拉列表框：用于选择运算方式，如等于、不等于、大于或小于等。

“值”下拉列表框：用于选择对象特性的具体值，其中的选项根据所选择的特性不同而不同。

“如何应用”栏：指定将符合给定过滤条件的对象包括在新选择集内还是排除在新选择集外。

“附加到当前选择集”复选框：用于指定创建的选择集是替换当前选择集还是添加到当前选择集。

## 4.1.5 编组选择对象

通过编辑选择对象，可以快速选择事先定义好的一组或多组对象，当选择组中的任意对象时，组中其他对象也会同时被选择。

**新手演练 Novice exercises** 编组选择矩形

Step 01 通过绘图命令任意绘制出如下图所示的图形。

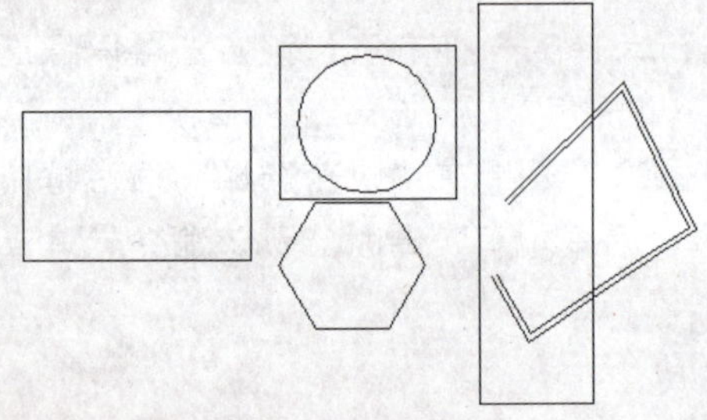

Step 02 输入“GROUP”或“G”，按 Enter 键打开“对象编组”对话框。

**温馨提示牌 Warm and prompt licensing**

由于大型编组会降低程序的性能，因此最好不要创建包含成百上千个对象的编组。

Step 03 在“编组名”数值框中输入“jx”，在说明数值框中输入“矩形”，单击 新建(N) < 按钮。

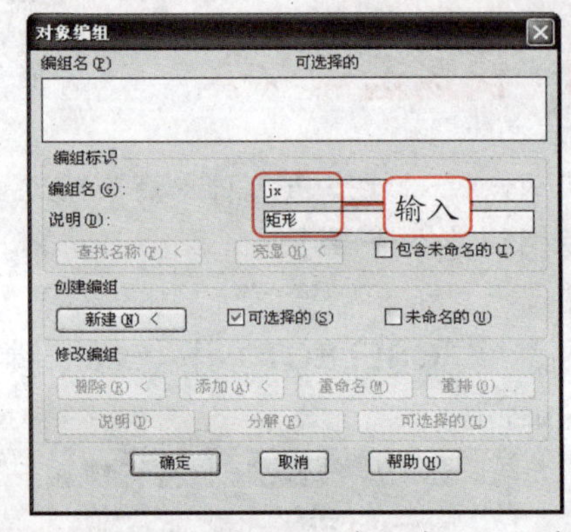


Step 04 返回绘图区，系统提示“选择对象:”，将绘图区中的矩形用点选的方法选中。

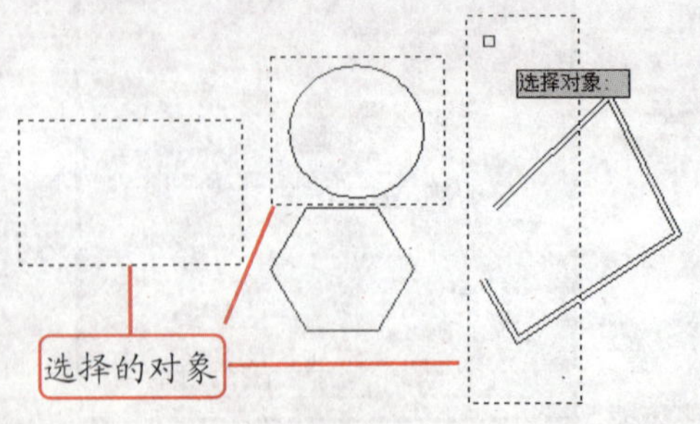

**Step 05** 按 Enter 键返回“对象编组”对话框，此时在“编组名”列表框中显示了新建的编组，单击 确定 按钮。

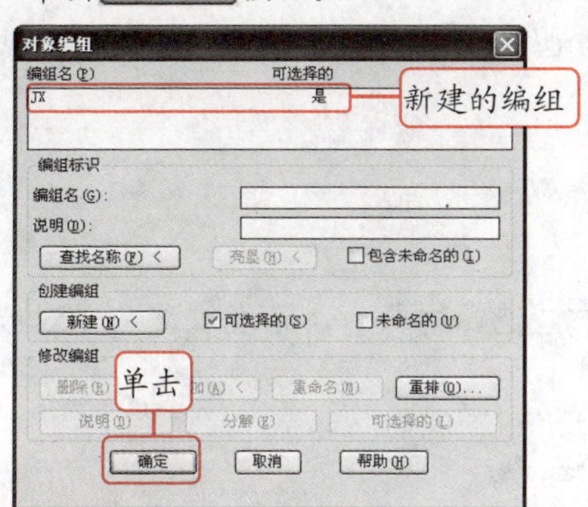


**Step 06** 将光标移动到左侧的矩形上，此时编组后的图形都将以黑色的虚线表示。

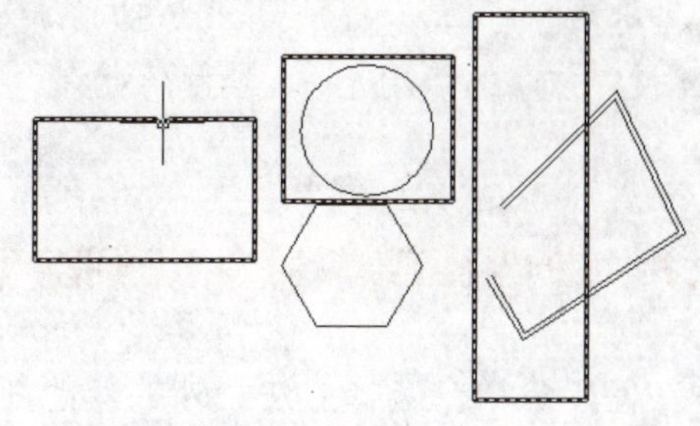

**Step 07** 单击选择该矩形，此时与该矩形同一组的其他对象均被选择。

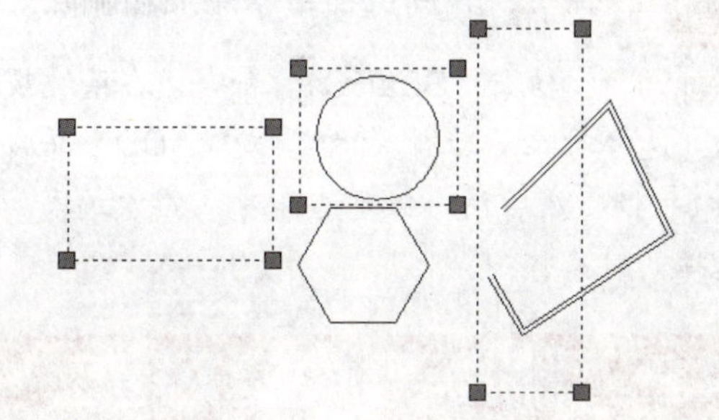

**职场经验谈** Workplace Experience

可选择的(L) 按钮用于指定编组是否可选择，若某个编组为可选择编组，则选择该编组中的一个对象将会选择整个编组。

## 4.1.6 其他选择方法

选择对象的方法多种多样，除了前面在绘图过程中常用的几种方法外，还有许多其他选择对象的方法。

**知识点拨** Knowledge 其他选择对象的方法

**圈围：** 执行“SELECT”命令，在系统提示“选择对象”后输入“WP”或“WPOLYGON”并按 Enter 键，然后绘制任意形状的多边形来框选对象，则完全被包围在多边形区域内的对象将被选中。

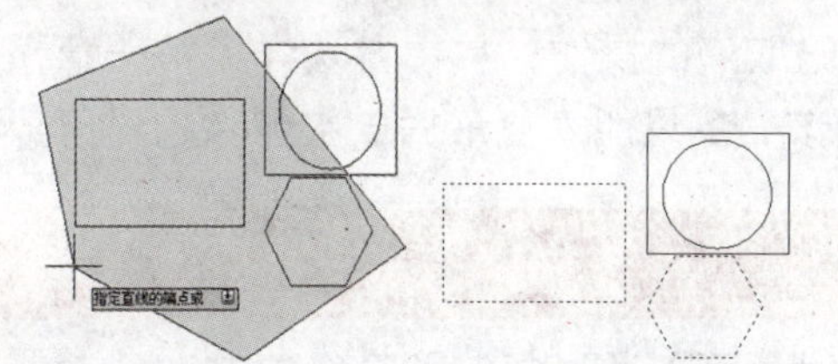

**圈交：** 执行“SELECT”命令，在系统提示“选择对象”后输入“CP”或“CPOLYGON”并按 Enter 键，然后绘制任意形状的多边形框选对象，与多边形选择框相交或被完全包围的对象均被选中。

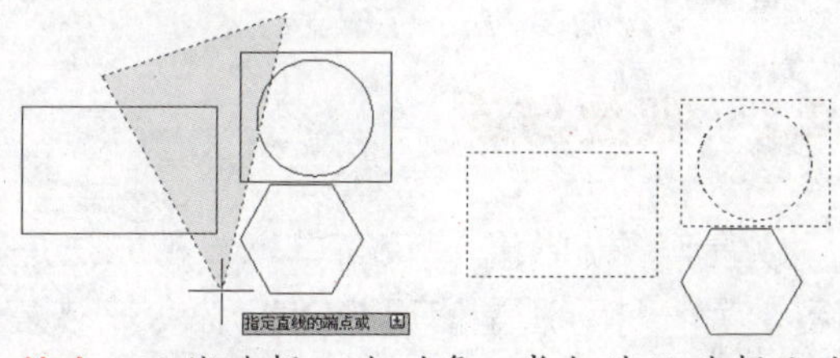

**单个：** 只能选择一个对象，常与其他选择方式结合使用。当系统提示“选择对象”后输入“SI”或“SINGLE”并按 Enter 键，然后单击要选择的单个对象。

**多个：** 执行“SELECT”命令，在系统提示“选择对象”后输入“M”或“MUTIPLE”并按 Enter 键，然后依次单击要选择的对象，按

Enter 键即可选择被单击过的多个对象。

上一个：执行“SELECT”命令，在系统提示“选择对象”后输入“L”或“LAST”并按 Enter 键，可以选择最近一次绘制的对象。

全选：执行“SELECT”命令，在系统提示“选择对象”后输入“ALL”并按 Enter 键即可选择绘图区中的所有对象。另外，按 Ctrl+A 组合键也可以快速选择绘图区中的所有对象。

### 4.1.7 向选择集中添加或删除对象

在使用除单个选择方法之外的其他任意选择方法选择对象时，若发现漏选了对象或误选了不需要的对象，可以向选择集中添加或删除对象。

知识点拨 Knowledge　向选择集中添加和删除对象的方法

添加对象：执行“SELECT”命令，在系统提示“选择对象”后输入“A”或“ADD”并按 Enter 键，然后使用任意选择对象的方式添加选择的对象。

删除对象：执行“SELECT”命令，在系统提示“选择对象”后输入“R”或“REMOVE”并按 Enter 键，然后使用任意选择方式选择要删除的对象。

## 4.2 删除与恢复对象

在绘制机械图形，特别是复杂的图形时，有可能会遇到绘制错了线条或误删除了需要的图形，这时可以通过删除与恢复操作修改图形。

### 4.2.1 删除对象

输入“ERASE”或“E”，按 Enter 键执行“删除”命令后，根据系统提示选择需要删除的对象，再次按 Enter 键即可将其删除。另外一种常用的方法是选择需要的对象后直接按 Delete 键。

### 4.2.2 恢复对象

恢复对象的操作比较简单，一种方法是重做已取消的操作，具体方法详见第一章相关内容。另一种方法是使用 OOPS 命令来恢复，但该命令只能恢复最后一次删除的对象。

## 4.3 复制和高级复制对象

在绘制一些具有相同或相似部分的机械图形时，可以通过复制和高级复制对象功能快速绘制相同的图形，然后根据需要进行修改，以便提高绘图效率。下面详细介绍如何通过复制对象、镜像对象、阵列对象及偏移对象来绘制相同的图形。

## 4.3.1 复制对象

复制对象可以快速绘制出一个或多个与选择对象相同的图形，其方法与在 Word 中复制文本相同，首先需要选择对象，然后执行“复制”命令。

新手演练 Novice exercises　复制矩形

Step 01 执行 REC 命令，根据系统提示绘制任意一个矩形。

Step 02 选择绘制的矩形后输入“COPY”或“CO”，按 Enter 键。

Step 03 系统提示“指定基点或[位移(D)/模式(O)]”，输入“O”并按 Enter 键，然后选择“单个”选项。

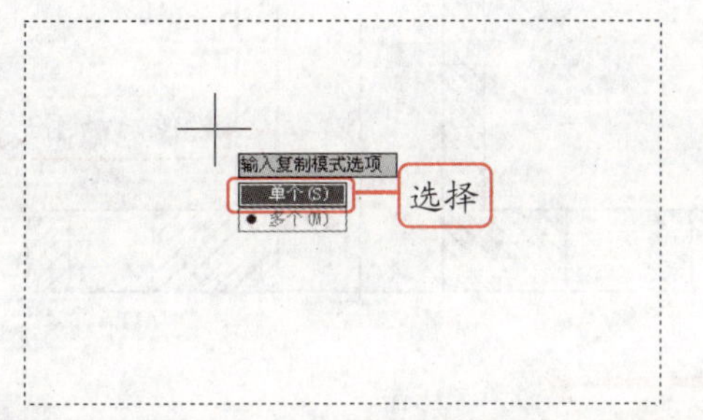


Step 04 系统提示“指定基点或[位移(D)/模式(O)/多个(M)]”，拾取矩形左下角的端点。

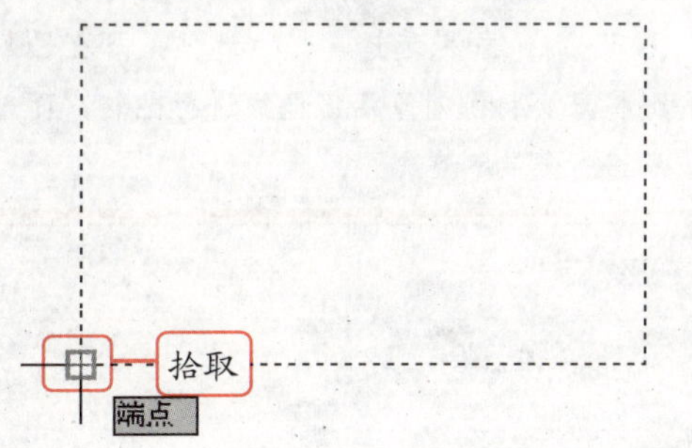


Step 05 系统提示“指定第二个点或<使用第一个点作为位移>”，拖动鼠标将光标移动到矩形的左上角。

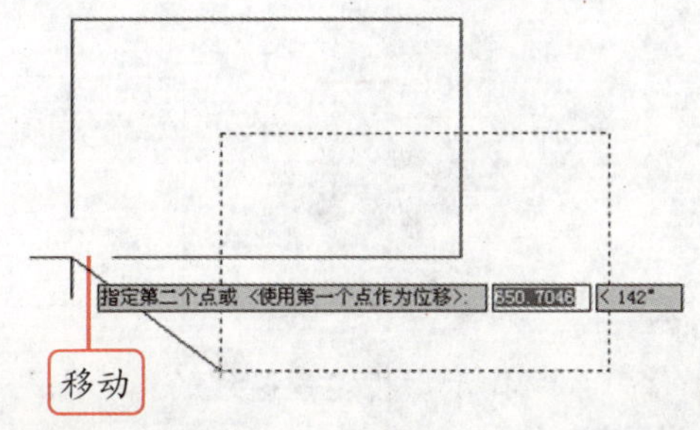


Step 06 单击鼠标，拾取一点，完成矩形的复制操作。

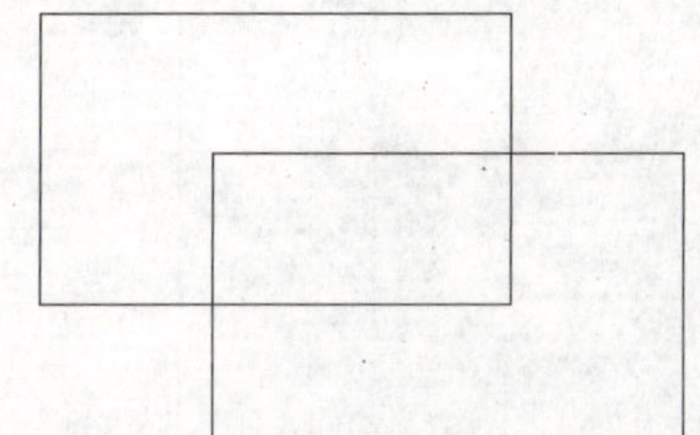

职场经验谈 Workplace Experience

“模式”选项用于设置复制图形时的方式，“单个”选项是指复制图形时只复制一次就结束“复制”命令，“多个”选项是指复制一次图形后，继续进行复制。

## 4.3.2 镜像对象

镜像对象可以绕指定轴翻转对象绘制对称的镜像图形，通过镜像功能，在绘制完一半图形后，可以将其镜像以绘制另一半图形，方便绘制对称的对象。

新手演练 Novice exercises　镜像图形（源文件\第 4 章\零件图.dwg）

**Step 01** 打开“零件图”图形文件，输入“MIRROR”或“MI”，按 Enter 键执行“镜像”命令。

**Step 02** 系统提示“选择对象”，选择构造线左侧的零件图，按 Enter 键。

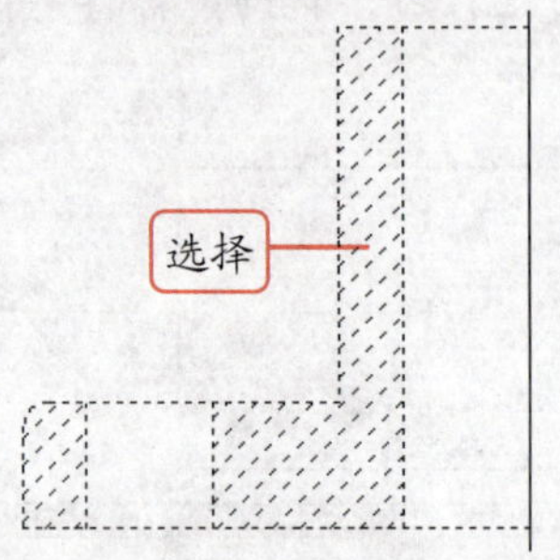


**Step 03** 系统提示“指定镜像线的第一点”，拾取如下图所示的端点。

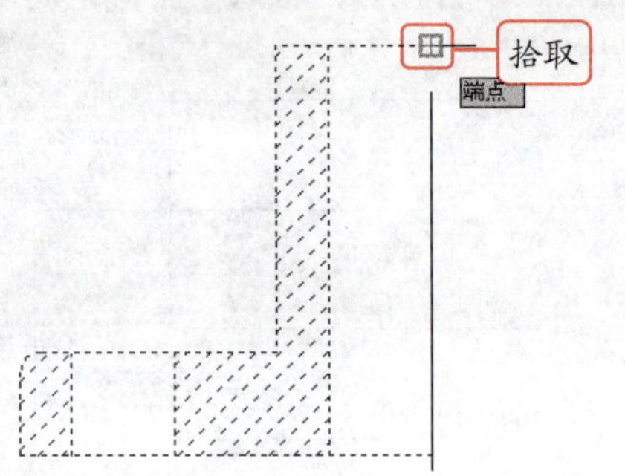


**Step 04** 系统提示“指定镜像线的第二点”，拾取如下图的端点。

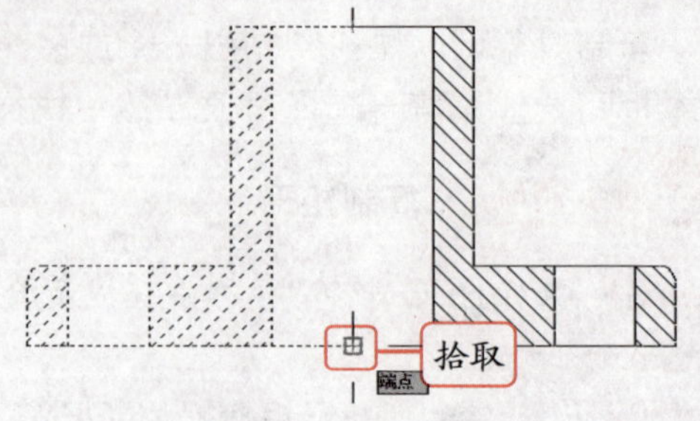


**Step 05** 系统提示“要删除源对象吗？[是(Y)/否(N)]”，输入“N”，按 Enter 键，完成镜像图形的操作。

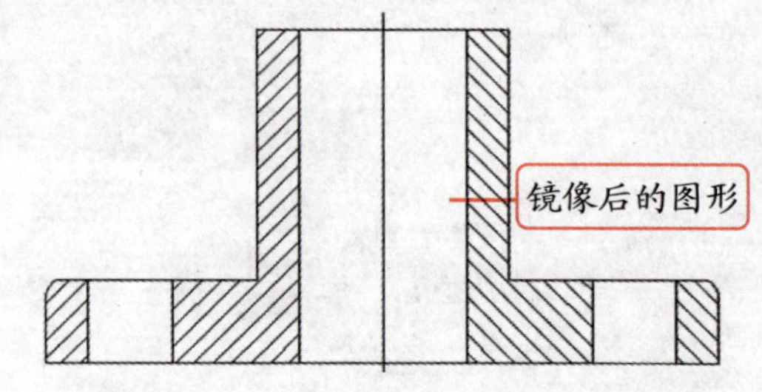


职场经验谈 Workplace Experience

系统提示“要删除源对象吗？[是(Y)/否(N)]”时，如果选择“是”选项，那么图形将只会将源对象沿镜像线进行翻转，而不进行复制。

## 4.3.3 阵列对象

阵列对象与镜像对象相似，它是按照一定的规律将选择的对象进行分布，从而快速复制出图形的已有部分。阵列对象包括矩形阵列和环形阵列两种方式，下面详细介绍。

### 1. 矩形阵列

矩形阵列是指将选择的图形进行复制并按行和列的方式进行有规律的排列。在进行矩形阵列时，需要对阵列的各种参数进行设置，包括行数和列数、行偏移和列偏移及阵列角度等。

## 通过矩形阵列来绘制图形（源文件\第 4 章\压板螺孔.dwg）

**Step 01** 打开“压板”图形文件，通过“圆”命令在压板的左上角绘制一个半径为“10”的圆。

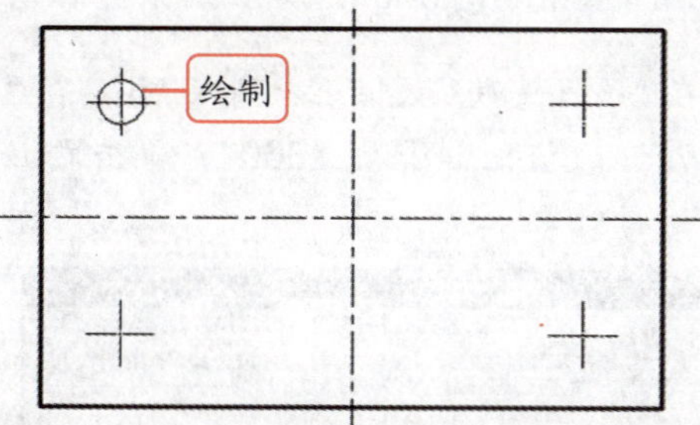


**Step 02** 输入“ARRAY”或“AR”，按 Enter 键执行“阵列”命令，打开“阵列”对话框。

**Step 03** 点选“矩形阵列”单选按钮，在“行数”和“列数”数值框中均输入“2”，单击“偏移距离和方向”栏中的“拾取两个偏移”按钮。

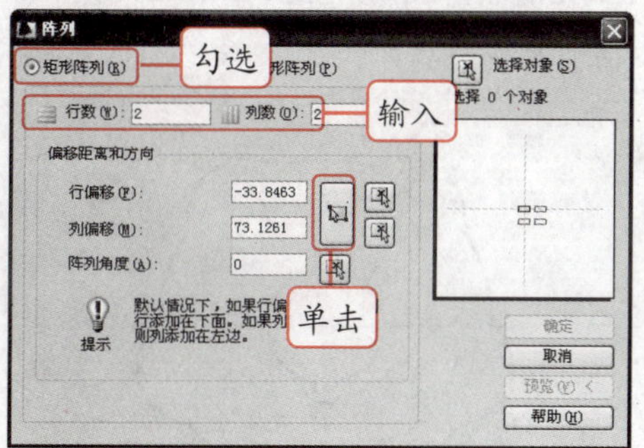


### 温馨提示牌

“行偏移”和“列偏移”数值框用于指定矩形阵列的行间距和列间距，也可以通过单击其后的“拾取行偏移”按钮和“拾取列偏移”按钮进行指定。另外，“阵列角度”数值框用于设置矩形阵列的旋转角度，设置一定的角度后，阵列后的对象将按指定的角度进行旋转。

**Step 04** 返回绘图区，系统提示“指定单位单元”，拾取绘制的圆的圆心。系统提示“另一角点”，拾取压板右下角辅助线的交点。

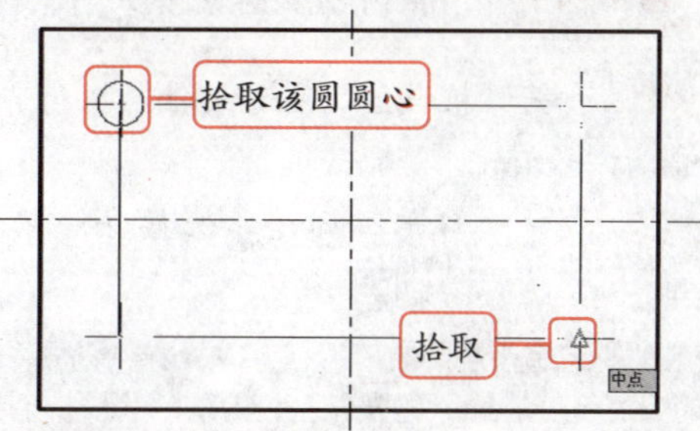


**Step 05** 返回“阵列”对话框，单击右上角的“选择对象”按钮，返回绘图区，选择绘制的圆。

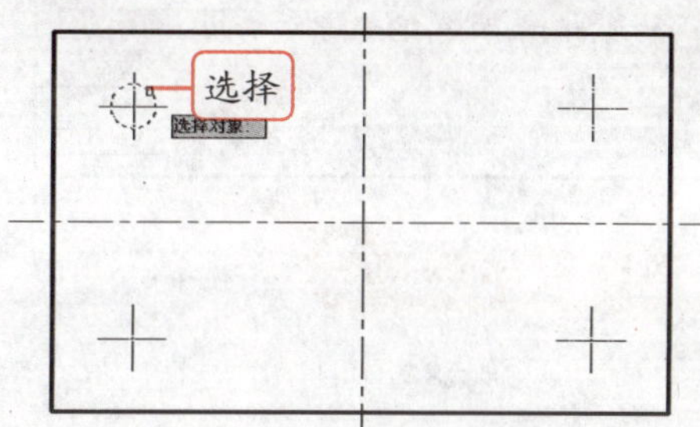


**Step 06** 按 Enter 键返回“阵列”对话框单击 确定 按钮，完成阵列操作。

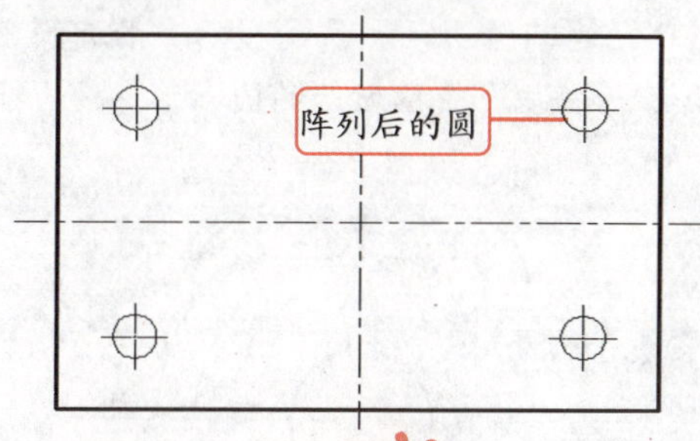


### 温馨提示牌

在设置好矩形阵列的参数后，若不确定阵列后的效果是否符合需要，可以单击 预览(V) < 按钮，对阵列效果进行预览。

## 2. 环形阵列

环形阵列是指通过围绕指定的圆心复制选择的对象并进行有规律的排列。与矩形阵列相同，在阵列前也需要对阵列的各种参数进行设置。

**新手演练 Novice exercises** 通过环形阵列来绘制图形（源文件\第 4 章\机械图.dwg）

**Step 01** 打开“机械图”图形文件，执行 AR 命令，打开“阵列”对话框。

**Step 02** 点选“环形阵列”单选按钮，单击“拾取中心点”按钮。

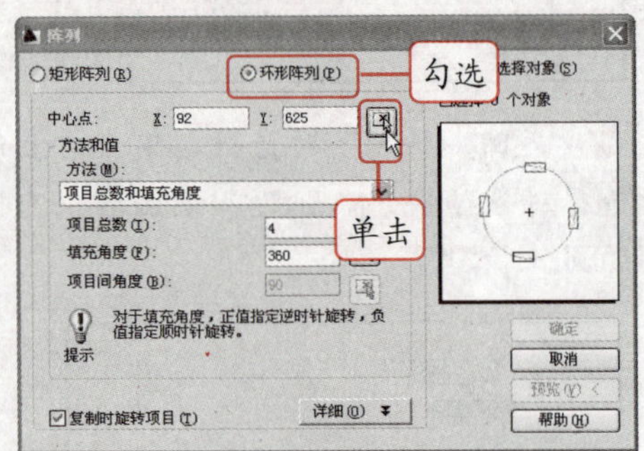


**温馨提示牌 Warm and prompt licensing**

勾选“复制时旋转项目”复选框后，在环形阵列的同时，生成的每个图形也将围绕中心点进行旋转。

**Step 03** 返回绘图区，系统提示“指定阵列中心点”，拾取如下图所示的圆心。

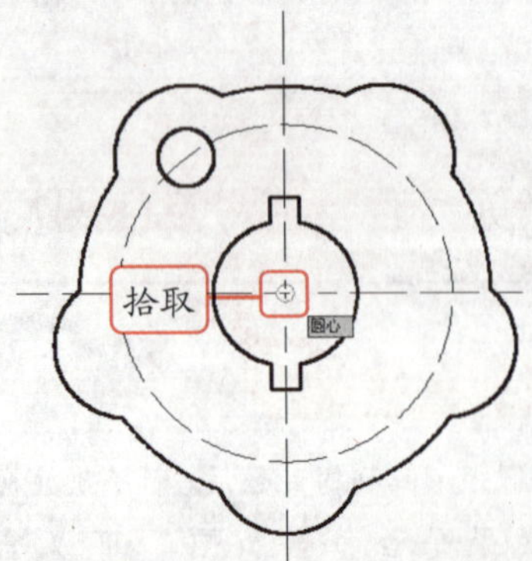


**Step 04** 返回“阵列”对话框，在“方法”下拉列表框中选择“项目总数和填充角度”选项，在“项目总数”数值框中输入“5”，在“填充角度”数值框中输入“360”，单击右上角的“选择对象”按钮。

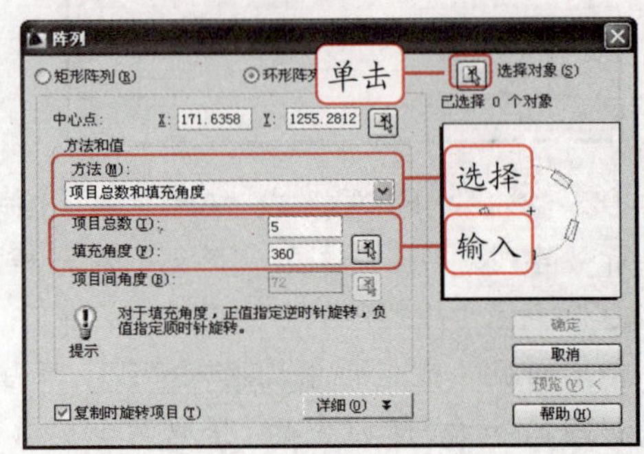


**Step 05** 返回绘图区，系统提示“选择对象”，选择如下图所示的圆。

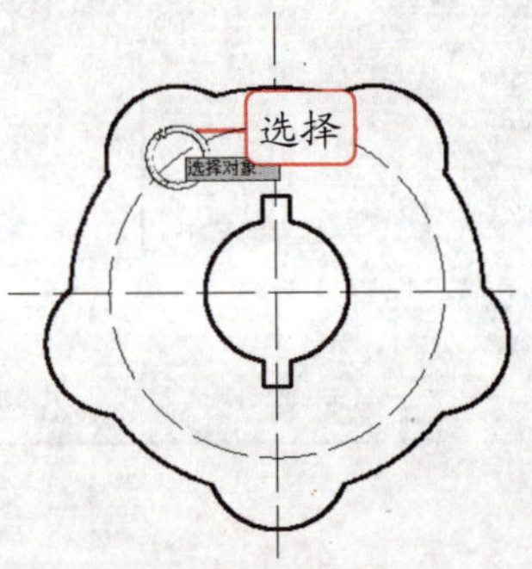


**Step 06** 按 Enter 键返回“阵列”对话框单击 确定 按钮，完成阵列操作。

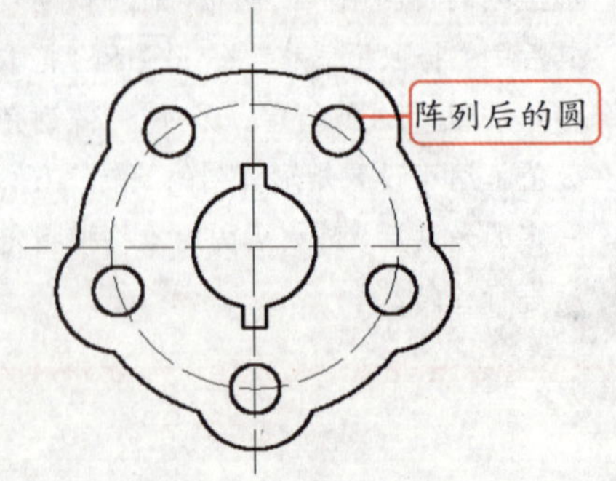

## 4.3.4 偏移对象

偏移是将直线、圆或多段线等对象进行平行或同心偏移复制。使用“偏移”命令复制对象时，复制的对象不一定与源对象相同，当偏移的对象是直线时，偏移后的直线与源直线相同，只是其位置发生了改变；当偏移的对象是弧线或闭合图形时，偏移后的对象可以被放大或缩小。

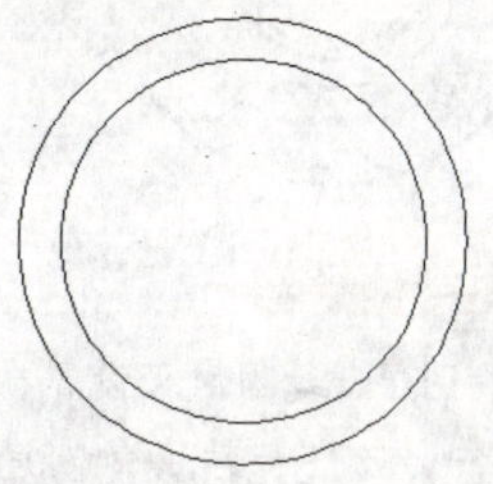

新手演练 Novice exercises

**通过“偏移”命令绘制端盖**（源文件\第 4 章\端盖.dwg）

Step 01 打开“端盖”图形文件，执行“圆”命令，绘制一个与已有圆为同心圆并且半径为“40”的圆。

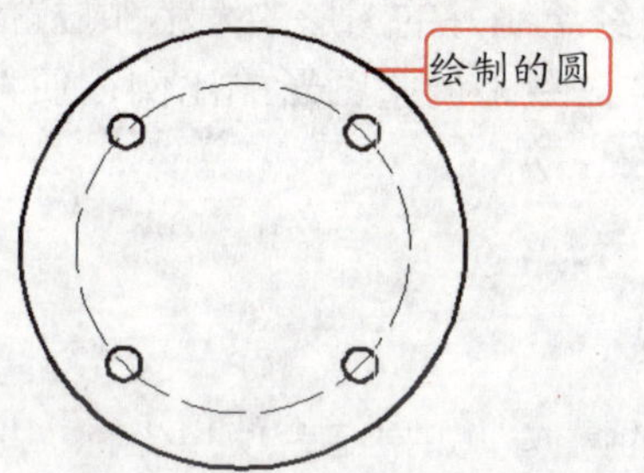


Step 02 输入“OFFSET”或“O”，按 Enter 键执行“偏移”命令。系统提示“指定偏移距离或[通过(T)/删除(E)/图层(L)]”，输入“17”，按 Enter 键指定偏移的距离。

Step 03 系统提示“选择要偏移的对象，或[退出(E)/放弃(U)]”，选择前面绘制的圆。

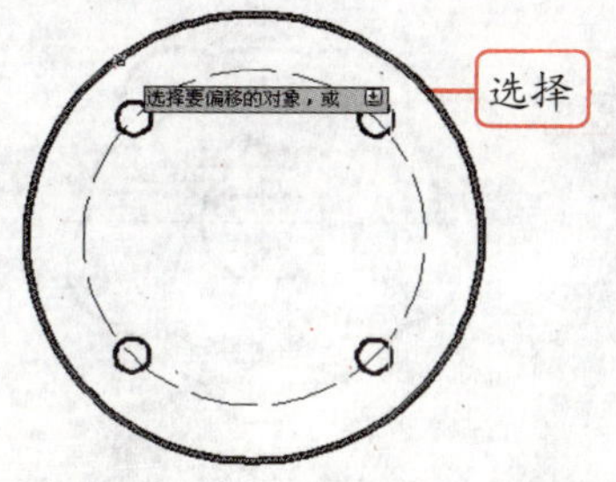


Step 04 系统提示“指定要偏移的那一侧上的点，或[退出(E)/多个(M)/放弃(U)]”，在选择圆的内部单击，偏移复制出一个同心圆。

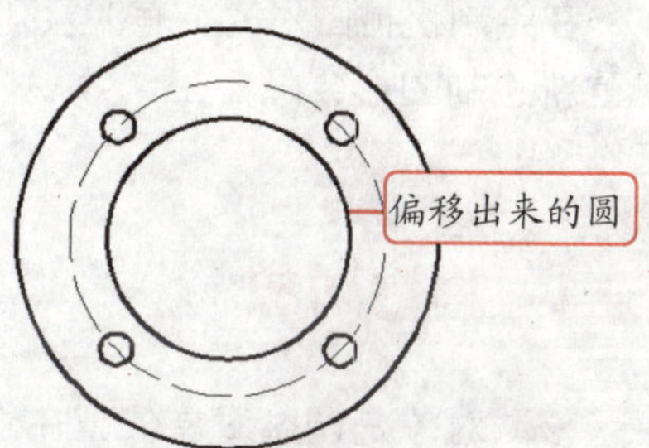


Step 05 按 Enter 键退出“偏移”命令，再次按 Enter 键重复执行“偏移”命令，根据系统提示指定偏移距离为“5”。

Step 06 根据系统提示拾取刚才偏移出来的圆，然后根据系统提示在选择的圆内部单击，偏移复制出一个同心圆。

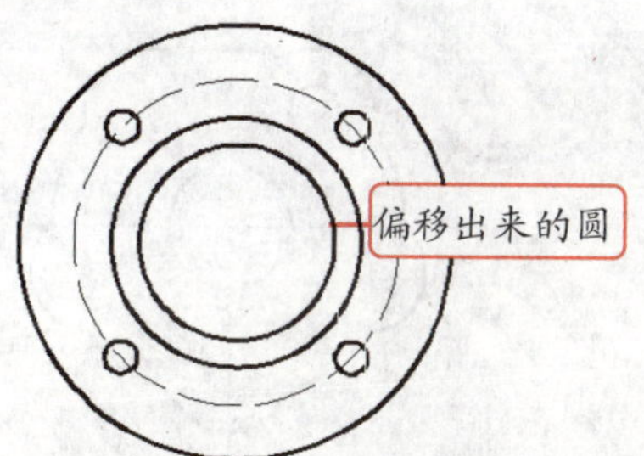

Step 07 重复执行"偏移"命令，根据系统提示指定偏移距离为"2"，然后根据系统提示将上一步偏移出来的圆向内偏移。

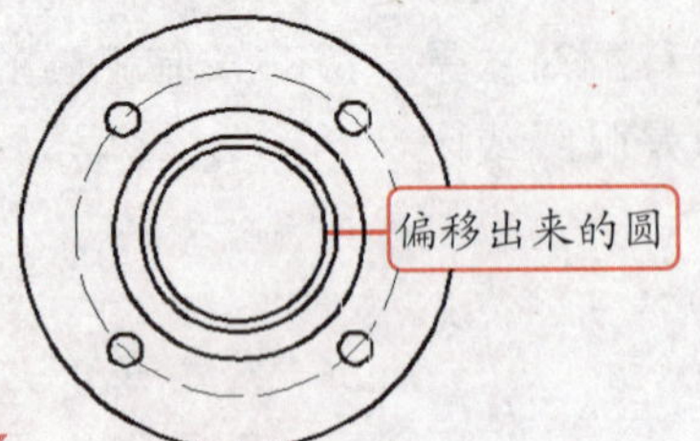


职场经验谈 Workplace Experience

系统提示中的"图层"选项用于设置在源对象所在图层执行偏移还是在当前图层执行偏移。这在绘制具有多图层的复杂图形时很适用。

Step 08 重复执行"偏移"命令，根据系统提示指定偏移距离为"6"，然后根据系统提示将上一步偏移出来的圆向内偏移。

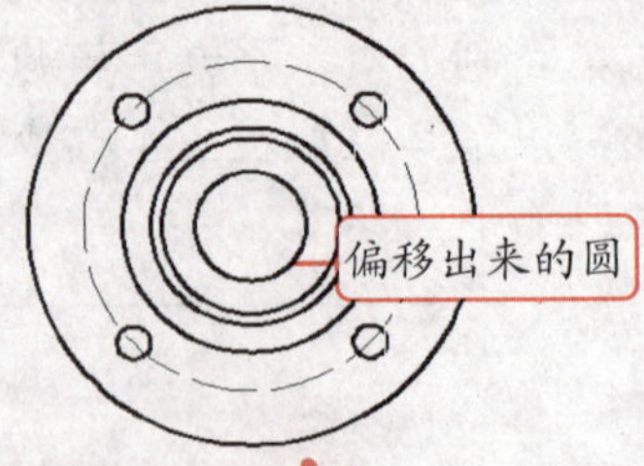


温馨提示牌 Warm and prompt licensing

选择系统提示中的"通过"选项后，可以指定一个点，而偏移后的对象将通过该点。而"删除"选项表示偏移对象后将删除源对象。

## 4.4 调整对象的位置和比例

在绘制机械图形时，有时会因某些原因要对已经绘制好的图形的大小和位置进行修改，但重新绘制图形会降低工作效率，如通过使用各种命令来调整图形的比例，便大大减少了工作量。

### 4.4.1 移动对象

移动对象是调整对象位置中最主要、最频繁的操作，如果结合使用坐标、栅格捕捉功能、对象捕捉等功能，还可以精确移动对象。输入"MOVE"或"M"后，按 Enter 键即可执行"移动"命令。

新手演练 Novice exercises 调整机械图形中圆的位置（源文件\第 4 章\移动对象.dwg）

Step 01 打开"机械图"图形文件，执行"移动"命令。

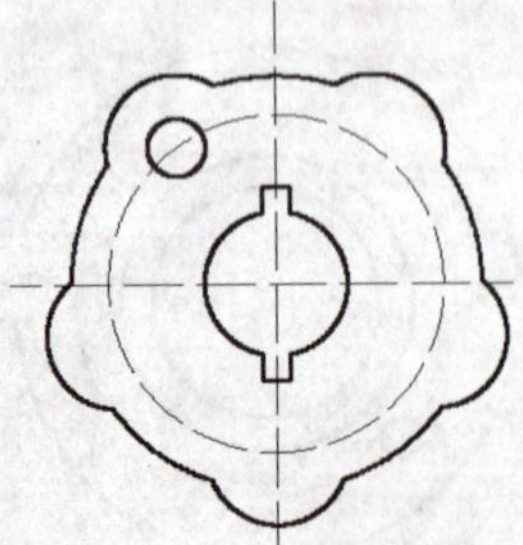

Step 02 系统提示"选择对象"，选择图形中的小圆，按 Enter 键。

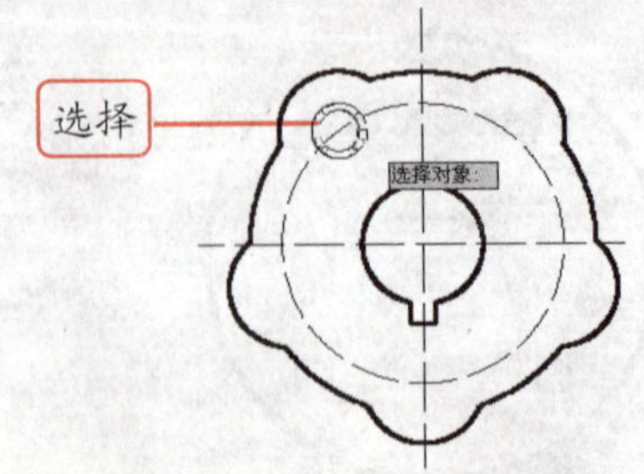

**Step 03** 系统提示“指定基点或[位移(D)]”，拾取选择小圆的圆心作为基点。

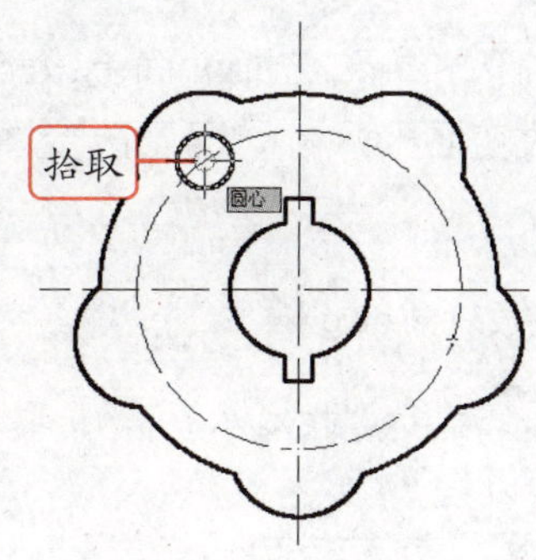


**Step 04** 系统提示“指定第二个点或<使用第一个点作为位移>”，拾取如下图所示的交点，完成对象的移动操作。

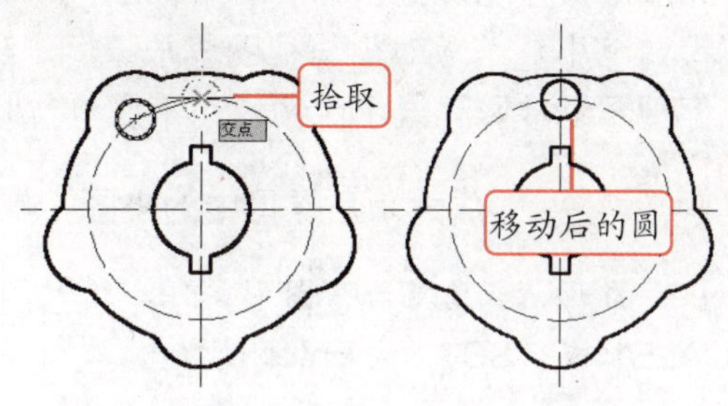


## 4.4.2 旋转对象

在绘制图形时，如果一些图形的方向不符合要求，这时可以将图形绕指定基点旋转。旋转对象不仅可以旋转单个对象，还可以旋转一组对象。

旋转六角螺母（源文件\第 4 章\六角螺母.dwg）

**Step 01** 打开“六角螺母”图形文件，输入“ROTATE”或“RO”，按 Enter 键执行“旋转”命令。

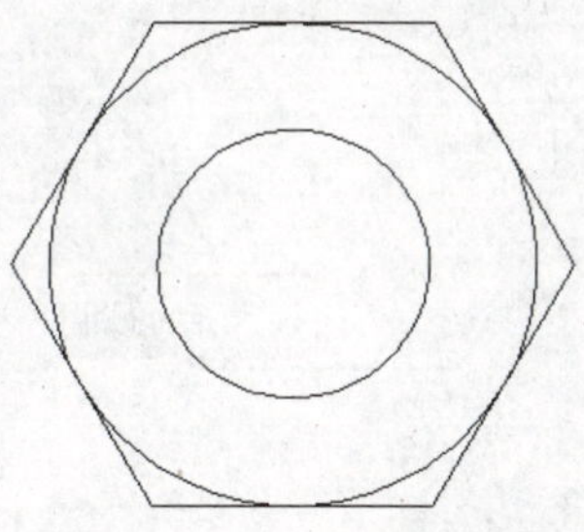

**Step 02** 系统提示“选择对象”，选择绘图区中的所有图形，按 Enter 键。系统提示“指定基点”，拾取正六边形右上角的端点。

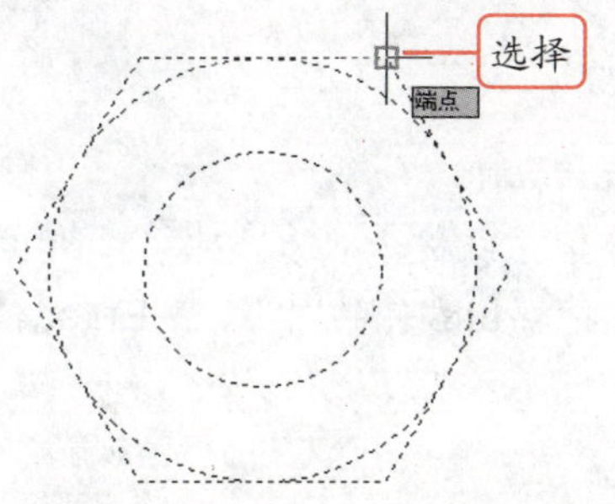


**Step 03** 系统提示“指定旋转角度，或[复制(C)/参照(R)]”，输入“30”。

若选择系统提示中的“复制”选项，则可在进行旋转图形的同时，对图形进行复制。若选择“参照”选项，则系统将以参照方式旋转对象，此时需要依次指定参照方向的角度值和相对于参照方向的角度值。

**Step 04** 按 Enter 键，指定旋转角度为 30°，完成图形的旋转操作。

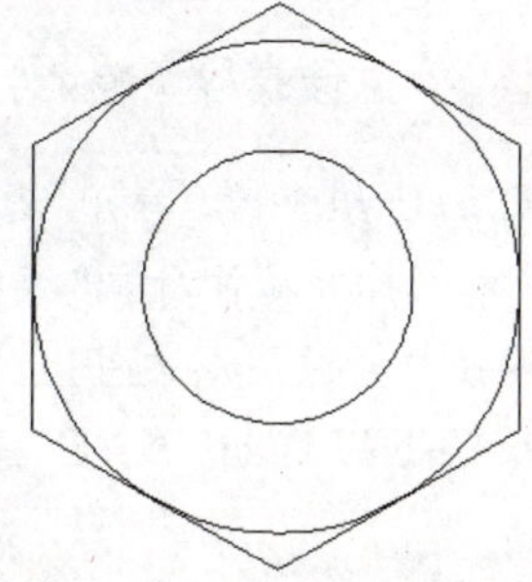

## 4.4.3 缩放对象

缩放对象是指等比例缩放图形，是将整个图形在 *X* 轴、*Y* 轴和 Z 轴方向上以相同的比例放大或缩小。缩放对象与视图缩放不同，缩放对象将改变图形尺寸，而不改变图形的形状，但视图缩放则只显示比例，而不影响实际大小。

新手演练 Novice exercises　放大六角螺母中的小圆（源文件\第 4 章\缩放对象.dwg）

Step 01　打开“六角螺母”图形文件，输入“SCALE”或“SC”，按 Enter 键执行“缩放”命令。

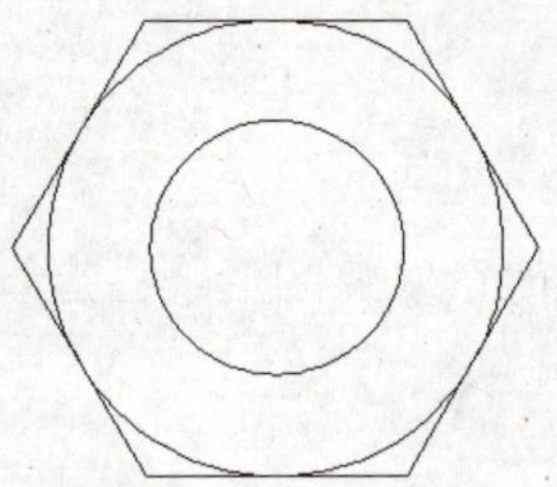

Step 02　系统提示“选择对象”，选择图形中的小圆，按 Enter 键。

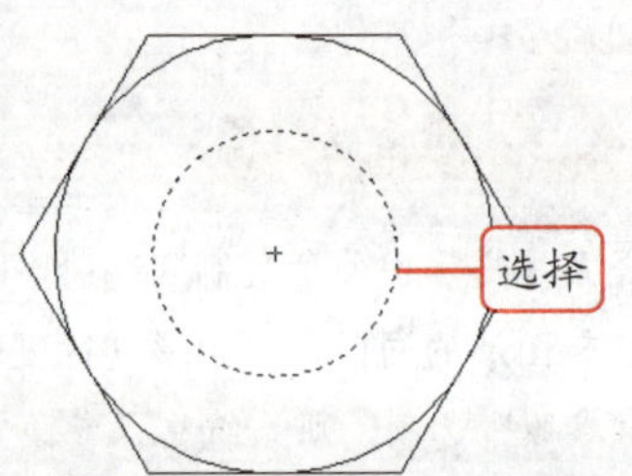


Step 03　系统提示“指定基点”，拾取选择小圆的圆心作为基点。

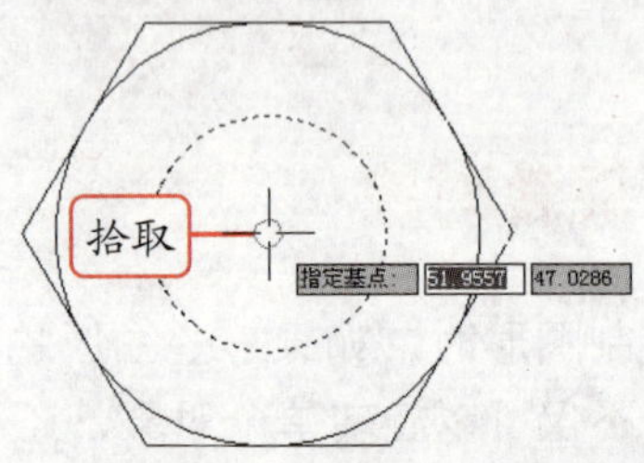


Step 04　系统提示“指定比例因子或[复制(C)/参照(R)]”，输入“1.2”，按 Enter 键，指定比例因子，完成缩放对象的操作。

## 4.4.4 拉伸对象

拉伸对象可以按指定的方向和角度拉长或缩短对象，与缩放对象不同。拉伸对象后，对象在 *X* 轴、*Y* 轴和 Z 轴方向上的比例将发生改变。

新手演练 Novice exercises　拉伸螺栓（源文件\第 4 章\拉伸对象.dwg）

Step 01　按 Ctrl+O 组合键，打开“选择文件”对话框，在其中选择“拉伸对象”图形文件，单击 打开(O) 按钮打开该图形文件。

Step 02　输入“STRETCH”或“S”，按 Enter 键执行“拉伸”命令。

Step 03　系统提示“选择对象”，用右框选的方法选择螺栓右侧的图形，按 Enter 键确认选中图形。

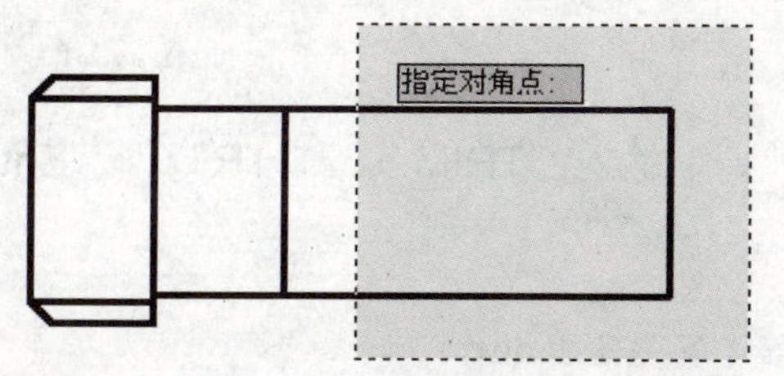


**Step 04** 系统提示“指定基点或[位移(D)]”，拾取选中的图形右上角的端点。

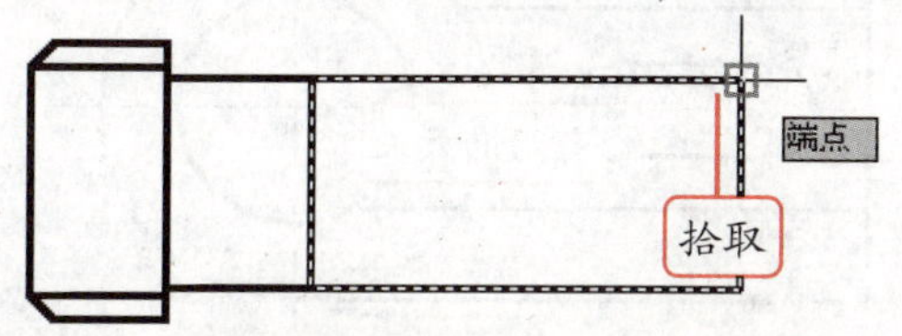


**Step 05** 系统提示“指定第二个点或<使用第一个点作为位移>”，输入“@20,0”，按 Enter 键，完成拉伸图形的操作。

**温馨提示牌** Warm and prompt licensing

并不是所有的对象都可以被拉伸，如点、圆、文本和图块等就不能被拉伸。

### 4.4.5 拉长对象

使用“拉长”命令可以修改直线型图形的长度和圆弧的圆心角。输入“LENGTHEN”或“LEN”后，按 Enter 键可以执行“拉长”命令。

**知识点拨** Knowledge 执行“拉长”命令后，系统提示中各选项的含义

**增量**：通过输入长度或角度增量值的方法延长或缩短对象，输入正值表示延长，输入负值表示缩短。增量将从距离选择点最近的端点处开始测量。

**百分数**：通过输入百分数的方式来改变对象的长度或圆心角大小。

**全部**：通过输入对象的总长度来改变对象的长度。

**动态**：拖动对象的某个端点来改变对象的长度或角度。

**温馨提示牌** Warm and prompt licensing

在选择拉长的对象时，在线段的哪一端选择线段，就会改变哪端的长度，而线段的另一端保持不变。

## 4.5 修改对象

在绘制完图形后，图形的某些部分可能还不符合要求，这时可以通过对对象进行修改来达到要求。修改对象主要包括修剪与延伸对象、打断与合并对象、分解对象以及倒角与圆角等。

### 4.5.1 修剪与延伸对象

绘制图形时，通过“偏移”命令将图形偏移出一定的距离后，有些线条会或长或短于所需的长度，这时可以通过修剪与延伸对象来进行修改。

## 1. 修剪对象

通过“修剪”命令可以将超出边界的线条修剪掉，输入“TRIM”或“TR”，按 Enter 键即可执行“修剪”命令。

修剪底座图形中的线条（源文件\第 4 章\底座图.dwg）

Step 01 打开“底座图”图形文件，输入“TRIM”或“TR”，按 Enter 键执行“修剪”命令。

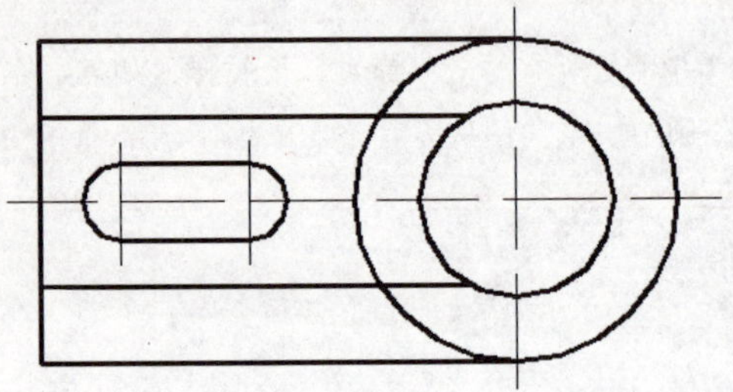

Step 02 系统提示“选择对象或<全部选择>”，选择图形中的两个圆，按 Enter 键，指定修剪的边界。

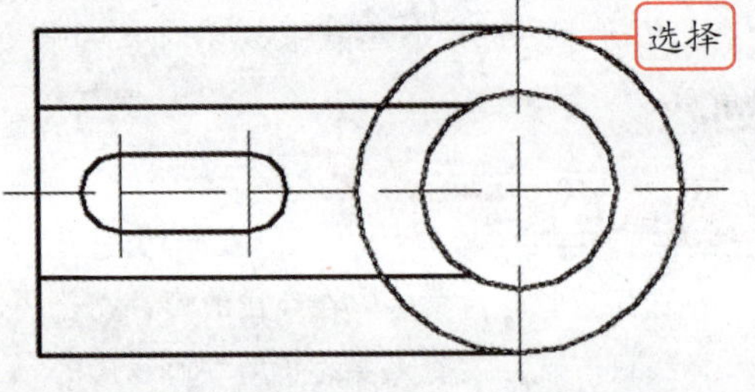


Step 03 系统提示“选择要修剪的对象，或按住 Shift 键选择要延伸的对象，或[栏选(F)/窗交(C)/投影(P)/边(E)/删除(R)/放弃(U)]”，选择上一步选择的两个圆之间的一条线段，将其修剪掉。

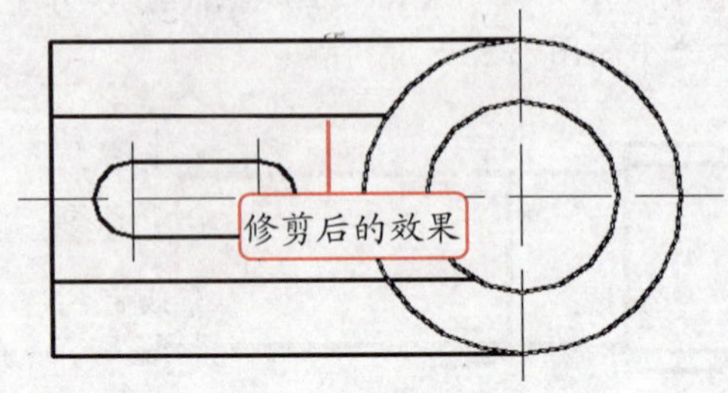


Step 04 根据系统提示选择另一条在两个圆之间的线条，按 Enter 键完成修剪图形的操作。

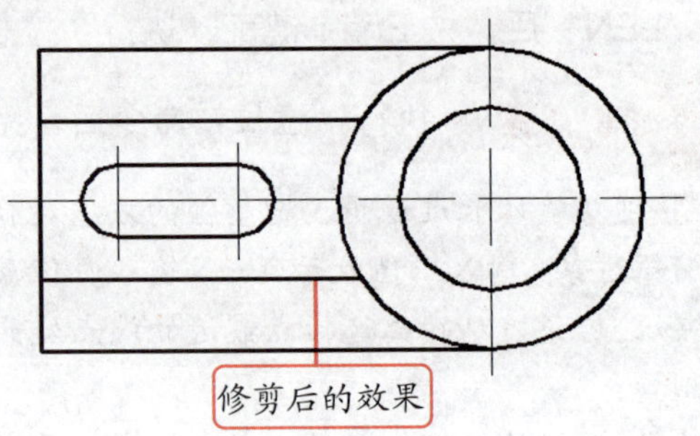


**职场经验谈** Workplace Experience

输入“TRIM”或“TR”，连续按两次 Enter 键后选择需要修剪的线条即可将其修剪。

## 2. 延伸对象

“延伸”命令与“修剪”命令的作用相反，通过“延伸”命令可以将对象的端点延长到某个边界。输入“EXTEND”或“EX”，按 Enter 键执行“延伸”命令后，根据系统提示先指定要延伸到的边界，然后选择要延伸的对象。

执行“延伸”命令后，系统提示中各选项的含义

栏选：选择该选项后，可以以栏选的方式选择要修剪的对象。

窗交：选择该选项后，可以以右框选的方式选择要修剪的对象。

投影：指定修剪对象时使用的投影模式，该选项主要用于三维绘图。

边：该选项用于确定是在另一对象的隐含边处修剪对象，还是仅修剪对象到与它在三维空间中相交的对象处，主要用于三维绘图。

删除：选择该选项后，可以从已选择的对象集中删除某个对象。

输入“EXTEND”或“EX”，连续按两次Enter键后选择需要延伸的线条即可将其延伸。

## 4.5.2 打断与合并对象

在对图形进行编辑时，有时会只修改一个整体的某个部分，或是将不同的图形进行相同的修改，这时可以通过“打断”命令与“合并”命令来进行修改。

### 1. 打断对象

通过“打断”命令，可以将已有的对象分离为两段，从而对其中的某部分进行修改或删除某部分。

新手演练 Novice exercises 打断绘制的矩形

**Step 01** 执行REC命令，在绘图区中任意绘制一个矩形。

**Step 02** 输入“BREAK”或“BR”后，按Enter键执行“打断”命令。系统提示“选择对象”，选择绘制的矩形。

**Step 03** 系统提示“指定第二个打断点或[第一点(F)]”，输入“F”，按Enter键选择“第一点”选项。

**Step 04** 系统提示“指定第一个打断点”，拾取绘制的矩形左上角的端点。

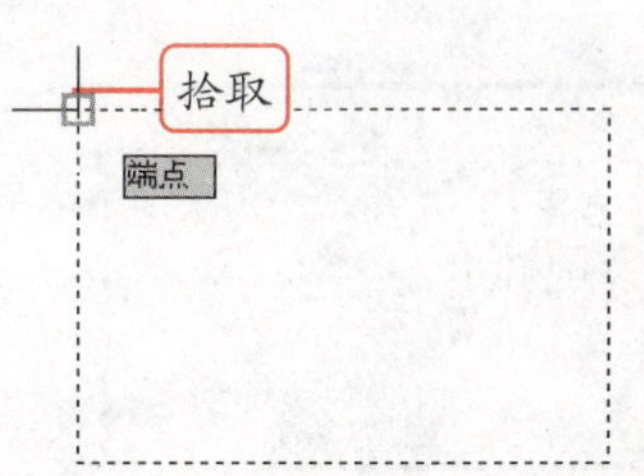


**Step 05** 系统提示“指定第二个打断点”，拾取绘制的矩形右上角的端点，完成打断图形的操作。

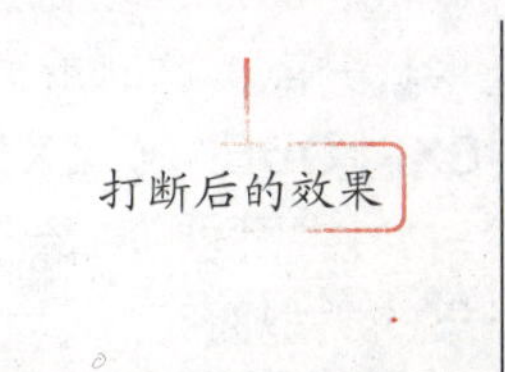

温馨提示牌 Warm and prompt licensing

在指定第一个打断点后，如果拾取第一个打断点作为第二个打断点，则对象将被打断于该点。

职场经验谈 Workplace Experience

若在"修改"面板中单击"打断于点"按钮，选择第一个打断点后，系统会自动在该点打断对象。

## 2. 合并对象

"合并"命令的作用与"打断"命令的作用相反，它是将相似的对象合并为一个对象，以便对其进行统一修改，避免因逐个修改而浪费大量的时间。

新手演练 Novice exercises　合并多段线和圆弧（源文件\第4章\合并对象.dwg）

**Step 01** 打开"合并对象"的图形文件，选择圆弧，可以看出圆弧与多段线是分离的。

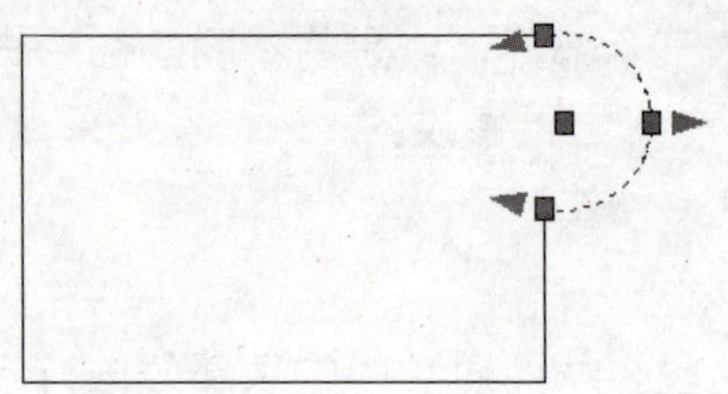

**Step 02** 取消选择圆弧，输入"JOIN"或"J"后，按Enter键执行"合并"命令。

**Step 03** 系统提示"选择源对象:"，选择图形中的多段线。

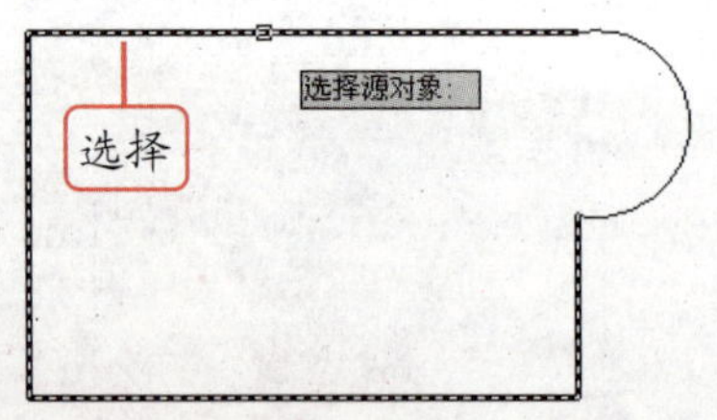


**Step 04** 系统提示"选择要合并到源的对象"，选择圆弧。

**Step 05** 按Enter键完成合并操作，选择圆弧，此时可以看出多段线和圆弧已经合并为一个整体。

### 4.5.3 分解对象

如果要对块、标注、多行文字和面域等图形的某个部分进行修改编辑，但用"打断"命令并不能将其分离，这时就可以通过"分解"命令将图形进行分解。

输入"EXPLODE"或"X"，按Enter键执行"分解"命令后，根据系统提示进行操作就可以分解对象。不同的对象在被分解后，其颜色、线型和线宽都可能会改变，这主要是根据分解对象的类型而定。

知识点拨 Knowledge 各种对象分解后的效果

椭圆：如果位于非一致比例的块内，则分解为椭圆。

圆弧：如果位于非一致比例的块内，则分解为椭圆弧。

二维和优化多段线：放弃所有关联的宽度或切线信息。对于多段线，将沿多段线中心放置直线和圆弧。

多线：分解成直线和圆弧。

多行文字：分解成文字对象。

面域：分解成直线、圆弧或样条曲线。

引线：根据引线的不同，可分解成直线、样条曲线、实体（箭头）、块插入（箭头、注释块）、多行文字或公差对象。

块：若一个块包含一个多段线或嵌套块，那么对该块的分解就首先显露出该多段线或嵌套块，然后分别分解该块中的各个对象。

三维多段线：分解成线段。为三维多段线指定的线型将应用到每一个得到的线段。

三维实体：将平面表面分解成面域，将非平面表面分解成体。

## 4.5.4 倒角与圆角对象

在设计机械类产品时，设计师不仅要保证产品尺寸的精确，还要保证产品具有一定的安全性，即在使用时不会因碰撞而耗损产品以及边角伤害到使用者。因此，设计师在设计产品时，会对产品的边缘进行倒角或圆角处理。

### 1. 倒角

倒角是指将两条非平行的直线或多段线用具有一定斜度的线条连接，直线、多段线、射线、构造线和三维实体等都可以进行倒角处理。输入“CHAMFER”或“CHA”，按 Enter 键即可执行“倒角”命令。

知识点拨 Knowledge 执行“倒角”命令后，系统提示中各选项的含义

多段线（P）：选择该选项将对所选的多段线进行整体倒角。使用该方式可以将一条多线段上的多个顶点按设置的距离同时倒角。

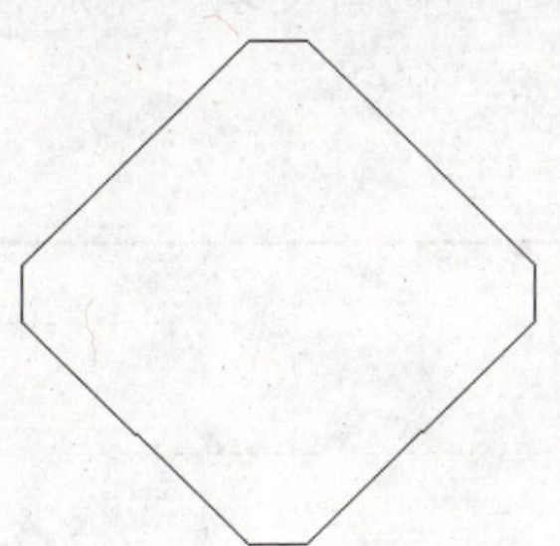

距离（D）：该选项用于设置倒角的距离。

角度（A）：选择该选项后，可以通过指定一个角度和一段距离值的方法来设置倒角的距离。

修剪（T）：控制倒角时是否将选定边修剪为倒角线端点。

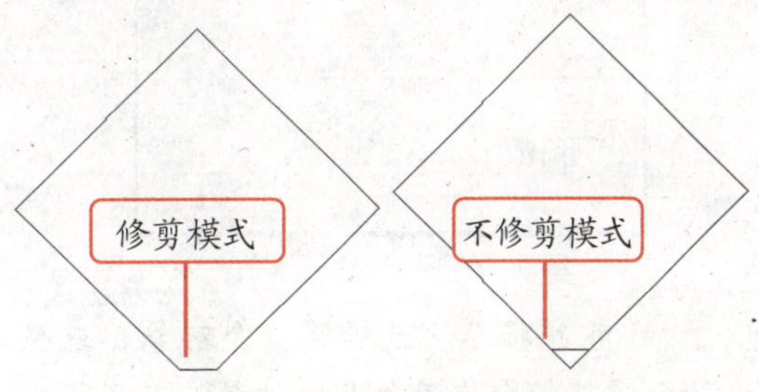

方式：用于控制设置倒角距离的方法，即用于控制是用“距离”方式还是用“角度”方式。

多个：选择该选项后可以进行多个相同的倒角。如果只需要倒一个角，则不用选择该选项。如果需要进行多个倒角，且倒角的设置均相同时可以选择此选项，这种方法与多段线选项相似，但它并不是同时对对象进行倒角，而是需要手动对需要倒角的对象进行倒角处理。

## 2. 圆角

圆角是指将两个对象之间的端点用与对象相切的圆弧进行连接，在设计机械产品时，使用“圆角”命令将产品进行圆角处理，可以使模型更加光滑。

**新手演练 Novice exercises** 对压板进行圆角处理（源文件\第 4 章\圆角.dwg）

**Step 01** 打开“压板”图形文件，输入“FILLET”或“F”，按 Enter 键执行“圆角”命令。

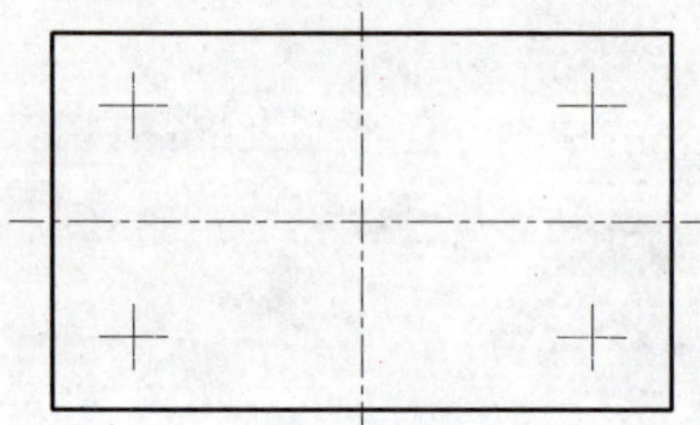

**Step 02** 系统提示“选择第一个对象或[放弃(U)/多段线(P)/半径(R)/修剪(T)/多个(M)]”，选择“半径”选项，输入“30”，按 Enter 键指定圆角的半径。

**Step 03** 系统提示“选择第一个对象或[放弃(U)/多段线(P)/半径(R)/修剪(T)/多个(M)]”，选择“多个”选项，根据系统提示在压板下方线条的左侧上单击，选择该条直线。

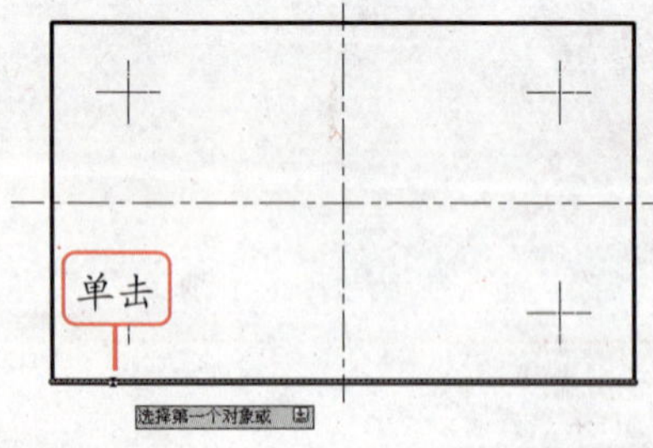


**Step 04** 系统提示“选择第二个对象，或按住 Shift 键选择要应用角点的对象”，在压板左侧线条的下方单击，选择该条直线，将压板左下角的端点进行圆角处理。

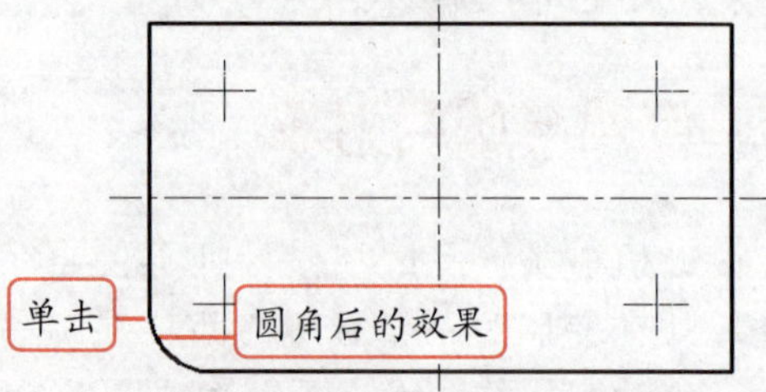


**Step 05** 根据系统提示依次选择压板左上角端点两侧的直线，将其进行圆角处理。

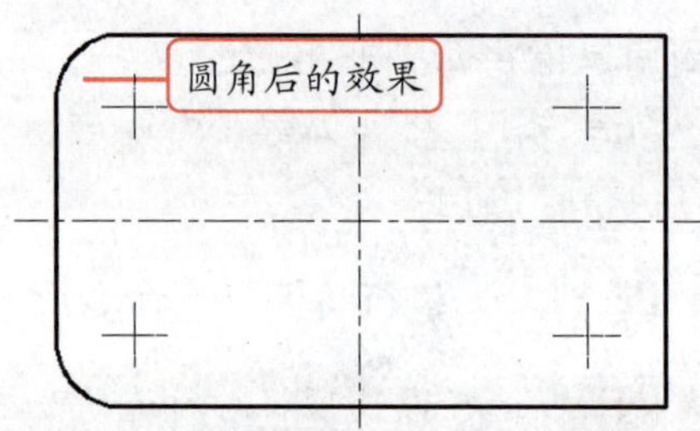


**Step 06** 根据系统提示，用相同的方法对压板其他端点进行圆角处理，完成后按 Enter 键退出“圆角”命令。

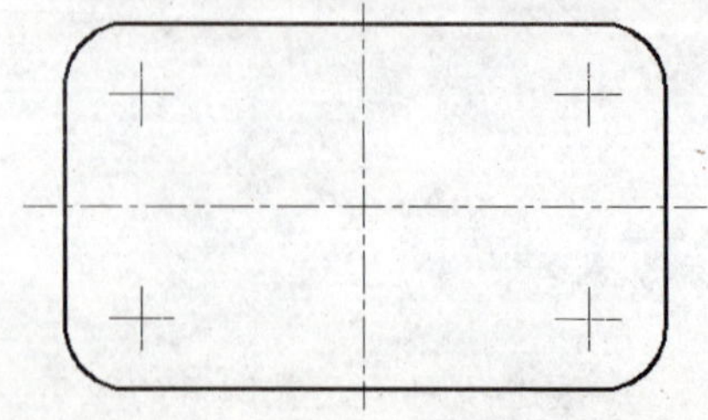

# 4.6 夹点编辑功能

在未执行任何命令的情况下，当选择图形时，图形的关键点将以蓝色的实心小方块突出显示，这些小方块就是夹点。在修改图形时，通过对夹点进行编辑也可以移动、旋转、缩放、镜像或拉伸对象。

## 4.6.1 设置夹点属性

系统默认选择图形时，夹点是蓝色的小方块；当再次单击这些夹点时，夹点将变成红色，即夹点变为可编辑状态；当将光标置于夹点上时，夹点为粉红色。用户可以根据个人的喜好和使用习惯来修改夹点的属性。

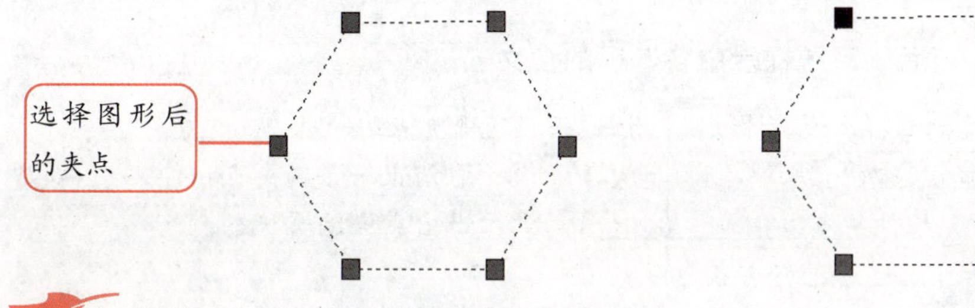


新手演练 Novice exercises　**自定义调整夹点大小和颜色**

**Step 01** 在菜单浏览器中单击“选项”按钮，打开“选项”对话框，选择“选择集”选项卡，然后在“夹点大小”栏中向右拖动滑块，增大夹点的大小。

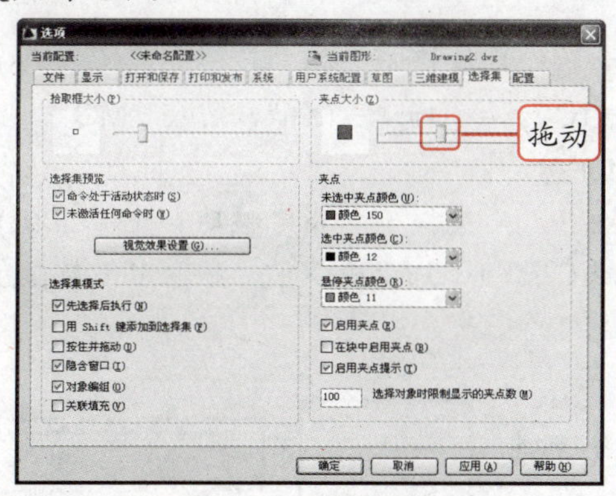


**Step 02** 在“夹点”栏的“悬停夹点颜色”下拉列表中选择“黄”选项，勾选“在块中启用夹点”选项，在“选择对象时限制显示的夹点数”数值框中输入“50”，单击“确定”按钮。

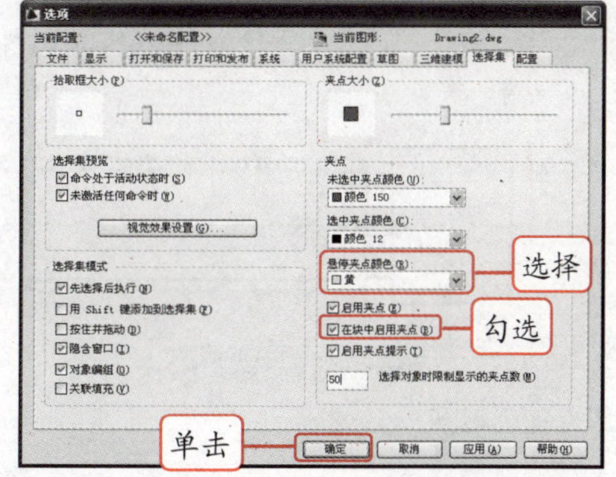


## 4.6.2 使用夹点编辑对象

使用夹点编辑对象不仅可以达到通过“移动”命令、“旋转”命令和“缩放”等命令编辑对象的效果，还可以提高工作效率。

## 1. 夹点拉伸

当选择某个夹点后，系统默认的编辑方式为夹点拉伸，然后拖动选择的夹点就可以对该夹点进行拉伸。

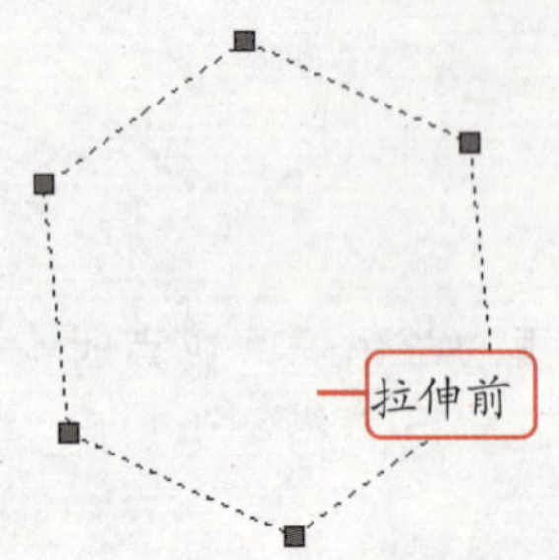


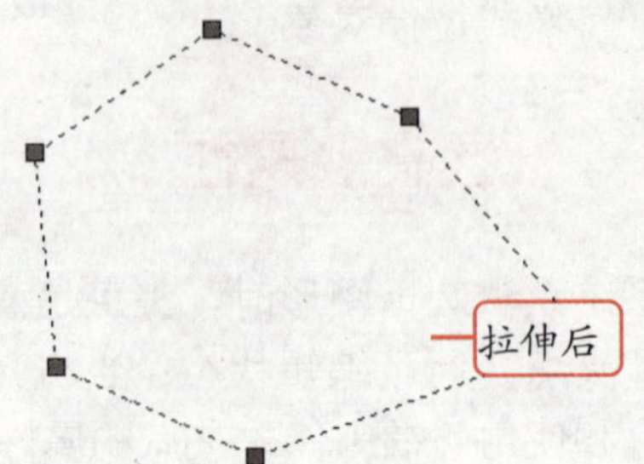


**知识点拨 Knowledge** 选择夹点后，系统提示中各选项的含义

**基点（B）**：指定拉伸对象的基点，然后指定基点的拉伸距离。在不选择该选项的默认情况下，系统以选择的夹点作为拉伸基点。

**复制（C）**：选择该选项后可以连续进行夹点拉伸而不退出夹点编辑状态。

**放弃（U）**：取消上一步的夹点拉伸。

**退出（X）**：退出夹点编辑状态。

## 2. 夹点移动

通过夹点移动对象与通过 MOVE 命令移动对象的功能相似，都是用于将选择的对象从当前位置移动到新的位置。

**新手演练 Novice exercises** 通过夹点移动阀门图形中的通孔

**Step 01** 打开“阀门”图形文件，然后选择图形中的圆。

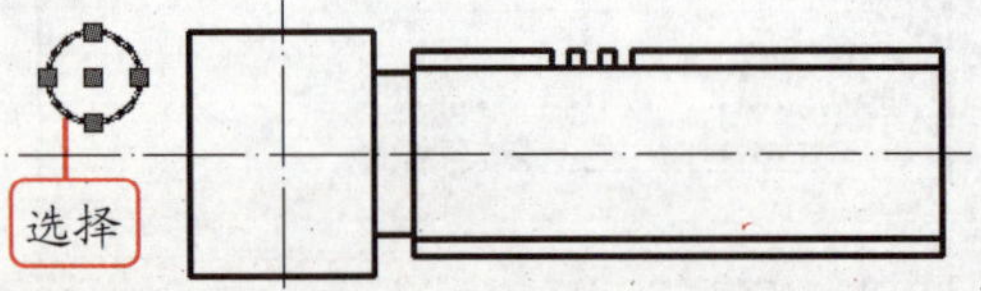


**Step 02** 将光标移动到圆心上的夹点处，当其变为黄色时单击，选择该夹点。

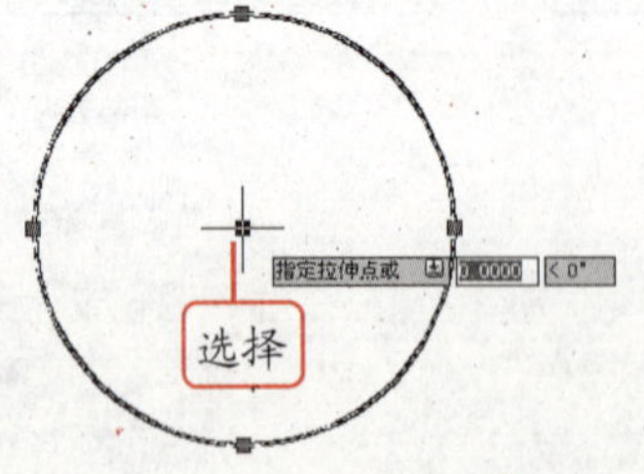


**Step 03** 系统提示“指定拉伸点或[基点(B)/复制(C)/放弃(U)/退出(X)]”，输入“MO”，按Enter键。

**Step 04** 系统提示“指定移动点或[基点(B)/复制(C)/放弃(U)/退出(X)]”，拾取水平与垂直构造线的交点。

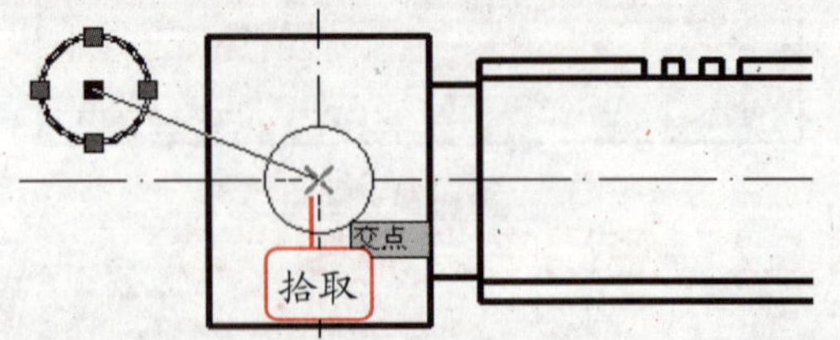


**Step 05** 圆的位置发生了改变，按 Esc 键取消选择圆，退出夹点编辑状态。

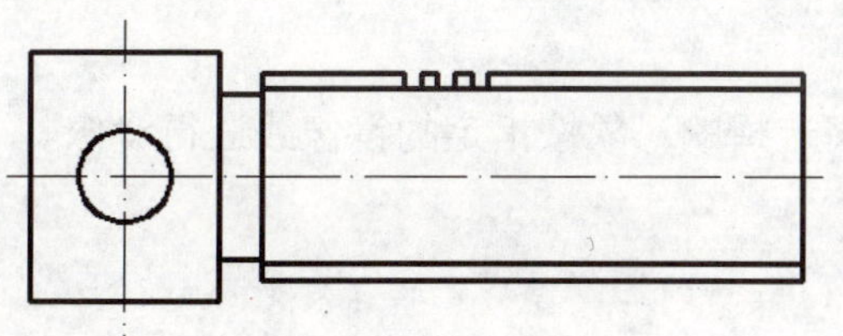

温馨提示牌 Warm and prompt licensing

选择夹点后，单击鼠标右键，在弹出的快捷菜单中选择“移动”命令，也可以对夹点进行移动。

## 3. 夹点旋转

通过夹点移动对象与通过“旋转”命令移动对象的功能相似，夹点旋转可以将所选对象通过拖动、指定点位置或输入角度值来绕选择的夹点旋转。

新手演练 Novice exercises　**通过夹点旋转正六边形**

Step 01 输入“POL”，按 Enter 键，执行“正多边形”命令，在绘图区中绘制一个任意大小的正六边形。

Step 02 选择正六边形，将光标移动到正六边形右侧的夹点上，当其变为黄色时单击，选择该夹点。

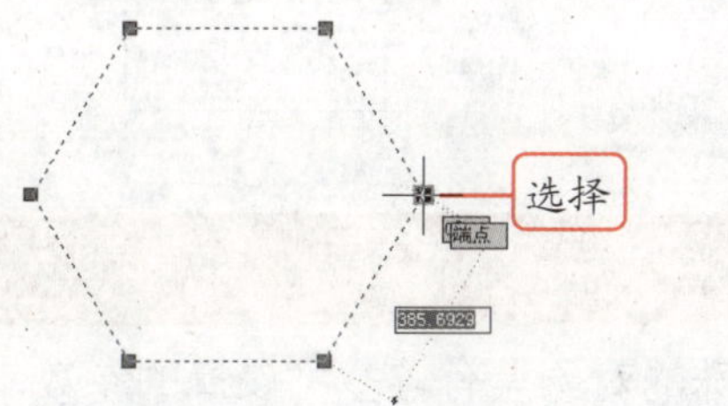


Step 03 系统提示“指定拉伸点或[基点(B)/复制(C)/放弃(U)/退出(X)]”，输入“RO”，按 Enter 键。

Step 04 系统提示“指定旋转角度或[基点(B)/复制(C)/放弃(U)/参照(R)/退出(X)]”，输入“30”，按 Enter 键，指定旋转角度，完成夹点旋转操作。

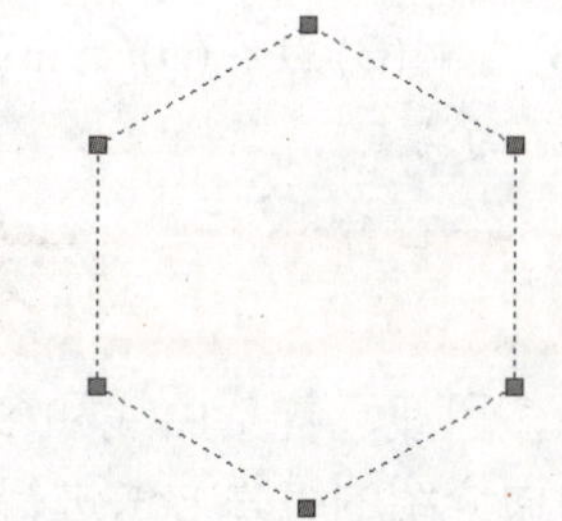

## 4. 夹点缩放

与“缩放”命令相似，夹点缩放用于将所选对象相对于指定的基点进行等比例缩放，从基夹点向外拖动到指定点位置可以增大对象尺寸，从基夹点向内拖动到指定点位置可以减小对象尺寸。

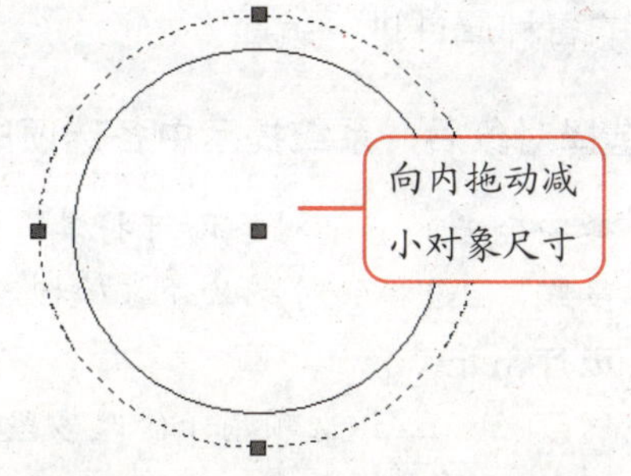


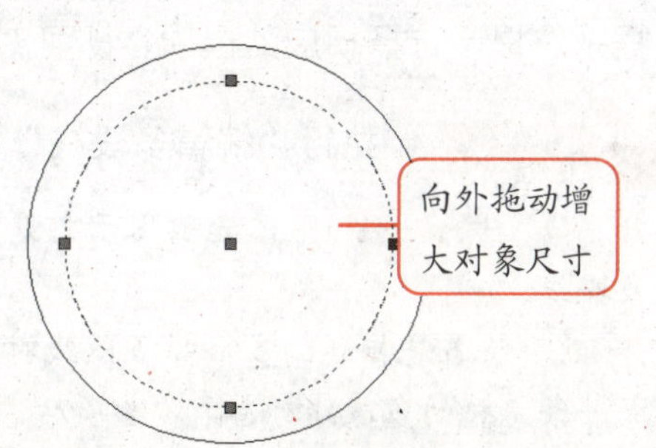

### 5. 夹点镜像

与“镜像”命令的功能相似，夹点镜像用于将选择的对象按指定的镜像线进行镜像。

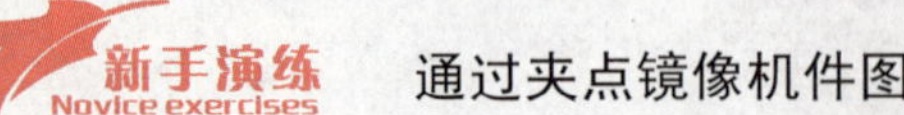


Step 01 打开“机件图”图形文件，选择所有的图形。

Step 02 在选择图形上的任意夹点上单击，选择该夹点，系统提示“指定拉伸点或[基点(B)/复制(C)/放弃(U)/退出(X)]”，输入“MI”。

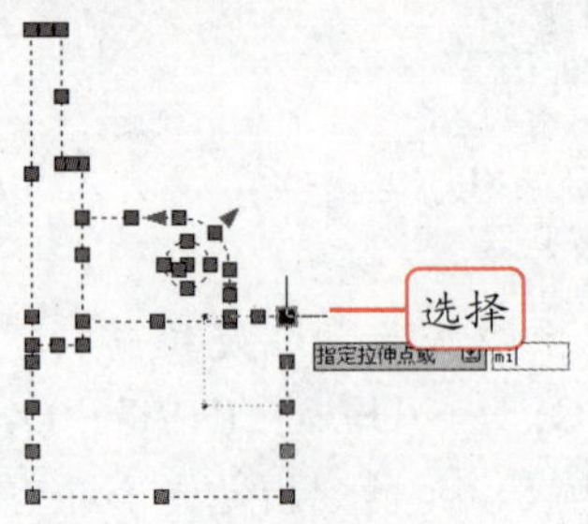


Step 03 按 Enter 键，系统提示“指定第二点或[基点(B)/复制(C)/放弃(U)/退出(X)]”，拾取如下图所示的端点。

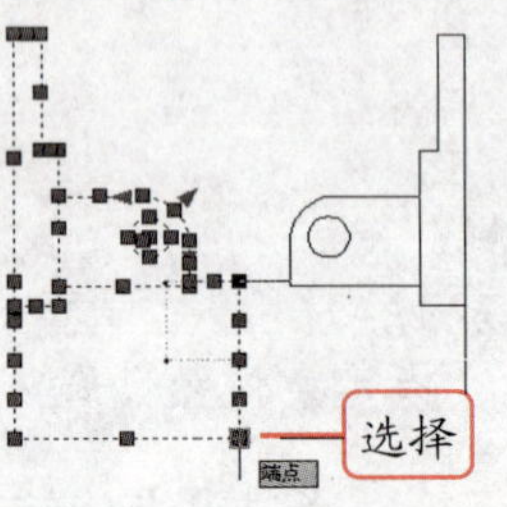


Step 04 此时图形进行了镜像，按 Esc 键退出夹点编辑状态。

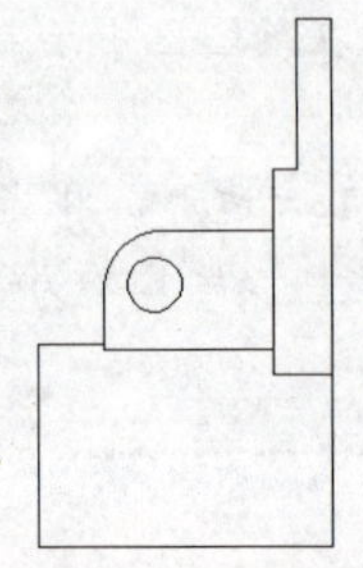

## 4.7 编辑特殊图形对象

由于像多段线、样条曲线和多线等较为特殊的对象具有较多可设置的参数，因此除了可以使用前面介绍的编辑方法进行编辑外，还可以通过特有的方法进行编辑。

### 4.7.1 编辑多段线

编辑多段线包括编辑多段线的线宽、合并、闭合、顶点、拟合等多种属性，使用“编辑多段线”命令可以轻松地对这些属性进行编辑。

输入“PEDIT”，按 Enter 键执行“编辑多段线”命令，选择需要进行编辑的多段线后，根据系统提示选择相应的选项，即可对多段线的各种属性进行编辑。

**知识点拨 Knowledge** 执行“编辑多段线”命令并选择对象后，系统提示中各选项的含义

打开（O）/闭合（C）：该选项用于打开或闭合多段线。

合并（J）：将首尾相连的多个非多段线对象连接成一条完整的多段线。选择该选项后，再选择要合并的多个对象即可将其合并为一条多段线，但选择的对象必须首尾相连，否则无法进行合并。

宽度（W）：该选项用于修改多段线的宽度。

**编辑顶点（E）**：用于编辑多段线的顶点。选择该选项后，系统提示“[下一个(N)/上一个(P)/打断(B)/插入(I)/移动(M)/重生成(R)/拉直(S)/切向(T)/宽度(W)/退出(X)]”，在其中可以选择所需的选项对多段线的顶点进行编辑。

**拟合（F）**：选择该选项后，系统将用圆弧组成的光滑曲线拟合多段线。

**样条曲线（S）**：选择该选项后，系统将用样条曲线拟合多段线，拟合后的多段线可以再使用“多段线”命令将其转换为真正意义上的样条曲线，其方法为：执行 SPLINE 命令后，选择“对象”选项，然后选择用样条曲线拟合的多段线。

**非曲线化（D）**：将多段线中的曲线拉成直线，同时保留多段线顶点的所有切线信息。

**线型生成（L）**：用于控制有线型的多段线的显示方式。

**温馨提示牌** Warm and prompt licensing

“编辑多段线”命令不仅可以编辑多段线，还可以编辑正多边形、矩形、圆环和修订云线等对象。

## 4.7.2 编辑样条曲线

与多段线一样，样条曲线也有其特有的编辑命令，它主要是针对样条曲线的拟合和闭合等属性进行设置。

**知识点拨** Knowledge　**执行“编辑样条曲线”命令并选择对象后，系统提示中各选项的含义**

**拟合数据（F）**：该选项用于编辑拟合数据。选择该选项后系统将提示“[添加(A)/闭合(C)/删除(D)/移动(M)/清理(P)/相切(T)/公差(L)/退出(X)]”。

**移动顶点（M）**：用于重新定位样条曲线的控制顶点并清理拟合点。

**精度（R）**：该选项主要用于调整样条曲线的精度。

**反转（E）**：该选项主要用于反转样条曲线的方向。

## 4.7.3 编辑多线

由于多线是应用最复杂的直线型对象，且“编辑多线”命令的参数设置也相对较多，因此 AutoCAD 提供了“多线编辑工具”对话框，从而使得用户能更方便地对多线进行编辑。

### 1. “多线编辑工具”对话框

输入“MLEDIT”，按 Enter 键执行“编辑多线”命令就可以打开“多线编辑工具”对话框。在“多线编辑工具”对话框中各选项以按钮的方式显示，并有规律地排列成四列。

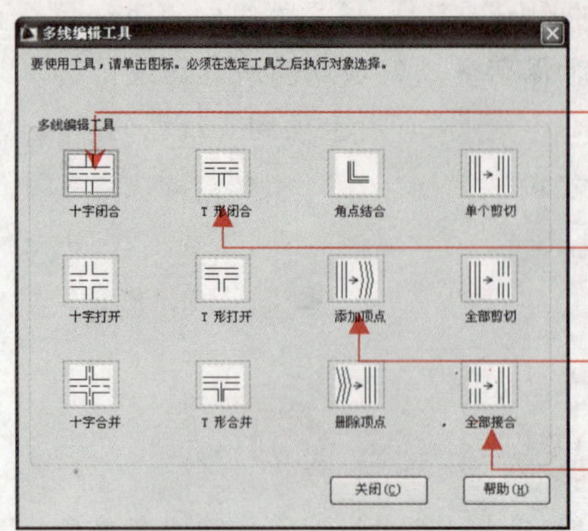


**知识点拨 Knowledge** “多线编辑工具”对话框中各选项的含义

十字闭合：指在两组多线之间创建闭合的十字交点，在此交叉口中，第一条多线保持原状，第二条多线被修剪成与第一条多线分离的形状。

十字打开：指在两条多线之间创建开放的十字交点。

十字合并：指在两条多线之间创建合并的十字交点，在此交叉口中，第一条多线和第二条多线的所有直线都修剪到交叉的部分。

T 形闭合：指在两条多线之间创建闭合的 T 形交点。将第一条多线修剪或延伸到与第二条多线的交点处。

T 形打开：指在两条多线之间创建开放的 T 形交点。

T 形合并：指在两条多线之间创建合并的 T 形交点。即将多线修剪或延伸到与另一条多线的交点处。

角点结合：指在多线之间创建角点连接。

添加顶点：指在多线上添加多个顶点。

删除顶点：从多线上删除当前顶点。

单个剪切：分割多线，通过两个拾取点引入多线中的一条线的可见间断。

全部剪切：全部分割，通过两个拾取点引入多线的所有线上的可见间断。

全部接合：将被修剪的多线线段重新合并起来，但不能用来把两个单独的多线接成一体。

**温馨提示牌 Warm and prompt licensing**

在“多线编辑工具”对话框中单击 帮助(H) 按钮可以打开“帮助”对话框，其中显示了“编辑多线”命令的信息。

## 2. 对多线进行编辑

在“多线编辑工具”对话框中单击要进行编辑的方式所对应的选项后，返回绘图区根据系统提示进行操作后就可以完成对多线的编辑。

**新手演练 Novice exercises** 对多线进行编辑（源文件\第 4 章\多线.dwg）

Step 01 按 Ctrl+O 组合键，在打开的“选择文件”对话框中选择“多线”图形文件，单击 打开(O) 按钮，打开该图形文件。

Step 02 输入“MLEDIT”，按 Enter 键执行“编辑多线”命令。

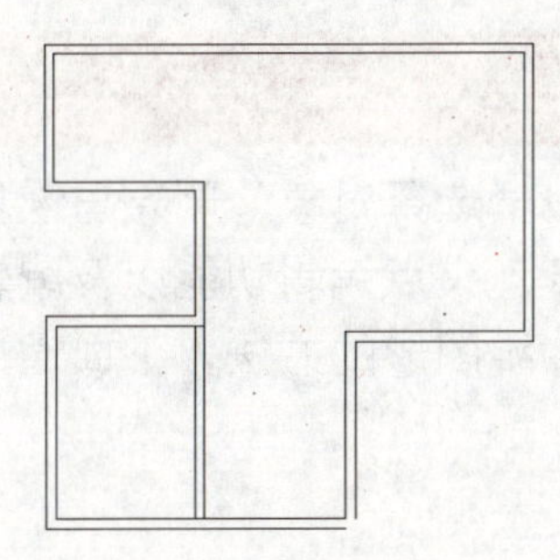

**Step 03** 在打开的“多线编辑工具”对话框中单击第三列中的“角点结合”按钮。

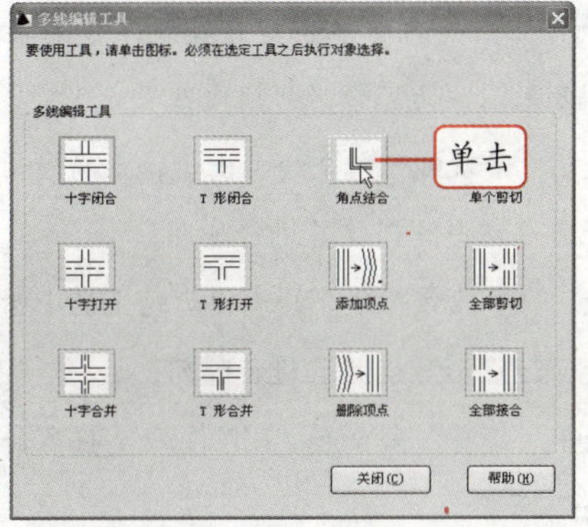


**Step 04** 返回绘图区，系统提示“选择第一条多线:”，在如下图所示的位置单击。

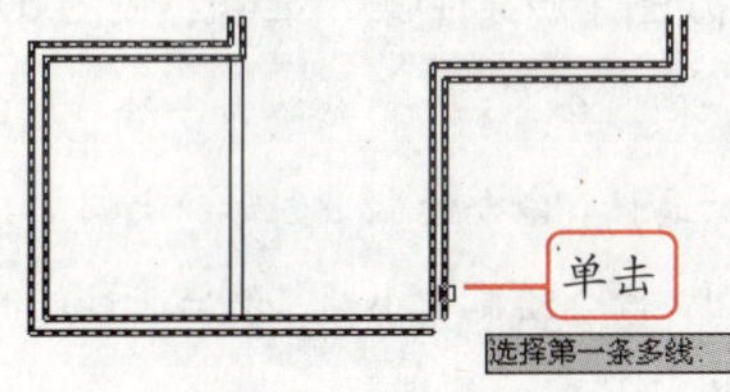


**Step 05** 系统提示“选择第二条多线:”，在如下图所示的位置单击。

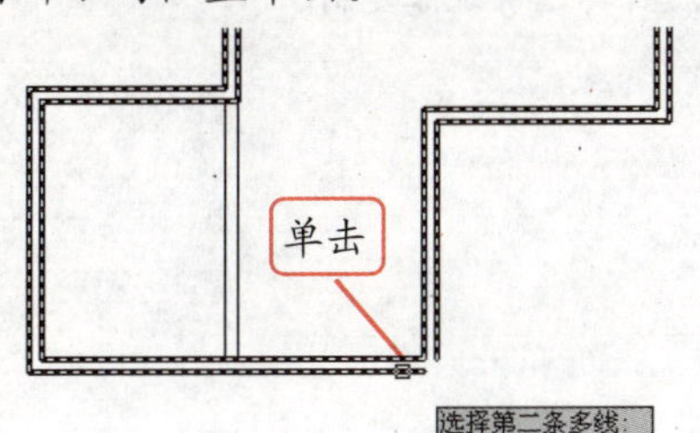


**Step 06** 此时具有缺口的多线结合起来，按 Esc 键退出多线的编辑状态。

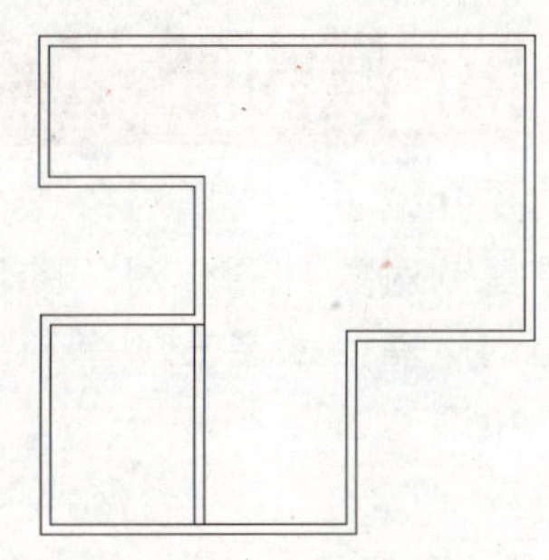

**Step 07** 按 Enter 键重复执行“编辑多线”命令，在打开的“多线编辑工具”对话框中单击第二列中的“T 形打开”按钮。

**Step 08** 系统提示“选择第一条多线:”，在如图所示的位置单击。

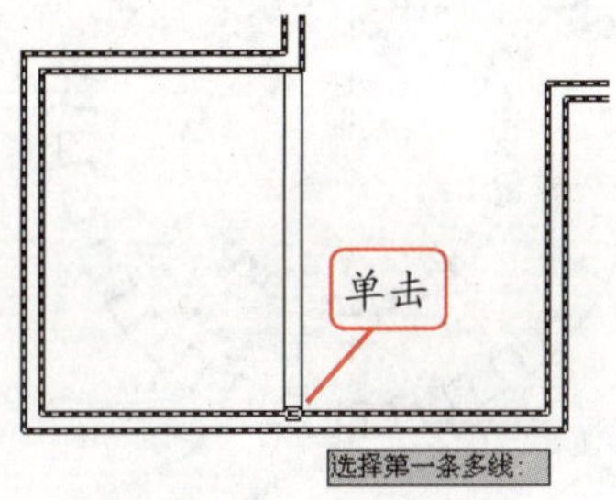


**Step 09** 系统提示“选择第二条多线:”，单击如下图所示的多线。

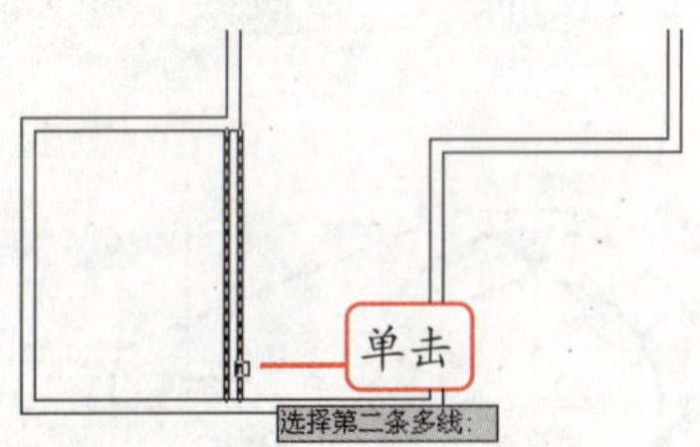


**Step 10** 此时相交的多线被打开，完成编辑多线的操作。

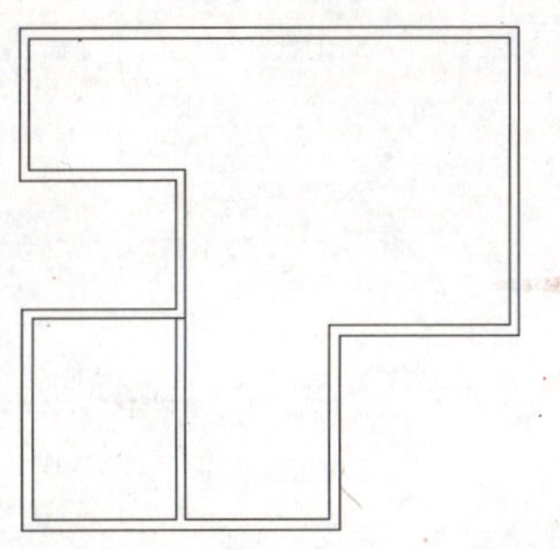

## 4.8 职场特训

本章主要介绍了对图形对象进行编辑的一些操作，包括选择对象、删除与恢复对象、复制和高级复制对象、调整对象的位置和比例、修改对象、夹点编辑功能以及编辑特殊图形对象等知识。通过本章节的学习使读者能够掌握编辑二维图形的方法，下面通过两个实例巩固本章知识。

**特训 1：** 通过“多段线”命令和“阵列”命令绘制齿轮（源文件\第 4 章\齿轮.dwg）

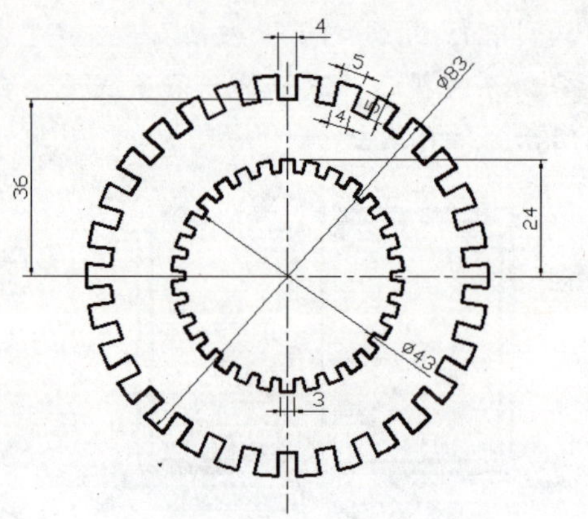


1. 通过“圆”命令和“直线”命令绘制出两个圆和两条相交的水平和垂直直线，作为辅助线（效果图中为了分辨，用虚线表示）。
2. 使用“多段线”命令绘制出齿轮上的大齿，然后通过环形阵列将其进行阵列。
3. 使用“多段线”命令绘制出齿轮上的小齿，然后通过环形阵列将其进行阵列。
4. 使用“修剪”命令和“删除”命令将多余的线条删除。

**特训 2：** 通过“圆”、“多段线”和“偏移”命令绘制机械图（源文件\第 4 章\机械制图.dwg）

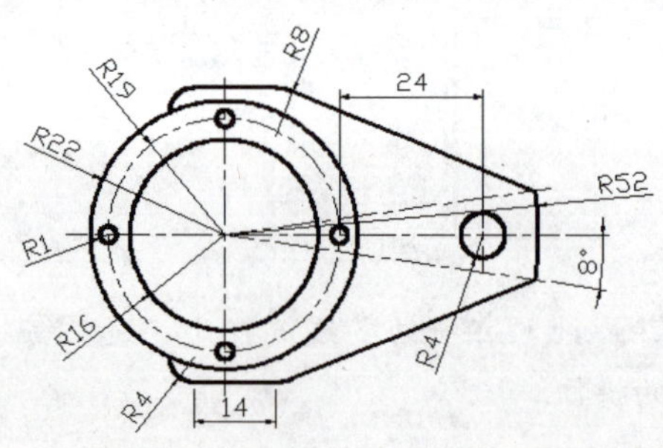


1. 通过“圆”命令和“直线”命令绘制辅助线。
2. 通过“偏移”命令绘制出图形的大圆部分，通过“圆”命令绘制出小圆，然后通过环形阵列将其阵列出来。
3. 通过“多段线”命令绘制出右侧图形下半部分，然后将其进行镜像复制。

# 第5章

# 图层的应用

## 精彩案例

从 AutoCAD 预设的线型中选择线型

将其他图层中的对象更改为当前图层

将指定图层中的对象复制到新图层

通过匹配对象改变对象所在图层

## 本章导读

在绘制机械图形前，一般要绘制一些辅助线以辅助绘图，为了与机械图形中的线条进行区别，需要对对象的外观进行设置。对于复杂的机械图形，用户可以使用图层对图形的各部分进行分类，从而对相同类型的图形进行管理和编辑。

# 5.1 设置对象的外观

在 AutoCAD 中绘制机械图形，尤其是复杂的机械图，一般都是由使用具有不同外观的对象组成的。对象的外观主要由颜色、线型和线宽三个方面来综合决定。

**知识点拨 Knowledge** 设置对象外观的 4 种常用通道

**使用快速属性工具：**这是 AutoCAD 2009 的新功能。选择对象后，将弹出一个面板，在其中单击白底的单元格，该单元格将变为下拉列表框，在其中选择需要的选项即可改变对象的外观。

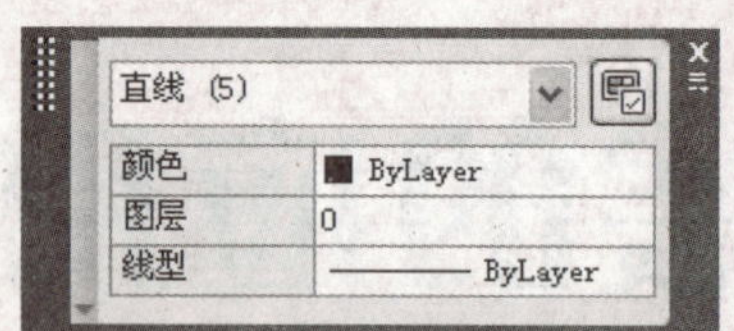


**使用功能区面板：**选择对象后，通过"常用"选项卡中的"特性"面板可以对对象的外观进行修改。在其中的"颜色"、"线型"和"线宽"下拉列表框中选择需要的选项即可改变对象的外观。

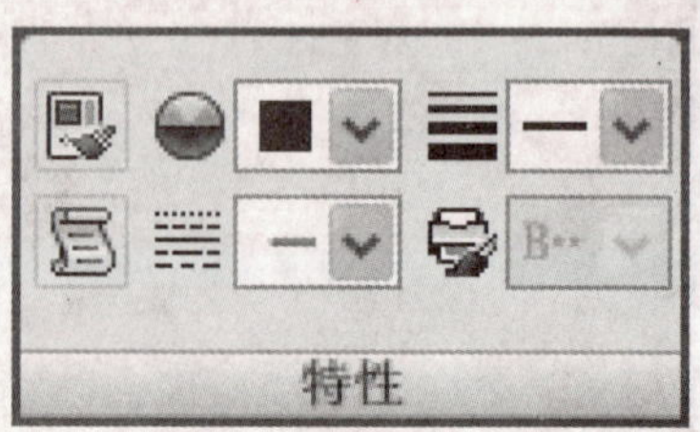


**使用图层特性管理器：**打开图层特性管理器，在其中可以对对象的外观进行修改。但这种方法将会同时修改该图层中的所有对象。有关图层的相关知识将在下一节进行介绍。

**使用命令：**"颜色"命令的英文命令为"COLOR"或"COL"，"线型"命令的英文命令为"LINETYPE"或"LT"，"线宽"命令的英文命令为"LWEIGHT"或"LW "。

## 5.1.1 改变对象的颜色

颜色是影响对象外观一个重要因素，默认情况下，AutoCAD 提供了 BYLAYER、BYBLOCK、红、黄、绿、青、蓝、洋红和白 9 种标准颜色供选择。如果需要使用更多的颜色，可以通过"选择颜色"对话框来选择。在"颜色"下拉列表框中选择"选择颜色"选项，可以打开"选择颜色"对话框。

**温馨提示牌 Warm and prompt licensing**

执行 COLOR 命令后，将直接打开"选择颜色"对话框。另外，虽然 AutoCAD 提供了丰富的颜色，但在专业的设计中应尽量使用标准颜色。

## 5.1.2 改变对象的线型

默认情况下，在 AutoCAD 中绘制的对象都是 Continuous 线型，由于机械设计中不同的线型代表不同的含义，如用点划线表示轴线、虚线表示零件内部不可见部分的轮廓线，要根据具体情况设置相应线型。

新手演练 Novice exercises 从 AutoCAD 预设的线型中选择线型

Step 01 输入“LINETYPE”或“LT”，按 Enter 键执行“线型”命令，打开“线型管理器”对话框，单击 加载(L)... 按钮。

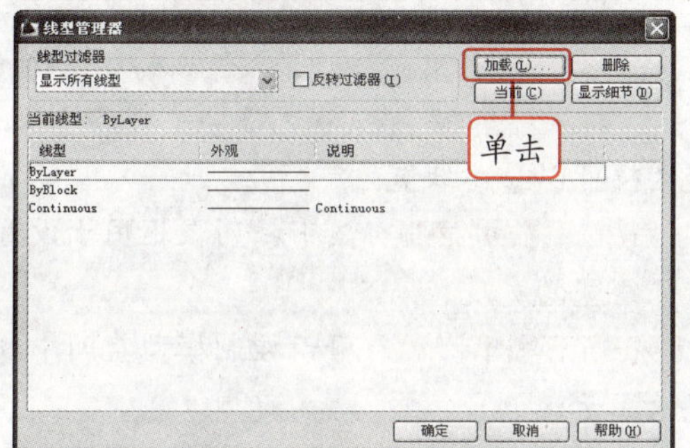


温馨提示牌 Warm and prompt licensing

单击“线型管理器”对话框中的 显示细节(D) 按钮，可以显示“详细信息”栏，该栏主要用于设置线型的参数。选择某个线型后，单击 删除 按钮可以删除该线型。

Step 02 打开“加载或重载线型”对话框，在该对话框中的“可用线型”列表框中选择“ACAD-IS004W100”选项，单击 确定 按钮。

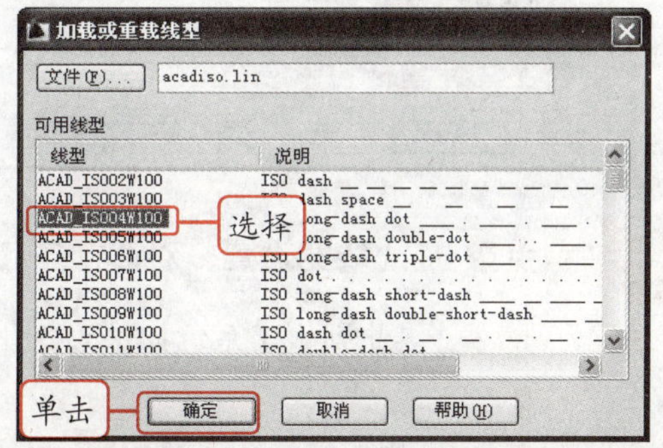


Step 03 返回“线型管理器”对话框，在对话框下方的“线型”列表框中选择加载的“ACAD-IS004W100”线型，单击 当前(C) 按钮将选择线型置为当前，然后单击 确定 按钮，完成对象线型的设置。

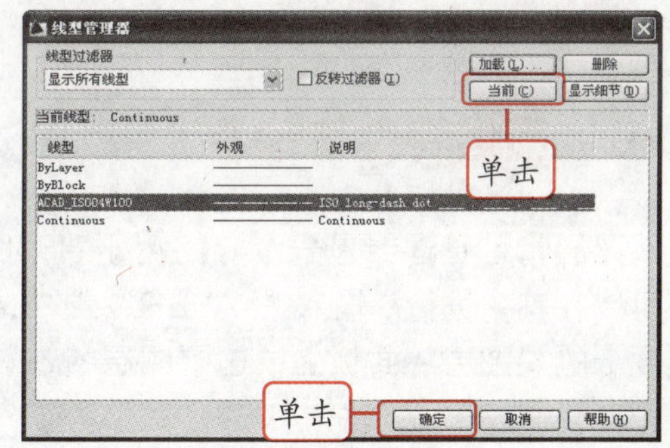


## 5.1.3 设置线宽

在绘制机械图形时，不仅要求图形中各部分的线型不同，而且还要求各线条的宽度也要有所不同，如零件的轮廓线用粗实线表示，尺寸标注线、剖面线等用细实线表示。

在 AutoCAD 中，系统提供了多种不同的线宽，只需在“线宽”下拉列表框中选择需要的线宽即可。在系统默认状态下设置线宽并绘制图形后，绘制的图形并不会显示线宽，这是因为并未开启显示线宽功能，只需在状态栏上单击“显示线宽”按钮+，就可以显示出设置的线宽。

输入“LWEIGHT”或“LW”，按 Enter 键执行“线宽”命令后，打开“线宽设置”对话框，在其中也可以对线宽进行设置。

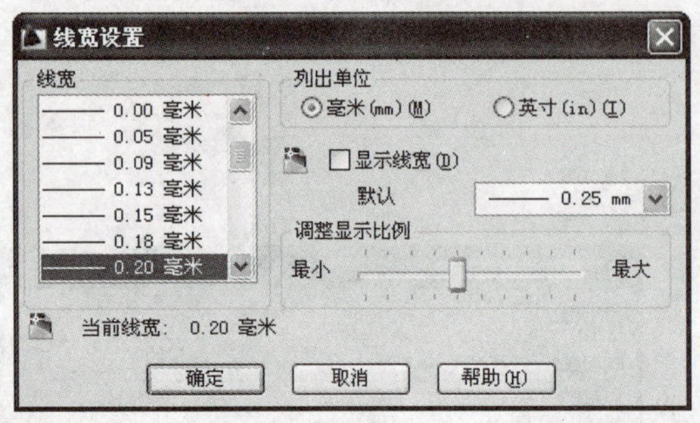

在 AutoCAD 的默认状态下绘制图形时，线条的线宽采用系统自动设置的默认值 0.25 mm。

**知识点拨 Knowledge　“线宽设置”对话框各选项的功能**

**“线宽”列表框：**其中列出了系统提供的多种线宽。

**“列出单位”栏：**用于选择线宽的单位。

**“显示线宽”复选框：**该复选框的作用与状态栏上显示/隐藏线宽功能的作用相同，勾选该复选框可以显示线宽

**“默认”下拉列表框：**该下拉列表框用于设置默认线宽的宽度。

**“调整显示比例”栏：**用于控制模型空间中线宽的显示比例。

# 5.2 管理图层的平台

由于 AutoCAD 2009 的工作界面有了很大的改变，除了可以使用图层特性管理器来管理图层外，还可以使用功能区中的“图层”面板进行管理。

## 5.2.1 图层特性管理器

图层特性管理器是一个专门用于管理图层的面板，创建、设置、控制图层状态等操作都可以在其中进行。输入“LAYER”或“LA”，按 Enter 键执行“图层”命令，或在“常用”选项卡的“图层”面板上单击“图层特性”按钮，即可打开图层特性管理器。

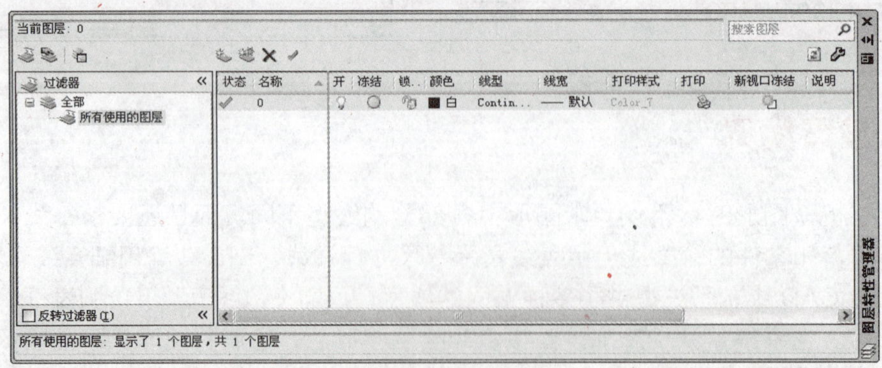

### 5.2.2 “图层”面板

“图层”面板将图层特性管理器中的大部分功能集于一个面板上显示在工作界面中，当绘制图形时，不需要打开图层特性管理器就可以对各个图层进行管理。

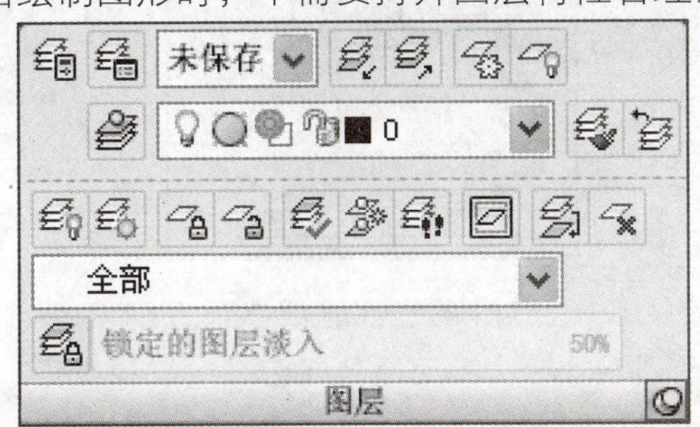


**温馨提示牌** Warm and prompt licensing

单击功能区面板右下角的小三角形可以将面板中未显示的部分显示出来。此时面板右下角的黑三角形将变为图标，单击该图标可锁定显示出来的部分，使其不再隐藏。

## 5.3 管理图层

对于复杂的机械图形，如果不对其进行有效的管理，图形会显得很乱，图纸上的信息就无法读取。通过 AutoCAD 中的图层功能，可以根据需要创建、设置图层，从而高效、方便地管理不同类型的图形，使图形的编辑、修改和输出更加方便、高效。

### 5.3.1 新建与重命名图层

AutoCAD 中的图层与 Photoshop 中图层的功能相似，每个图层如同一张透明的图纸，各个图层相互重叠便显示出整个图形。在绘制复杂的机械图形时，一般需要创建多个图层并对图层的名称进行命名，然后在每个图层中绘制不同类型的对象，以便对其进行管理。

1. 新建图层

启动 AutoCAD 2009 后，系统默认只存在一个 0 图层，且在该图层上绘制图形的颜色、线型和线宽都是系统默认的。作为一个专业的机械设计师，在绘制图形前需要根据绘制图形的特点进行图层的创建，以及各图层上对象外观的设置。

新建图层并设置图层颜色与线型

Step 01 执行“图层”命令，打开图层特性管理器，单击“新建图层”按钮。

**温馨提示牌** Warm and prompt licensing

右击绘图区，在弹出的快捷菜单中选择“选项”命令，也可以打开“选项”对话框。

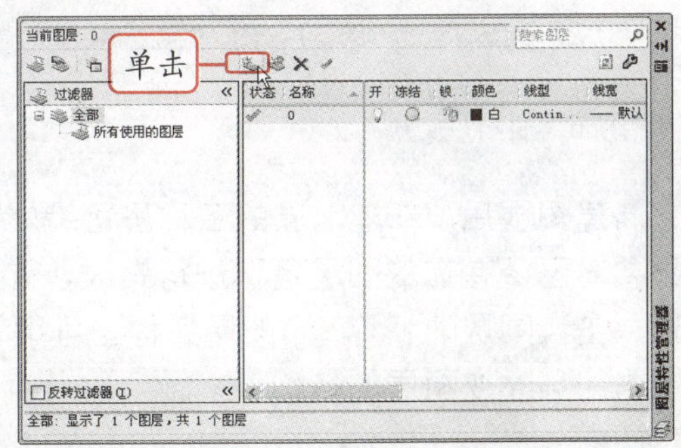

Step 02 单击新建图层“颜色”栏中的颜色块，在打开的“选择颜色”对话框中选择如下图标准色红色，然后单击 确定 按钮。

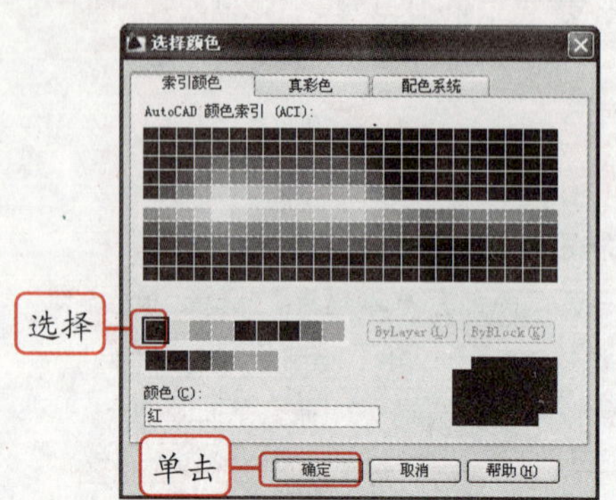


Step 03 返回图层特性管理器，单击新建图层的“线型”栏，在打开的“选择线型”对话框中单击 加载(L)... 按钮。

Step 04 打开“加载或重载线型”对话框，在对话框中的“可用线型”列表框中选择“CENTER”选项，单击 确定 按钮。

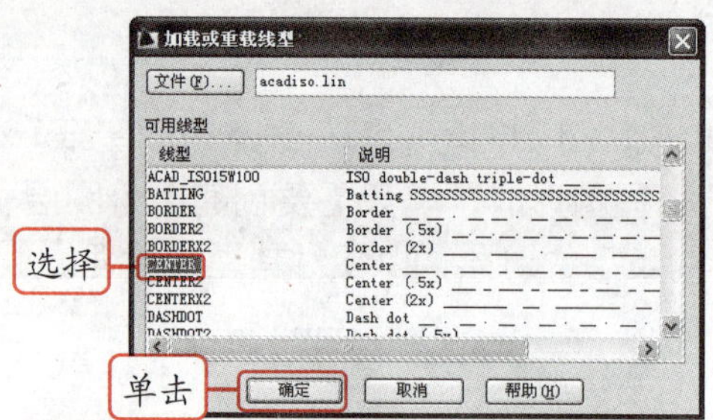


Step 05 返回“选择线型”对话框，在“已加载的线型”列表框中选择“CENTER”选项，单击 确定 按钮。

Step 06 返回图层特性管理器，单击新建图层的“线宽”栏，在打开的“线宽”对话框中选择“0.20 毫米”选项，单击 确定 按钮。

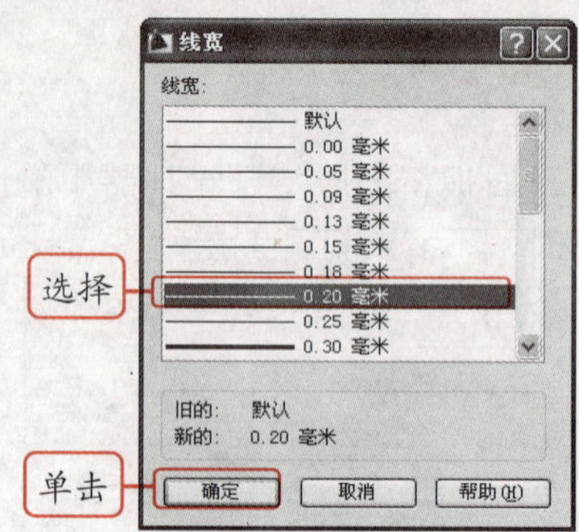


Step 07 返回图层特性管理器，可以看到新建的图层 1，以及设置的颜色、线型和线宽，单击右上角的“关闭”图标 关闭图层特性管理器。

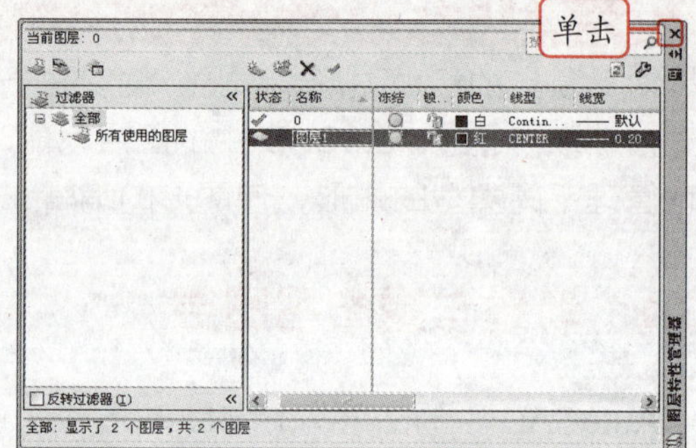


**温馨提示牌** Warm and prompt licensing

单击图层特性管理器右上角的“自动隐藏”图标，可以将图层特性管理器最小化，将光标移动图层特性管理器上又可以显示。

## 2. 重命名图层

新建图层后，新建图层的名称呈可编辑状态，此时输入所需的名称即可重命名该图层。如果要对已经存在的图层名称进行更改，首先要在图层特性管理器中选择需重命名的图层，然后单击该图层的名称，当图层名称呈可编辑状态时输入所需的名称，按 Enter 键或在空白处单击即可改变图层的名称。

## 5.3.2 控制图层状态

在 AutoCAD 中，图层状态主要包括打开或关闭、冻结或解冻、锁定或解锁以及打印或不打印等。在“图层”面板或图层特性管理器中均可以对图层的状态进行控制，它们的控制方法相同，只需单击各状态对应的图标即可。

**知识点拨 Knowledge** 图层状态的功能和控制方法

**打开或关闭：** 单击图层上的图标可以关闭该图层，当其图标变为图标时，表示该图层被关闭了，此时该图层上的对象将被隐藏，既不能被编辑，也不能被打印输出。单击图标可以打开图层，此时图标变为。

**冻结或解冻：** 单击图层上的图标，当其变为图标时表示该图层被冻结。冻结图层后，不但会隐藏该图层上的所有对象，而且不能对该图层进行任何操作。

**锁定或解锁：** 单击图层上的图标，当其变为图标时表示该图层被锁定，再次单击该图标则解除锁定。锁定图层后，该图层上的对象仍然显示在屏幕上，但不能对其进行编辑。

**打印或不打印：** 单击图层上的图标，当其变为图标时表示该图层上的对象不能被打印输出，再次单击该图标则可打印此图层上的对象。

**隔离或取消隔离：** 在“图层”面板上单击“隔离”按钮，选择要隔离的图层上的对象后按 Enter 键，将隐藏或锁定除选定对象所在图层外的所有图层。单击“取消隔离”按钮可以显示隐藏或锁定的图层。

**漫游图层：** 单击“图层”面板上的“漫游图层”后，将打开“图层漫游”对话框，在其中的列表框中选择某个图层，其他图层中的对象将被隐藏。

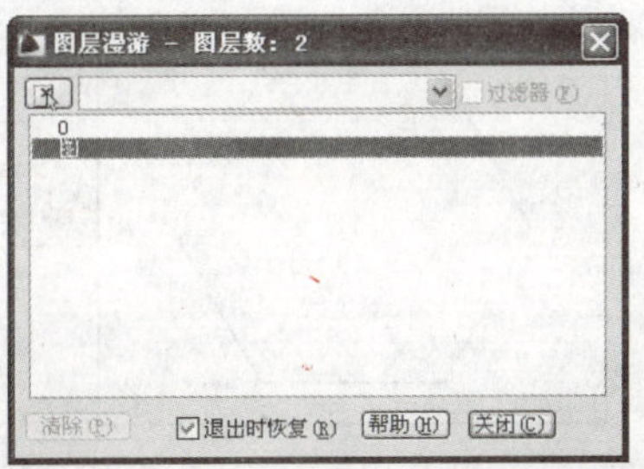


**置为当前图层：** 当新建了多个图层以后，如果要在某个图层上绘图，首先应将该图层置为当前图层。在“图层”面板的“图层”下拉列表框中选择要置为当前的图层，或单击“图层”下拉列表框前的按钮，选择要置为当前图层中的对象就可以将其置为当前。另外，在图层特性管理器中选择要置为当前的图层后单击“置为当前”按钮也可以将选择的图层置为当前。

**温馨提示牌 Warm and prompt licensing**

在一个图形文件中，只能有一个当前图层，在图层特性管理器中，当前图层前会有一个✔图标。

## 5.3.3 改变对象所在图层

在绘制完图形后，如果发现该对象并没有绘制在预先设定的图层上，这时可以将绘制的图像更改到需要的图层上。

## 1. 更改为当前图层

通过“图层”面板中的“更改为当前图层”按钮可以将其他图层中的对象移动到当前图层中。

### 新手演练 Novice exercises 将其他图层中的对象更改为当前图层

Step 01 打开“图层”图形文件，分别在不同的图层中通过“矩形”命令和“正多边形”命令任意绘制一个矩形和正六边形。

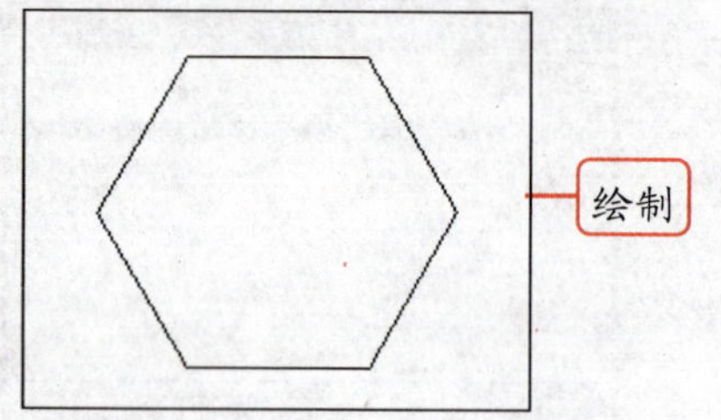


Step 02 在“图层”面板的“图层”下拉列表框中选择“0”图层，将其置为当前图层，然后单击右下角的黑三角形，展开面板中隐藏的部分，在其中单击“更改为当前图层”按钮。

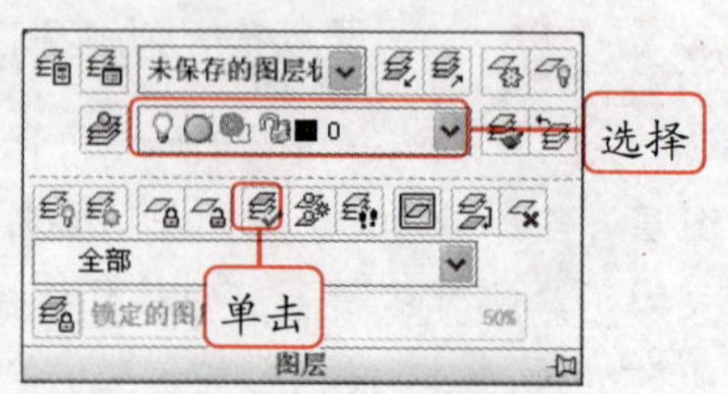


Step 03 系统提示“选择要更改到当前图层的对象”，选择绘图区中的红色矩形，按 Enter 键即可将矩形移动到“0”图层。

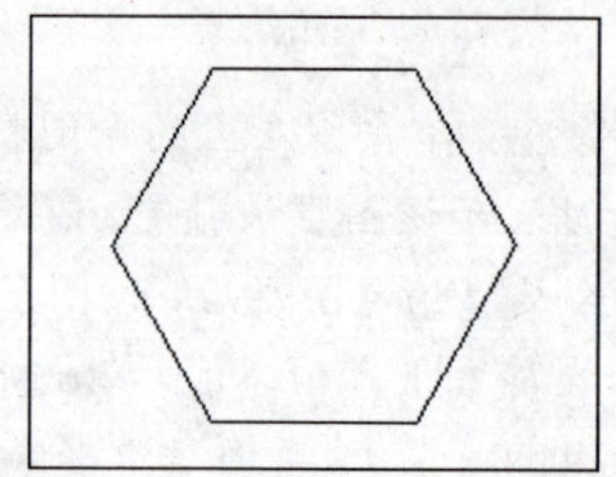

## 2. 将对象复制到新图层

通过“图层”面板中的“将对象复制到新图层”按钮可以将一个或多个对象复制到其他图层，该方法打破了通过“更改为当前图层”按钮只能将对象移动到当前图层的局限。

### 新手演练 Novice exercises 将指定图层中的对象复制到新图层

Step 01 打开“图层 1”图形文件，单击“图层”面板中的“将对象复制到新图层”按钮。

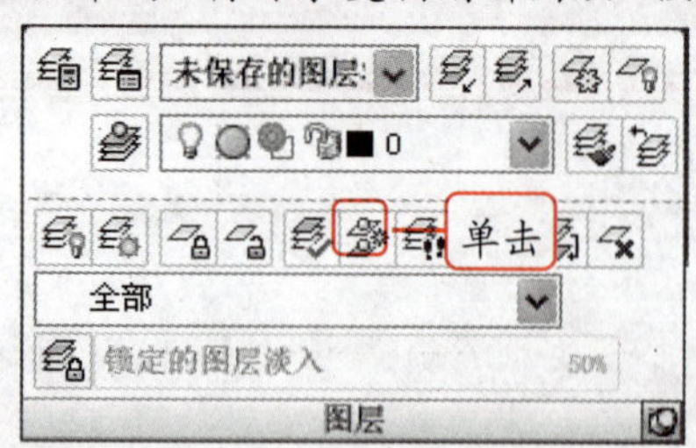


Step 02 系统提示“选择要复制的对象:”，选择绘图区中的矩形，按 Enter 键。

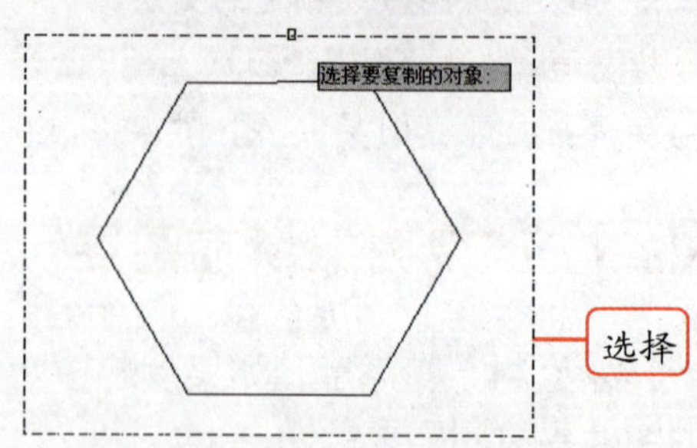


Step 03 系统提示“选择目标图层上的对象

或[名称(N)]”，选择绘图区中的正六边形，系统提示“指定基点或[位移(D)/退出(X)]”，拾取矩形右上角的端点。

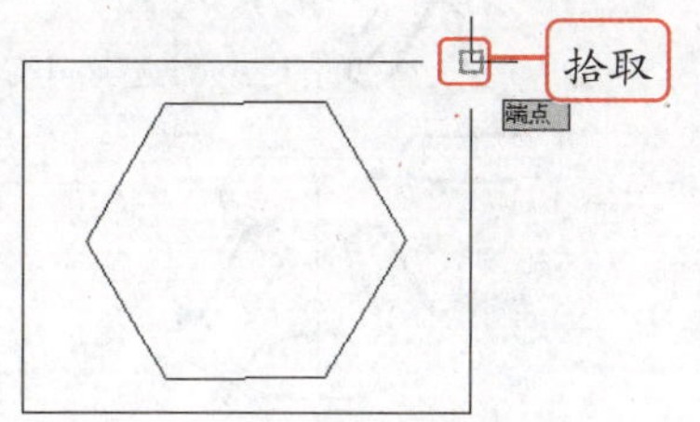


Step 04 系统提示“指定位移的第二个点或<使用第一点作为位移>”，在图形的右上角位置单击，复制出矩形。

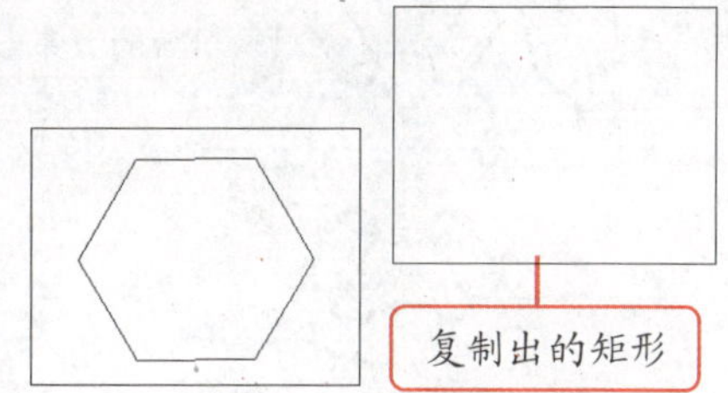


### 3. 匹配对象

通过“图层”面板中的“匹配”按钮也可以修改选择的对象所在的图层，这个方法虽然只能将选择的对象移动到其他图层，而不能对其进行复制，但是它可以对要匹配对象的特性进行设置。

单击“图层”面板中的“匹配”按钮，或输入“MATCHPROP”或“MA”，按 Enter 键执行“匹配”命令，根据系统提示选择源对象后再次根据系统提示选择“设置”选项，可以打开“特性设置”对话框，其中可以根据需要设置要复制到目标对象的源对象的基本特性和特殊特性。

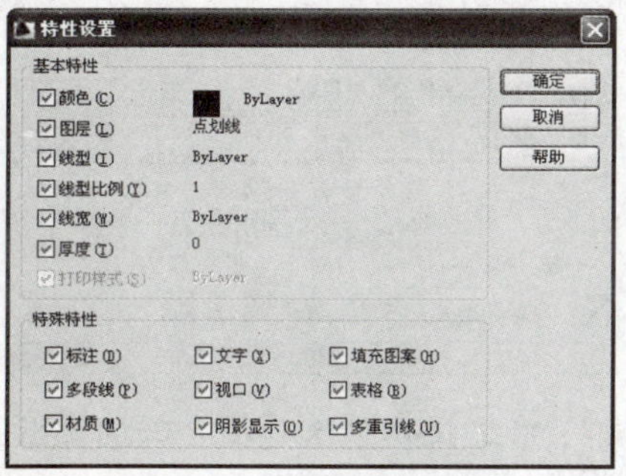

“MATCHPROP”命令与“FROM”命令一样，是一个透明命令，它不仅可以单独使用，也可以在执行其他命令的过程中使用。

新手演练 Novice exercises 通过匹配对象改变对象所在图层（源文件\第 5 章\匹配对象.dwg）

Step 01 打开“匹配对象”图形文件，输入“MATCHPROP”或“MA”，按 Enter 键执行“匹配”命令。

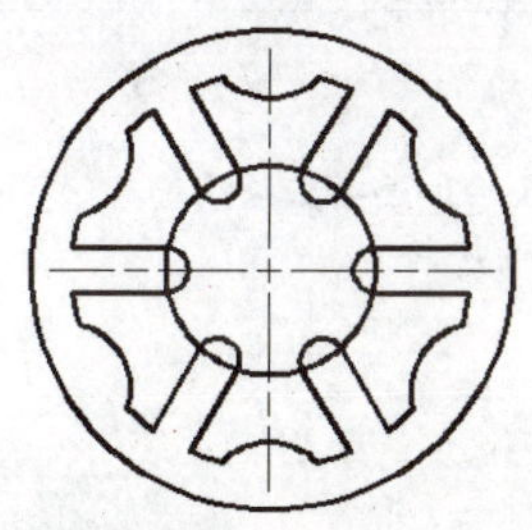

Step 02 系统提示“选择源对象”，选择图形中的虚线。

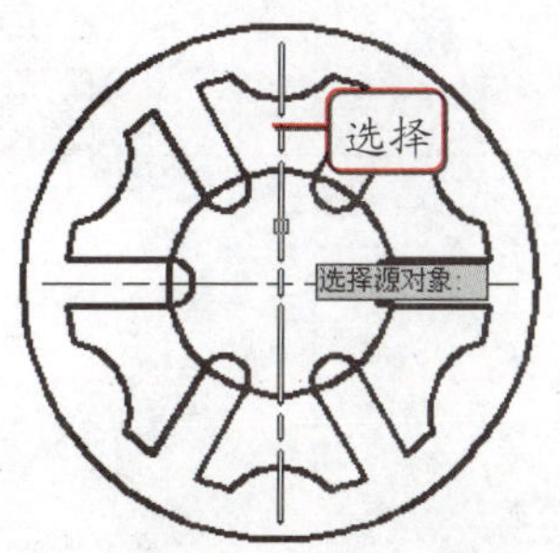

Step 03 系统提示"选择目标对象或[设置(S)]"，选择图形中的大圆。

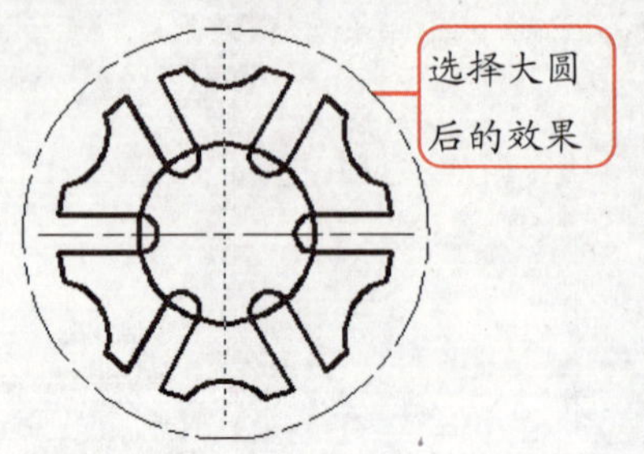


Step 04 系统提示"选择目标对象或[设置(S)]"，选择图形中的小圆，按 Enter 键。

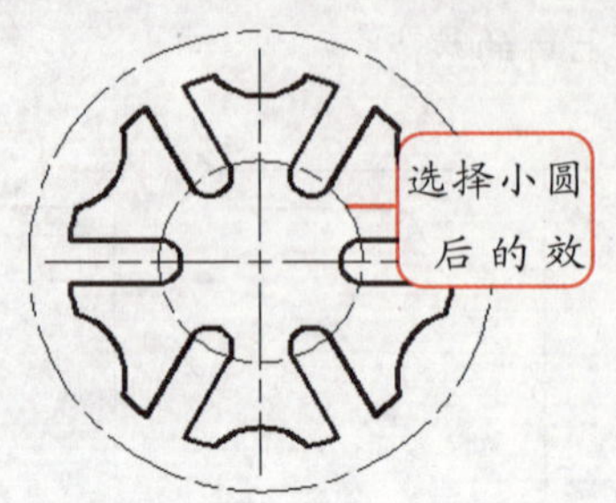


## 5.3.4 合并图层

在绘制图形过程中，如果建立了过多的图层，将会降低处理速度，同时影响到用户对图层的操作，这时可以将多个图层合并为一个图层。

**新手演练 Novice exercises** 将多个图层合并为一个图层

Step 01 启动 AutoCAD 2009，新建两个名称分别为"轴线"和"辅助"的图层，并将其颜色分别设置为"蓝色"和"红色"。

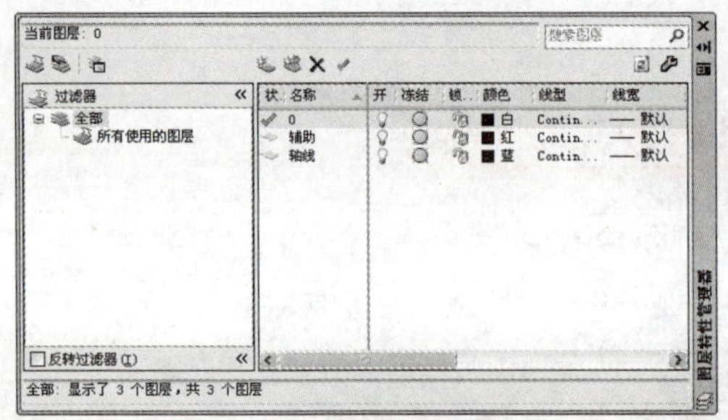

Step 02 分别在新建的两个图层中绘制图形，如这里在"轴线"图层中绘制两条垂直相交的直线，在"辅助"图层中绘制一个圆。

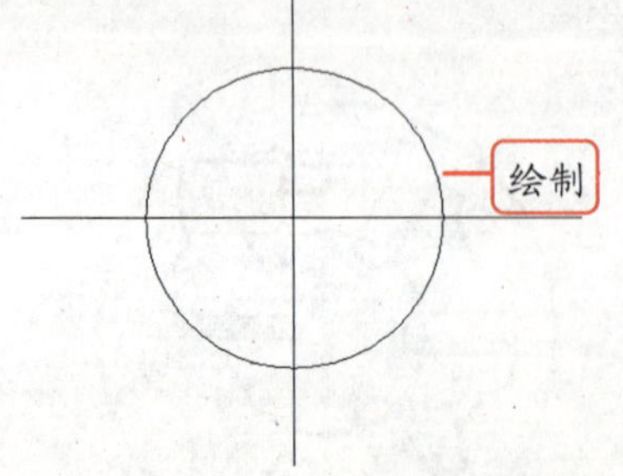


Step 03 在"图层"面板中的"图层"下拉列表框中选择"图层 0"选项，将系统默认的图层置为当前，然后单击"合并图层"按钮。

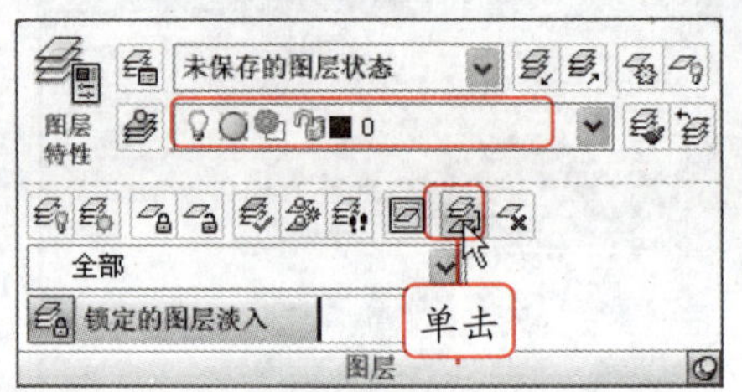


Step 04 系统提示"选择要合并的图层上的对象或[命名(N)]"，选择前面绘制的圆，按 Enter 键。

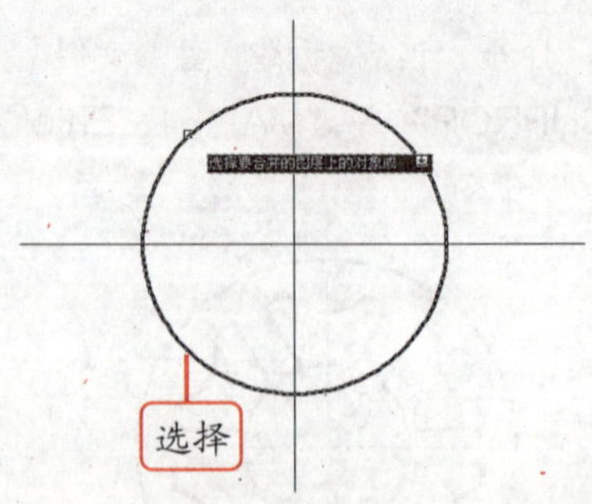

**Step 05** 系统提示“选择目标图层上的对象或[名称(N)]”，选择绘制的任意一条直线，系统提示“将要把图层‘轴线’合并到图层‘辅助’中。是否继续？[是(Y)/否(N)]”，选择“是”选项。

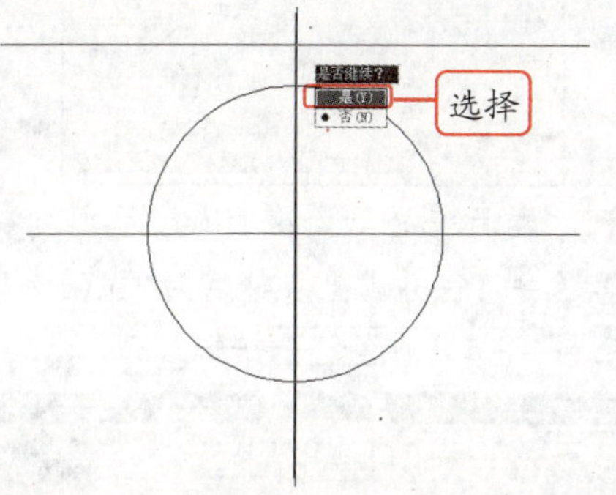


**Step 06** 系统将自动将“轴线”图层合并到“辅助”图层中。

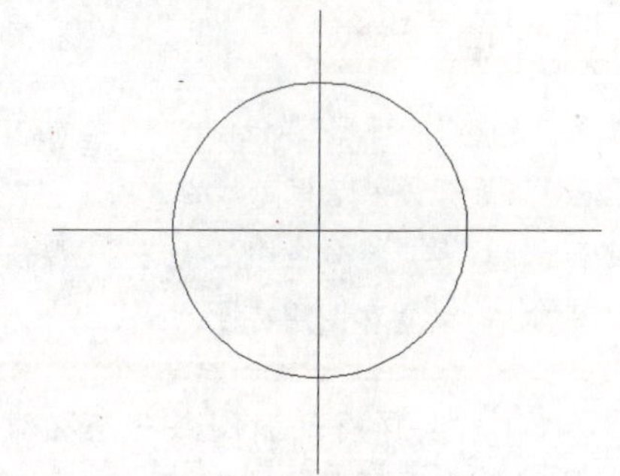

**温馨提示牌** Warm and prompt licensing

系统默认的图层 0 和当前图层是不能进行合并的。另外，如果在最后一步中选择“否”选项，则会放弃合并图层操作。

## 5.3.5 保存与调用图层文件

在 AutoCAD 中绘制不同的机械图形时，常常会创建并设置相同或相似的图层，为了方便以后直接调用图层来进行绘图，可以将图层的设置保存为单独的文件。

### 1. 保存图层文件

在 AutoCAD 中可以将创建并设置好的图层输出并保存为.las 文件，以便以后在其他图形中使用。

**新手演练** Novice exercises 保存设置好对象外观的图层（源文件\第 5 章\我的常用图层状态.las）

**Step 01** 启动 AutoCAD 2009，新建“中心线”、“轮廓线”和“标注”图层，然后分别设置其颜色、线型和线宽为“白,CENTER,默认”、“白,Continuous,0.3 mm”和“白,Continuous,0.2 mm”。

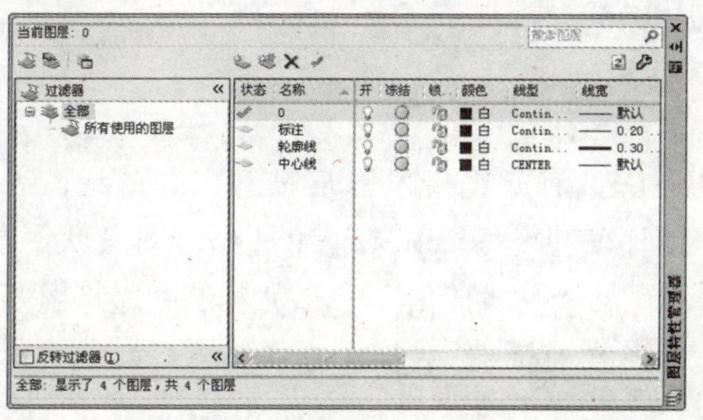

**Step 02** 在图层特性管理器或“图层”面板中单击“图层状态管理器”按钮，在打开的“图层状态管理器”对话框中单击 新建(N)... 按钮。

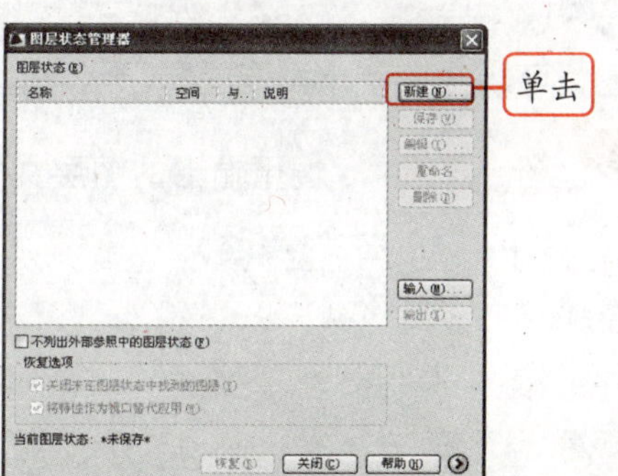

温馨提示牌 Warm and prompt licensing

单击“图层状态管理器”对话框右下角的按钮，可以展开该对话框隐藏的选项。它主要用于指定恢复选择命名图层状态时，要恢复的图层状态设置和图层特性。

Step 03 打开“要保存的新图层状态”对话框，在其中的“新图层状态名”下拉列表框中输入“我的图层”，单击 确定 按钮。

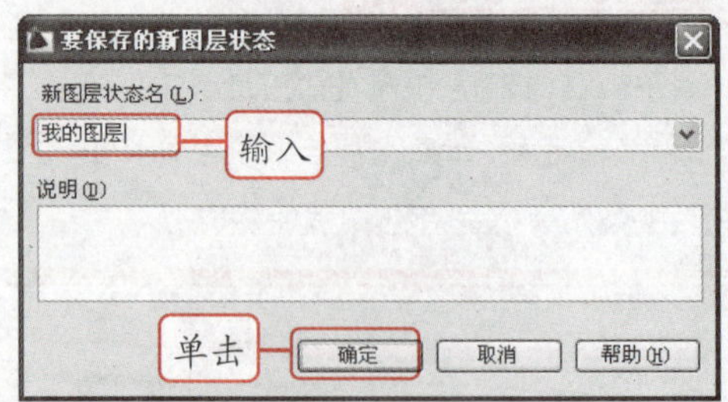


Step 04 返回“图层状态管理器”对话框，在其中的“图层状态”列表框中显示了新建的图层状态，单击 输出(X)... 按钮。

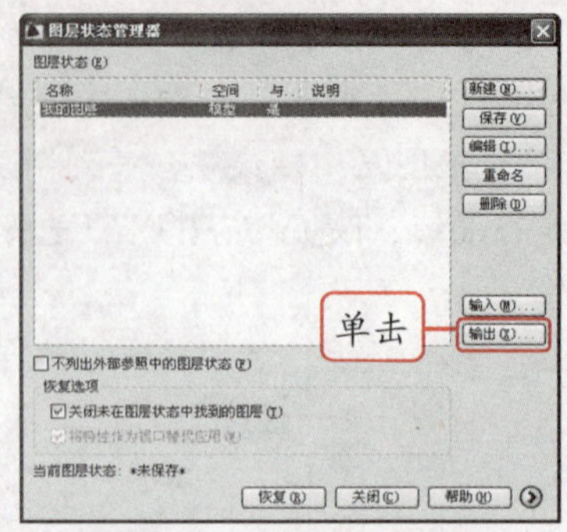


Step 05 在打开的“输出图层状态”对话框中选择保存路径并设置文件名为“我的常用图层状态”，单击 保存(S) 按钮。

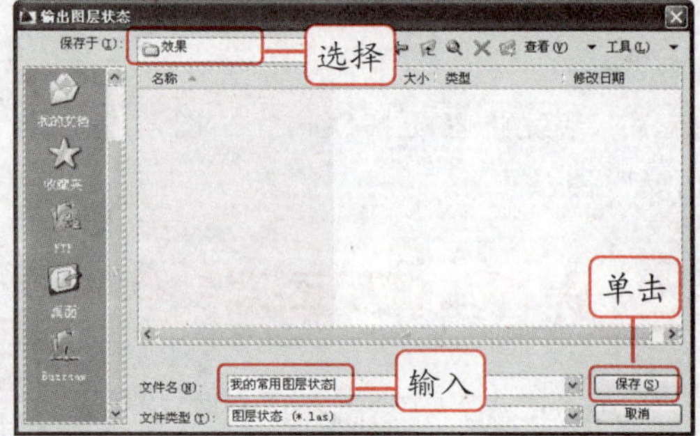


Step 06 返回“图层状态管理器”对话框，单击 关闭(C) 按钮完成操作。

温馨提示牌 Warm and prompt licensing

如果需要修改新建的图层状态中的对象外观，可以单击 编辑(I)... 按钮，在打开的“编辑图层状态”对话框中进行修改。

职场经验谈 Workplace Experience

单击“图层状态管理器”对话框中的 恢复(R) 按钮，可以将图形中所有图层的状态和特性设置恢复为之前保存的设置。

## 2. 调用图层文件

将图层输出为.las 文件后，在需要使用时就要调用输出的文件，然后通过修改图层的设置，可以快速使用需要的图层状态，从而提高工作效率。

### 新手演练 Novice exercises 调用输出的图层文件

Step 01 新建一个图形文件，打开图层特性管理器，单击“图层状态管理器”按钮。打开“图层状态管理器”对话框，单击 输入(M)... 按钮。

Step 02 打开“输入图层状态”对话框，在“文件类型”下拉列表框中选择“图层状态”选项，在“查找范围”下拉列表框中选择图层文件所在的位置，然后在其下面的列表框中选择要调用的文件“我的常用图层状态.las”，单击[打开(O)]按钮。

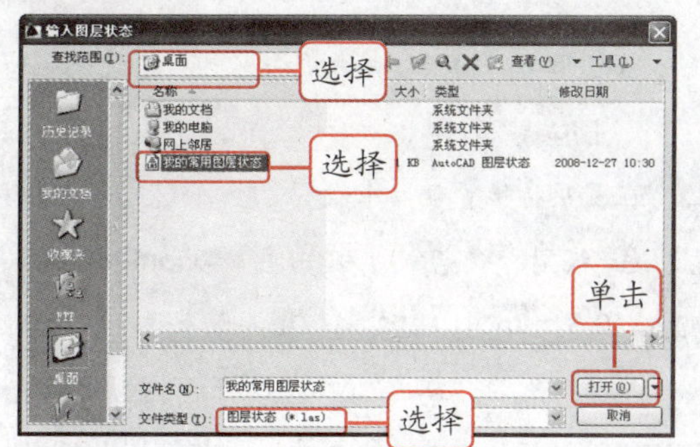


Step 03 系统打开“AutoCAD”提示对话框，单击[确定]按钮。

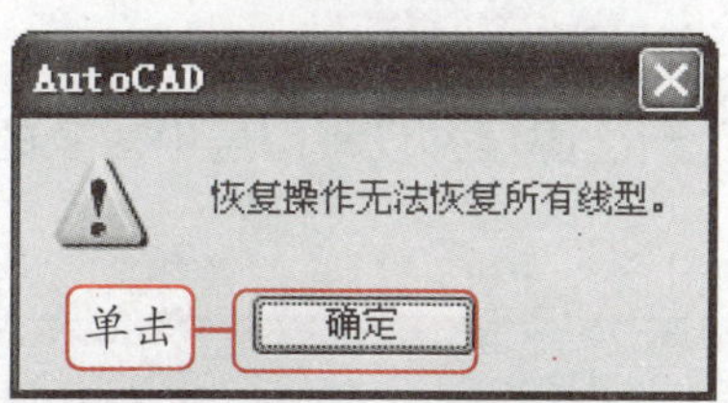


Step 04 系统继续打开如下图所示的提示对话框，单击[恢复状态]按钮将其输入到新建的图形文件中。

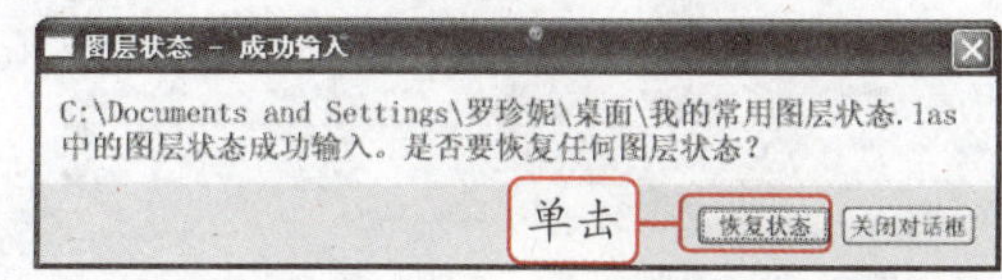


## 5.3.6 删除图层

当创建了一些无用的图层或不再使用某个图层时，不仅可以将其与其他图层合并，也可以直接将其删除以加快系统运行速度。

**知识点拨 Knowledge** 删除图层的方法

**单击按钮:** 在图层特性管理器中选择要删除的图层，然后单击“删除图层”按钮✕。

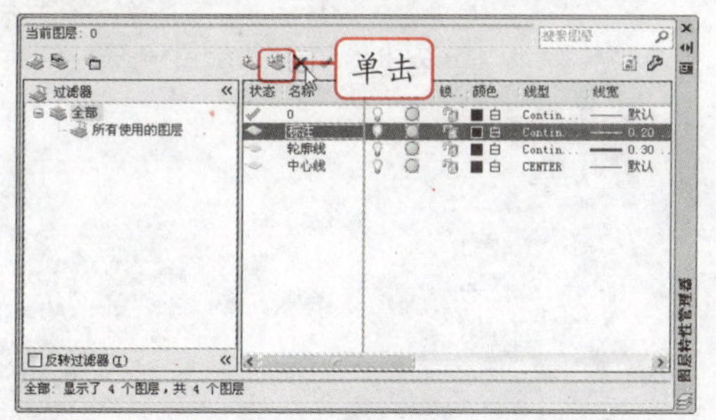


**使用快捷键:** 在图层特性管理器中选择要删除的图层，然后按 Delete 键。

**使用右键菜单:** 在图层特性管理器中选择要删除的图层，然后右击，在弹出的快捷菜单中选择“删除图层”命令。

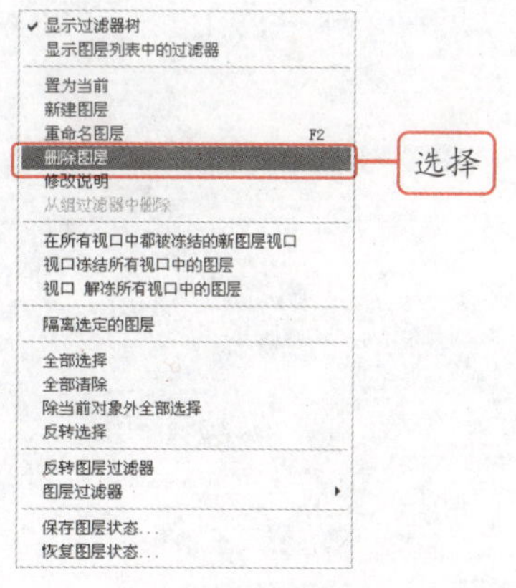


# 5.3 职场特训

本章主要介绍了设置对象的外观和管理图层的相关知识，包括改变对象的颜色、线型和线宽，新建与重命名图层，控制图层状态，合并图层，保存与调用图层文件以及删除图层等知识。学习完章节内容后，下面通过两个实例巩固本章知识。

## 特训 1：新建图层并设置图层中对象的外观（源文件\第 5 章\机械图.las）

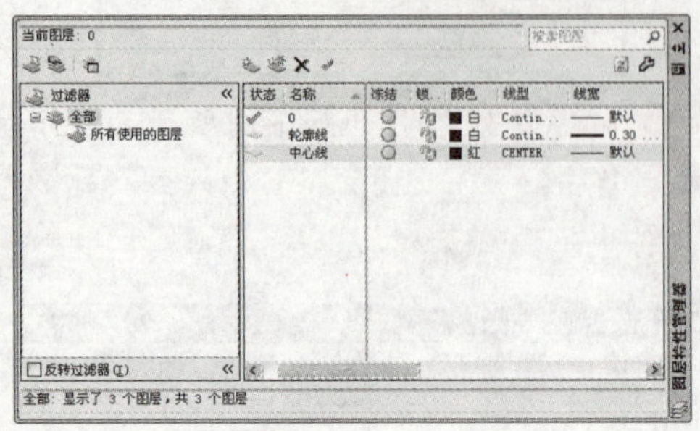


1. 新建两个新图层，并分别命名为“轮廓线”和“中心线”。
2. 在图层特性管理器中设置“轮廓线”图层的颜色、线型和线宽分别为“白色”、“Continuous”、“0.3 mm”，“中心线”图层的颜色、线型和线宽分别为“红色”、“CENTER”、“默认”。
3. 将设置好的图层状态输出为“机械图.las”图层文件。

## 特训 2：新建图形文件并对其进行设置（源文件\第 5 章\机械图.dwg）

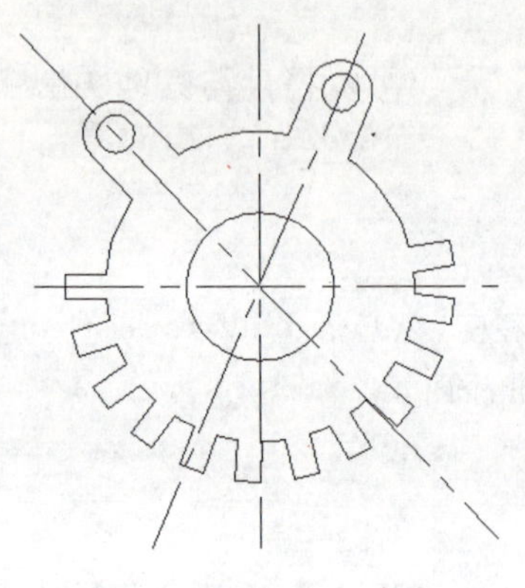

1. 新建图形文件，将特训 1 中输出的“机械图”图层文件输入到新建的图形文件中。
2. 将“中心线”图层中的线型重新设置为“CENTER2”。
3. 在“中心线”图层中通过“构造线”命令绘制出辅助线。
4. 在“轮廓线”图层中通过各种绘图命令和编辑命令绘制出机械图。

# 第6章

# 图案填充

自定义填充六角螺母

为吊钩填充单色渐变

为扳手填充双色渐变

绘制一个四边形填充图形

## 本章导读

在绘制机械图形时，有时会对图形进行图案填充，以表现剖切面或不同类型图形的外观纹理，或对图形进行渐变色填充，以体现出物体的立体感。本章详细介绍在AutoCAD中对机械图形进行图案填充和渐变色填充的方法。

# 6.1 创建填充区域

在 AutoCAD 中，要对图形进行填充，首先需要指定填充的区域。指定填充区域的方法主要包括拾取封闭区域中的点和选择封闭对象。

## 6.1.1 拾取填充点

在机械绘图中，拾取填充点是创建填充区域使用频率较高的一种方法，但该方法有一个局限性，即拾取的填充点必须在一个或多个封闭图形内部。

输入“BHATCH”、“BH”或“H”，按 Enter 键执行“图案填充”命令，在打开的“图案填充和渐变色”对话框中单击“添加：拾取点”按钮，然后在绘图区中拾取填充点，系统就会自动通过计算找到填充边界，填充边界内部区域即为填充区域。

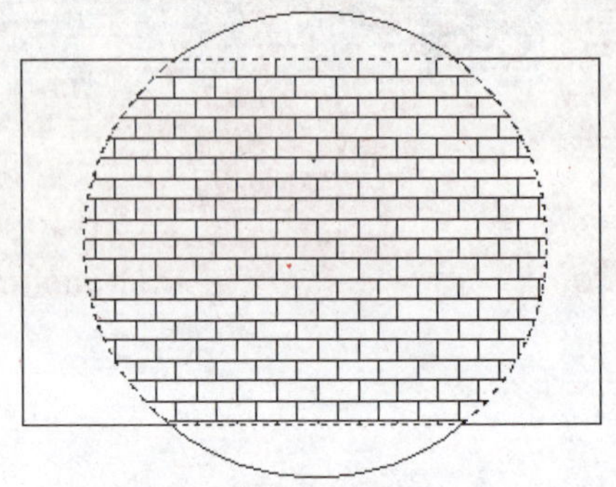

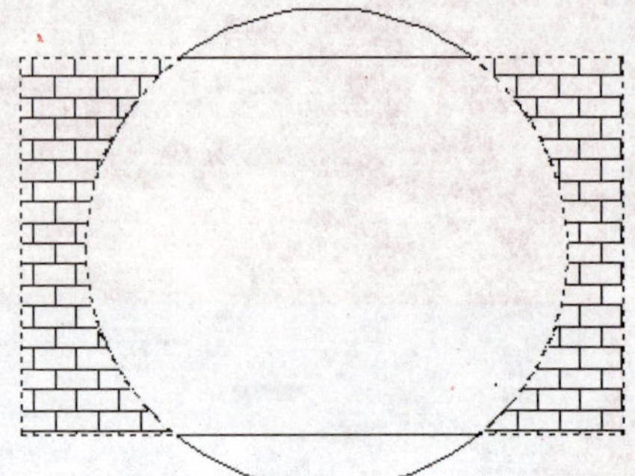

## 6.1.2 拾取填充对象

通过拾取填充对象来创建填充区域也是一种常用的方法。单击“图案填充和渐变色”对话框中的“添加：选择对象”按钮，然后在绘图区中拾取填充对象，被拾取对象的内部会作为填充区域进行填充。

在创建填充区域时，拾取的对象可以是封闭的图形，如矩形、圆和多边形等，也可以是多个非封闭图形，且非封闭图形必须相交形成一个或多个封闭区域。另外，如果拾取的多个封闭区域呈嵌套状，则系统默认填充外部图形与内部图形布尔相减后的区域。

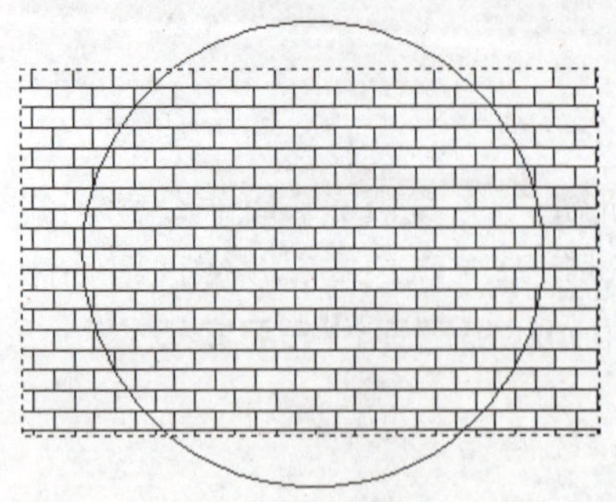

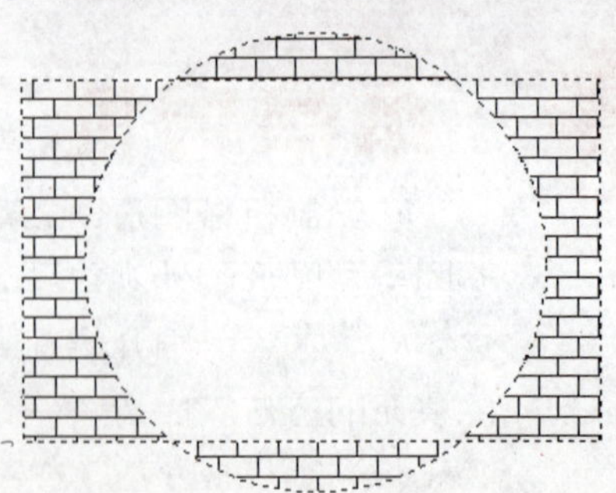

# 6.2 图案填充

在创建填充区域后，可以根据需要选择不同的填充图案来对填充区域进行填充。在 AutoCAD 中有多种填充图案的方法，主要包括预定义图案填充、用户自定义图案填充和孤岛填充 3 种，用户可以根据实际情况选择不同的方法进行填充。

## 6.2.1 预定义图案填充

在 AutoCAD 中，系统默认提供了 58 种预定义填充图案，其中包括机械设计中大多数常用的填充图案。

### 1. 选择预定义填充图案

执行“图案填充”命令，打开“图案填充和渐变色”对话框，在“类型”下拉列表中选择“预定义”选项，然后在“图案”下拉列表框中即可选择需要的预定义填充图案。另外，单击“图案”下拉列表框右侧的□按钮或单击“样例”栏填充图案预览，在打开的“填充图案选项板”对话框中也可以选择相应的填充图案。

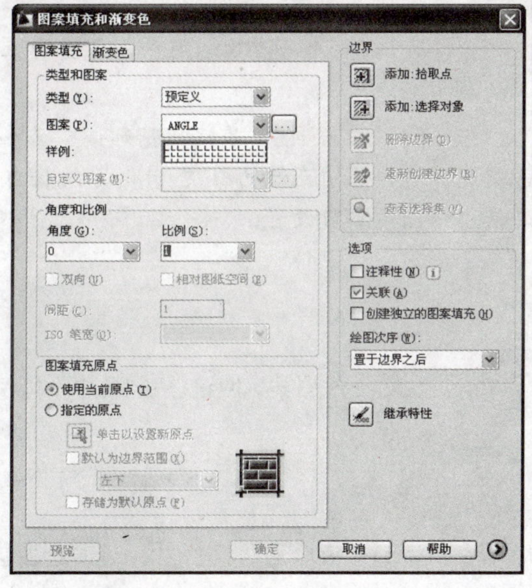


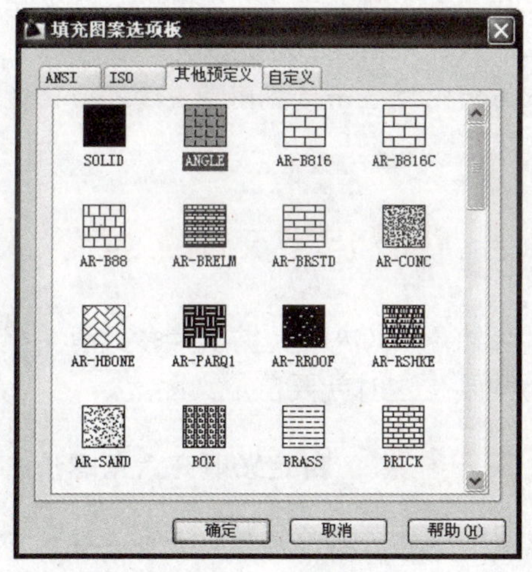


### 2. 设置预定义填充图案

选择需要的预定义填充图案后，有时填充的图案不符合绘图要求，因此用户需要对选择填充图案的角度、比例、填充原点等进行设置。在“图案填充和渐变色”对话框中的“角度和比例”栏、“图案填充原点”栏以及“选项”栏中，用户就可以对填充图案进行相应设置。

**知识点拨 Knowledge** “图案填充和渐变色”对话框中“图案填充”选项卡中选项的作用

**“角度”下拉列表框**：用于指定填充图案的角度，如下图所示角度分别为 0° 和 30° 时的效果。

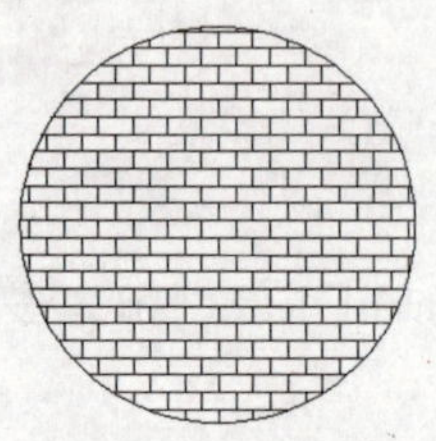
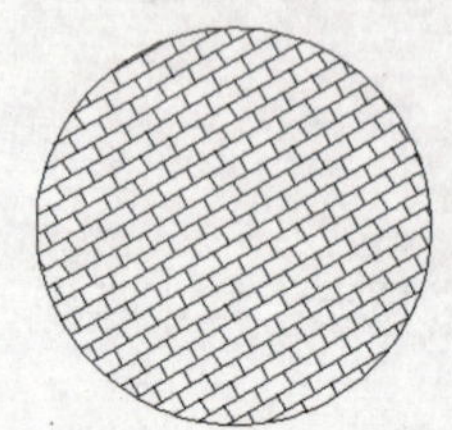

**“比例”下拉列表框**：用于放大或缩小预定义或自定义的填充图案，如下图所示比例分别为 10 和 15 时的效果。

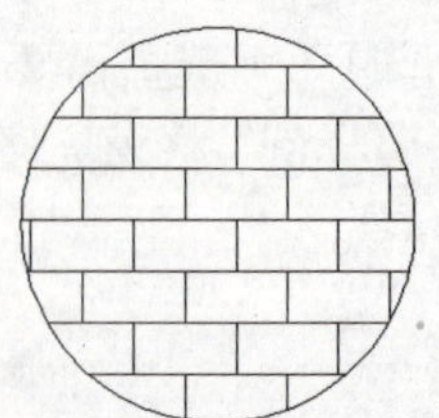

**“相对图纸空间”复选框**：相对于图纸空间单位缩放填充图案。勾选该复选框能以适合于布局的比例显示填充图案，该选项仅适用于布局。

**“ISO 笔宽”下拉列表框**：基于选定笔宽缩放 ISO 预定义图案。只有将“图案”设置为可用的 ISO 图案的一种，此选项才可用。

**“图案填充原点”栏**：控制填充图案生成的起始位置。勾选其中的“使用当前原点”单选按钮，将使用系统默认的原点，即 UCS 原点。点选“指定的原点”单选按钮后，就可以指定一个新的原点作为图案的起始位置。

**“关联”复选框**：用于控制填充图案是否与填充区域相关联，如果勾选该复选框，当改变填充区域时，填充图案也会随着改变，一般保持勾选状态。

**“创建独立的图案填充”复选框**：控制当指定了几个单独的闭合区域时，是创建单个图案填充对象，还是创建多个图案填充对象。

**“绘图次序”下拉列表框**：用于指定图案填充的绘图顺序。

**“继承特性”按钮**：单击该按钮，可以返回绘图区选择已填充好的图案，此时系统将自动使用该图案参数设置。

## 6.2.2 用户自定义图案填充

虽然 AutoCAD 提供了大多数有关机械设计的预定义填充图案，但这些图案并不能完全满足需要，这时就要自定义图案。

**新手演练 Novice exercises** 自定义填充六角螺母

**Step 01** 打开“六角螺母”图形文件，输入“H”，按 Enter 键执行“图案填充”命令。

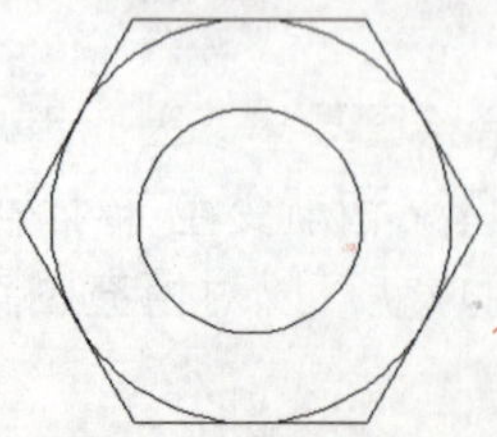

**Step 02** 打开“图案填充和渐变色”对话框，单击“添加：拾取点”按钮，返回绘图区，在如下图所示的位置单击，拾取填充点。

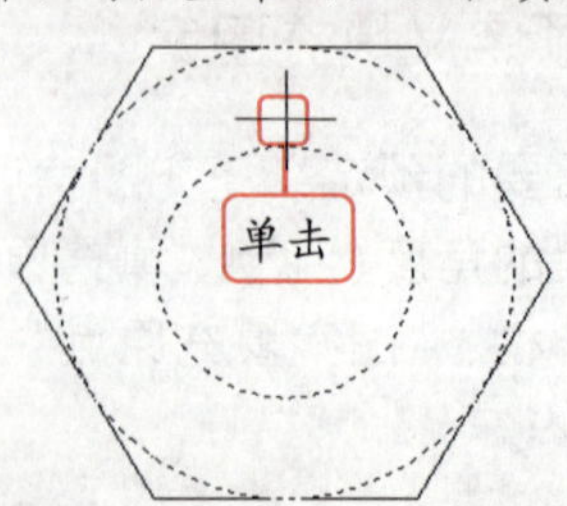

**Step 03** 按 Enter 键返回“图案填充和渐变色”对话框，在“类型”下拉列表框中选择“用户定义”选项，在“角度”下拉列表框中输入“30”，在“间距”文本框中输入“2”，点选“指定的原点”单选按钮，单击“单击以设置新原点”按钮。

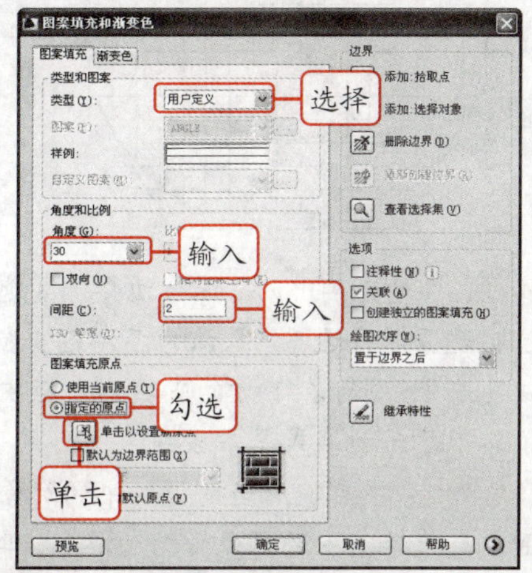


**Step 04** 返回绘图区，在图形中拾取如下图所示的交点。

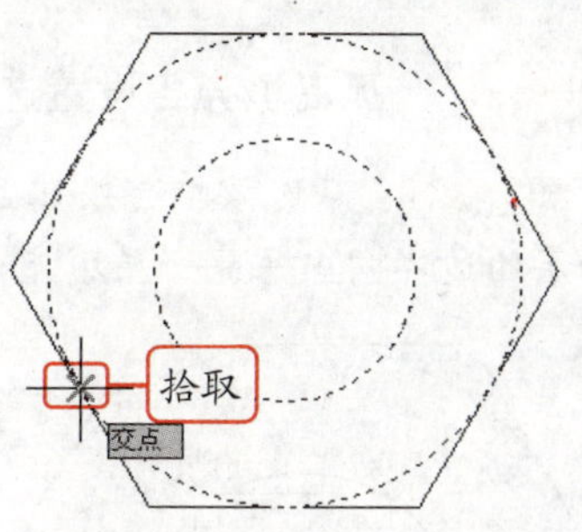


**Step 05** 返回“图案填充和渐变色”对话框，单击 预览 按钮，预览填充后的效果。如果对填充后的效果满意，按 Enter 键返回“图案填充和渐变色”对话框，单击 确定 按钮，完成图案的填充。

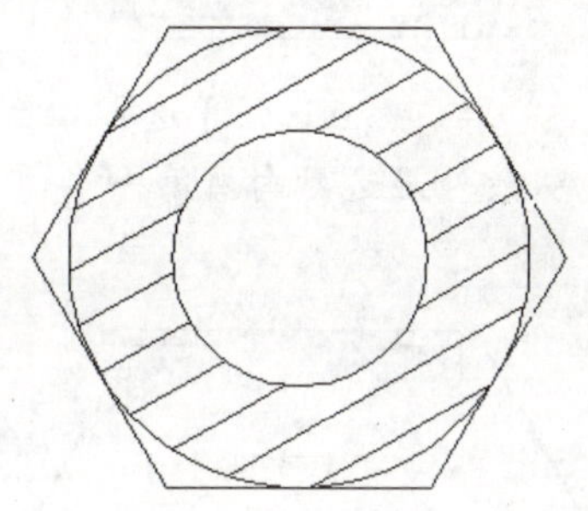

## 6.2.3 孤岛填充

在对选择的多个封闭区域进行图案填充时，有时需要对图案填充的区域进行精确地设置，通过孤岛测试可以指定在最外层边界内填充对象。

单击“图案填充和渐变色”对话框中右下角的按钮，打开该对话框隐藏的部分，勾选“孤岛检测”复选框，其下的“孤岛显示样式”栏将会显示可用状态，在其中可对孤岛显示样式进行设置。

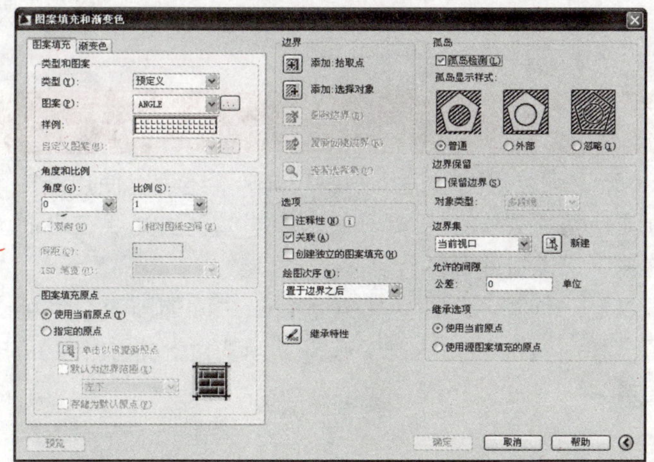

**知识点拨 Knowledge** 孤岛填充各设置选项的含义

**"普通"单选按钮：**点选该单选按钮后，系统将从最外层的边界向内每隔一层填充一次。

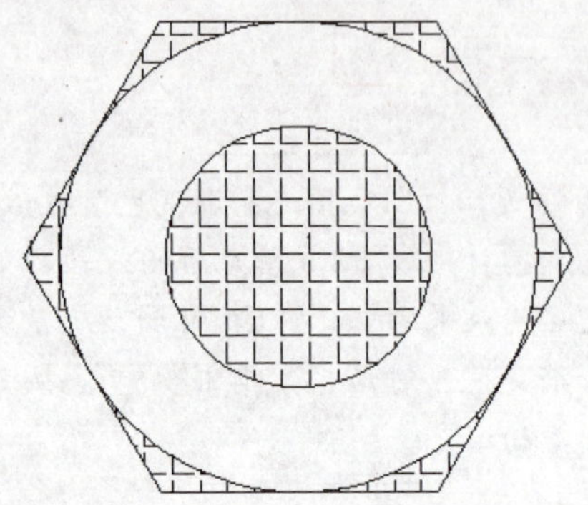

**"外部"单选按钮：**点选该单选按钮后，系统将只填充从最外层边界向内第一层边界之间的区域。

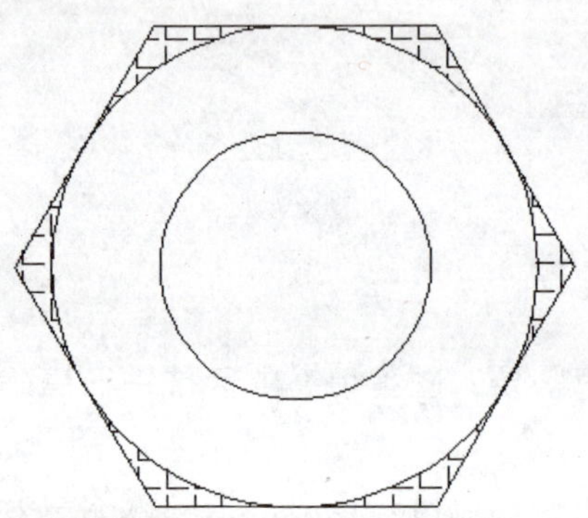

**"忽略"单选按钮：**点选该单选按钮后，系统将忽略内边界，填充最外层边界的内部。

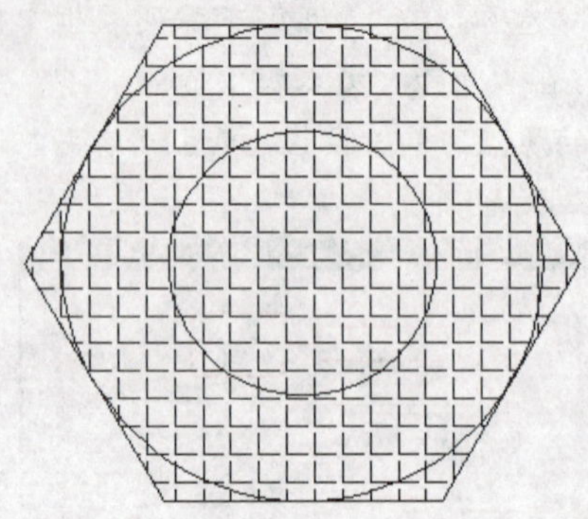

**"边界保留"栏：**其中的"保留边界"复选框用于控制是否保存边界，默认为不勾选。如果勾选该复选框，则可在下方的下拉列表框中选择将边界创建为面域或是多段线。

**"边界集"栏：**指定使用当前视口中的对象还是使用现有选择集中的对象作为边界集，单击其右侧的按钮可返回绘图区重新选择作为边界集的对象。

**"允许的间隙"栏：**将近似封闭区域的一组对象视为一个闭合的图案填充边界。默认值为 0，即该区域必须没有任何间隙才能填充，如果增大该值，则接近封闭的区域也可以被填充。

**"继承选项"栏：**使用继承特性功能创建图案填充时，该栏中的设置将控制图案填充原点的位置。

## 6.3 渐变色填充

在 AutoCAD 中除了可以对图形进行图案填充外，还可以使用渐变色填充功能对图形进行渐变色填充。渐变色填充是实体图案填充，能够体现出光照在平面上而产生的过渡颜色效果，因此它通常被用来模拟曲面的光线阴影立体效果。

渐变色填充可以是一种颜色与白色（或黑色）之间的渐变，也可以是两种颜色之间的渐变。在"图案填充和渐变色"对话框中选择"渐变色"选项卡，在打开的选项卡中可对渐变色填充进行设置。

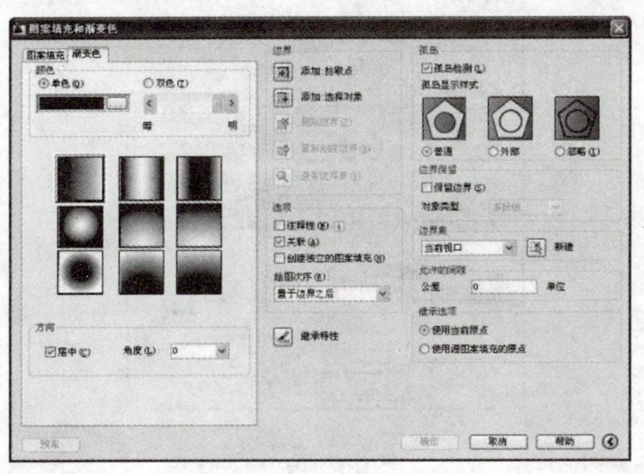

温馨提示牌 Warm and prompt licensing

“渐变色”选项卡右侧部分的选项与“图案填充”选项卡中的相同，因此，控制渐变色的效果主要是通过左侧部分的选项实现。

知识点拨 Knowledge　关于“渐变色”填充各设置选项的含义

“单色”单选按钮：指定使用从较深色调到较浅色调平滑过渡的单色填充。

颜色样本：点选“单色”单选按钮后，将显示带有“浏览”按钮[...]和“暗”和“明”滑块的颜色样本。单击“浏览”按钮[...]，打开“选择颜色”对话框，在其中可以选择其他颜色。

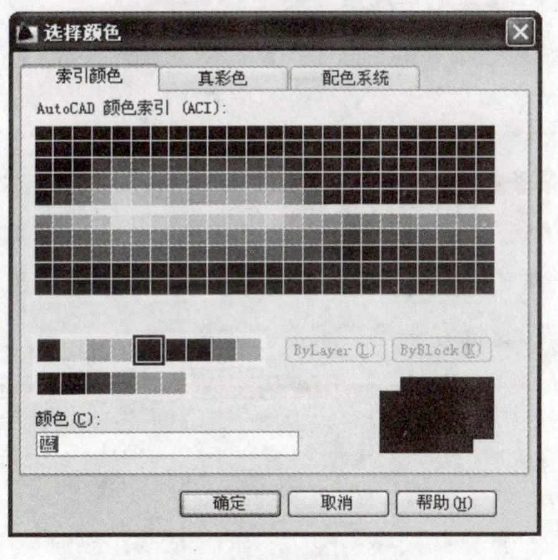

“双色”单选按钮：指定在两种颜色之间平滑过渡的双色渐变填充。点选“双色”单选按钮后，将显示颜色 1 和颜色 2 的带有“浏览”按钮[...]的颜色样本。

“渐变图案”栏：其中显示了用于渐变填充的 9 种固定图案。

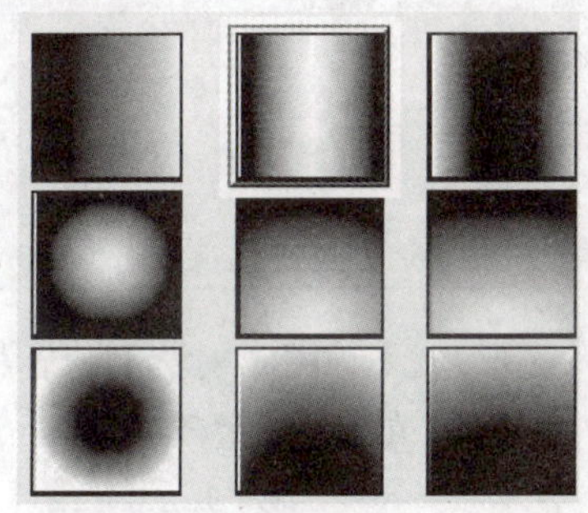

“方向”栏：用于指定渐变色的角度及其是否对称。

## 6.3.1 单色渐变填充

单色渐变填充是指从一种定义颜色到白色（或黑色）之间的过渡渐变。创建填充区域，并设置好单色渐变的参数后就可以对图形进行填充了。

新手演练 Novice exercises　为吊钩填充单色渐变（源文件\第 6 章\吊钩.dwg）

Step 01　打开“吊钩”图形文件，执行“图案填充”命令，打开“图案填充和渐变色”对话框，在其中单击“添加：拾取点”按钮，返回绘图区，在图形中拾取填充点。

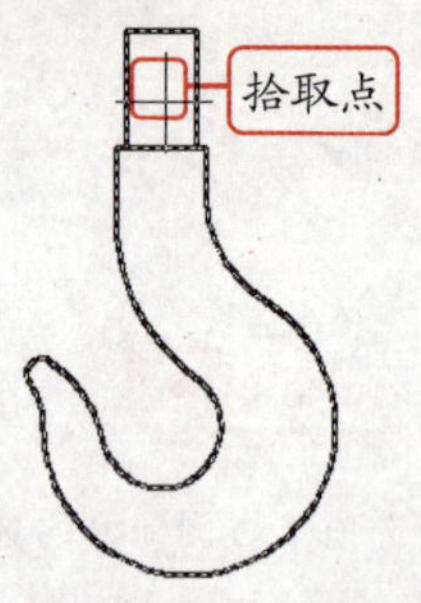


**Step 02** 按 Enter 键返回“图案填充和渐变色”对话框，选择“渐变色”选项卡，点选“单色”单选按钮，单击颜色样本中的“浏览”按钮[...]。

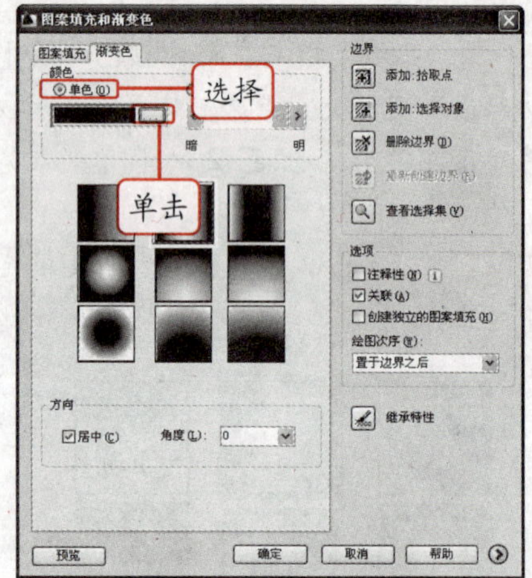


**Step 03** 打开“选择颜色”对话框，选择“索引颜色”选项卡，在其中选择如下图所示的颜色块，然后单击[确定]按钮。

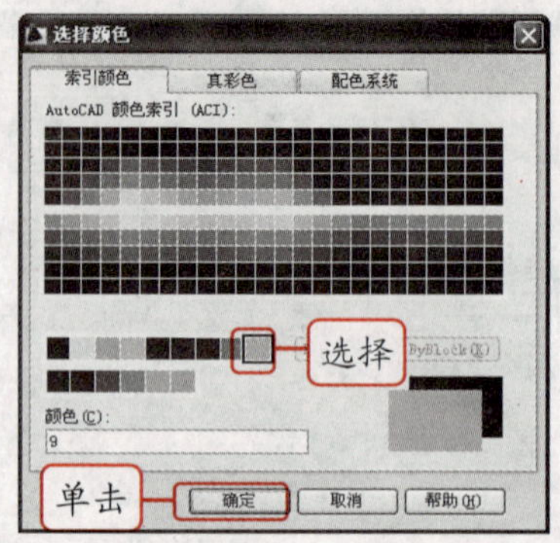


**Step 04** 返回“图案填充和渐变色”对话框，在“渐变图案”栏中选择第二种图案，单击[预览]按钮预览效果，如果对效果满意，按 Enter 键返回“图案填充和渐变色”对话框，单击[确定]按钮，完成图案的填充。

**温馨提示牌** Warm and prompt licensing

在预览填充效果时，如果对效果满意，可以直接右击确定填充的效果。

## 6.3.2 双色渐变填充

双色渐变填充是指选择两种颜色，然后通过一定的渐变图案使填充图案在两种选择颜色之间渐变过渡。若选择的颜色中有一种为白色或黑色，则双色渐变填充的效果与单色渐变填充的效果相同。

为扳手填充双色渐变（源文件\第 6 章\扳手.dwg）

**Step 01** 打开“扳手”图形文件，输入“H”，按 Enter 键执行“图案填充”命令。

**Step 02** 打开“图案填充和渐变色”对话框，单击“添加：拾取点”按钮[图]，返回绘图区，在如下图所示的位置单击，拾取填充点。

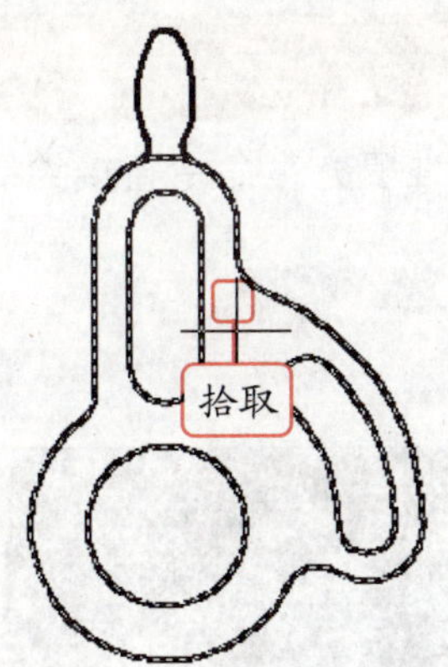


职场经验谈 Workplace Experience

在创建填充区域时，也可以通过选取填充对象来创建。另外，我们也可以先对填充的参数进行设置，然后创建填充区域。

Step 03 按 Enter 键返回“图案填充和渐变色”对话框，选择“渐变色”选项卡，点选“双色”单选按钮，分别单击颜色 1 和颜色 2 样本中的“浏览”按钮[...]，选择如下图所示的颜色。

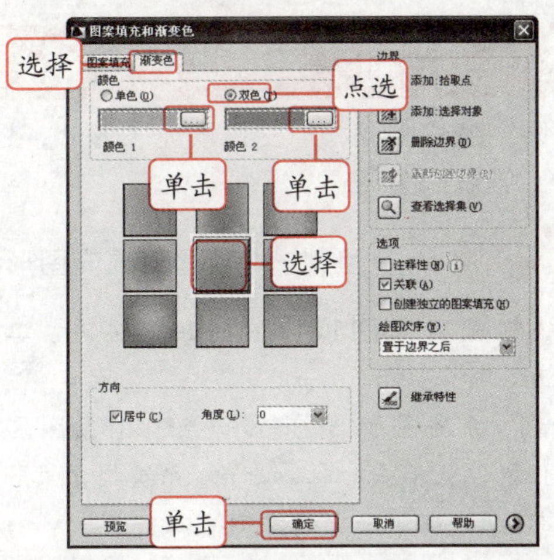


Step 04 在“渐变图案”栏中选择正中的图案，单击[确定]按钮，完成图案的填充。

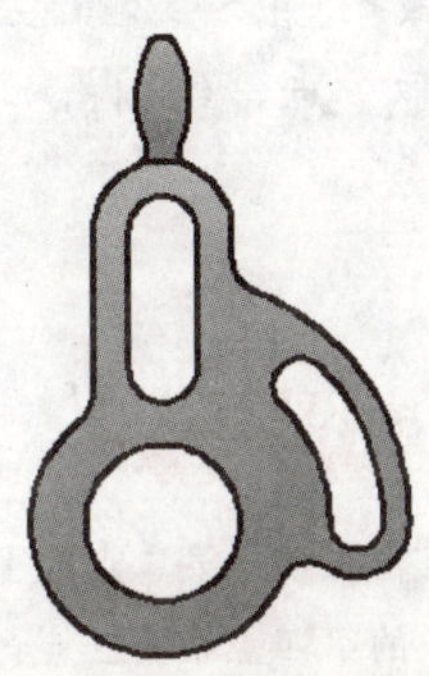

## 6.4 编辑填充对象

在对创建的填充区域进行填充后，如果对填充效果不满意，还可以对填充后的效果进行修改与编辑。编辑填充对象与填充对象的方法相同，都是在“图案填充和渐变色”对话框中进行的。

知识点拨 Knowledge　编辑填充对象时打开“图案填充和渐变色”对话框的方法

双击填充区域：在需要编辑的填充区域双击，打开“图案填充和渐变色”对话框，在其中可对填充对象进行编辑。

执行命令：输入“HATCHEDIT”或“HE”，按 Enter 键执行“编辑填充对象”命令，系统提示“选择图案填充对象”，选择填充对象后打开“图案填充和渐变色”对话框，在其中可对填充对象进行编辑。

选择命令：在菜单浏览器中选择“修改”|“对象”|“图案填充”命令，系统提示“选择图案填充对象”，选择填充对象后打开“图案填充和渐变色”对话框，在其中可对填充对象进行编辑。

## 6.5 绘制二维填充图形

除了使用图案和渐变色填充图形外，还可以使用“二维填充”命令直接绘制任意多边形的二维填充图形。

知识点拨 Knowledge 绘制一个四边形填充图形

Step 01 输入“SOLID”，按 Enter 键执行“二维填充”命令。

Step 02 系统提示“指定第一点”，在绘图区中的任意位置单击拾取第一点。系统提示“指定第二点”，在第一点的右侧拾取一点。

Step 03 系统提示“指定第三点”，在第一点的下方，第二点的左侧拾取一点。系统提示“指定第四点或<退出>”，在第三点的右侧第二点的下方拾取一点，绘制出如下图所示的四边形。

Step 04 系统提示“指定第三点”，按 Enter 键结束“二维填充”命令。

职场经验谈 Workplace Experience

如果在第一点的右侧，第二点的下方拾取第三点，而拾取的第四点在第三点的左侧，第一点的下方，那么绘制的填充图形将是一个三角形。

温馨提示牌 Warm and prompt licensing

如果对绘制的二维填充图形的填充颜色不满意，可以直接通过修改对象外观的方法修改颜色。另外，通过“FILL”命令还可以设置是否填充绘制的图形。

## 6.6 区域覆盖对象

区域覆盖对象是一块多边形区域，它可以使用当前背景色屏蔽底层的对象。使用“区域覆盖”命令可以在现有对象上生成一个空白区域，用于添加注释添加或详细的蔽屏信息。

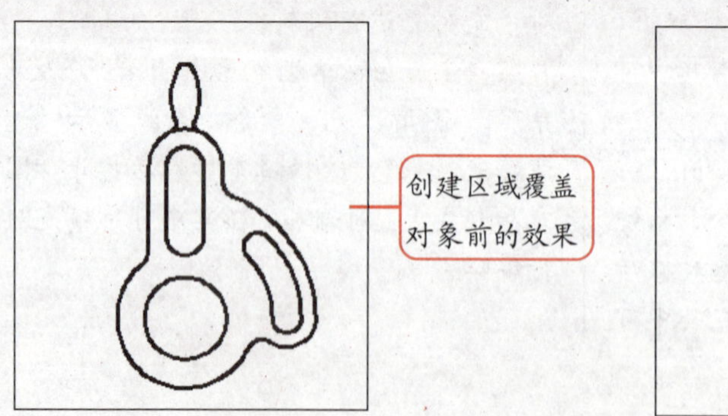


创建区域覆盖对象后的效果

创建区域覆盖对象（源文件\第 6 章\机械制图.dwg）

Step 01 打开"机械制图"图形文件，执行"矩形"命令，根据系统提示，在图形中如下图所示的位置处绘制一个矩形。

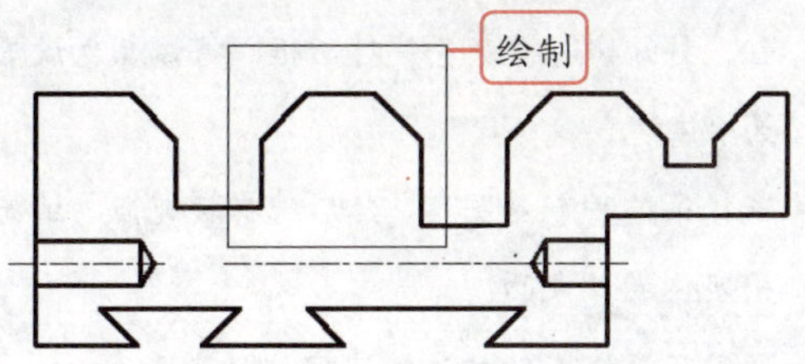


Step 02 输入"WIPEOUT"，按 Enter 键执行"区域覆盖"命令，系统提示"指定第一点或[边框(F)/多段线(P)]"，选择"边框"选项。

职场经验谈 Workplace Experience

如果这里根据系统提示指定第一点后，再根据系统提示指定其他点，绘制出多边形，则绘制的多边形区域就是区域覆盖对象。

Step 03 系统提示"输入模式[开(ON)/关(OFF)]"，输入"OFF"，按 Enter 键选择"关"选项，关闭边框的显示。

温馨提示牌 Warm and prompt licensing

如果选择"开"选项，则创建的区域覆盖对象将显示出边框。

Step 04 按 Enter 键重复执行"区域覆盖"命令，系统提示"指定第一点或[边框(F)/多段线(P)]"，选择"多段线"选项。

Step 05 系统提示"选择闭合多段线"，在图形中选择第一步绘制的矩形。

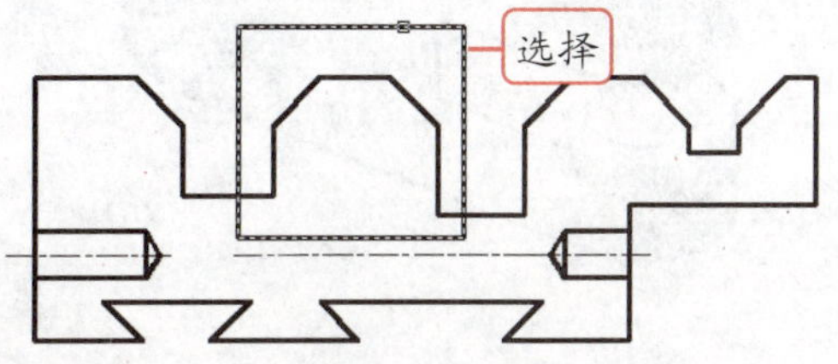


Step 06 系统提示"是否要删除多段线？[是(Y)/否(N)]"，输入"Y"，按 Enter 键选择"是"选项，结束"区域覆盖"命令。

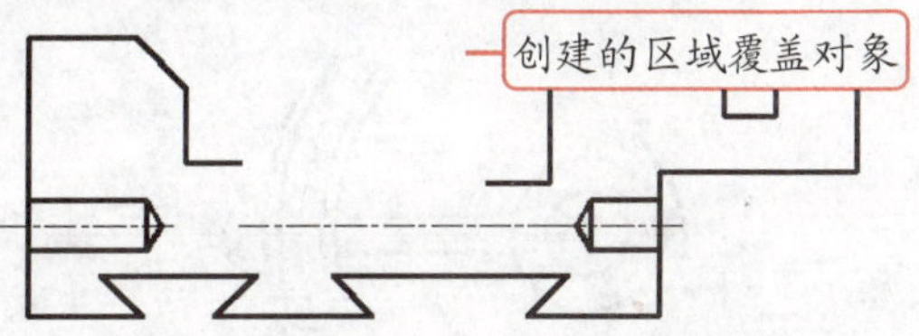


职场经验谈 Workplace Experience

使用"DRAWORDER"命令可以改变任何对象的绘图次序，即显示和打印次序，而使用"TEXTTOFRONT"命令可以修改图形中所有文字和标注的绘图次序。

## 6.7 职场特训

本章主要介绍了填充图形的相关知识，包括创建填充区域、图案填充、渐变色填充等常用填充图形的方法和编辑填充对象的方法。另外，还简单介绍了绘制二维填充图形、区域覆盖对象等知识。学习完章节内容后，下面通过两个实例巩固本章知识。

**特训 1：** 使用渐变色填充的方法填充连接件（源文件\第 6 章\连接件实体图.dwg）

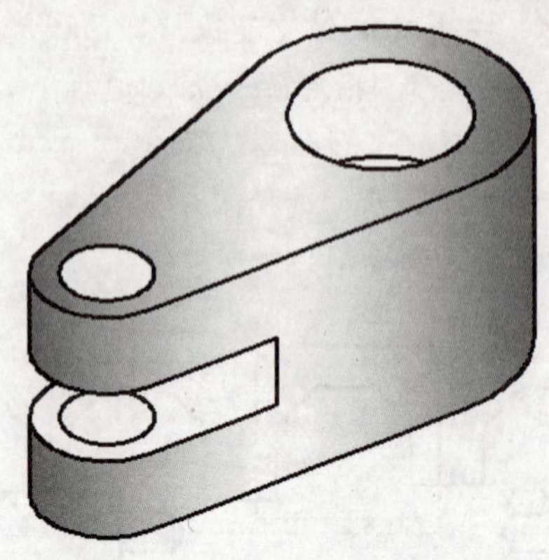

1. 打开“连接件实体图”，执行“图案填充”命令，打开“图案填充和渐变色”对话框。
2. 选择“渐变色”选项卡，点选“单色”单选按钮，打开“选择颜色”对话框，将该颜色设置为“灰色”。
3. 选择第二种渐变图案，然后选择填充点，填充出实体的外表面。
4. 通过孤岛填充的方法填充实体的上表面。

**特训 2：** 在零件图中创建区域覆盖对象（源文件\第 6 章\区域覆盖.dwg）

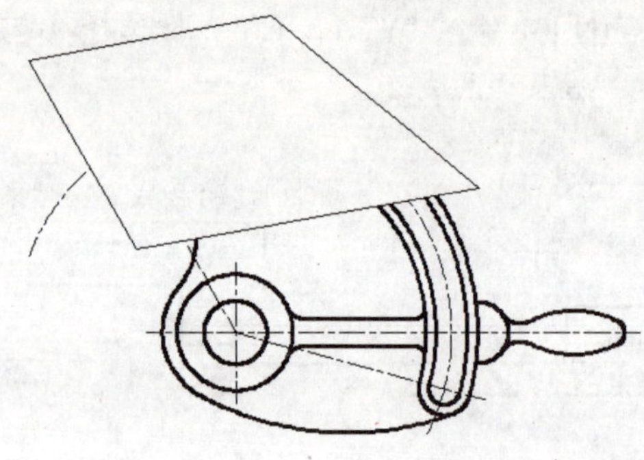

1. 打开“区域覆盖”图形文件，执行“区域覆盖”命令。
2. 根据系统提示在图形的上部绘制出一个多边形，包围住上方的图形。
3. 系统提示“指定下一点或[闭合(C)/放弃(U)]”，选择“闭合”选项，闭合多边形并退出“区域覆盖”命令。

# 第7章

# 图块和外部参照

## 精彩案例

将吊钩定义为内部块

将定义的外部块“轮盘”插入到图形中

创建表面粗糙度符号块的属性

在图形文件中插入表面粗糙度符号

## 本章导读

在机械设计中，对于如标准零件、标准符号、常用组件等图形，可以利用 AutoCAD 的图块功能将图形定义为图块，在需要时按一定比例和角度将其插入到绘图区中，或者是利用外部参照功能，将需要的图形附着到当前图形文件中。有效利用图块和外部参照功能，可以精确地绘制复杂的机械图，从而提高绘图效率。

# 7.1 创建块

图块是由一个或多个图形组成的，并以自定义的名称进行储存，以便绘图时随时调用。图块中的对象拥有各自的属性且互不影响，在使用过程中，图块作为一个独立的对象插入到指定的位置。

## 7.1.1 定义块

要创建块并将其应用到机械图形中，首先要定义块。然后在绘图过程中插入到相应位置。在 AutoCAD 中图块主要分为内部图块和外部图块两类。

### 1. 定义内部块

内部块是指在图形中定义的块，它可以在图形中根据需要多次插入块参照，并且只能在当前图形内部调用和插入。

新手演练 Novice exercises　**将吊钩定义为内部块**（源文件\第 7 章\吊钩.dwg）

**Step 01** 打开“吊钩”图形文件，输入“BLOCK”或“B”，按 Enter 键执行“创建块”命令。

**Step 02** 打开“块定义”对话框，在“名称”下拉列表框中输入“吊钩”，单击“拾取点”按钮。

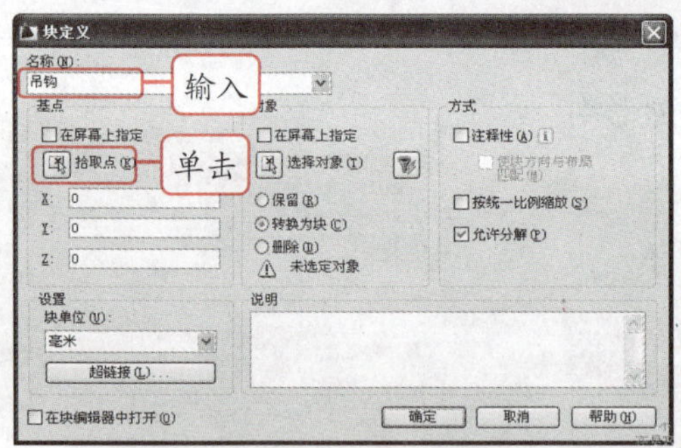


温馨提示牌 Warm and prompt licensing

当勾选“在屏幕上指定”复选框，并关闭对话框后，可以根据系统提示来指定基点和对象。另外，在“设置”栏的“块单位”下拉列表框中可以指定块插入时的单位。

**Step 03** 返回绘图区，系统提示“指定插入基点”，拾取如下图所示的端点。

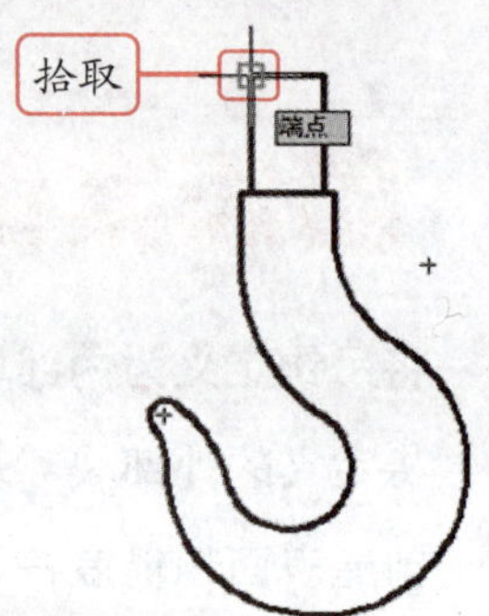


**Step 04** 返回“块定义”对话框，单击“拾取对象”按钮，返回绘图区，系统提示“选择对象”，选择吊钩图形。

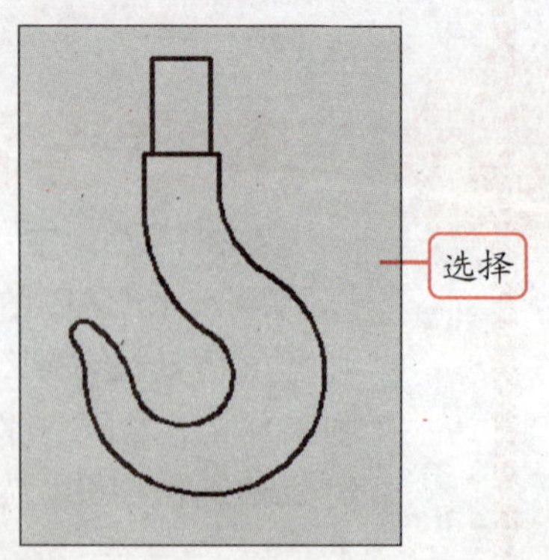

Step 05 按 Enter 键返回“块定义”对话框，在“对象”栏中点选“转换为块”单选按钮，在“方式”栏中勾选“按统一比例缩放”复选框，单击 确定 按钮。

职场经验谈 Workplace Experience

点选“保留”单选按钮，创建块后，可以将选择的对象保留在图形中。点选“删除”单选按钮，将从图形中删除选择的对象。

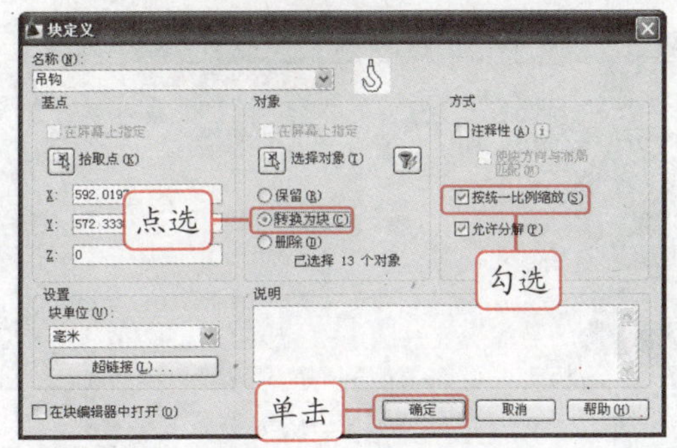


Step 06 返回绘图区，此时吊钩图形已经转化为一个整体的块。

### 2. 定义外部块

除了可以定义内部块外，还可以定义单独储存的外部块，外部块不依赖于当前图形文件，可以在任意图形文件中调用并插入。

新手演练 Novice exercises　将轮盘定义为外部块（源文件\第 7 章\轮盘.dwg）

Step 01 打开“轮盘”图形文件，输入“WBLOCK”，按 Enter 键执行“创建块”命令。

Step 02 打开“写块”对话框，单击“拾取点”按钮，拾取如下图所示的圆心。

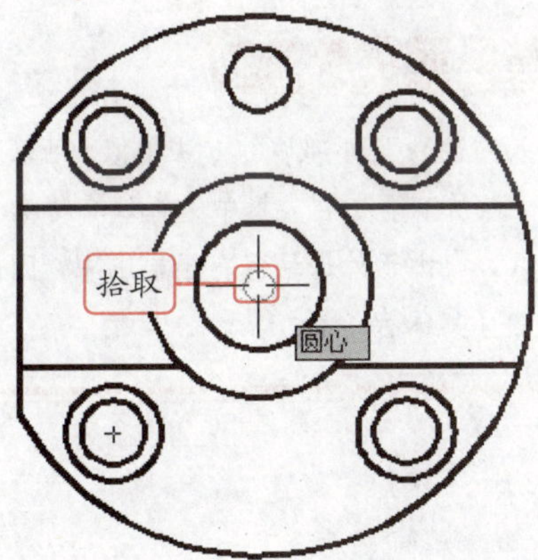


Step 03 返回“写块”对话框，单击“拾取对象”按钮，在绘图区中选择所有的图形，按 Enter 键。

Step 04 返回“写块”对话框，点选“从图形中删除”单选按钮，单击“文件名和路径”下拉列表框后的“浏览”按钮。

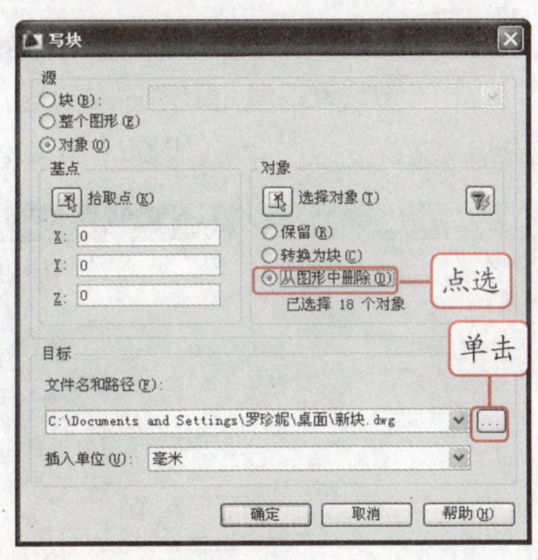


职场经验谈 Workplace Experience

单击“对象”栏中的“快速选择”按钮，在打开的“快速选择”对话框中可以通过选择集来选择对象。

Step 05 在打开的“浏览图形文件”对话框的“保存于”下拉列表框中选择保存位置，在“文件名”下拉列表框中输入块的名称“轮盘”，单击 保存(S) 按钮。

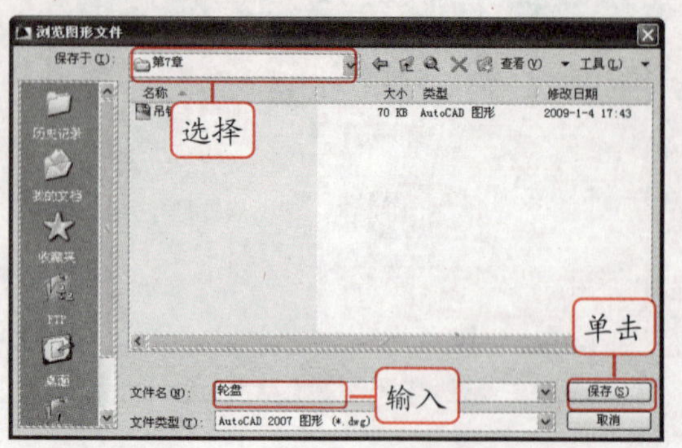


Step 06 返回“写块”对话框，单击 确定 按钮，返回绘图区，可以看到其中的图形消失，完成外部块的定义。

**温馨提示牌** Warm and prompt licensing

如果要定义成块的对象是图形文件中的整个图形，可以在“写块”对话框中点选“整个图形”单选按钮，以选择整个图形。

## 7.1.2 插入块

创建图块后，如果在绘制机械图的过程中，需要绘制与图块相同的对象，就可以将创建的图块插入到图形中。在 AutoCAD 中，插入图块时可以插入单个的图块，也可以插入多个图块，同时还可以通过 AutoCAD 设计中心来插入。

### 1. 插入单个块

在 AutoCAD 中，可以通过执行 INSERT 命令打开“插入”对话框，在其中可以将已经定义好的外部图块和内部图块插入到当前图形。在插入图块的过程中，可以根据需要指定图块的插入位置、缩放比例和旋转角度等。

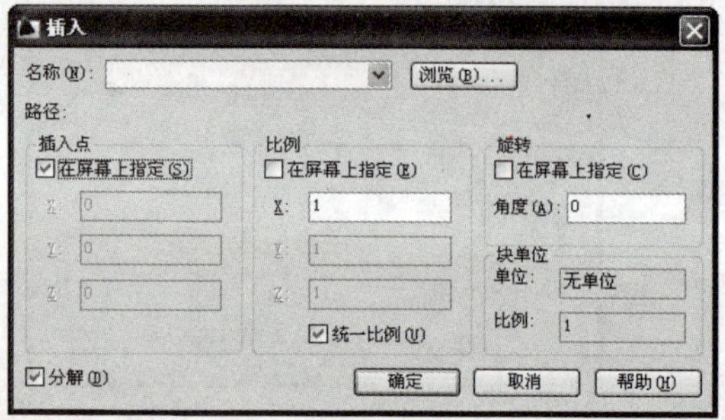

**温馨提示牌** Warm and prompt licensing

插入内部块与外部块的方法相似，可以直接在“名称”下拉列表框中选择块名称插入内部块。但由于外部块保存于电脑中，因此还需选择其保存位置。

将定义的外部块“轮盘”插入到图形中

Step 01 新建图形文件，输入“INSERT”或“I”，按 Enter 键执行“插入块”命令。

Step 02 打开“插入”对话框，单击 浏览(B)... 按钮。

Step 03 在打开的“选择图形文件”对话框的“查找范围”下拉列表框中选择外部块的保存位置，在其下面的列表框中选择“轮盘”块文件，单击 打开(O) 按钮。

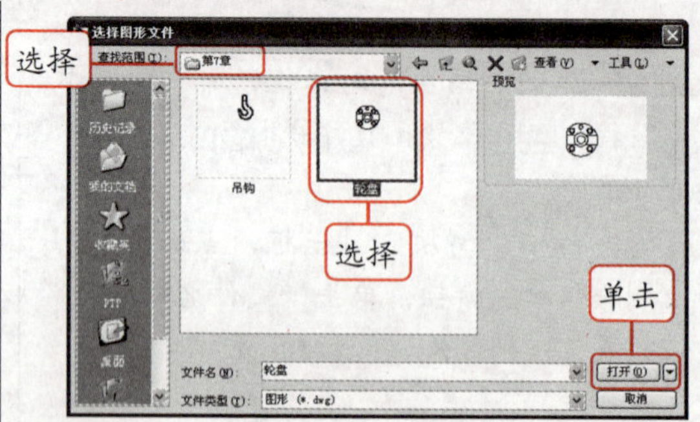

Step 04 返回"插入"对话框，在"比例"栏中勾选"统一比例"复选框，在"X"文本框中输入"2"，在"旋转"栏的"角度"文本框中输入"30"，单击 确定 按钮。

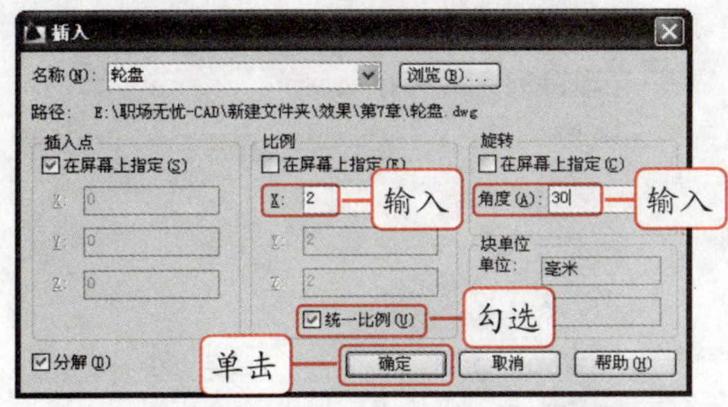


Step 05 返回绘图区，系统提示"指定块的插入点"，在需要的位置拾取插入点，插入选择的外部块。

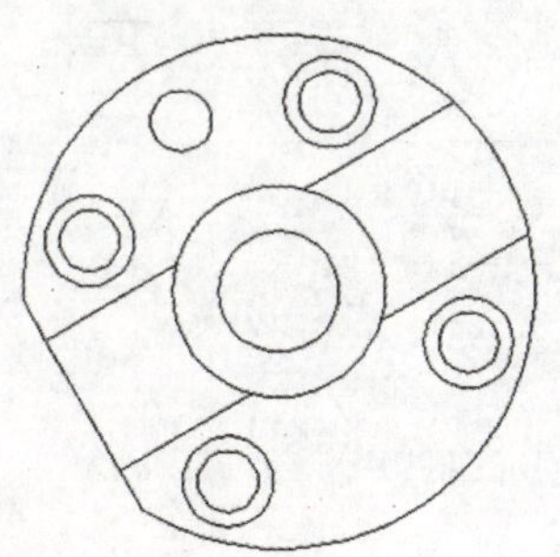

职场经验谈 Workplace Experience

如果在"插入"对话框中取消勾选"分解"复选框，那么在插入图块后，图块将作为一个整体。

## 2. 阵列插入多个图块

在 AutoCAD 中，不仅可以插入单个图块，还可以结合 INSERT 命令与"阵列"命令插入多个图块。在插入多个有规律的图块时，结合这两个命令可以快速插入图块，从而提高绘图效率。

新手演练 Novice exercises 将"六角螺母"图块阵列插入到图形中（源文件\第 7 章\阵列插入块.dwg）

Step 01 打开"阵列插入块"图形文件，输入"MINSERT"，按 Enter 键。

Step 02 系统提示"输入块名或[?]"，输入要插入的内部图块的名称"六角螺母"，按 Enter 键。

Step 03 此时绘图区将出现内部图块"六角螺母"，系统提示"指定插入点或[基点(B)/比例(S)/旋转(R)]"，在绘图区任意位置处单击，拾取插入点。

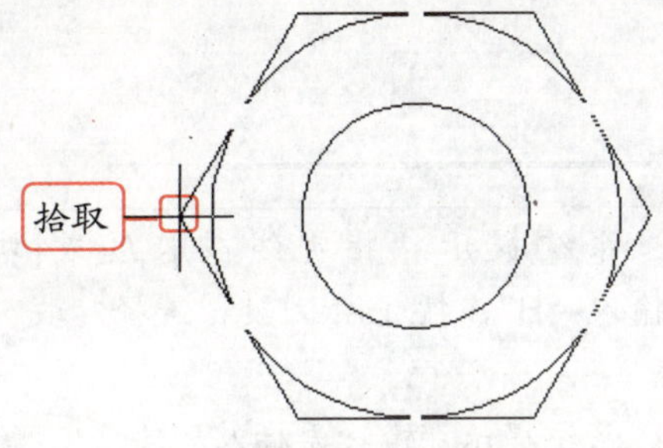


Step 04 系统提示"指定比例因子"，按 Enter 键指定系统默认的比例因子"1"。系统提示"指定旋转角度"，按 Enter 键指定系统默认的旋转角度"0"。

温馨提示牌 Warm and prompt licensing

在阵列插入图块时，图块本身的比例与角度不符合要求，这时可以通过指定插入的比例因子和旋转角度来进行修改。

Step 05 系统提示"输入行数(---)"，输入"4"，按 Enter 键，系统提示"输入列数(|||)"，输入"3"，按 Enter 键。

Step 06 系统提示"输入行间距或指定单位单元(---)"，在绘图区拖动光标，绘制一个矩形以指定行间距，完成阵列插入图块的操作。

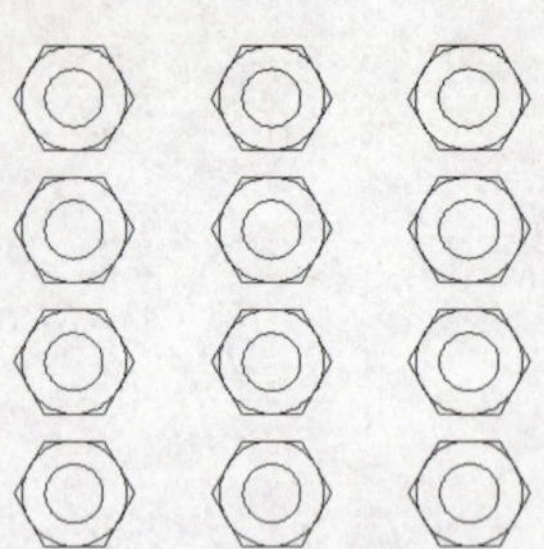

职场经验谈 Workplace Experience

通过阵列的方式可以快速地插入多个图块，但是只能以矩形阵列方式来进行插入，不能使用环形阵列方式来插入图块。

### 3. 等分插入多个图块

在 AutoCAD 中，除了可以结合 INSERT 命令与“阵列”命令插入多个图块外，还可以通过“定数等分”和“定距等分”命令来插入多个图块。

新手演练 Novice exercises　**将“轮盘”图块插入到图形中**（源文件\第 7 章\等分插入块.dwg）

**Step 01** 打开“等分插入块”图形文件。

**Step 02** 执行“直线”命令，绘制一条长度为“1500”的直线，然后使用“偏移”命令将其向下偏移“500”。

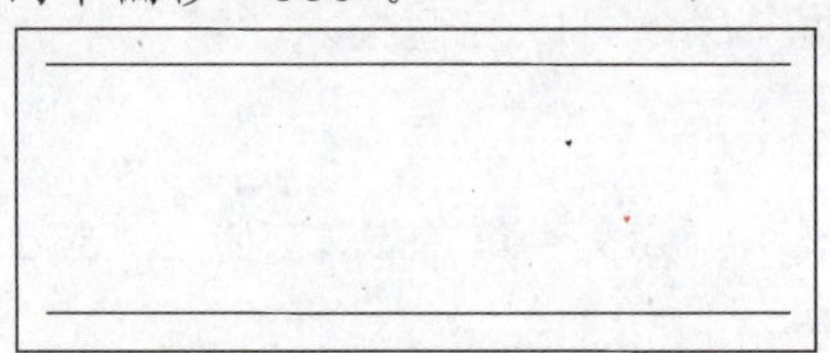

**Step 03** 输入“DIV”，按 Enter 键，系统提示“选择要定数等分的对象”，选择上方的直线。

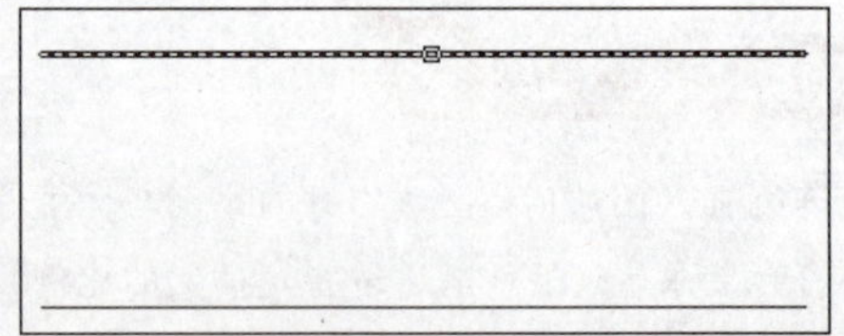

**Step 04** 系统提示“输入线段数目或[块(B)]”，输入“B”，按 Enter 键，选择“块”选项。

**Step 05** 系统提示“输入要插入的块名”，输入“轮盘”，按 Enter 键。

**Step 06** 系统提示“是否对齐块和对象？[是(Y)/否(N)]”，输入“Y”，按 Enter 键。系统提示“输入线段数目”，输入“4”，按 Enter 键插入多个图块。

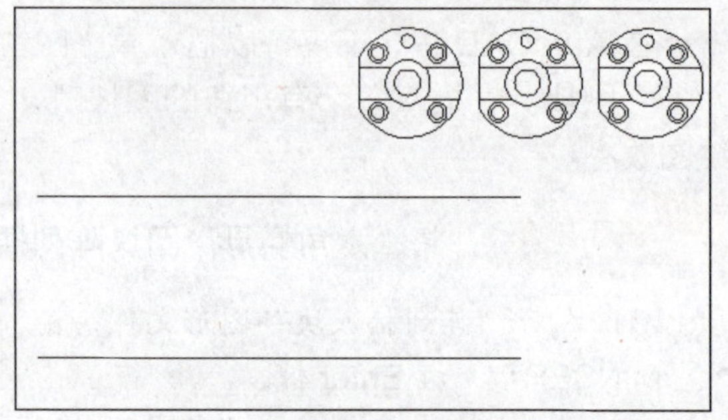

**Step 07** 输入“MEASURE”，按 Enter 键，系统提示“选择要定距等分的对象”，选择下方的直线。

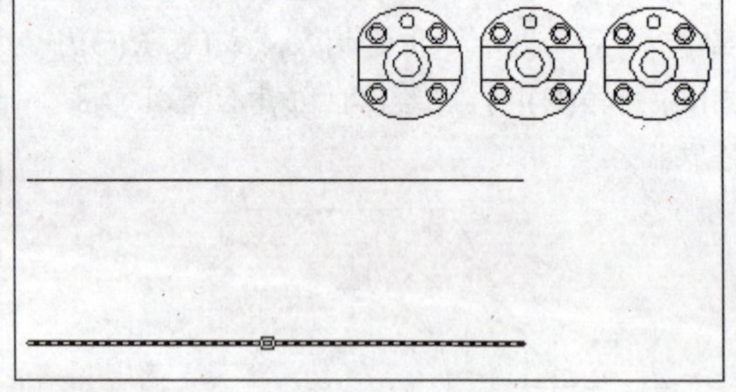

**Step 08** 系统提示“指定线段长度或[块(B)]”，输入“B”，按 Enter 键，选择“块”选项。

**Step 09** 系统提示“输入要插入的块名”，输入“轮盘”，按 Enter 键。

Step 10 系统提示“是否对齐块和对象？[是(Y)/否(N)]”，输入“Y”，按 Enter 键。系统提示“指定线段长度”，输入“500”，按 Enter 键插入多个图块。

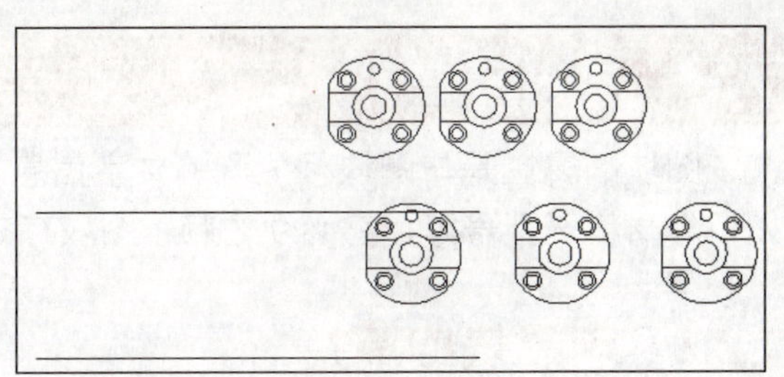

## 7.1.3 删除块定义

在 AutoCAD 中，如果定义的内部图块过多，就有可能会影响系统的运行速度，而且不易管理。这时，可以通过删除不需要或不常用的块定义来解决这个问题。删除块定义的操作主要是在“清理”对话框中进行的，通过执行 PURGE 命令，或在“工具”选项卡的“图形实用程序”面板中单击“清理”按钮打开“清理”对话框。

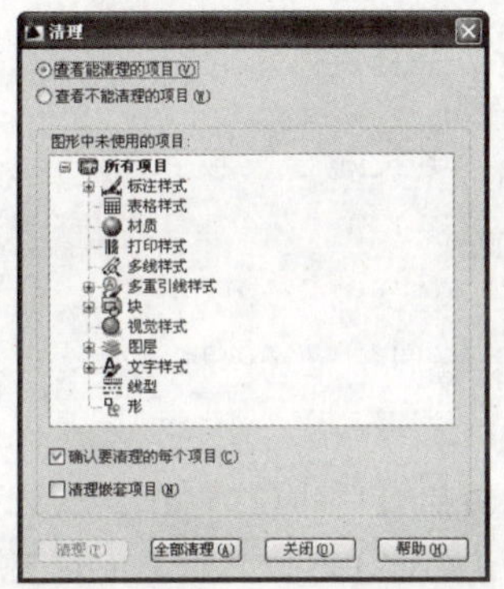


温馨提示牌 Warm and prompt licensing

“清理”对话框不只可以删除定义的块，还可以删除图层、文字样式和标注样式等。

新手演练 Novice exercises 删除定义的内部图块

Step 01 打开“图块”图形文件，执行 PURGE 命令。

Step 02 打开“清理”对话框，单击“图形中未使用的项目”列表框中“块”选项前的⊞按钮，展开该选项，选择其中的“1”选项。

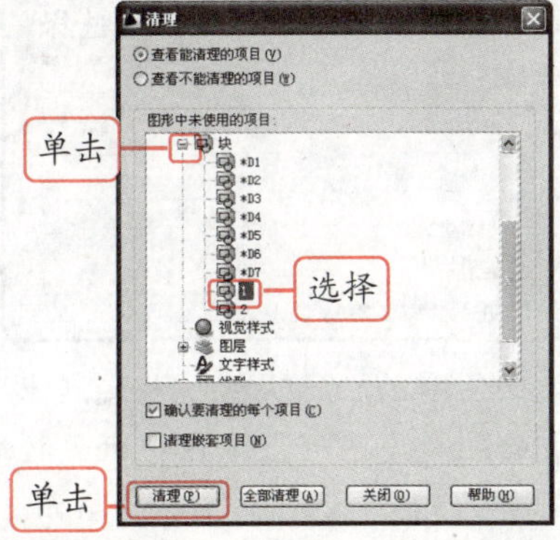


Step 03 单击 清理(P) 按钮，打开“确认清理”对话框，单击 是(Y) 按钮删除选择块定义。

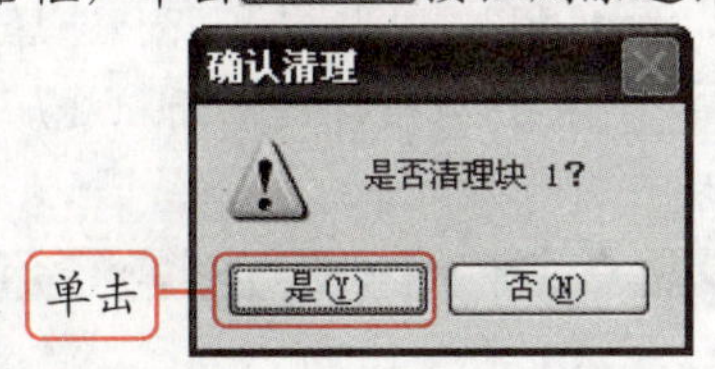


Step 04 返回“清理”对话框，单击 关闭(O) 按钮关闭对话框。

职场经验谈 Workplace Experience

勾选“清理嵌套项目”复选框后，将从图形中删除所有未使用的命名对象。

# 7.2 块的属性

图块的属性是与图块相关联的文字信息，主要用于表达用图形不易体现的文字信息，如机件材料、型号等，它必须依赖于图块存在。

## 7.2.1 创建块的属性

在创建块时，块将使用系统默认的属性。如果对默认的属性不满意，可以根据需要创建新的属性。在创建属性后，属性与图块并没有关联起来，还必须将定义好的图块和属性一起定义为一个新的图块，才能使属性与图块关联起来。

输入“attdef”后按 Enter 键或在“块和参照”选项卡的“属性”面板中单击“定义属性”按钮，打开“属性定义”对话框，在其中可以对属性中的标记、插入块时显示的提示、值的信息、文字格式、块中的位置和所有可选模式等特征进行设置。

新手演练 Novice exercises　创建表面粗糙度符号块的属性（源文件\第 7 章\块属性.dwg）

Step 01 新建图形文件，通过绘图命令绘制如下图所示的表面粗糙度符号。

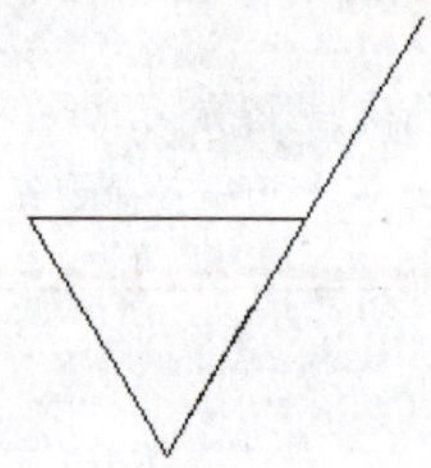

Step 02 输入“BLOCK”或“B”，按 Enter 键打开“块定义”对话框，在“名称”下拉列表框中输入“bmccd”，并指定基点和选择对象，单击 确定 按钮将绘制的表面粗糙度符号转换为图块。

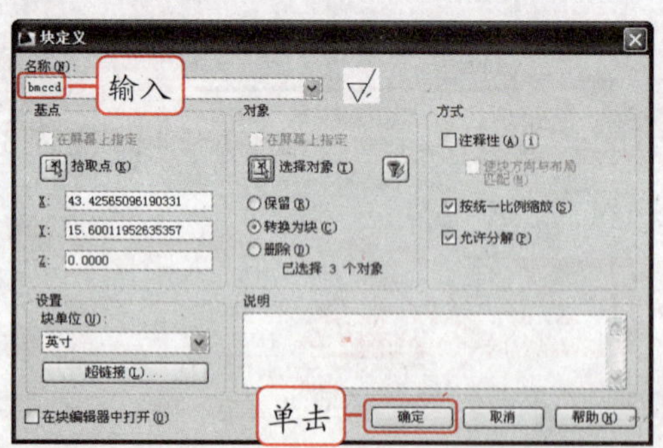


Step 03 在“块和参照”选项卡的“属性”面板中单击“定义属性”按钮，打开“属性定义”对话框。

Step 04 在“模式”栏中勾选“锁定位置”复选框，在“属性”栏的“标记”文本框中输入“表面粗糙度”，在“提示”文本框中输入“请输入表面粗糙度的值”，在“默认”文本框中输入默认值“3.2”，在“文字设置”栏的“对正”下拉列表框中选择“正中”选项，在“文字高度”文本框中输入“3”，单击 确定 按钮。

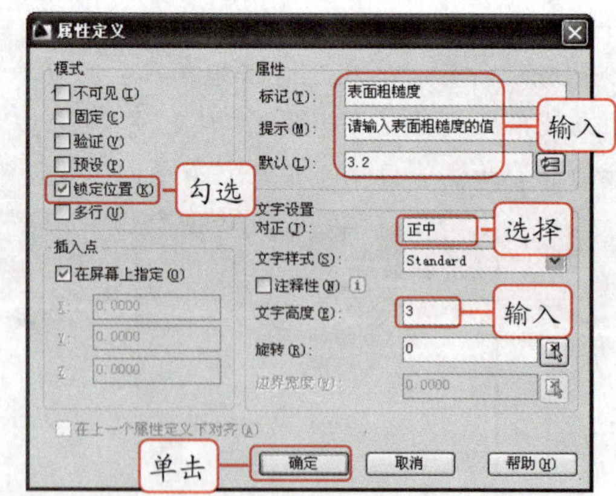


Step 05 返回绘图区，系统提示“指定起点”，在绘制的表面粗糙度图形上方正中位置拾取一点定位属性。

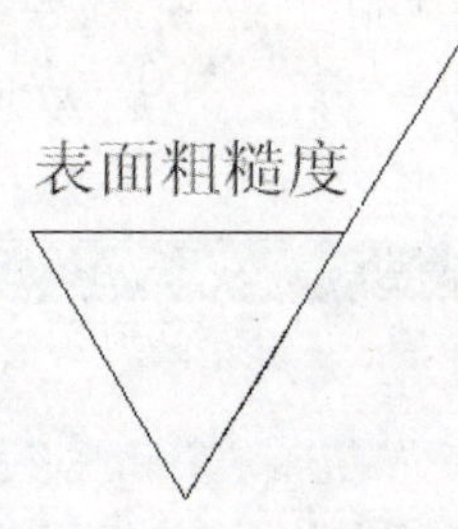


**Step 06** 输入“BLOCK”或“B”，按 Enter 键打开“块定义”对话框，在“名称”下拉列表框中输入“ksx”，单击“拾取点”按钮，拾取如下图所示的端点。

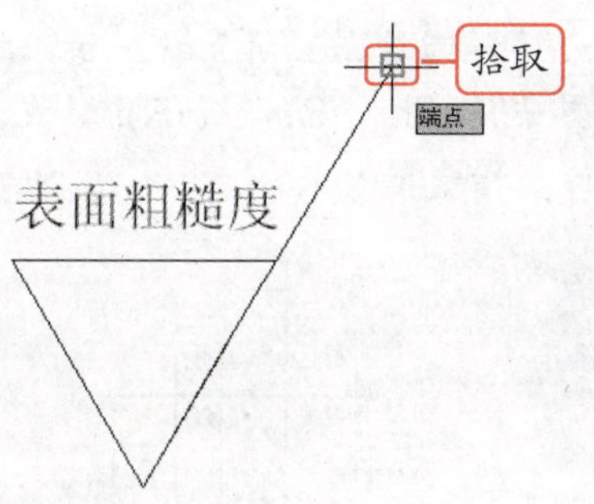


**Step 07** 返回“块定义”对话框，单击“拾取对象”按钮，选择绘制的表面粗糙度符号和定义的块属性，按 Enter 键返回“块定义”对话框，点选“转换为块”单选按钮，单击 确定 按钮。

**Step 08** 打开“编辑属性”对话框，直接单击 确定 按钮，完成块属性的创建。

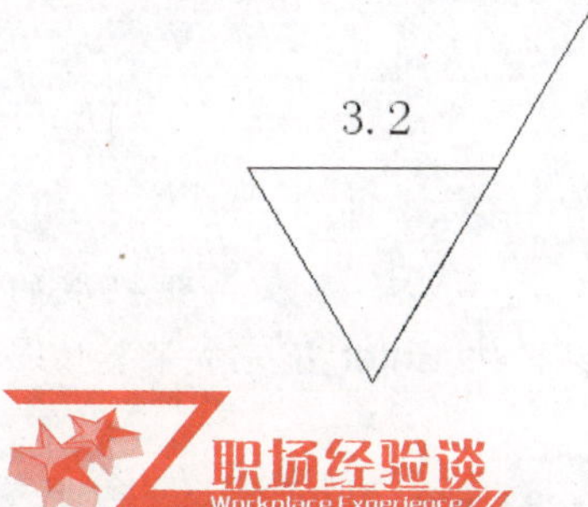


**职场经验谈** Workplace Experience

在设置文字高度时，可以通过单击“文字高度”文本框后的按钮，来指定适合于表面粗糙度符号的文字高度。

## 7.2.2 插入属性块

创建带属性的图块后，就可以根据需要插入带属性的图块。在插入图块时还可以根据提示为其指定相应的属性值。

在图形文件中插入表面粗糙度符号（源文件\第 7 章\汞盖剖面图.dwg）

**Step 01** 打开“汞盖剖面图”图形文件，输入“INSERT”，按 Enter 键。

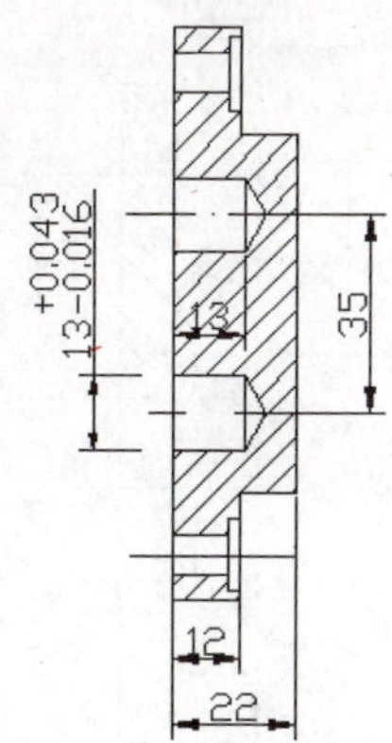


**Step 02** 打开“插入”对话框，在“名称”下拉列表中选择“ksx”图块，在“比例”栏的“X”文本框中输入“0.3”，单击 确定 按钮。

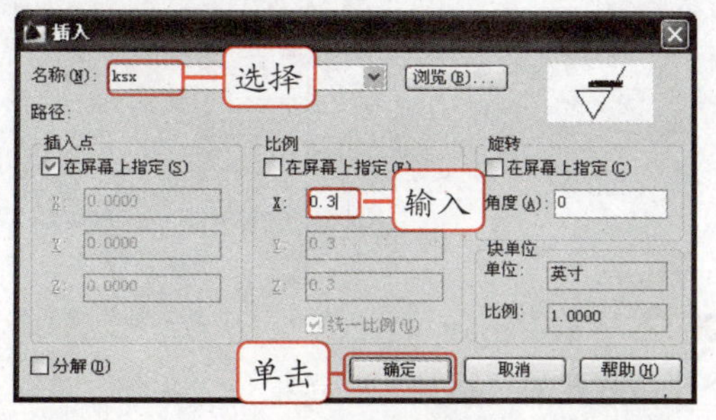


**Step 03** 返回绘图区，系统提示“指定插入

点或[基点(B)/比例(S)/旋转(R)]”，在如下图所示的位置指定插入点。

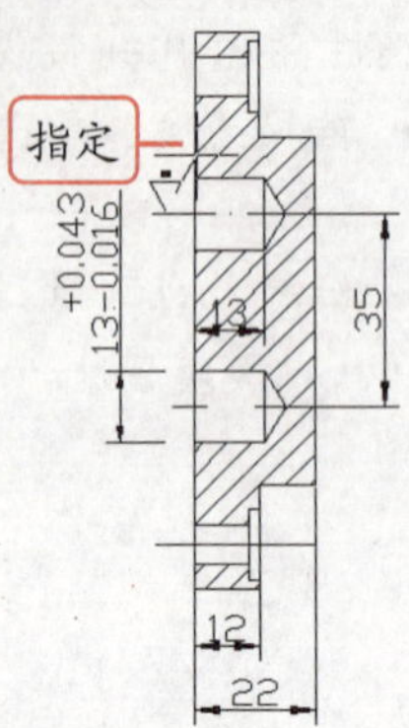


Step 04 系统提示“请输入表面粗糙度的值”，输入“0.8”，按 Enter 键完成带属性图块的插入。

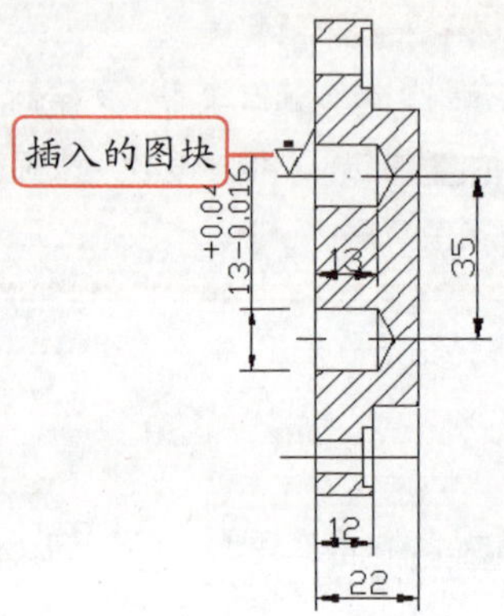


Step 05 用相同的方法再插入一个表面粗糙度值为“0.8”的属性块。

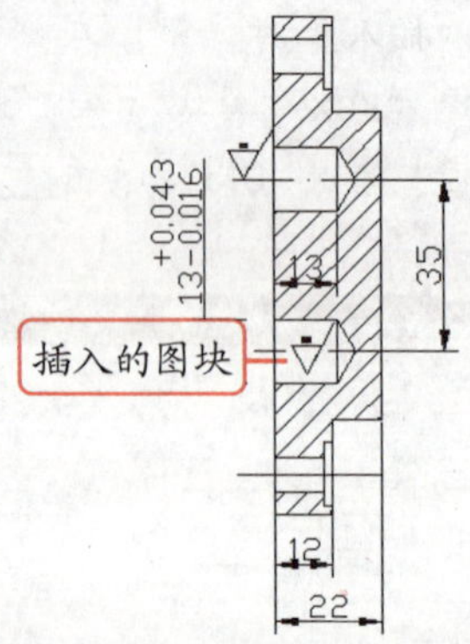


Step 06 按 Enter 键重复执行“插入块”命令，在打开的“插入”对话框的“名称”下拉列表框中选择“ksx”图块，在“比例”栏的“X”文本框中输入“0.3”，在“旋转”栏的“角度”文本框中输入“90”，单击 确定 按钮。

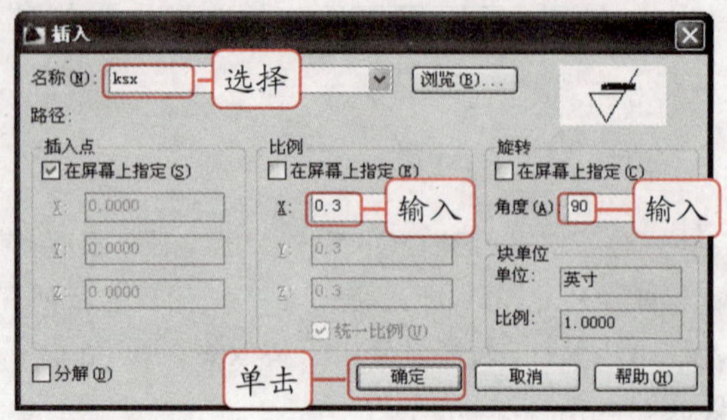


Step 07 返回绘图区，系统提示“指定插入点或[基点(B)/比例(S)/旋转(R)]”，在如下图所示的位置指定插入点。

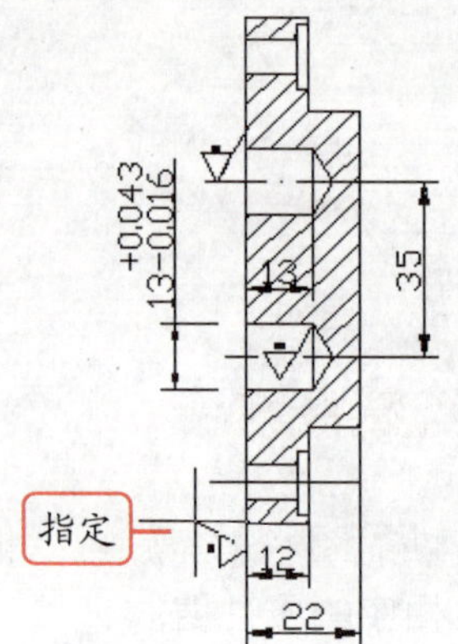


Step 08 系统提示“请输入表面粗糙度的值”，输入“12.5”，按 Enter 键插入带属性的图块。

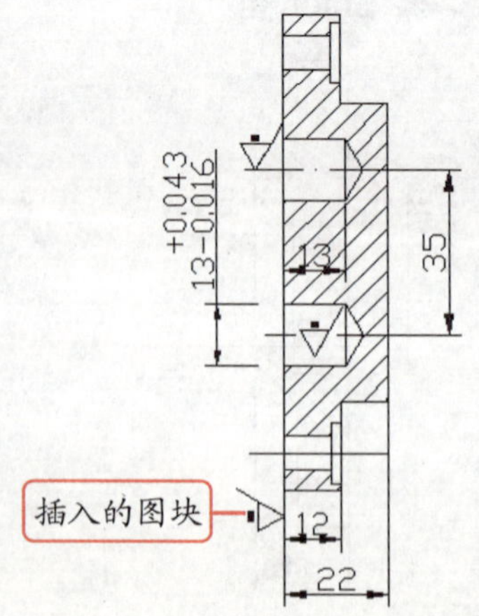

## 7.2.3 编辑属性块

在插入带属性的图块后，有可能属性块中属性的特征并不能满足要求，如文字高度等，这时需要对插入后的属性块进行编辑。

新手演练 Novice exercises 编辑表面粗糙度符号属性块（源文件\第 7 章\编辑属性块.dwg）

**Step 01** 打开“编辑属性块”图形文件，输入“EATTEDIT”或在“块和参照”选项卡的“属性”面板中单击“编辑单个属性”按钮。系统提示“选择块”，选择如下图所示的属性块。

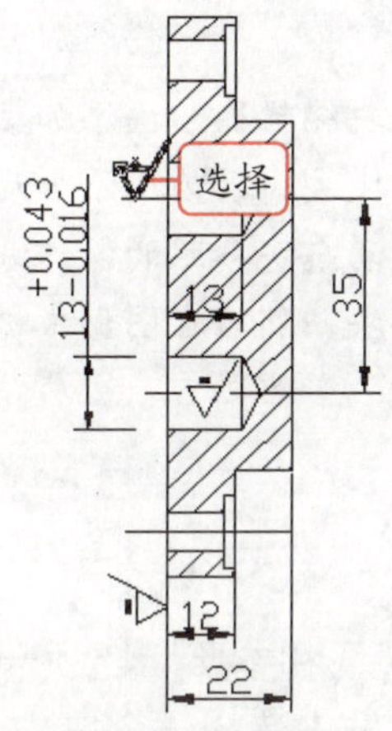


**Step 02** 打开“增强属性编辑器”对话框，在其中选择“文字选项”选项卡，在“对正”下拉列表框中选择“中下”选项，在“高度”文本框中输入“8”，在“宽度因子”文本框中输入“0.3”，单击 应用(A) 按钮。

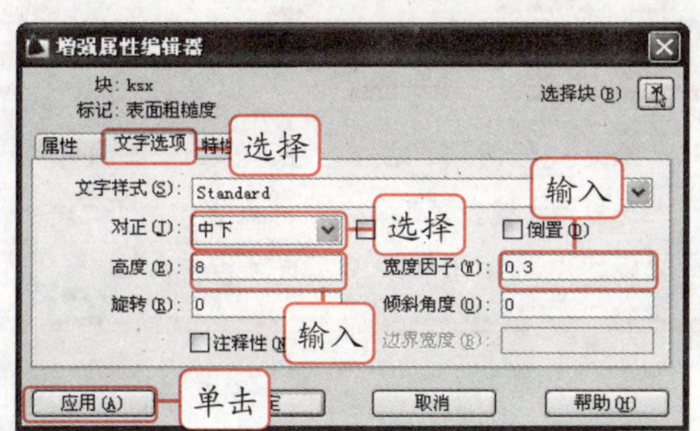


**Step 03** 此时选择的属性块的文字发生了变化。

**Step 04** 在“增强属性编辑器”对话框中单击左上角的“选择块”按钮，返回绘图区，选择如下图所示的属性块。

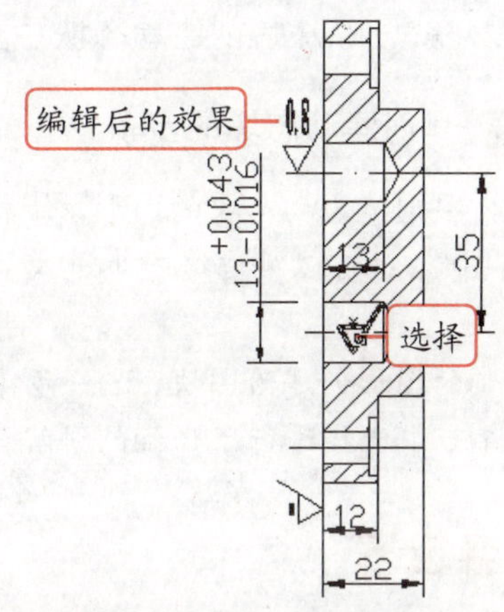


**Step 05** 返回“增强属性编辑器”对话框，将其属性设置为与上一个图块相同的参数，单击 应用(A) 按钮。

**Step 06** 用相同的方法编辑另一个带属性的块，单击 确定 按钮完成编辑属性块的操作，效果如下图所示。

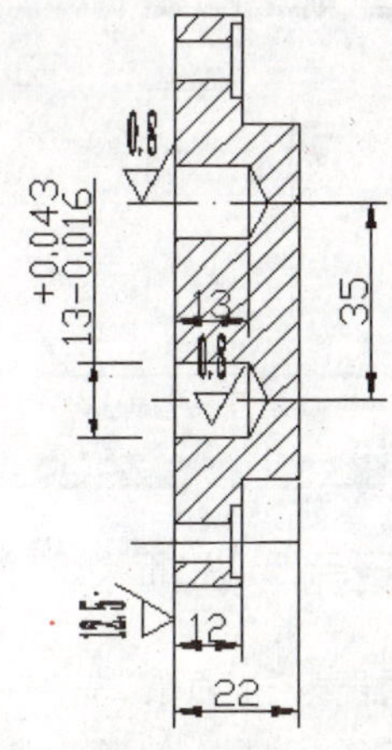

# 7.3 动态块

动态块是从 AutoCAD 2006 开始新增的内容，它是功能比较强的块，具有灵活性和智能性等特点。通过动态块，可以将大量内容相同或相近的图形创建为一个块，减小块库中的块数量。

## 7.3.1 创建动态块的步骤

在创建动态块之前，首先要做好准备工作，包括确定动态块中需要哪些内容、图形中哪些对象会更改或移动以及如何进行更改，了解各部分对象相互之间的相关性。在做好这些准备工作后，就可以开始创建动态块了。

知识点拨 Knowledge　创建动态块的步骤

第一步：绘制出要创建为动态块的图形，如果已经具有了该图形，也可以跳过这一步进入第二步。

第二步：将绘制的图形创建为图块，这一步操作方法在 7.1.1 节中已经进行了详细的讲解。

第三步：通过块编辑器为块添加参数。

第四步：通过块编辑器为块添加动作。

第五步：定义动态块参照的操作方式。

第六步：保存块，然后在图形中进行测试。

## 7.3.2 块编辑器

创建动态块的主要操作都是在块编辑器中进行的，在“块和参照”选项卡的“块”面板中单击“块编辑器”按钮，在打开的“编辑块定义”对话框中选择一个块，单击确定按钮打开“块编辑器”选项卡和块编写选项板。

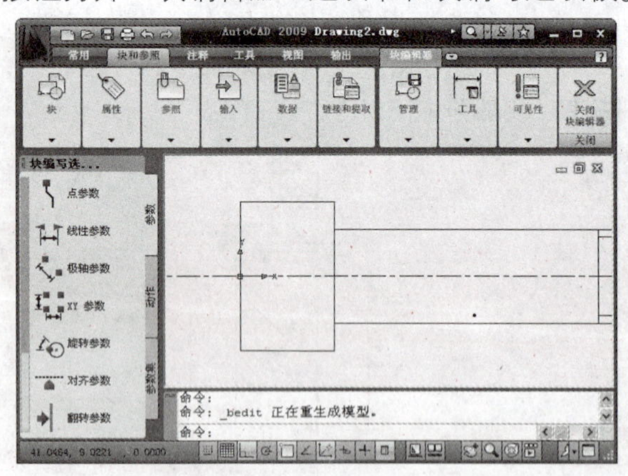


温馨提示牌 Warm and prompt licensing

选择定义好的块，右击，在弹出的快捷菜单中选择“块编辑器”命令也可以直接打开“块编辑器”选项卡和块编写选项板。

### 1. “块编辑器”选项卡

“块编辑器”选项卡与“块和参照”选项卡中的面板基本相同，但“块编辑器”选项卡中多了用于管理块的“管理”面板、用于添加参数和动作等的“工具”面板、用于控制动态块可见性的“可见性”面板和用于关闭块编辑器的“关闭”面板。

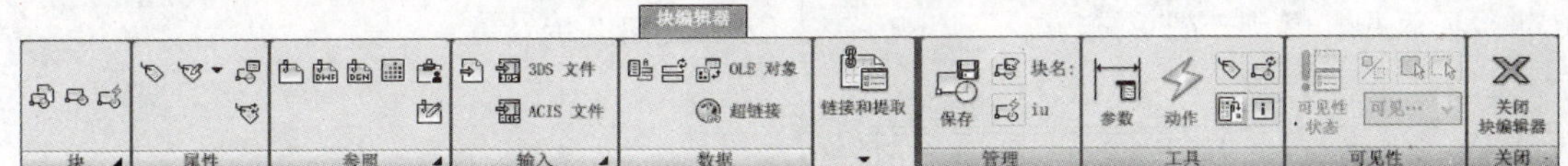

## 2. 块编写选项板

块编写选项板是一个专门用于为动态块添加参数和动作的平台，它只存在于块编辑器中。块编写选项板中包含有参数、动作和参数集三个选项卡，其中参数和动作选项卡分别用于为动态块添加参数和动作，通过“参数集”选项卡中的选项可以为动态块添加相关联的参数和动作。

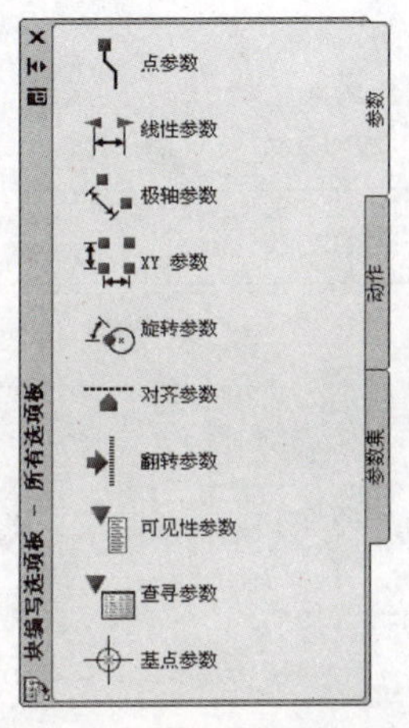


**温馨提示牌** Warm and prompt licensing

对于已经熟练掌握创建动态块的用户，也可以隐藏块编写选项板来增大绘图区。其方法为：在“块编辑”选项卡的“工具”面板中单击“块编写选项板”按钮，使其呈凸起状态即可。

## 7.3.3 创建动态块

在了解了创建动态块的步骤和块编辑器后，下面介绍如何为已经定义好的图块添加参数和动作，以创建出动态块。

动态块与其他对象相同，具有其自己独特的特性，包括线性特性、旋转特性、翻转特性、对齐特性、可见特性和查寻特性，下面根据动态块的特性介绍添加参数和动作的方法。

## 1. 线性特性

线性特性控制动态块中的线性方面的动作，包括拉伸、位移和阵列等。

**为螺钉图块添加线性参数和拉伸动作**（源文件\第 7 章\螺钉.dwg）

**Step 01** 打开“螺钉”图形文件，其中已经绘制好了螺钉图形，将其定义成名称为“螺钉”的块。打开“块编辑器”选项卡和块编写选项板，在块编写选项板中选择“参数”选项卡，然后单击“线性参数”按钮。

**Step 02** 系统提示“指定起点或[名称(N)/标

签(L)/链(C)/说明(D)/基点(B)/选项板(P)/值集(V)]”，拾取如下图所示的中点。

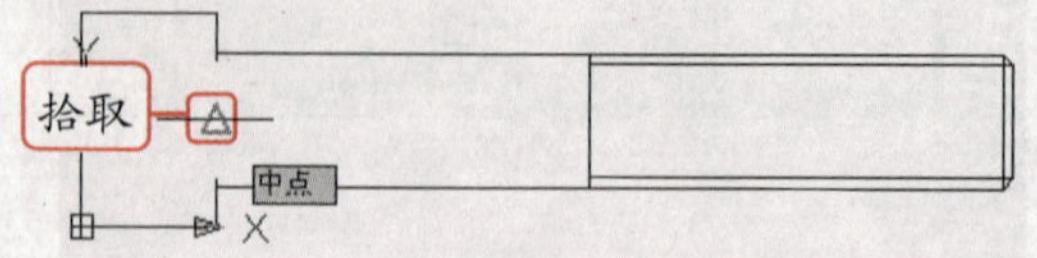


**Step 03** 系统提示“指定端点”，拾取螺栓右侧图形的中点，系统提示“指定标签位置”，向上拖动鼠标到适合位置处单击，指定标签的位置。

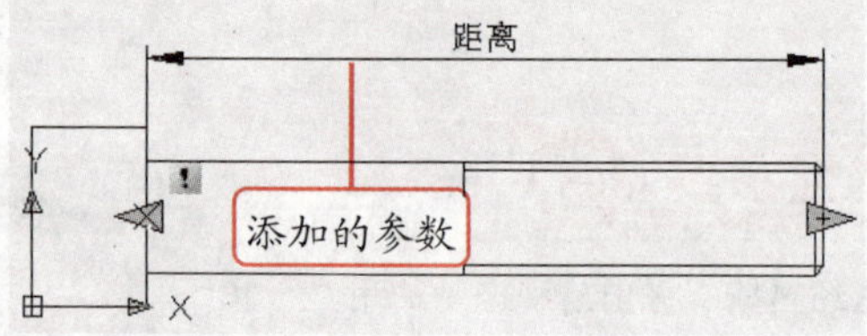


**Step 04** 在块编写选项板中选择“动作”选项卡，单击“拉伸动作”按钮，系统提示“选择参数”，选择添加的距离参数。

**Step 05** 系统提示“指定要与动作关联的参数点或输入[起点(T)/第二点(S)]”，选择“第二点”选项，系统提示“指定拉伸框架的第一个角点或[圈交(CP)]”，拖动鼠标指定出拉伸的框架。

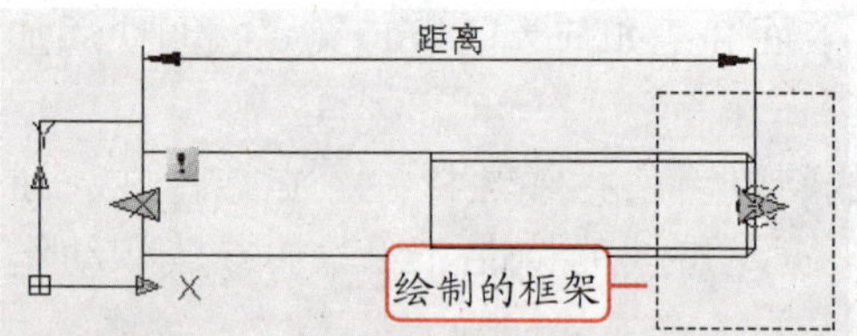


**Step 06** 系统提示“选择对象”，用右框选的方式选择螺栓右侧的图形。

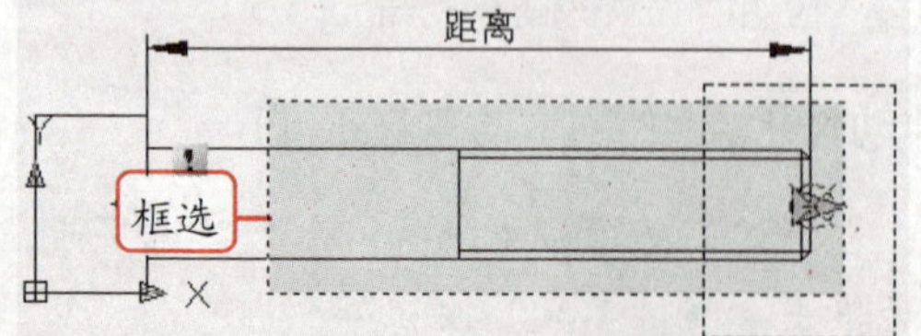


**Step 07** 按 Enter 键确定，系统提示“指定动作位置或[乘数(M)/偏移(O)]”，在参数的上方指定动作的位置。

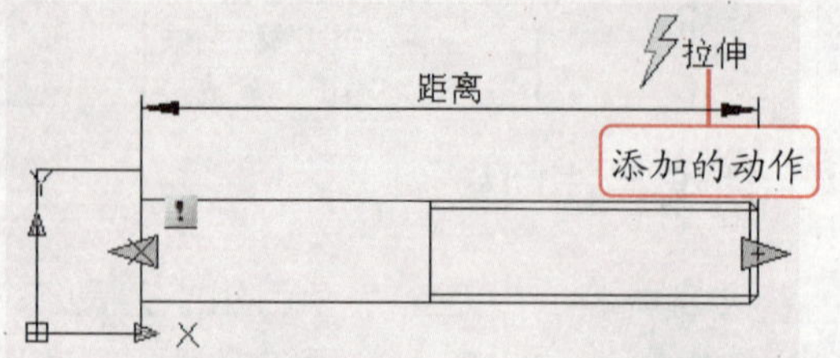


**Step 08** 用相同的方法添加如下图所示的参数和动作，其中选择的对象为螺杆中间的垂直线条。

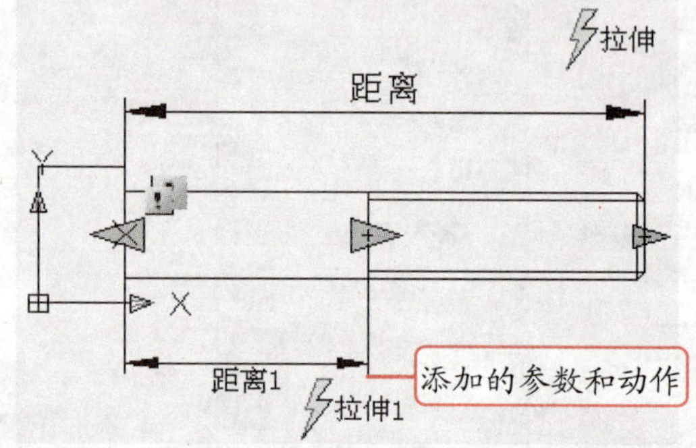


**Step 09** 选择“距离”参数，在菜单浏览器中选择“工具”|“选项板”|“特性”命令，打开特性选项板。在“特性标签”栏的“距离标签”文本框中输入“公称长度”，在“值集”栏的“距离类型”下拉列表框中选择“列表”选项，单击“距离值”栏，然后单击其中的按钮。

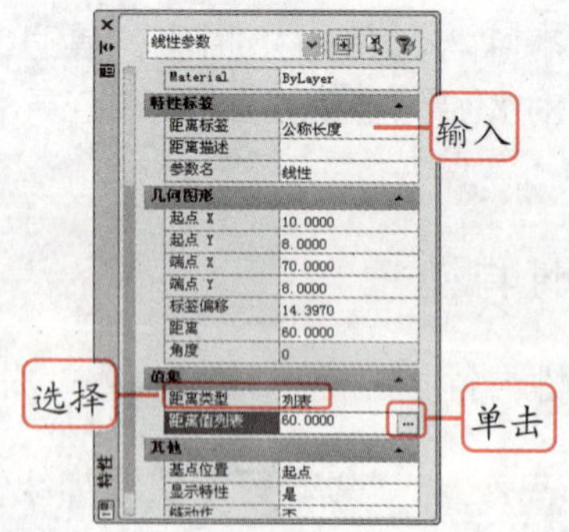


**Step 10** 在打开的“添加距离值”对话框中的“要添加的距离”文本框中输入“16”，单击 添加(A) 按钮，添加的距离值将出现在其下面

的列表框中。用相同的方法填加其他的距离值，然后单击确定按钮。

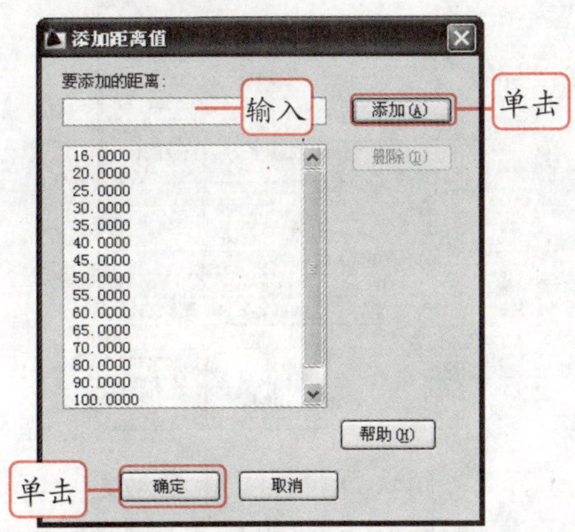


**Step 11** 用相同的方法修改“距离 1”参数的名称，并为其添加如下图所示的距离值。

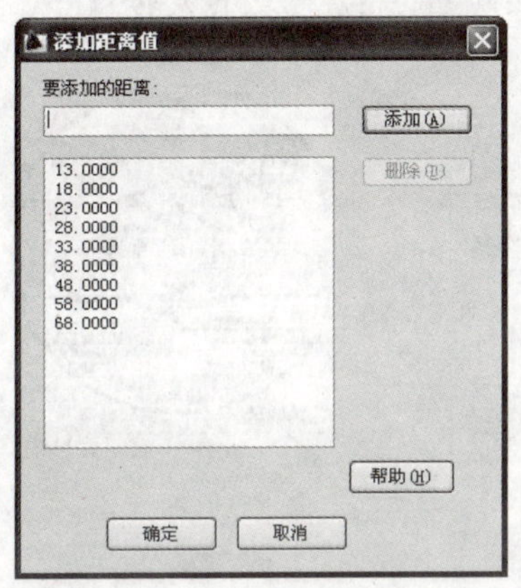


**职场经验谈** Workplace Experience

在“值集”栏的“距离类型”下拉列表框中选择“增量”选项，该栏中将出现“距离增量”、“最小距离”和“最大距离”文本框，通过这三个文本框可以控制距离值。

**Step 12** 单击“关闭”面板中的“关闭块编辑器”按钮，在打开的提示对话框中单击是(Y)按钮保存动态块。选择动态块，其上将出现两个拉伸点，拖动拉伸点，绘图区将出现像刻度的竖直线条，且拉伸时将按设置的距离值进行拉伸。

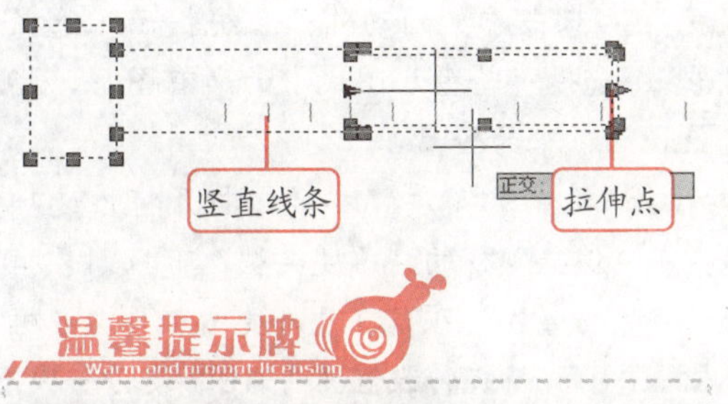


**温馨提示牌** Warm and prompt licensing

通过“线性拉伸”参数集可以同时添加参数和动作，然后分别对它们进行修改也可以达到目的。

## 2. 旋转特性

旋转特性控制动态块中的旋转，可以通过指定角度值，使动态块按照所指定的角度进行旋转。

**知识点拨** Knowledge　**为轮盘图块添加旋转参数和动作**（源文件\第7章\轮盘动态块.dwg）

**Step 01** 打开“轮盘”图形文件，将文件中绘制好的轮盘图形以“轮盘”为名定义为块。

**Step 02** 打开块编辑器，在块编写选项板中选择“参数集”选项卡，然后单击“旋转集”按钮。

**Step 03** 系统提示“指定基点或[名称(N)/标签(L)/链(C)/说明(D)/选项板(P)/值集(V)]”，拾取如图所示的端点作为基点。

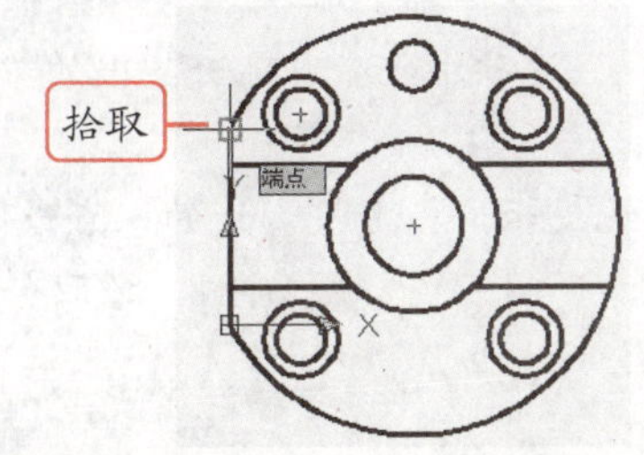

**Step 04** 系统提示"指定参数半径"，输入"100"，按 Enter 键，系统提示"指定默认旋转角度或[基准角度(B)]"，直接按 Enter 键，指定旋转角度为系统默认的 0°，完成旋转集的添加操作。

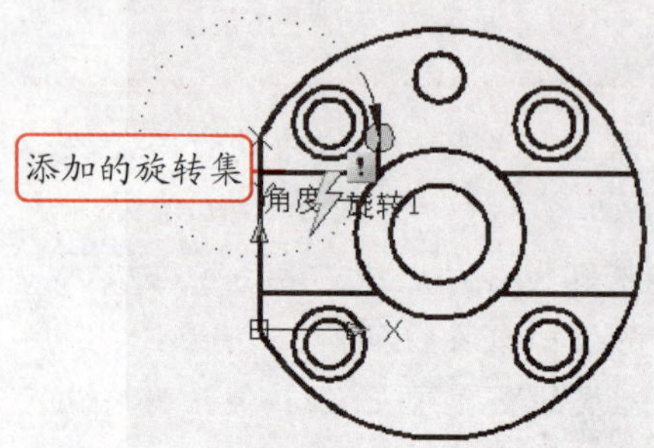


**Step 05** 双击添加的动作，系统提示"选择对象"，选择"轮盘"图块中的所有图形，指定旋转的对象为轮盘。

**Step 06** 选择"角度"参数，打开特性选项板，在"值集"栏的"角度类型"下拉列表框中选择"增量"选项，在"角度增量"文本框中输入"10"，将旋转设置为每 10° 旋转一次。在"最小角度"文本框中输入"-90"，"最大角度"文本框中输入"90"，将旋转范围设置为从-90° 到 90° 。

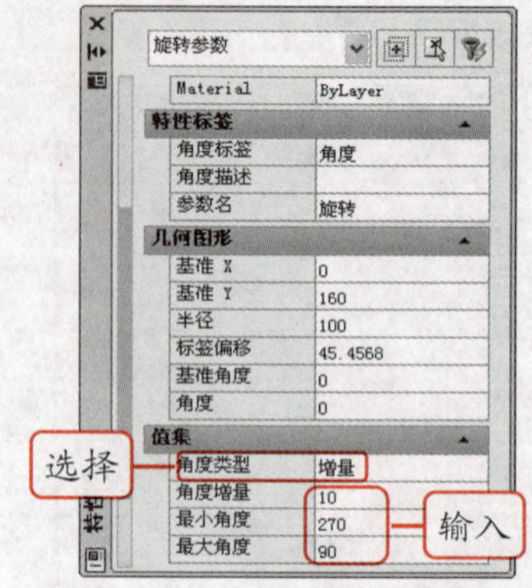


**Step 07** 关闭块编辑器并保存动态块，选择"轮盘"图块，其中将出现旋转点●。拖动旋转点，绘图区将出现像刻度的竖直线条，且旋转时将按设置的角度值进行旋转。

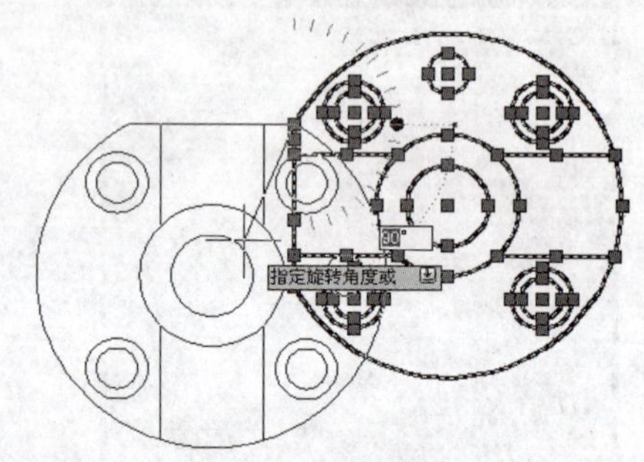


### 3. 翻转特性

翻转特性则控制动态块中的镜像，通过添加翻转参数和动作，可以将动态块以指定的轴进行镜像。

**新手演练 Novice exercises** 为扳手图块添加翻转参数和动作（源文件\第 7 章\扳手.dwg）

**Step 01** 打开"扳手"图形文件，将文件中绘制好的扳手图形以"扳手"为名定义为块。

**Step 02** 打开块编辑器，在块编写选项板中选择"参数集"选项卡，然后单击其中的"翻转集"按钮。

**Step 03** 系统提示"指定投影线的基点或[名称(N)/标签(L)/说明(D)/选项板(P)]"，拾取如下图所示的圆心为基点。

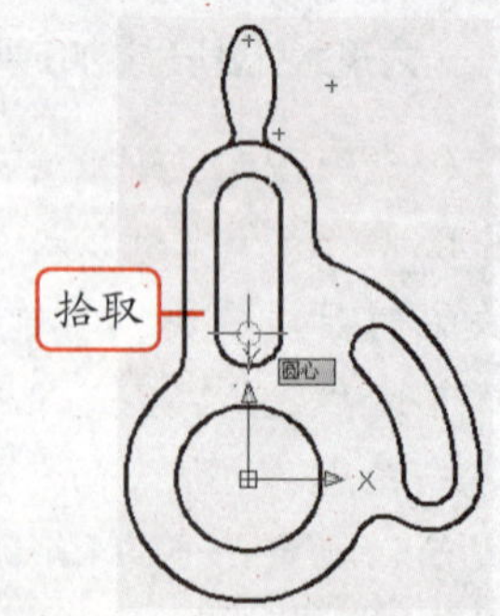

Step 04 系统提示“指定投影线的端点”，拾取基点上方的圆心，系统提示“指定标签位置”，将标签的位置指定在扳手的左侧。

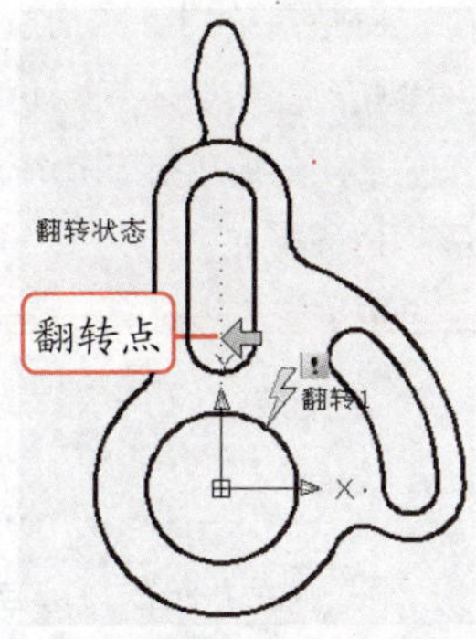


Step 05 双击添加的动作，系统提示“选择对象”，选择“扳手”图块中的所有图形，指定翻转的对象为扳手。

Step 06 关闭块编辑器并保存动态块，选择“轮盘”图块，其中将出现翻转点。单击该翻转点，扳手将进行镜像翻转。

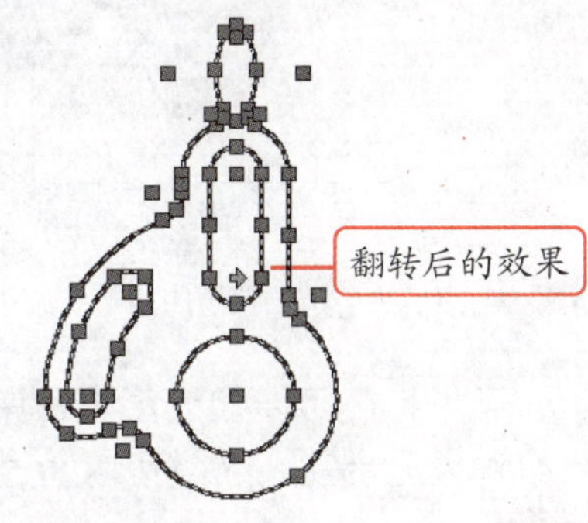


## 4. 对齐特性

对齐特性可以将动态块对齐到其他对象上，在添加对齐参数后，在移动动态块时可以将其快速移动到需要的位置。

新手演练 Novice exercises 为图块添加对齐参数（源文件\第 7 章\对齐动态块.dwg）

Step 01 打开“对齐动态块”图形文件，将文件中绘制好的图形以“lm”为名定义为块。

Step 02 打开块编辑器，在块编写选项板中选择“参数”选项卡，然后单击其中的“对齐参数”按钮。

Step 03 系统提示“指定对齐的基点或[名称(N)]”，拾取如下图所示的中点。

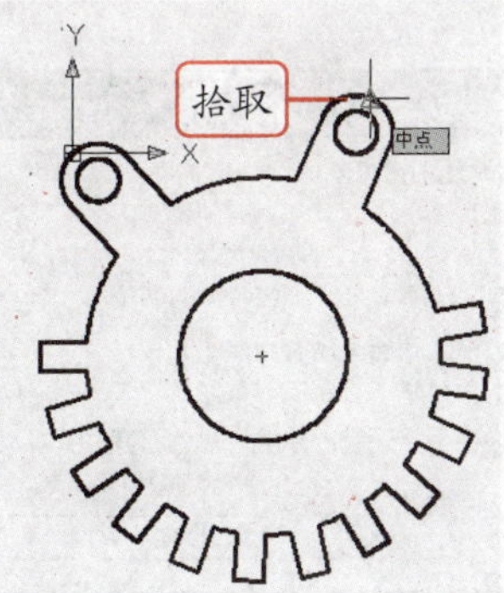


Step 04 系统提示“指定对齐方向或对齐类型 [类型(T)]”，拾取如下图所示的垂足点，指定出对齐的方向。

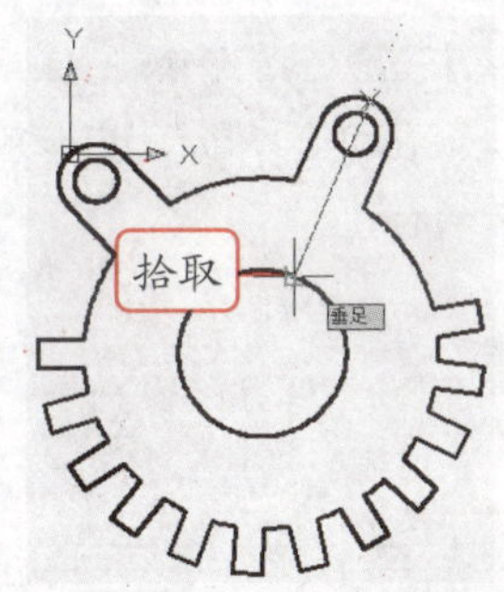


Step 05 关闭块编辑器并保存动态块，选择“lm”图块，其中将出现对齐点。

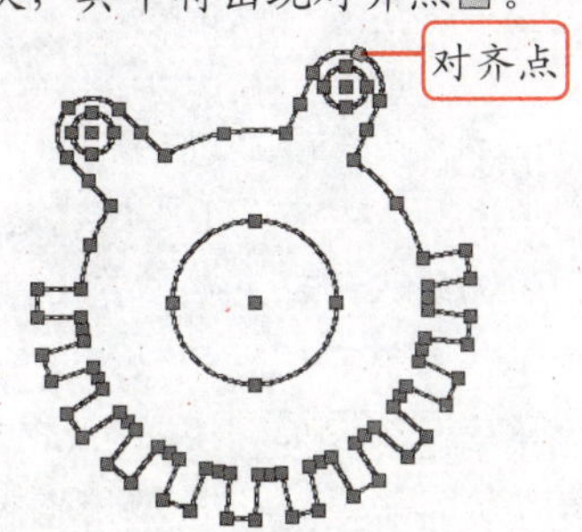


Step 06 在绘图区中绘制任意大小的矩形，

拖动对齐点到矩形的上方边线上，动态块将以指定的方向自动对齐矩形。

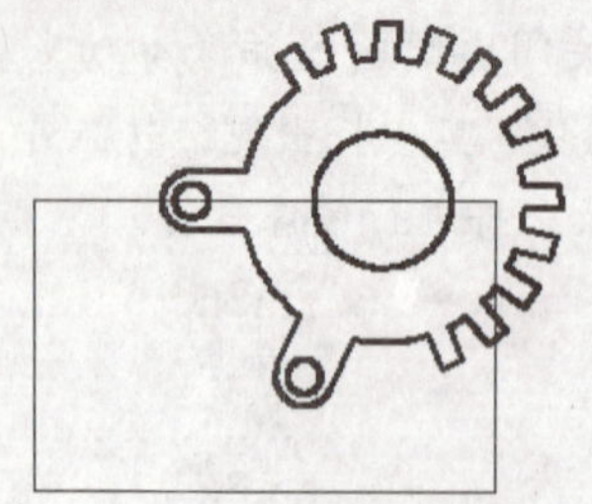

职场经验谈 Workplace Experience

对齐点的方向是由指定的对齐方向决定的。另外，对齐参数与线性参数不同，它不需要动作来支持。因此，只需要添加该参数就可以达到对齐动态块的效果。

## 5. 可见特性

可见特性可以控制动态块中对象的可见性。在插入动态块时，有时并不需要将其中的所有对象显示完，这时可以通过添加可见参数和动作来控制显示对象。

新手演练 Novice exercises　为槽轮图块添加可见参数（源文件\第 7 章\槽轮.dwg）

Step 01 打开“槽轮”图形文件，将文件中绘制好的图形以“槽轮”为名定义为块。

Step 02 打开块编辑器，在块编写选项板中选择“参数集”选项卡，然后单击其中的“可见性集”按钮。

Step 03 系统提示“指定参数位置或[名称(N)/标签(L)/说明(D)/选项板(P)]”，将参数指定在如下图所示的位置。

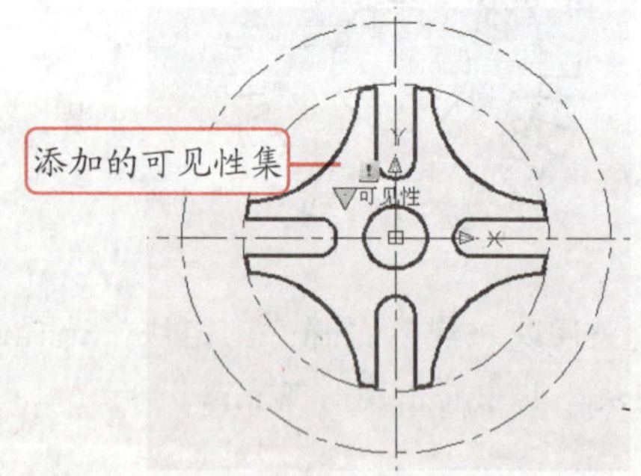


Step 04 双击添加的可见性集，打开“可见性状态”对话框，其中“可见性状态”列表框中列出了系统默认的可见性状态 0，该状态表示块中所有对象都可见。

Step 05 单击 重命名(R) 按钮，此时可见性状态 0 变为可编辑状态，输入“槽轮和辅助线”后在空白位置单击，重命名该状态。

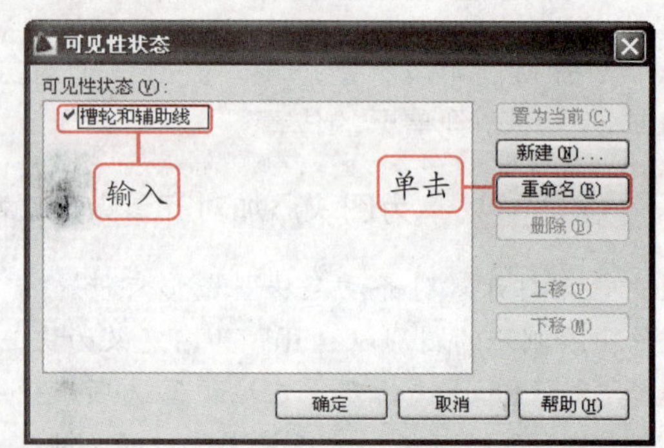


Step 06 单击 新建(N)... 按钮，打开“新建可见性状态”对话框，在“可见性状态名称”文本框中输入“槽轮”，单击 确定 按钮新建可见性状态。

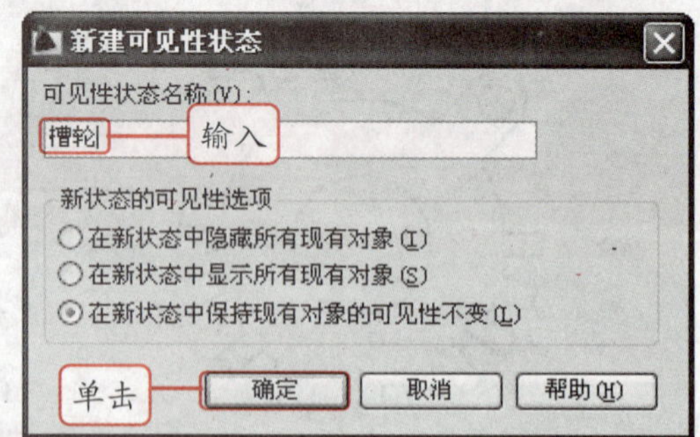


Step 07 返回“可见性状态”对话框，单击 确定 按钮关闭对话框。在“可见性”面

板中单击“使不可见”按钮。

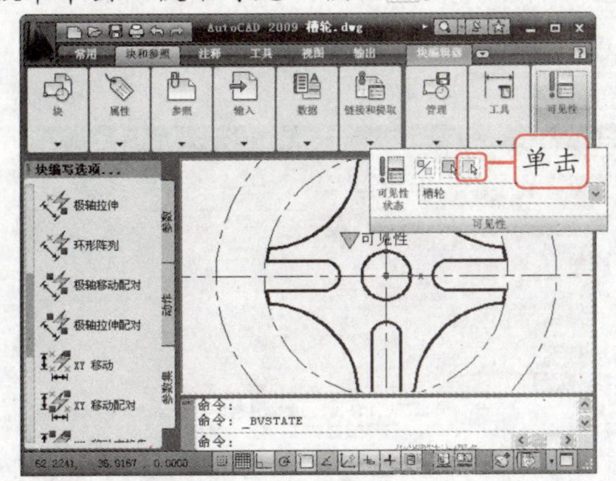


Step 08 系统提示“选择对象”，选择动态块中的辅助线，按 Enter 键，动态块中的辅助线被隐藏。

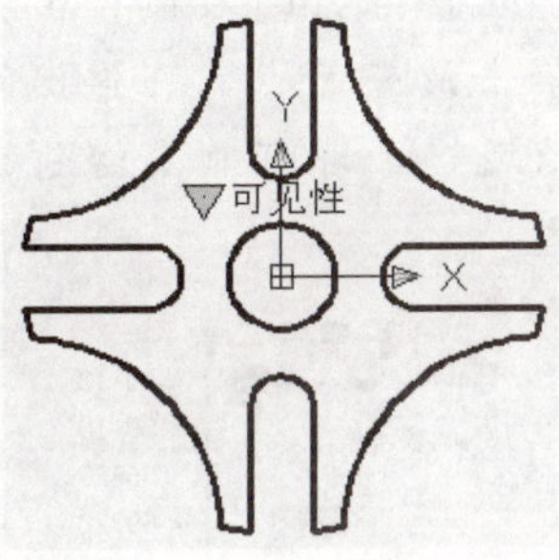


Step 09 关闭块编辑器并保存动态块，此时动态块中的所有对象都可见，选择动态块，单击可见性点，在弹出的的菜单中选择“槽轮”命令即可隐藏辅助线。

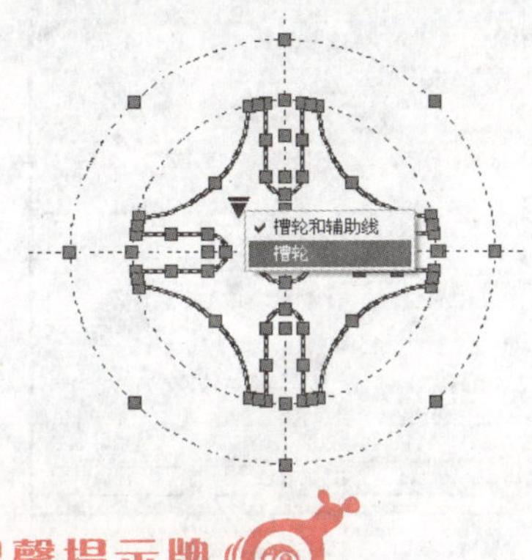


**温馨提示牌** Warm and prompt licensing

单击“可见性”面板中的“可见性状态”按钮也可打开“可见性状态”对话框。另外，在“可见性状态”对话框的列表框中选择一种状态后，再次单击它，也可以对其进行重命名。

## 6. 查寻特性

查寻特性可以为动态块添加一个规格列表，用于控制几个参数同步变化，如在前面为螺钉图块添加多个线性参数和拉伸动作后，在进行拉伸时，只能拉伸一个拉伸点，这时就可以通过查寻特性来控制添加的多个参数和动作同步进行拉伸。

**新手演练** Novice exercises　为螺钉图块添加查寻集（源文件\第 7 章\螺钉查寻特性.dwg）

Step 01 打开“螺钉查寻特性”图形文件，在块编写选项板中选择“参数集”选项卡，然后单击其中的“查寻集”按钮。

Step 02 根据系统提示将参数指定在如下图所示的位置。

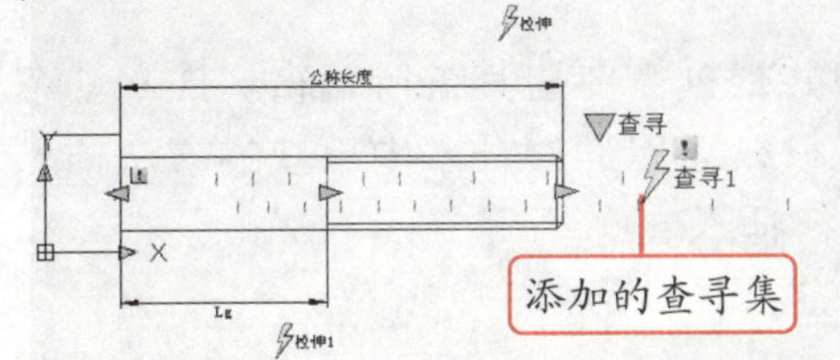


Step 03 在特性选项板中将查寻参数和查寻动作的名称均修改为“查询螺钉”。

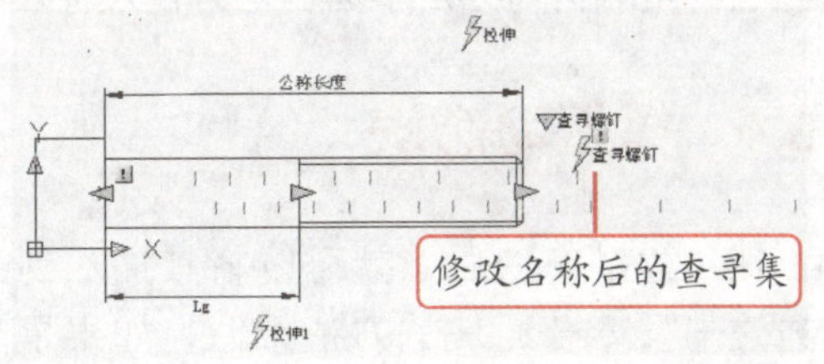


Step 04 双击添加的查寻动作，打开“特性查寻表”对话框，单击 添加特性(A)... 按钮。

Step 05 打开“添加参数特性”对话框，在“参数特性”列表框中选择“线性”和“线性1”选项，单击［确定］按钮。

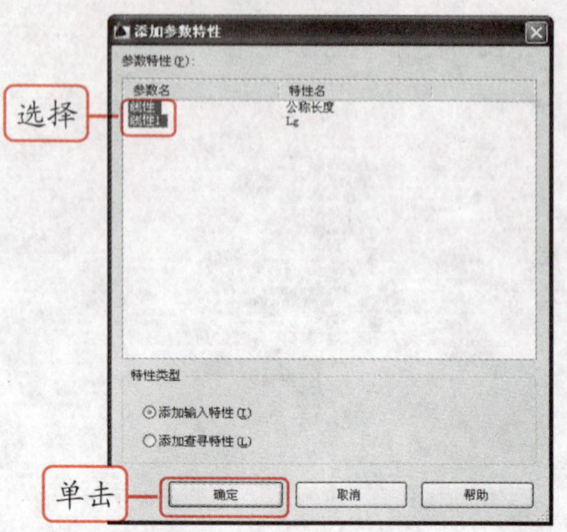


Step 06 返回“特性查寻表”对话框，其中的“输入特性”栏中列出了选择的“线性”和“线性 1”特性。

Step 07 单击“公称长度”选项卡中的第一个单元格，该单元格变为下拉列表框，在其中选择“45”选项。用相同的方法将其对应的Lg设置为“13”，然后在“查寻特性”栏的第一个单元格中输入“45*13”。

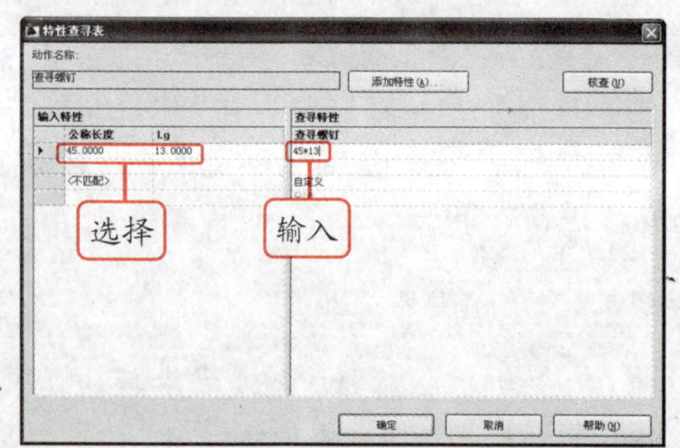


Step 08 用相同的方法添加其他的输入特性和查寻特性，然后在“查寻特性”栏最下方的下拉列表框中选择“允许反向查寻”选项，单击［确定］按钮。

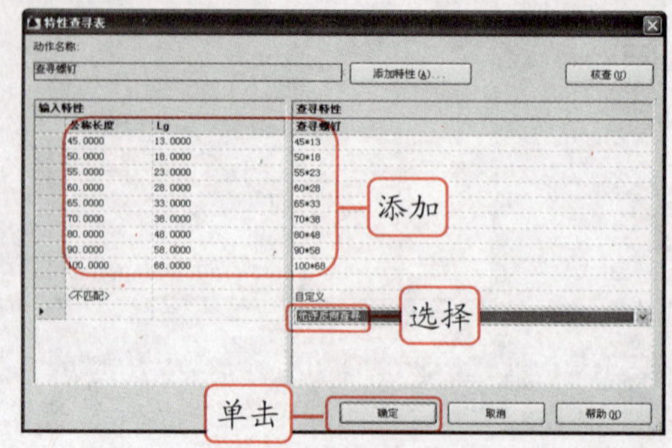


Step 09 关闭块编辑器并保存动态块，选择动态块，此时螺钉的右侧将出现一个查寻点▼，单击该查寻点，在弹出的菜单中选择设置的规格，即可改变螺钉公称长度和螺纹长度。

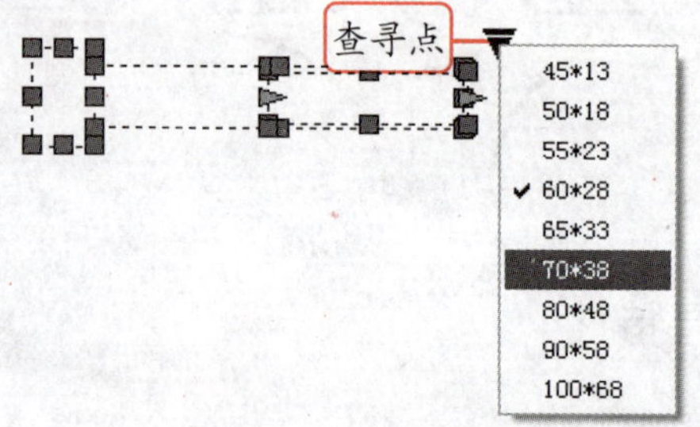

在选择一定的规格后，螺钉动态块中的某些部分还有漏洞，这时还可以为其添加参数和动作，然后加入到查寻列表中。

## 7.3.4 插入动态块

在创建动态块后，就可以将其插入到图形中，并根据需要对其进行编辑。插入动态块的方法与插入普通块的方法相似，如果是内部动态块，可以通过插入内部块的方法插入，如果是外部动态块，可以通过插入外部块的方法进行插入。

# 7.4 外部参照

块和外部参照都是一种图形引用方法，它们的区别在于将图形作为块插入到图形中时，它是否随原始图形的改变而改变，如将图形作为外部参数附着到图形中时，作为外部参照的图形会随着原图形的修改而改变。另外，外部参照不会明显地增加当前图形的文件大小，从而可以节省内存空间。

## 7.4.1 附着外部参照

附着外部参照是将存储在外部媒介上的外部参照链接到当前图形中的操作。在附着的外部参照时，不仅可以将 CAD 图形文件附着到图形中，还可以将图像附着到图形中。

### 1. 附着 DWG 文件

DWG 文件就是 CAD 图形文件，在附着外部参照时，一个图形可以作为外部参照同时附着到多个图形中，也可以将多个图形作为外部参照附着到单个图形中。

将“槽轮”图形文件附着到图形文件中（源文件\第 7 章\附着图形.dwg）

Step 01 输入“XATTACH”、“XA”或者选择“块和参照”选项卡，在“参照”面板中单击“DWG”按钮。

Step 02 打开“选择参照文件”对话框，在“查找范围”下拉列表框中选择外部参照所保存的位置，在其下面的列表框中选择“槽轮”图形文件，单击 打开(O) 按钮。

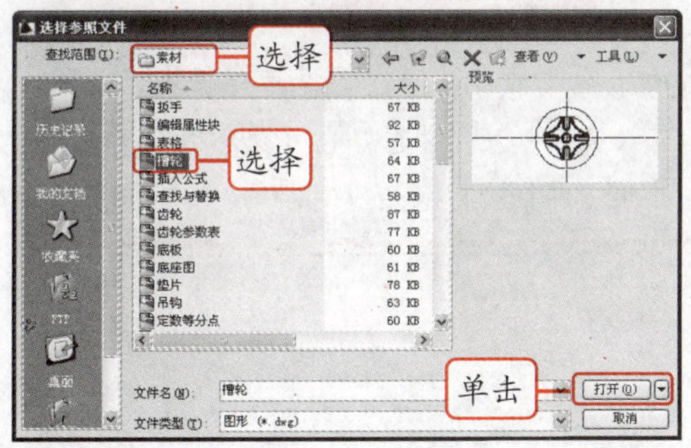


Step 03 打开“外部参照”对话框，在“参照类型”栏中点选“附着型”单选按钮，在“比例”栏中勾选“统一比例”复选框，其他参数保持默认设置，单击 确定 按钮。

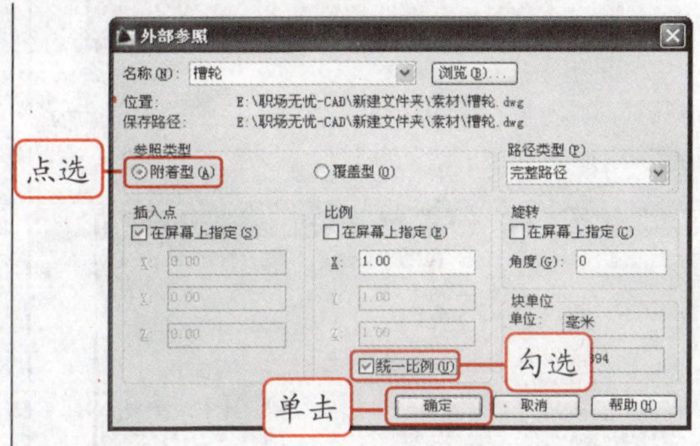


Step 04 返回绘图区，系统提示“指定插入点或[比例(S)/X/Y/Z/旋转(R)/预览比例(PS)/PX/PY/PZ/预览旋转(PR)]”，在任意位置单击，指定插入点，将外部参照附着到当前图形文件中。

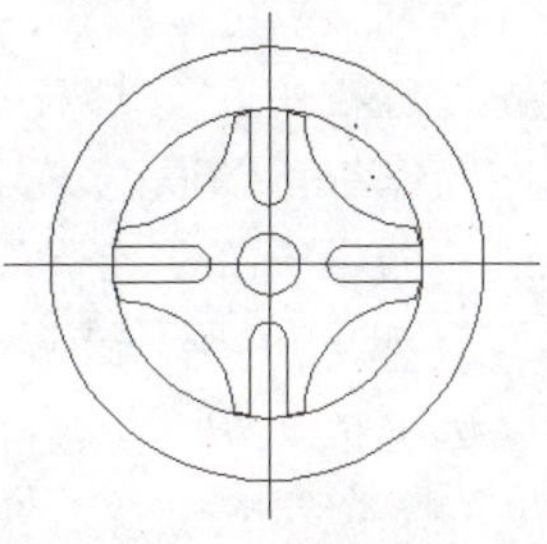

### 2. 附着图像文件

在绘制图形时，有时需要将图像文件附着到CAD图形文件中，其附着方法与附着DWG文件的方法相同。

新手演练 Novice exercises　将“熊猫”图像文件附着到图形文件中（源文件\第7章\附着图像.dwg）

Step 01　输入“XATTACH”、“XA”或者选择“块和参照”选项卡，在“参照”面板中单击“图像”按钮。

Step 02　打开“选择图像文件”对话框，在“查找范围”下拉列表框中选择外部参照所保存的位置，在其下面的列表框中选择“熊猫”图像文件，单击 打开(O) 按钮。

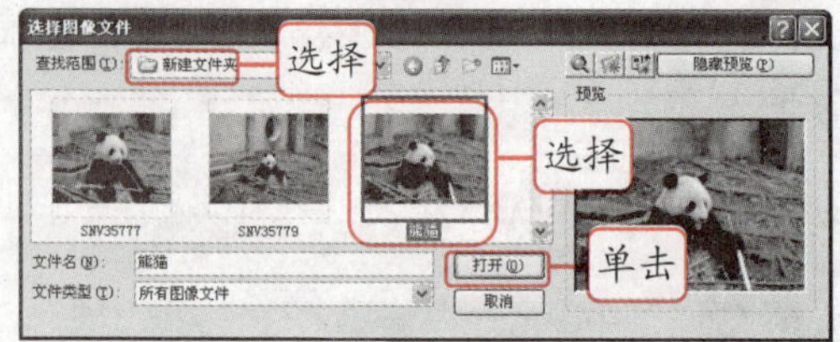


Step 03　打开“图像”对话框，直接单击 确定 按钮。

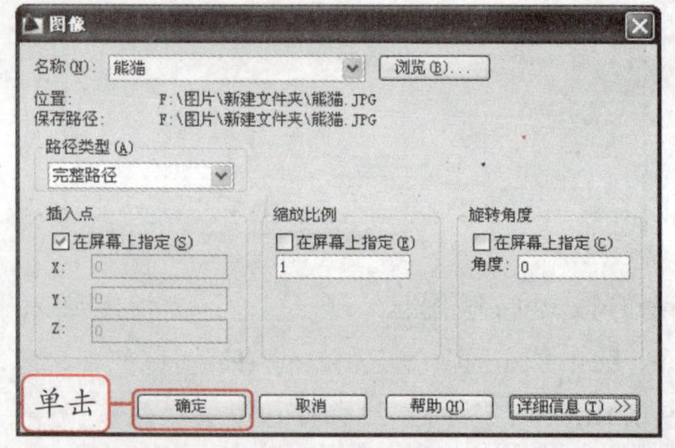


温馨提示牌 Warm and prompt licensing

在“图像”对话框中单击 详细信息(D) >> 按钮，在对话框的下方将显示选择图像文件的各种信息。

Step 04　返回绘图区，系统提示“指定插入点”，在任意位置单击指定插入点，系统提示“指定缩放比例因子”，拖动鼠标指定缩放的比例因子，将图像附着到图形文件中。

职场经验谈 Workplace Experience

用于定位外部参照的已保存路径可以是绝对（完全指定）路径，也可以是相对（部分指定）路径，或者是没有路径。

## 7.4.2 管理外部参照

在机械设计过程中，有时需要对外部参照进行拆离、重载和卸载等操作以及修改其相关属性，这些操作都可以通过“外部参照”选项板来进行。

在菜单浏览器中选择“工具”|“选项板”|“外部参照”命令，或输入“XREF”后按Enter键，或在“块和参照”选项卡的“参照”面板中单击“外部参照”按钮都可以打开“外部参照”选项板。

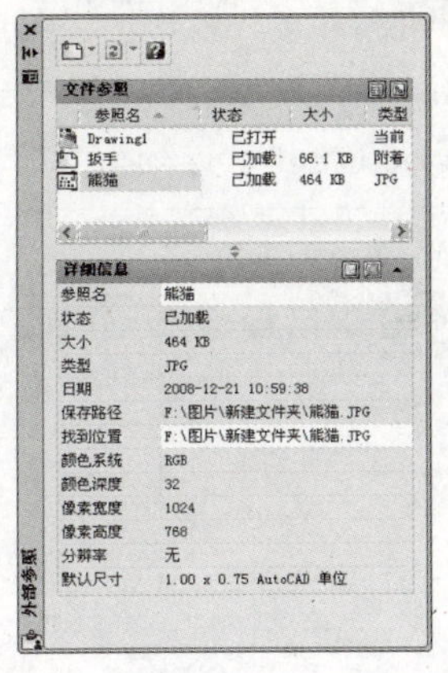


**温馨提示牌** Warm and prompt licensing

在该选项板的左上角有一些用于控制窗口的按钮，其操作方法与自定义命令窗口的方法相同，可以参考本书第一章 1.2.6 节中的内容。

## 知识点拨 Knowledge “外部参照”选项板中的各部分提示的作用

**“附着”按钮**：单击该按钮右侧的按钮，在弹出的菜单中可以选择要插入外部参照的类型。

附着 DWG(D)...
附着图像(I)...
附着 DWF(F)...
附着 DGN(N)...

**“刷新”按钮**：单击该按钮可以刷新选项板，单击其右侧的按钮，在弹出的菜单中选择“重载所有参照”命令可以将已经附着的外部参照重新附着到图形中。

**“帮助”按钮**：单击该按钮可以打开“帮助”窗口，在其中显示出有关“外部参照”选项板的信息。

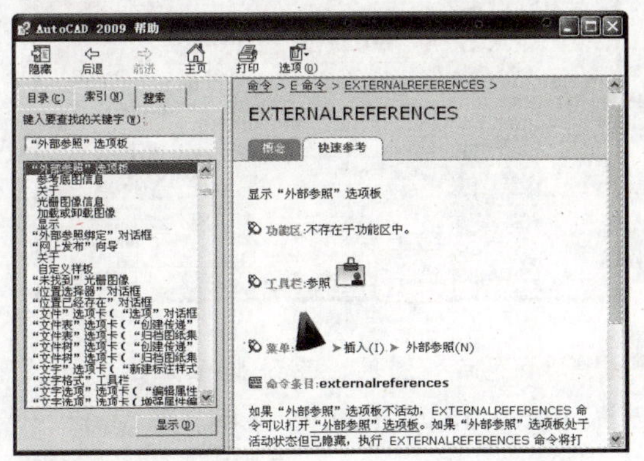


**“文件参照”列表框**：在该列表框中显示了已经打开的图形和附着到图形的外部参照。

**“列表”按钮**：该按钮位于“文件参照”列表框的右上角，单击它可以将显示的图形和外部参照以列表的形式进行显示。

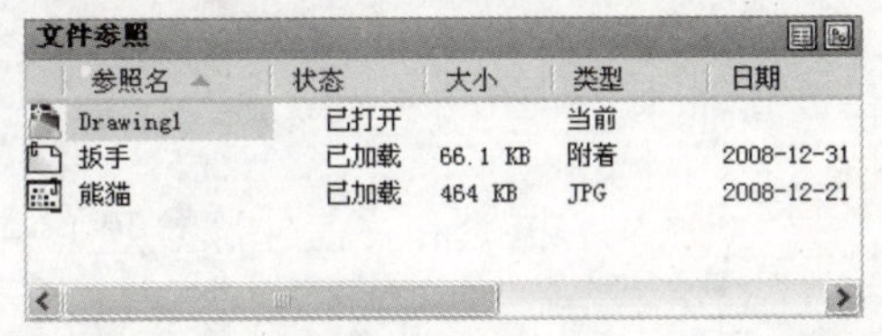


**“树状图”按钮**：该按钮位于“文件参照”列表框的右上角，单击它可以将图形和外部参照以树状图的形式进行显示。

**“详细信息”栏**：该栏用于显示外部参照的详细信息或预览图，其中包括显示信息或预览效果的列表框、“详细信息”按钮、“预览”按钮以及“扩展”按钮和“收缩”按钮。

**“详细信息”按钮**：单击该按钮可以在其下的列表框中显示选择的外部参照的详细信息，包括参照名、保存路径和文件大小等。

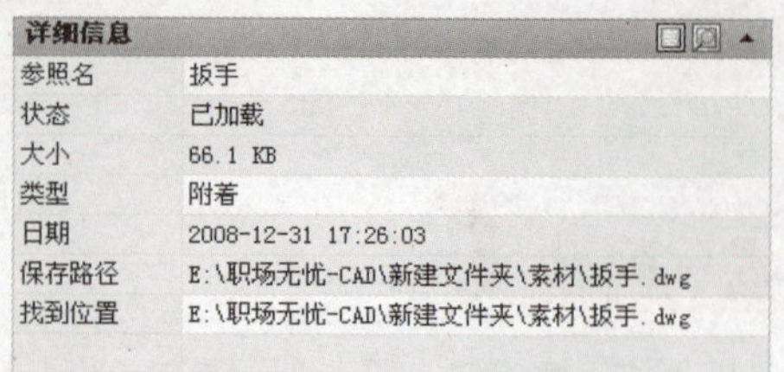


“预览”按钮：单击该按钮可以显示选择的外部参照的预览效果图。

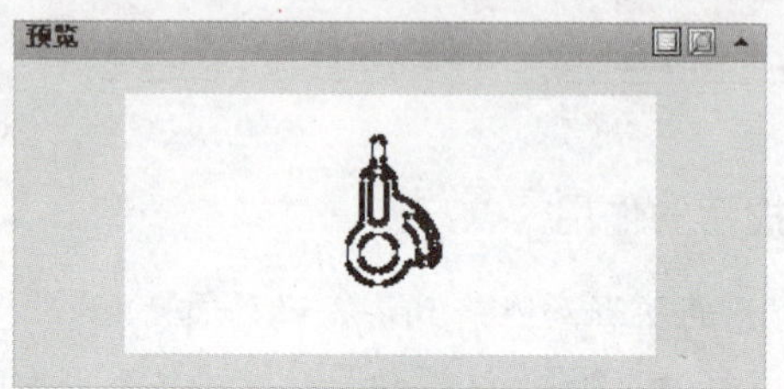


“扩展”按钮和“收缩”按钮：单击“扩展”按钮可以展开“详细信息”栏，单击“收缩”按钮可以收拢“详细信息”栏。

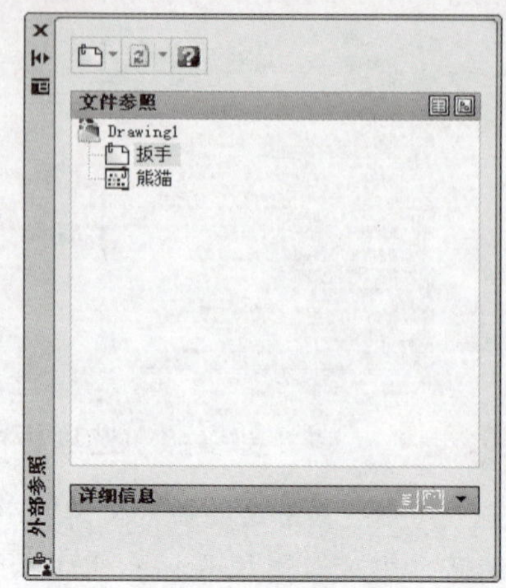


## 1. 嵌套和覆盖外部参照

在使用外部参照时，不仅可以将外部参照的图形附着到指定的图形文件中，还可以附着包含其他外部参照的外部参照。

**新手演练 Novice exercises** 嵌套和覆盖外部参照（源文件\第 7 章\嵌套和覆盖外部参照.dwg）

**Step 01** 打开“阀盖俯视图”图形文件，选择“块和参照”选项卡，在“参照”面板中单击“DWG”按钮。

**Step 02** 打开“选择参照文件”对话框，在“查找范围”下拉列表框中选择外部参照所保存的位置，在其下面的列表框中选择“阀盖零件图”图形文件，单击 打开(O) 按钮。

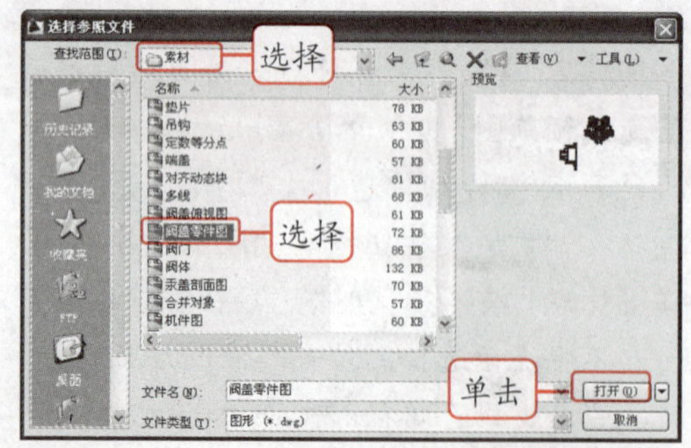


**Step 03** 打开“外部参照”对话框，在“参照类型”栏中点选“覆盖型”单选按钮，其他参数保持默认设置，单击 确定 按钮。

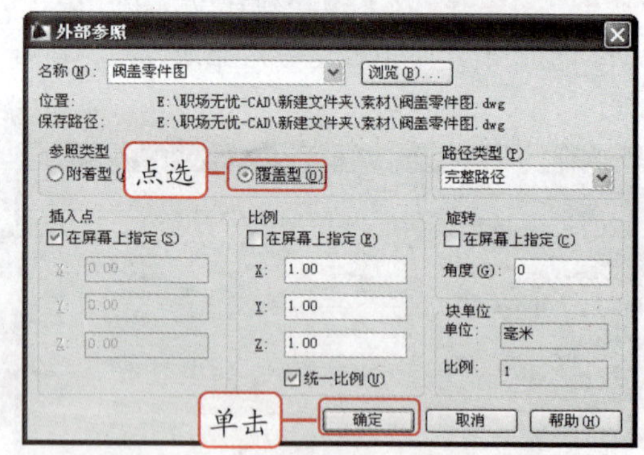


**Step 04** 返回绘图区，系统提示“指定插入点或[比例(S)/X/Y/Z/旋转(R)/预览比例(PS)/PX/PY/PZ/预览旋转(PR)]”，在任意位置单击，指定插入点，将包含其他外部参照的外

部参照嵌套和覆盖到当前图形文件中。

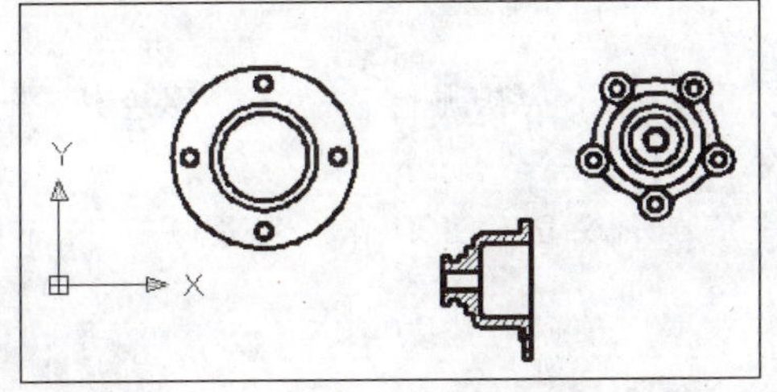


Step 05　打开“外部参照”选项板，单击“树状图”按钮，在“文件参照”栏的列表框中可以看到外部参照的从属关系。

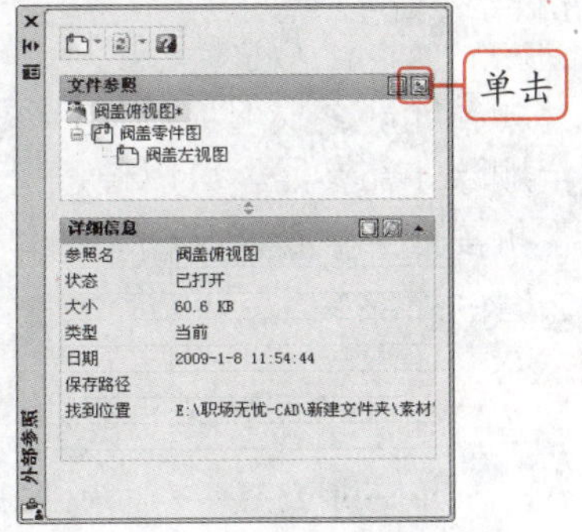


## 2.　裁剪外部参照

附着到图形文件的外部参照图形是一个整体，如果只需要其中的一部分，可以通过“裁剪”命令对外部参照进行区域裁剪。

**新手演练 Novice exercises　裁剪“附着图像”图形文件中的外部参照**

Step 01　打开“附着图像”图形文件，选择“块和参照”选项卡，单击“参照”面板右下角的◢按钮，显示面板隐藏的部分，在其中单击“裁剪图像”按钮。

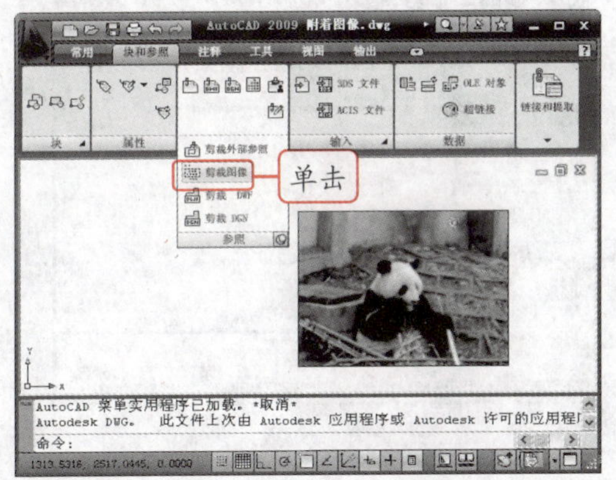


Step 02　系统提示“选择要裁剪的图像”，选择图形文件中的图像外部参照，系统提示“输入图像剪裁选项[开(ON)/关(OFF)/删除(D)/新建边界(N)]”，选择“新建边界”选项。

Step 03　系统提示“输入剪裁类型[多边形(P)/矩形(R)]”，选择“矩形”选项。系统提示“指定第一角点”，在熊猫的左上角处单击，指定第一角点。

Step 04　系统提示“指定对角点”，在熊猫的右下角处单击，指定对角点，完成裁剪外部参照的操作。

### 3. 拆离外部参照

在删除外部参照时，与外部参照相关联的图层定义等不会被删除。因此，若要从图形中完全删除外部参照，可以通过拆离操作达到目的。

在拆离外部参照图形时，只能拆离直接附着或覆盖到当前图形中的外部参照，而不能拆离嵌套的外部参照。

**新手演练 Novice exercises** 拆离“外部参照”图形文件中的外部参照（源文件\第 7 章\拆离外部参照.dwg）

**Step 01** 打开“外部参照”图形文件，选择“块和参照”选项卡，单击“参照”面板中的“外部参照”按钮，打开“外部参照”选项板。

**Step 02** 在“外部参照”选项板的“文件参照”栏中选择“阀盖左视图”选项，右击，在弹出的快捷菜单中可以看到“拆离”命令不可用。

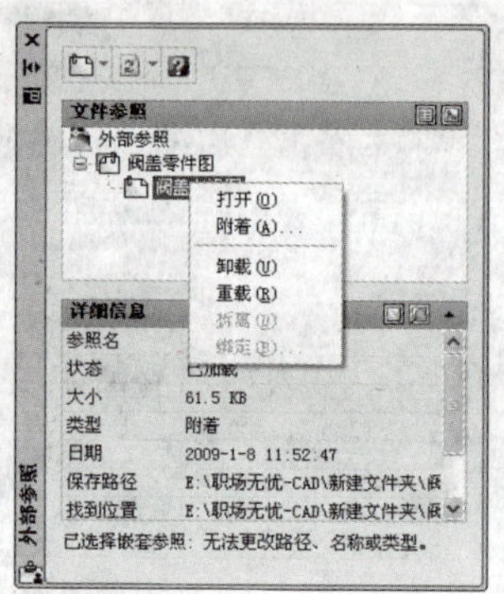

**Step 03** 在“文件参照”栏中选择“阀盖零件图”选项，右击，在弹出的快捷菜单中选择“拆离”命令。

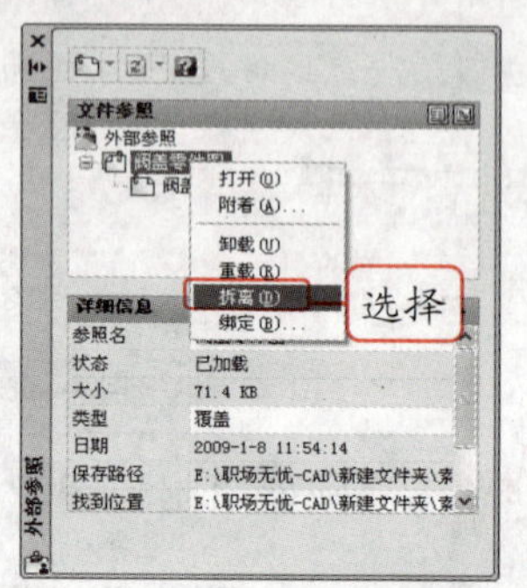


**Step 04** 此时在“外部参照”选项板中的“阀盖零件图”外部参照被删除，且在绘图区中的外部参照图形也被删除。

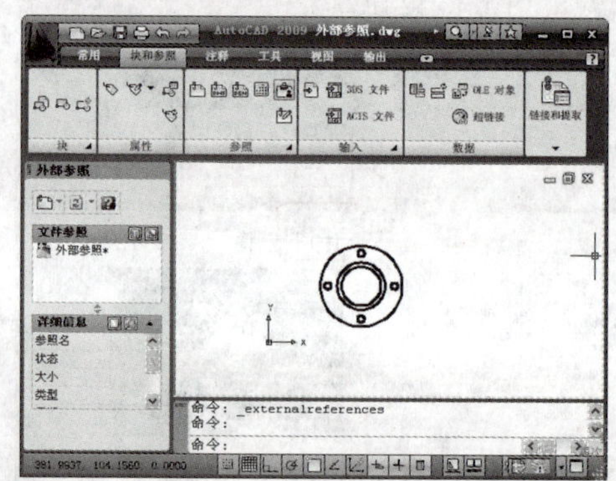

### 4. 卸载外部参照

卸载外部参照与拆离外部参照都是删除外部参照的方法，拆离外部参照是永久性的删除外部参照，而卸载外部参照只是不显示外部参照，当重载该外部参照时，所有信息都可以恢复。从当前图形中卸载外部参照后，图形的打开速度将大大加快，内存占用量也会减少，从而提高绘图效率。

不管是直接附着或覆盖到当前图形中的外部参照，还是嵌套的外部参照，可以通过卸载操作将其删除。卸载外部参照的方法为：在“外部参照”选项板的“文件参照”栏中选择需要卸载的外部参照，右击，在弹出的快捷菜单中选择“卸载”命令即可，此时卸载的外部参照前的图标变为图标。

### 5. 绑定外部参照

将外部参照绑定到图形中，可以使外部参照成为图形的永久部分，而不再是外部参照文件，其中外部参照信息将成为块。当更新外部参照图形时，就不会再更新绑定的外部参照，而外部参照所依赖的命名对象，如块、标注样式、图层、线型和文字样式等也可以在当前图形中使用。

与拆离外部参照图形相同，在绑定外部参照图形时，只能绑定直接附着或覆盖到当前图形中的外部参照，而不能绑定嵌套的外部参照。

**知识点拨 Knowledge　绑定外部参照的两种方法**

通过“外部参照”选项板来进行绑定：选择需要绑定的外部参照，右击，在弹出的快捷菜单中选择“绑定”命令，打开“绑定外部参照”对话框，在“绑定类型”栏中点选一个单选按钮，以选择绑定类型，然后单击 确定 按钮。

**温馨提示牌 Warm and prompt licensing**

点选“插入”单选按钮，则绑定外部参照时，若内部命名对象与绑定的依赖外部参照的命名对象具有相同的名称，那么依赖外部参照的绑定命名对象将采用内部的命名对象。

通过“XBLIND”命令来进行绑定：执行“XBLIND”命令，打开“外部参照绑定”对话框，在其中的“外部参照”列表框中选择需要绑定的选项，单击 添加(A) -> 按钮将其添加到“绑定定义”列表框中，然后单击 确定 按钮。如果要取消绑定，先选择右边的“绑定定义”列表框中的相应选项，然后单击 <- 删除(R) 按钮即可。

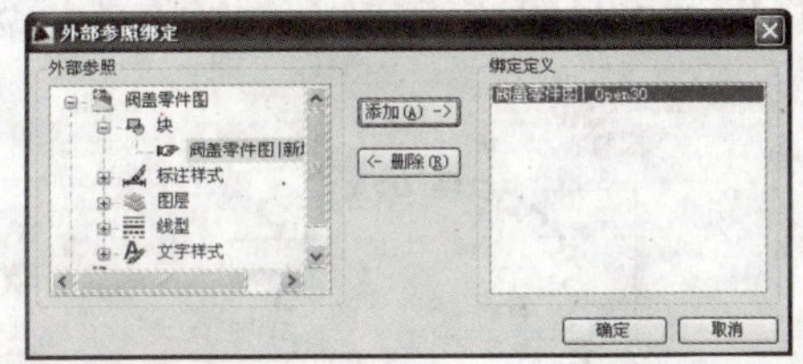

对于附着到图形中的图像外部参照，不能将其绑定到当前图形中，但可以对其进行拆离和卸载操作。

## 7.5 职场特训

本章主要介绍了有关图块和外部参照的相关知识，包括定义内部块和外部块、创建带属性的块和通过动态块的各种特性来创建动态块，以及附着外部参照、裁剪外部参照、拆离外部参照和绑定外部参照等。学习完章节内容后，下面通过两个实例巩固本章知识。

## 特训 1：创建“六角螺母”动态块（源文件\第 7 章\六角螺母.dwg）

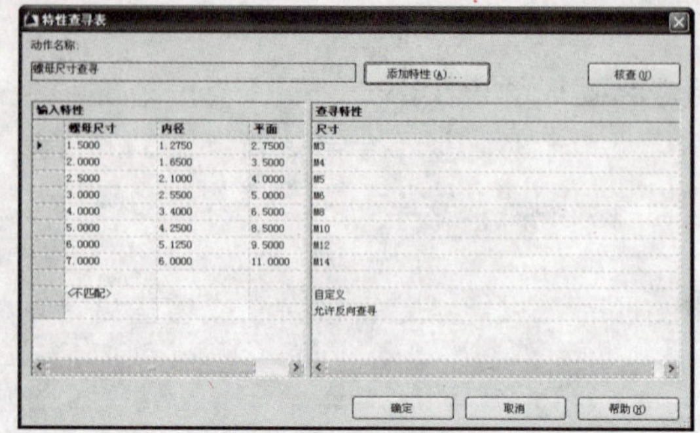


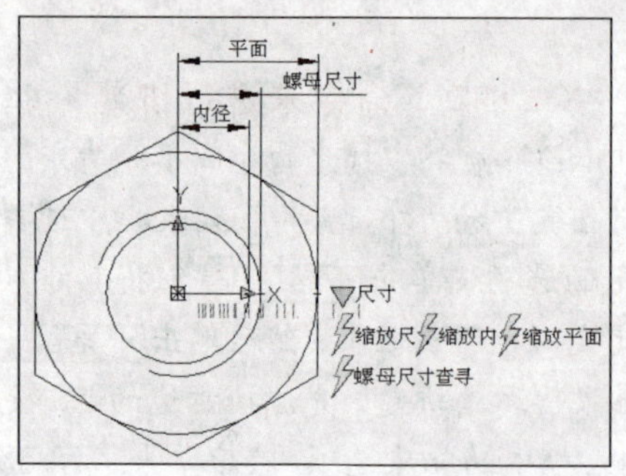


1. 绘制出六角螺母图形，并将其定义为内部块。
2. 打开块编辑器，为六角螺母最外面的六边形和圆添加一个名为“平面”的参数，并为其添加距离值列表，然后为其添加一个名为“缩放平面”的动作。
3. 为六角螺母添加名为“螺母尺寸”的参数和“缩放尺寸”的动作，并为参数添加距离值列表。
4. 为六角螺母添加名为“内径”的参数和“缩放内径”的动作，并为参数添加距离值列表。
5. 为六角螺母添加一个查询集，其中重命名参数为“尺寸”，重命名动作为“螺母尺寸查询”。
6. 查询集中的各个参数如右侧下图所示，创建的动态块如右侧下图所示，最后将创建好的动态块定义为外部块。

## 特训 2：附着并绑定“齿轮”外部参照（源文件\第 7 章\齿轮.dwg）

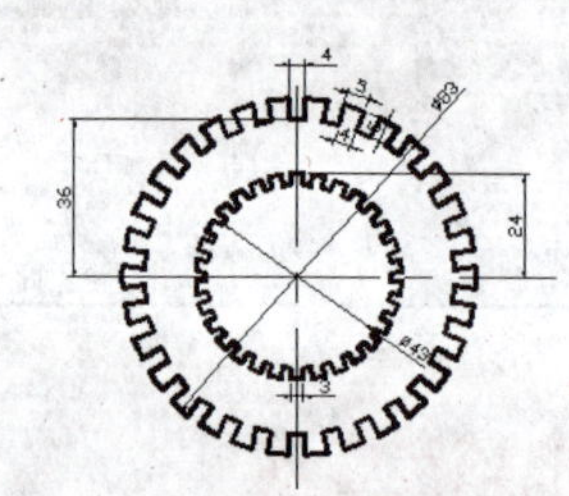


| 齿轮参数表（mm） | | | | | |
|---|---|---|---|---|---|
| | 模数 | 齿数 | 轴孔直径 | 键槽宽 | |
| 大齿轮 | 5 | 30 | 25 | 5 | |

1. 打开“齿轮参数表”图形文件，将外部参照“齿轮”附着到当前图形文件中。
2. 打开“外部参照”选项板，在其中选择“齿轮”外部参照，单击鼠标右键，在弹出的快捷菜单中选择“绑定”命令。
3. 打开“绑定外部参照”对话框，在“绑定类型”栏中点选“绑定”单选按钮，单击 确定 按钮，完成所有操作。

# 第8章

# 创建与编辑文字标注

创建“机械”文字样式

在“垫片”图形文件中创建单行文字

导入外部文档中的文字

创建一个新的表格样式

## 本章导读

在机械设计中，文字与图形是紧密相关的。由于在绘制机械图时，常常会用文字来表述一些用图形不能表达的信息，如材料、工艺说明和施工要求等。因此设计师就要掌握在AutoCAD中进行文字标注的方法，以方便与产品制作人员进行沟通。

# 8.1 管理文字样式

在 AutoCAD 中，文字与图形对象相同，也具有自己特有的样式，在进行文字标注前应该创建需要的文字样式，而对于不符合要求或不需要的文字样式可以对其进行修改，或者将其删除。

## 8.1.1 创建文字样式

AutoCAD 中的文字样式除了同一般文字具有字体、大小外，还具有宽度因子、倾斜角度等特性。因此在创建文字样式时，不仅需要对其名称进行设置，还需要对其他特性进行设置。

### 1. 新建文字样式

在 AutoCAD 中，系统提供了 Standard 和 Annotative 两种文字样式，但这两种文字样式并不能满足所有的绘图要求，这时可以新建适合自己的文字样式。

新手演练 Novice exercises　创建“机械”文字样式

Step 01 在“注释”选项卡的“文字”面板中单击“文字样式”按钮 或输入“STYLE”，按 Enter 键执行“文字样式”命令。

Step 02 打开“文字样式”对话框，单击 新建(N)... 按钮。

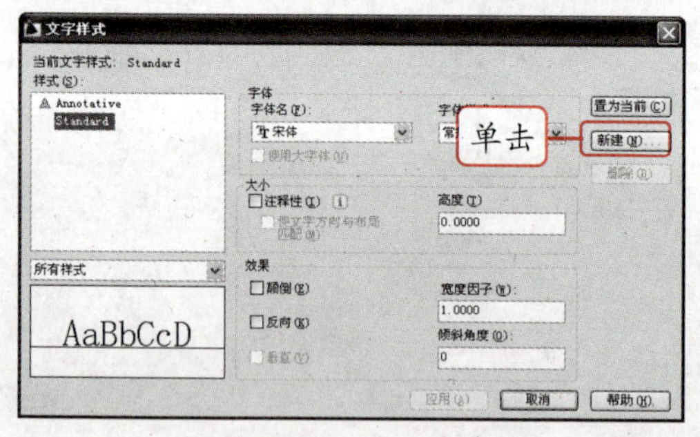


Step 03 打开“新建文字样式”对话框，在“样式名”文本框中输入“机械”，单击 确定 按钮。

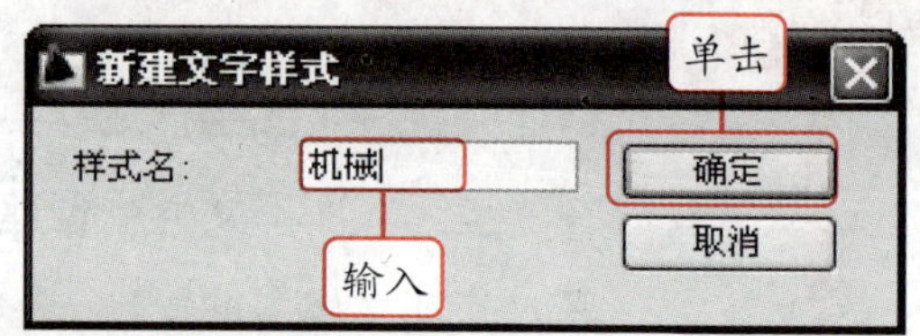


Step 04 返回“文字样式”对话框，在对话框左侧的“样式”栏显示出新建的文字样式，单击 关闭(C) 按钮，完成文字样式的创建。

### 2. 设置文字特性

在创建了新的文字样式，返回“文字样式”对话框后，在该对话框中选择相应的选项或输入值就可以对文字的字体、高度等进行设置。

“文字样式”对话框中各选项的含义

“字体名”下拉列表框：在其中可以选择电脑中所安装的所有字体。

“字体样式”下拉列表框：用于指定字体格式，如斜体、粗体或者常规字体。勾选“使用大字体”复选框后，该下拉列表框变为“大字体”下拉列表框，用于选择大字体文件。

“使用大字体”复选框：用于选择是否使用大字体，选中该复选框将激活右侧的“大字体”下拉列表框。

“高度”数值框：系统默认的文字高度为 0，在默认高度下标注文字时，系统会要求用户指定文字的高度。如果在“高度”文本框中输入了高度值，则在标注文字时，系统不再提示指定文字高度，而是直接采用“高度”文本框中设置的值。

“宽度因子”数值框：用于设置文字的宽度比例，值小于 1.0 时将压缩文字，大于 1.0 时将扩大文字。

“倾斜角度”数值框：用于设置样式倾斜角度。

“颠倒”复选框：勾选该复选框可使文字颠倒。

“反向”复选框：勾选该复选框可使文字反向显示。

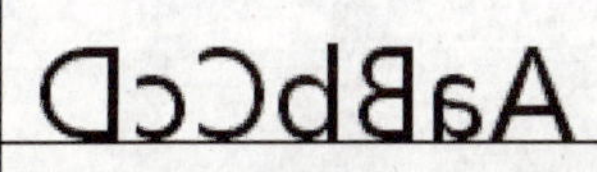

“垂直”复选框：勾选该复选框可以显示垂直对齐的字符，但只有在选择的字体支持双向时该复选框才能被激活，如 TrueType 字体的垂直定位就不可用。

## 8.1.2 预览与应用文字样式

在设置好文字样式的特性后，可以通过“文字样式”对话框右侧的预览框预览文字的样式，如果文字样式符合需要，单击应用(A)按钮，然后单击置为当前(C)按钮，关闭对话框就可以开始创建文字标注了。

## 8.1.3 修改文字样式

新建文字样式后，如果对文字的特性设置不满意或文字样式的名称有误，可对其进行修改。

### 1. 修改样式的名称

在创建文字样式后，如果对样式的名称不满意，可以在“文字样式”对话框中通过各种不同的方法进行修改。

**知识点拨 Knowledge** 修改样式名称的各种方法

**直接修改：** 在“文字样式”对话框中的“样式”列表框中选择要重命名的文字样式，再单击其名称，样式名称将呈可编辑状态，重新输入名称后按 Enter 键。

**使用右键菜单：** 在“文字样式”对话框中的“样式”列表框中选择要重命名的文字样式，右击样式的名称，在弹出的快捷菜单中选择“重命名”命令，然后输入文字样式名。

**使用菜单浏览器：** 在菜单浏览器中选择“格式”|“重命名”命令，打开“重命名”对话框，在“命名对象”列表框中选择“文字样式”，在“项目”列表框中选择要修改的文字样式，然后在其下方的文本框中输入新的名称，单击[重命名为(R):]或[确定]按钮。

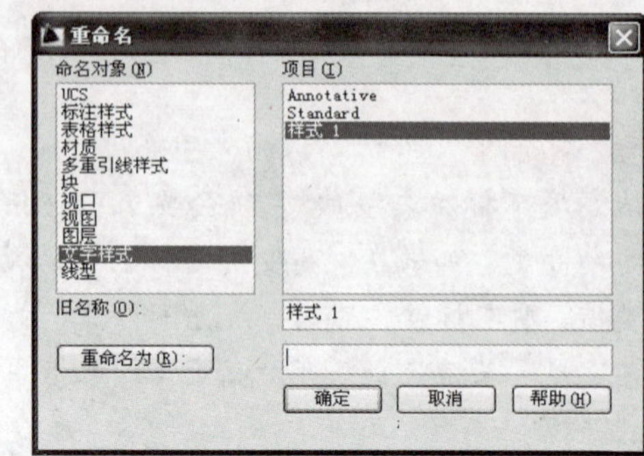


## 2. 修改样式的特性

在创建文字样式后，如果对样式的特性不满意，可以在“文字样式”对话框中选择要修改特性的文字样式，然后设置样式特性并进行修改，单击[应用(A)]按钮后关闭对话框即可。

### 8.1.4 删除文字样式

在创建了多余的文字样式或不再需要某个文字样式时，可以通过“文字样式”对话框中的[删除(D)]按钮将其删除。但是需注意的是，系统默认的两种文字样式和被置为当前的文字样式以及图形中使用的文字样式不能被删除。

## 8.2 创建文字标注

在新建文字样式并设置好其特性后，就可以创建需要的文字标注了。文字标注分为单行文字与多行文字两种，另外在进行文字标注时，还会涉及设置特殊的格式以及输入特殊的字符。

### 8.2.1 创建单行文字标注

使用“单行文字”命令可以创建一行或多行文字内容较少的文字，而创建的每行文字都是独立的对象，对其中的一个对象进行修改，不会影响其他对象。

**新手演练 Novice exercises** 在“垫片”图形文件中创建单行文字标注（源文件\第 8 章\垫片.dwg）

**Step 01** 打开“垫片”图形文件，然后将文字图层置为当前图层。

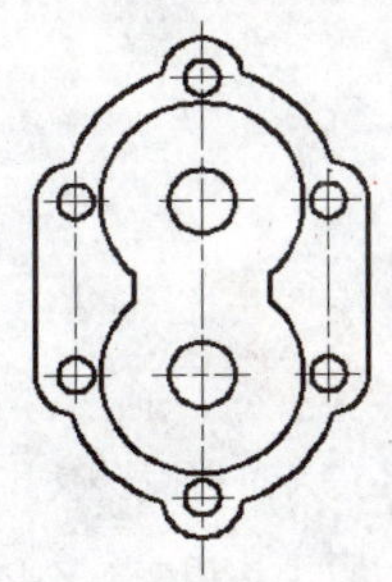

Step 02 输入“TEXT”、“DTEXT”或“DT”，按 Enter 键执行“单行文字”命令。系统提示“指定文字的起点或[对正(J)/样式(S)]”，在图形的右侧位置单击，指定文字的起点。

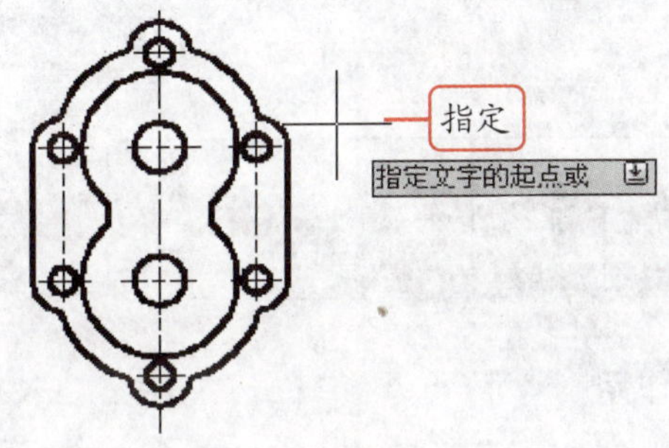


**温馨提示牌** Warm and prompt licensing

如果选择“对正”选项，可以根据系统提示选择所需的选项，使用相应的文本对齐方式。当创建了多个文字样式时，可以通过“样式”选项来选择要使用的文字样式。

Step 03 系统提示“指定文字的旋转角度”，按 Enter 键，指定系统默认的角度“0°”，此时绘图区将出一个文字输入框。

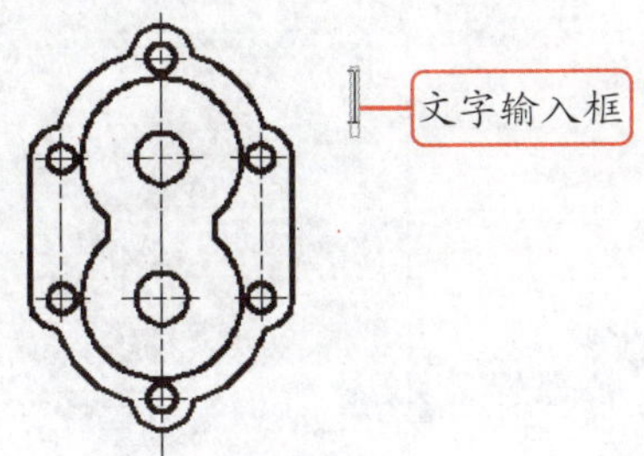


Step 04 输入文字“技术要求”，按 Enter 键换行，继续输入“未标注圆角为 R3”。

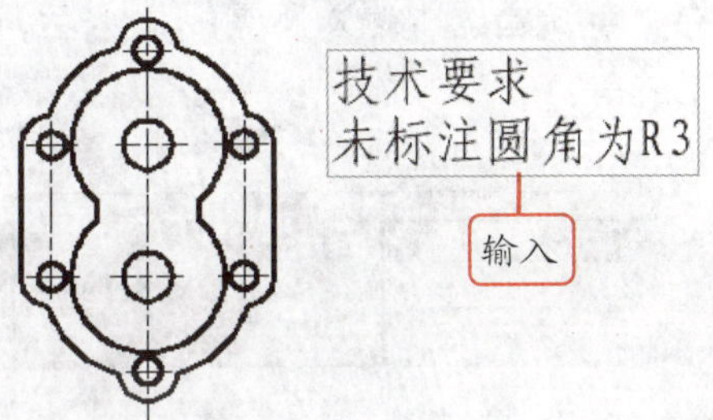


Step 05 连续按两次 Enter 键，退出“单行文字”命令，此时选择任意一行文字，都不会对另一行文字有影响。

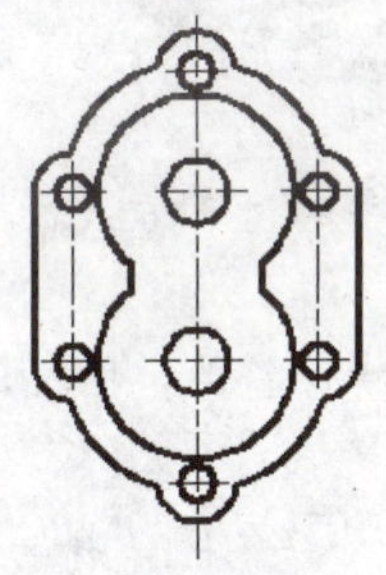


### 8.2.2 创建多行文字标注

与“单行文字”命令相同，使用“多行文字”命令也可以创建一行或多行文字，但创建的多行文字包含的多个段落是一个整体，可以对其进行整体编辑。

在“注释”选项卡的“文字”面板中单击“多行文字”按钮 A，或输入“MTEXT”、“MT”和“T”后按 Enter 键执行“多行文字”命令。系统提示“指定第一角点”，在绘图区中任意拾取一点，然后系统提示“指定对角点或[高度(H)/对正(J)/行距(L)/旋转(R)/样式(S)/宽度(W)/栏(C)]”，拾取对角点将打开文字编辑器和“多行文字”选项卡。

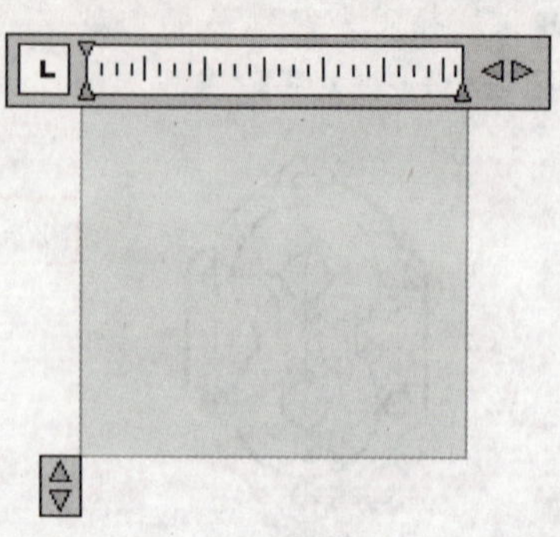

与以前版本的 AutoCAD 相同，文字编辑器的界面没有改变，它主要用于输入文字。

## 1. “多行文字”选项卡

在文字编辑器中输入所需的文字后，还可以通过“多行文字”选项卡更改文字的样式、段落格式等。

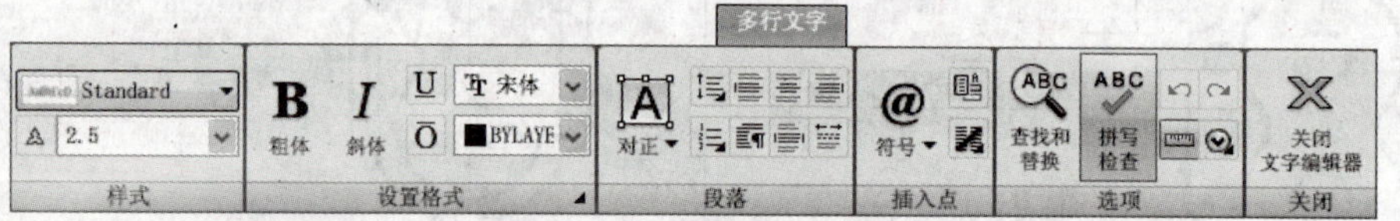


**知识点拨 Knowledge　“多行文字”选项卡中各面板的作用**

“样式”面板：用于设置文字样式以及文字的高度。

“设置格式”面板：用于设置文字的格式，包括字体、颜色、粗体和斜体等。

“段落”面板：用于设置文字的对正方式、段落方式、行距等。

“插入点”面板：用于插入特殊符号，插入日期等字段及设置分栏。

“选项”面板：用于查找与替换文字、拼写检查等。

“关闭”面板：单击该面板中的按钮可以关闭文字编辑器，退出“多行文字”命令。

**温馨提示牌 Warm and prompt licensing**

对于设置对正方式、行距等操作，也可以根据打开文字编辑器前的系统提示来进行设置。

## 2. 输入多行文字

在文字编辑器中输入文字后，如果对输入文字的样式、段落格式都满意，可以单击“多行文字”选项卡上的“关闭文字编辑器”按钮完成多行文字的创建。

**在“阀体”图形文件中创建多行文字标注（源文件\第 8 章\阀体.dwg）**

Step 01　打开“阀体”图形文件，输入“T”，按 Enter 键执行“多行文字”命令。

Step 02　系统提示“指定第一角点”，在图形的右侧位置单击，指定第一个角点。系统提示“指定对角点或[高度(H)/对正(J)/行距(L)/旋转(R)/样式(S)/宽度(W)/栏(C)]”，拖动鼠标光标，当出现一个矩形框时，到适合的位置单击，指定对角点。

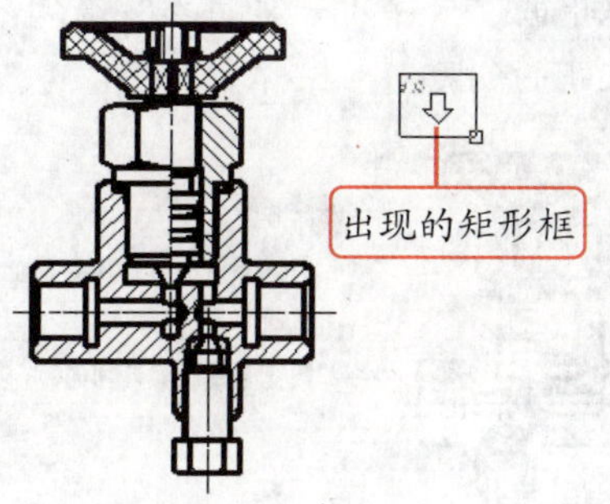


Step 03 打开文字编辑器，在其中输入"技术要求"，按 Enter 键换行，然后输入如下图所示的一行文字。

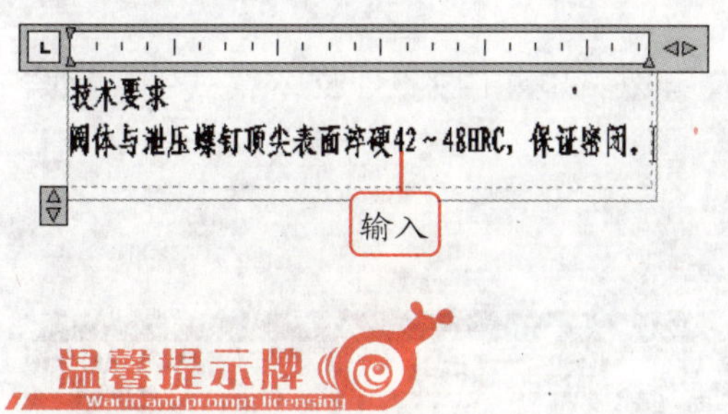


温馨提示牌 Warm and prompt licensing

如果文字编辑器中一行显示的文字过少，将鼠标光标移动到文字编辑器右上角的◁▷图标上，当变为⟷形状时，向右拖动鼠标可以拉长文字编辑器的宽度。

Step 04 按 Enter 键换行，继续输入另一行的文字。

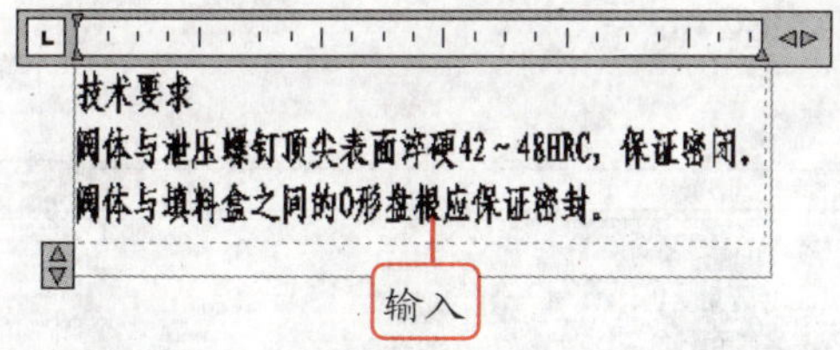


Step 05 选择文字编辑器中输入的第二行和第三行文字，选择"多行文字"选项卡，在"段落"面板中单击"编号"按钮，在弹出的菜单中选择"以数字标记"命令。

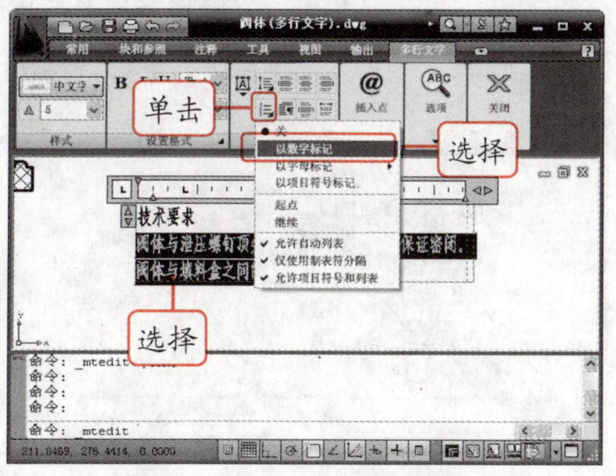


Step 06 选择的文字将自动以数字进行编号，保持文字的选择状态，单击"段落"面板中的"段落"按钮。

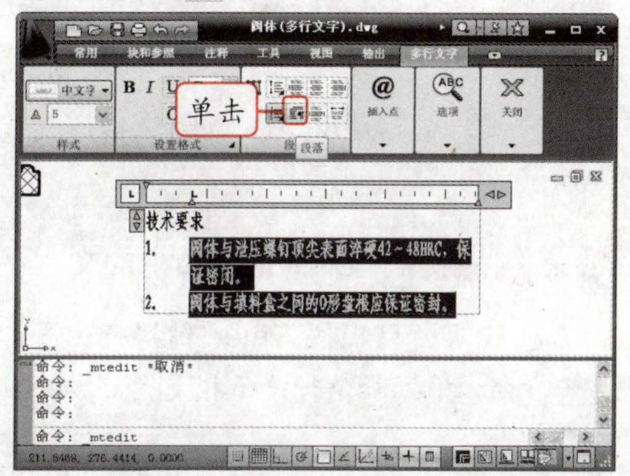


Step 07 在打开的"段落"对话框中的"悬挂"数值框中输入"5"，单击 确定 按钮。

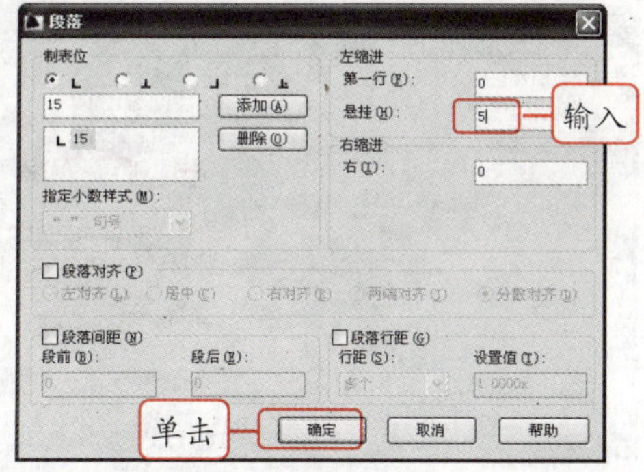


Step 08 返回绘图区，文字的段落左缩进有了变化。选择"多行文字"选项卡，在"样式"面板中的下拉列表框中输入"10"，按 Enter 键，指定文字的高度。

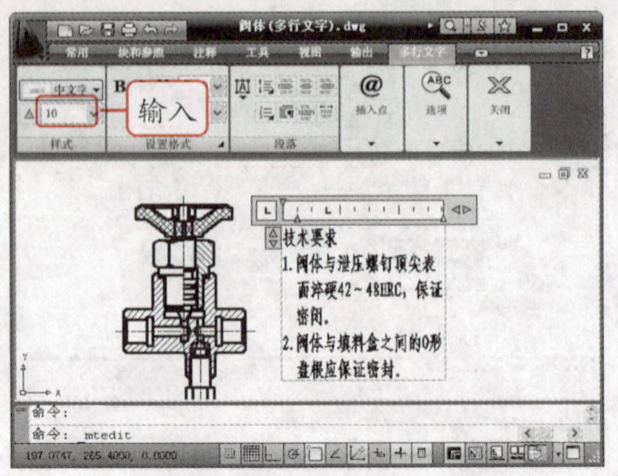


**Step 09** 将光标移动到文字编辑器右上角的◁▷图标上，当变为⟷形状时，向右拖动鼠标增加文字编辑器的宽度。然后单击“关闭”面板中的“关闭文字编辑器”按钮✕，完成多行文字的创建。

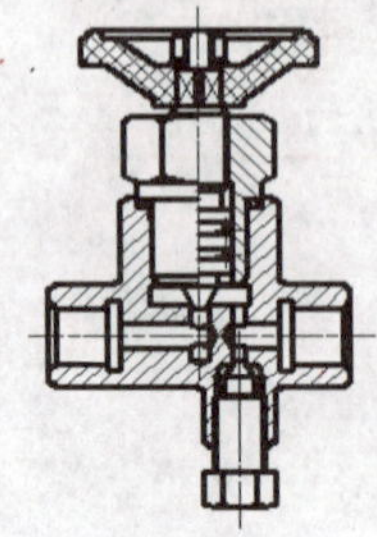


## 8.2.3 导入外部文字

除了可以在 AutoCAD 中创建多行文字外，还可以将电脑中的 txt 文本格式的文字导入到 AutoCAD 中。

**新手演练 Novice exercises** 导入外部文档中的文字

**Step 01** 输入“T”，按 Enter 键执行“多行文字”命令，根据命令行提示指定角点，并打开文字编辑器。

**Step 02** 选择“多行文字”选项卡，在“选项”面板中单击“选项”按钮，在弹出的菜单中选择“输入文字”命令。

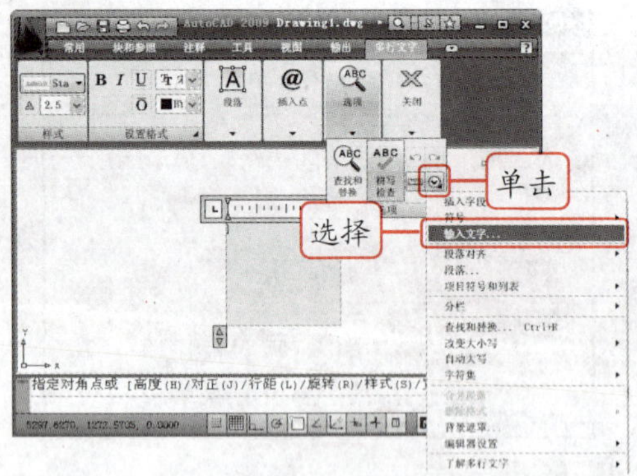


**Step 03** 打开“选择文件”对话框，在“查找范围”下拉列表框中选择文件所在的位置，在其下面的列表框中选择需要的文件，这里选择“文字”，单击 打开(O) 按钮。

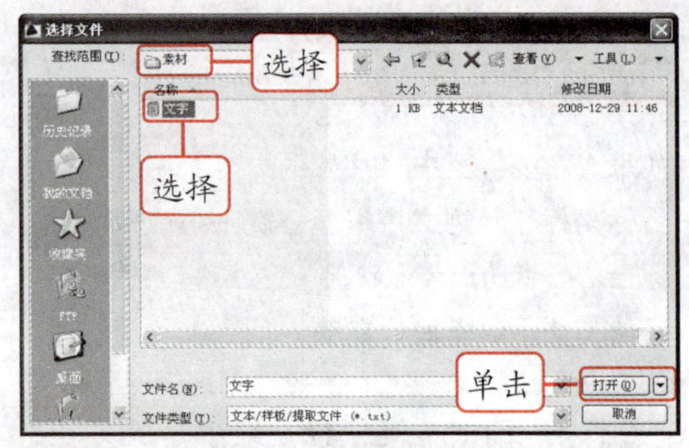


**Step 04** 系统会将选择的文件中的文字导入到 AutoCAD 中。

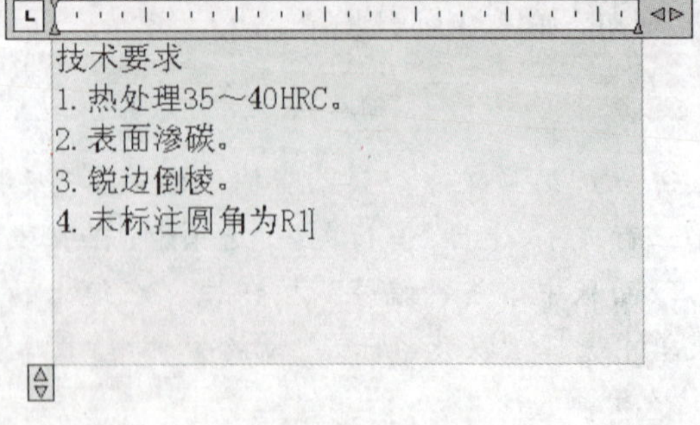

## 8.2.4 输入特殊字符

在创建文字标注时，除了可以输入常见的中文文字、数字和字母外，还可以输入一些特殊的字符。在机械绘图中经常需要输入一些特殊字符，如直径符号、角度符号和公差符号等，因此必须掌握这些特殊字符的输入方法。

在创建多行文字标注时，可以单击“多行文字”选项卡中“插入点”面板中的“符号”按钮@，在弹出的菜单中选择相应的选项就可以输入特殊字符。而在创建单行文字标注时，如果要输入特殊字符，只能通过特殊字符所对应的代码来输入，其中部分常用的特殊字符所对应的代码如下表所示。

| 名称 | 字符 | 代码 |
|---|---|---|
| 度 | ° | %%d |
| 直径 | ϕ | %%c |
| 角度 | ∠ | \U+2220 |
| 正/负公差符号 | ± | %%P |

## 8.2.5 插入字段

在 AutoCAD 中创建多行文字标注时，也可以像在 Word 中一样插入一些字段，如日期、超级链接等。

新手演练 Novice exercises　在空白文档中插入日期

Step 01 执行“多行文字”命令，打开文字编辑器，选择“多行文字”选项卡，在“插入点”面板中单击“插入字段”按钮。

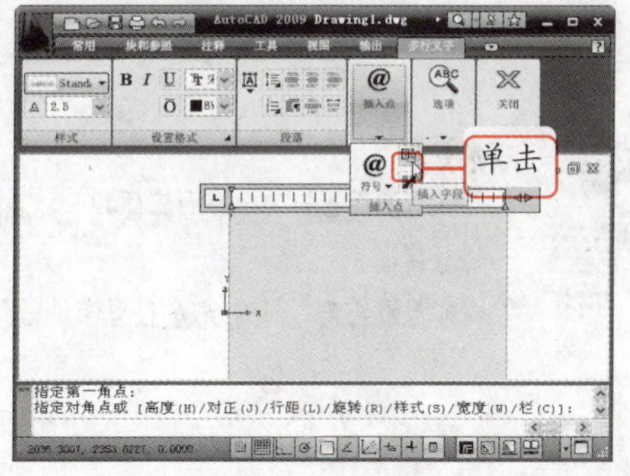


Step 02 打开“字段”对话框，在其中的“字符类别”下拉列表框中选择“日期和时间”选项，在“字段名称”列表框中选择“日期”选项，在“样例”列表框中选择如下图所示的日期，然后单击 确定 按钮。

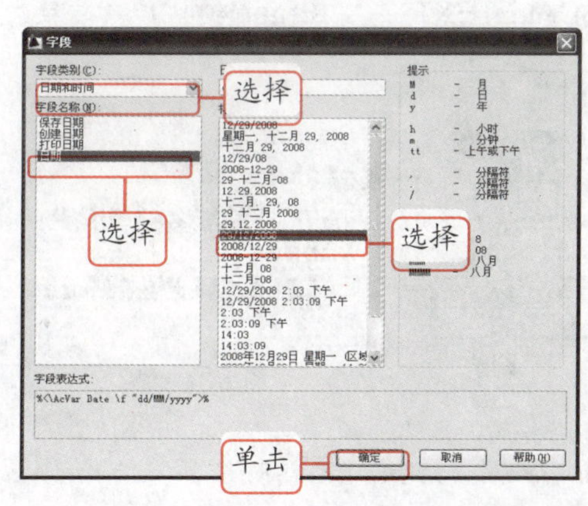


Step 03 返回绘图区，就可以看到插入的字符段。

# 8.3 编辑文字标注

在创建文字标注后，如果发现标注中的文字有错误，或者需要对文字标注进行修改，可以通过“编辑文字”命令对创建的文字标注进行修改，包括编辑文字标注中的内容和文字格式，调整文字比例和查找与替换文字等。

## 8.3.1 更改文字内容

输入“DDEDIT”或“ED”，按 Enter 键执行“编辑文字”命令，然后根据系统提示选择文字标注后，如果是单行文字标注，那么文字内容将变为可编辑状态，输入需要的文字，按 Enter 键或单击绘图区其他任意位置即可完成编辑。如果是多行文字标注，将再次打开文字编辑器和“多行文字”选项卡，按创建多行文字的方法修改文字内容及格式后，单击“关闭”面板中的“关闭文字编辑器”按钮✖即可完成编辑。

## 8.3.2 调整文字标注的比例

创建文字标注后，如果对文字标注的整体比例不满意，可以缩放文字比例，不必修改文字标注的高度值。

调整文字标注的整体比例（源文件\第 8 章\缩放文字标注.dwg）

**Step 01** 打开“文字标注”图形文件，输入“SCALETEXT”，按 Enter 键执行“缩放文字”命令。

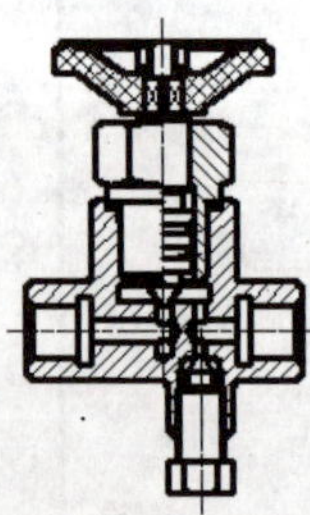


**Step 02** 系统提示“选择对象”，选择绘图区中的文字标注，按 Enter 键。

**Step 03** 系统提示“输入缩放的基点选项[现有(E)/左对齐(L)/居中(C)/中间(M)/右对齐(R)/左上(TL)/中上(TC)/右上(TR)/左中(ML)/正中(MC)/右中(MR)/左下(BL)/中下(BC)/右下(BR)]”，选择“左上”选项。

**Step 04** 系统提示“指定新模型高度或[图纸高度(P)/匹配对象(M)/比例因子(S)]”，选择“比例因子”选项。

**Step 05** 系统提示“指定缩放比例或[参照(R)]”，输入“2”，按 Enter 键，将文字标注放大两倍。

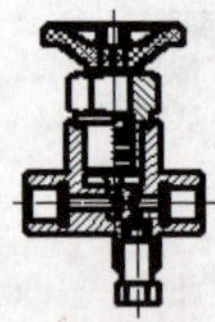


**温馨提示牌** Warm and prompt licensing

在指定缩放比例时，如果输入的数值是负数，则选择的文字标注将按指定的比例缩小。

### 8.3.3 查找与替换文字

在创建文字内容较多的文字标注后，发现其中的某个字输入错误，如果逐一进行查找并修改，会降低工作效率。这时可以通过 AutoCAD 的查找与替换功能来快速完成文本的查找与替换。

**新手演练 Novice exercises** 将文字标注中的文字“圆”替换为“圈”（源文件\第 8 章\查找与替换.dwg）

Step 01 打开“查找与替换”图形文件，执行“编辑文字”命令。根据系统提示选择绘图区中的文字标注，打开文字编辑器和“多行文字”选项卡。

Step 02 选择“多行文字”选项卡，在“选项”面板中单击“查找和替换”按钮。

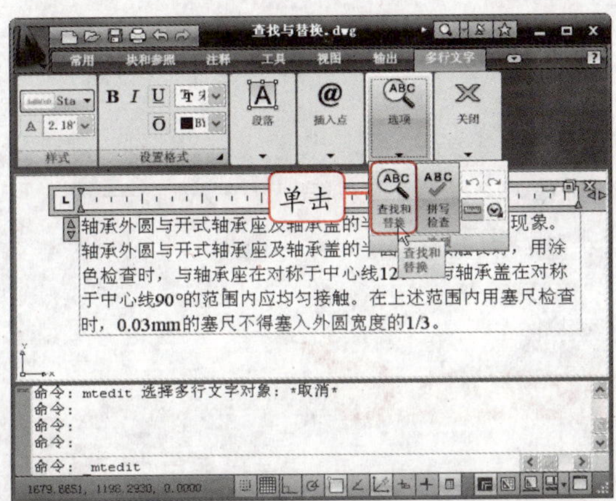


Step 03 在打开的“查找和替换”对话框中的“查找”文本框中输入“圆”，在“替换为”文本框中输入“圈”，单击 下一个(F) 按钮。

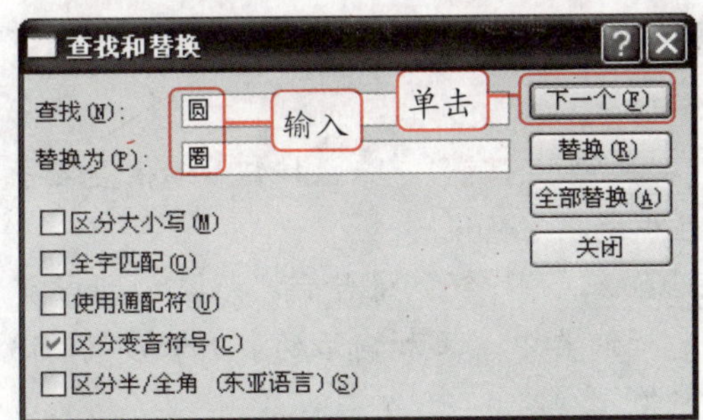


Step 04 在文字标注中将以蓝底黑字显示出查找到的文字。

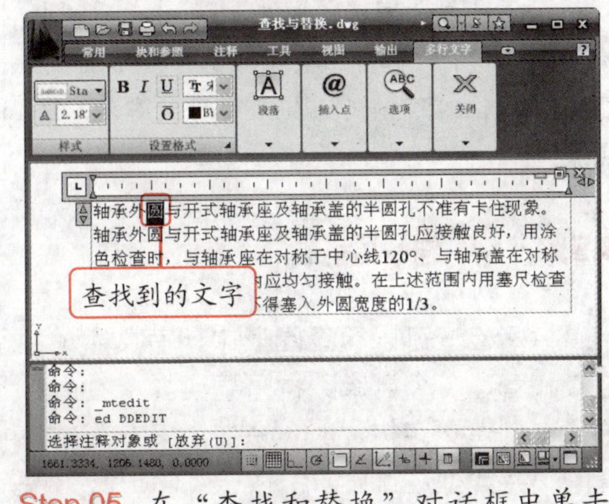


Step 05 在“查找和替换”对话框中单击 替换(R) 按钮，将查找到的“圆”替换为“圈”，且系统自动查找到下一个文字。

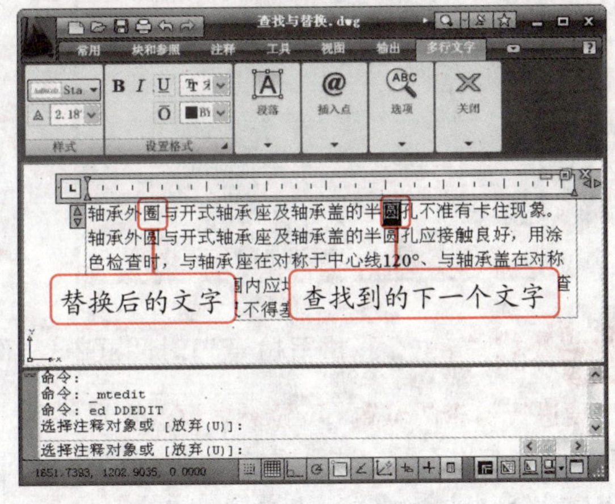


Step 06 在“查找和替换”对话框中单击 全部替换(A) 按钮，将文字标注中的所有“圆”替换为“圈”。

Step 07 打开提示对话框，在其中单击 确定 按钮，返回“查找和替换”对话框，单击 关闭 按钮。

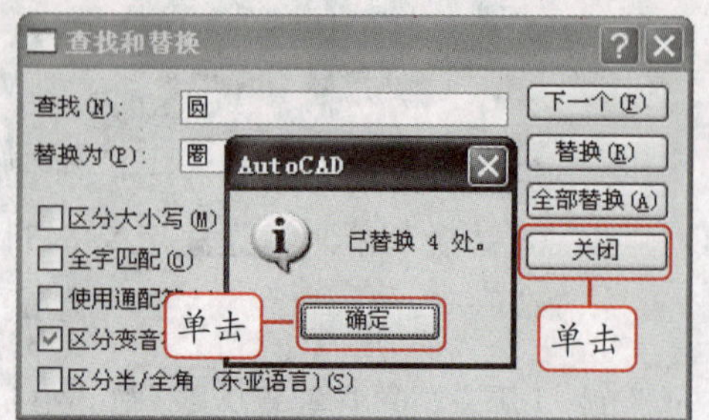


**Step 08** 返回绘图区，单击“关闭”面板中的“关闭文字编辑器”按钮，并按 Esc 键退出“编辑文字”命令，完成文字的查找和替换操作。

轴承外圈与开式轴承座及轴承盖的半圈孔不准有卡住现象。轴承外圈与开式轴承座及轴承盖的半圈孔应接触良好，用涂色检查时，与轴承座在对称于中心线120°、与轴承盖在对称于中心线90°的范围内应均匀接触。在上述范围内用塞尺检查时，0.03mm的塞尺不得塞入外圈宽度的1/3。

**职场经验谈 Workplace Experience**

除了通过执行“编辑文字”命令进入文字标注编辑状态外，还可以通过双击需要编辑的文字标注进入。

## 8.3.4 拼写检查

拼写检查可以检查图形中所有文字的拼写，也可以指定已使用的特定语言的词典并自定义和管理多个自定义拼写词典。

在创建文字标注时，系统就开启了拼写检查功能，如果需要，也可以对图形中需要检查的文字类型进行设置。输入“SPELL”，按 Enter 键执行“拼写检查”命令，打开“拼写检查”对话框，在其中可以对要检查的文字类型进行设置。

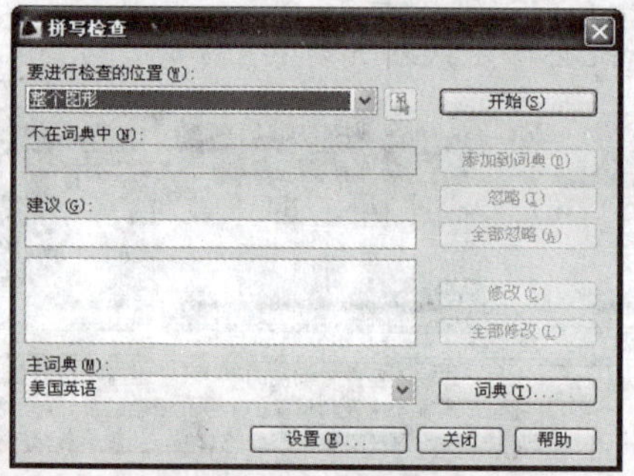


**温馨提示牌 Warm and prompt licensing**

对于多行文字标注，如果要关闭拼写检查功能，可以在“选项”面板中单击“拼写检查”按钮。

**知识点拨 Knowledge** “拼写检查”对话框中各部分的功能

“要进行检查的位置”下拉列表框：用于选择要检查拼写的区域，其中有整个图形、当前空间/布局和选定的对象 3 个选项。

“不在词典中”栏：用于显示标识为拼错的词语。

“建议”栏：显示当前词典中建议的替换词列表。可以从列表框中选择其他替换词语，或在顶部文本框中输入替换词语。

“主词典”下拉列表框：其中列出了各种语言的主词典。

开始(S) 按钮：单击该按钮开始检查文字标注中的拼写错误。

添加到词典(D) 按钮：将当前词语添加到当前自定义词典中，添加词语的最大长度为 63 个字符。

词典(T)... 按钮：单击该按钮可打开“词典”对话框，在其中可对词典进行管理。

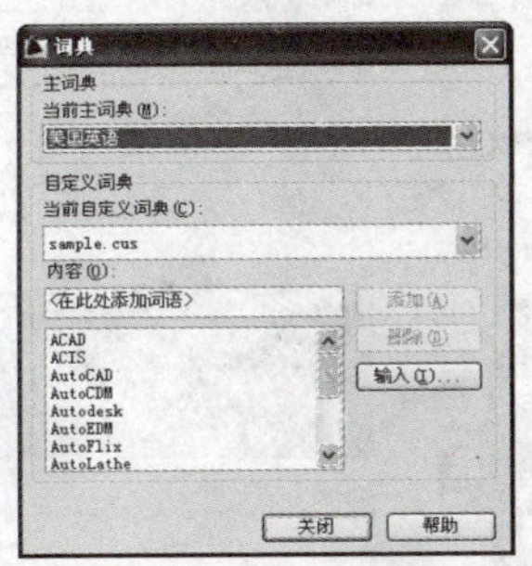


忽略(I)按钮和全部忽略(A)按钮：单击这两个按钮可以跳过当前词语或跳过所有与当前词语相同的词语。

修改(C)和全部修改(L)按钮：单击这两个按钮可以用“建议”栏中的词语替换当前词语或替换拼写检查区域中所有选定文字对象中的当前词语。

设置(E)...按钮：单击该按钮可打开“拼写检查设置”对话框，在其中可对拼写检查进行设置。

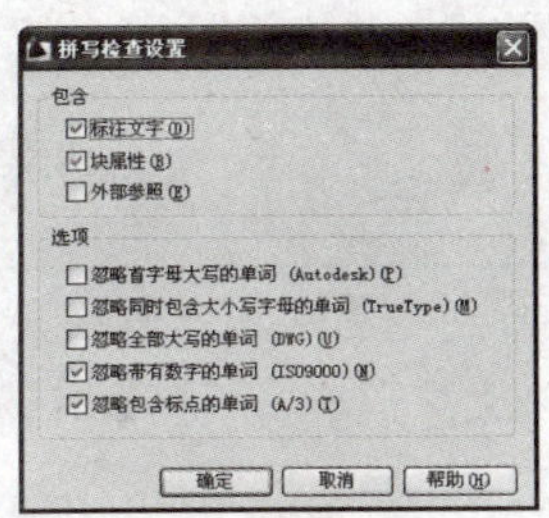


**温馨提示牌** Warm and prompt licensing

在“要进行检查的位置”下拉列表框中选择“选定的对象”选项后，单击其后的“选择文字对象”按钮，可以只对选择的文字标注进行拼写检查。

## 8.3.5 设置文字标注背景遮罩

在绘制机械图形时，有时为了突出显示文字标注，可以为文字标注添加背景遮罩。由于背景遮罩只能应用于多行文字标注，因此只有在创建与编辑多行文字标注时才能对背景遮罩进行设置。

**新手演练** Novice exercises　设置文字标注背景遮罩（源文件\第 8 章\背景遮罩.dwg）

Step 01　打开“文字标注”图形文件，输入“DDEDIT”或“ED”，按 Enter 键执行“编辑文字”命令。

Step 02　系统提示“选择注释对象或[放弃(U)]”，选择绘图区中的文字标注，打开文字编辑器和“多行文字”选项卡。

Step 03　选择“多行文字”选项卡，在“选项”面板中单击“选项”按钮，在弹出的菜单中选择“背景遮罩”命令。

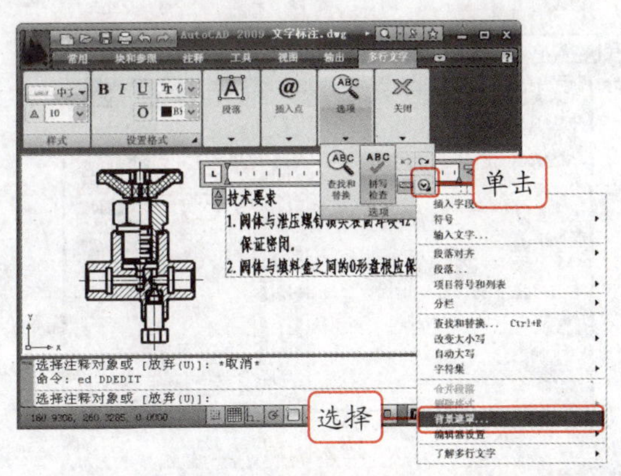


Step 04　在打开的“背景遮罩”对话框中勾选“使用背景遮罩”复选框，在“边界偏移因子”数值框中输入“1.0000”，在“填充颜色”栏的下拉列表框中选择“红色”选项，单击确定按钮。

**职场经验谈** Workplace Experience

在文字编辑器上右击，在弹出的快捷菜单中选择“背景遮罩”命令也可打开“背景遮罩”对话框。

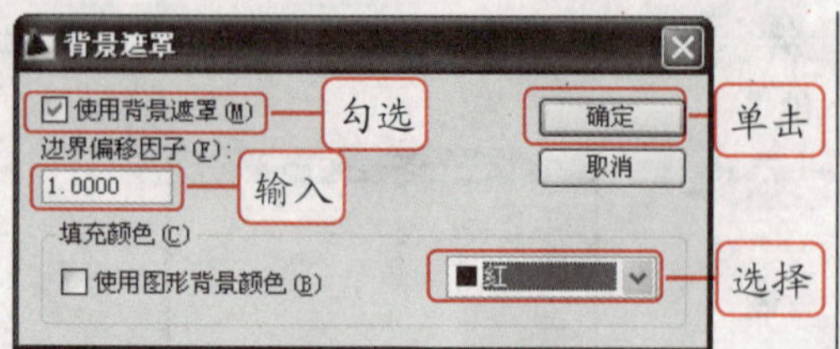


Step 05　返回到绘图区中，单击“关闭”面板中的“关闭文字编辑器”按钮，完成背景遮罩的设置。

Step 06　系统提示“选择注释对象或[放弃(U)]”，按Esc键退出“编辑文字”命令。

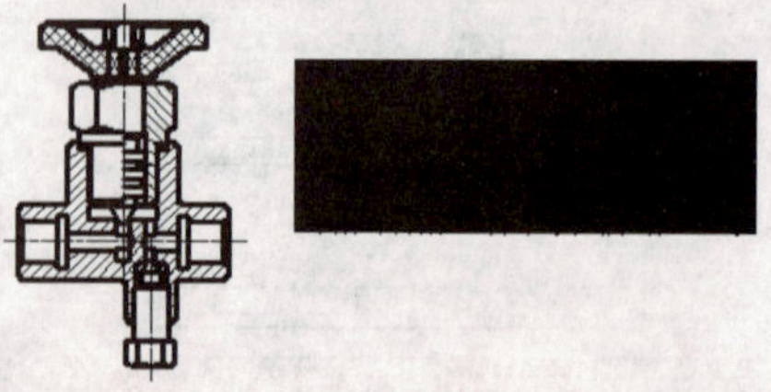

## 8.4　表格的应用

在绘制机械图形时，常常需要通过绘制表格来对材料、装配表和各种参数表等进行详细的说明。在AutoCAD 2009中，可以通过插入表格的方法，来快速、准确地完成表格的绘制。

### 8.4.1　创建表格样式

表格样式可以体现一个表格的外观，因此在绘制表格前，首先应该设置表格样式，在完成表格样式的设置后，可以根据表格样式绘制表格，并输入相应的内容。

新手演练 Novice exercises　创建一个新的表格样式

Step 01　输入“TABLESTYLE”或“TS”，按Enter键执行“表格样式”命令。

Step 02　在打开的“表格样式”对话框中单击新建(N)...按钮。

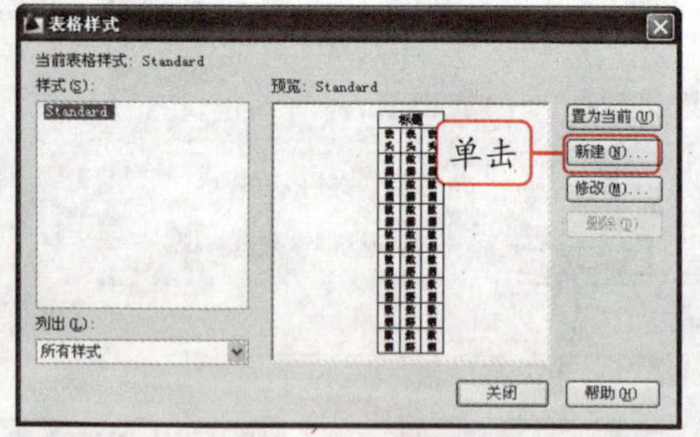


**温馨提示牌** Warm and prompt licensing

选择“注释”选项卡，在“表格”面板中单击“表格样式”按钮，也可以打开“表格样式”对话框。

Step 03　打开“创建新的表格样式”对话框，在“新样式名”文本框中输入“表格样式”，单击继续按钮。

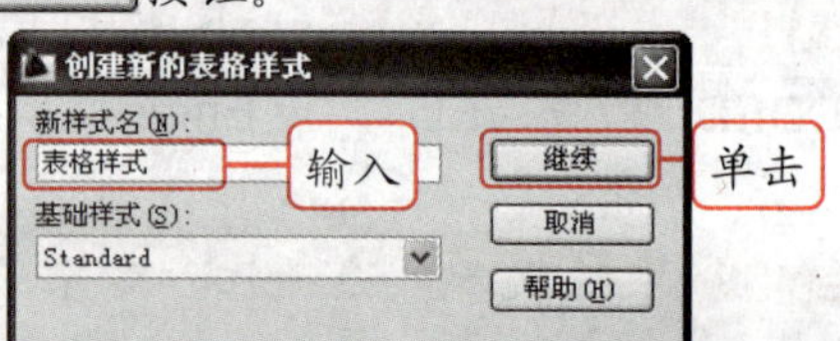


Step 04　打开“新建表格样式：表格样式”对话框，在“单元样式”下拉列表框中选择“标题”选项，选择其下的“文字”选项卡，在“文字高度”文本框中输入“8”。

**职场经验谈** Workplace Experience

单击文字样式下拉列表框后的按钮，打开“文字样式”对话框，在其中可以选择设置好的文字样式。

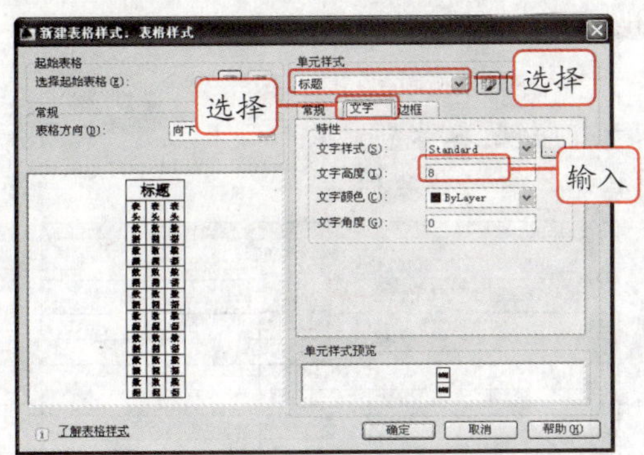


**Step 05** 在“单元样式”下拉列表框中选择“表头”选项，在“文字高度”文本框中输入“5”。

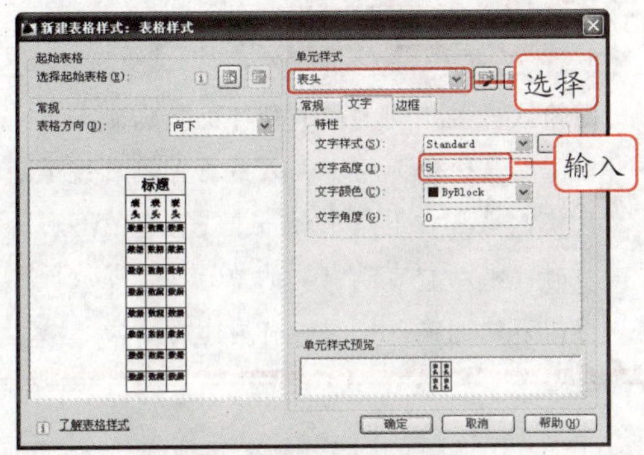


**Step 06** 在“单元样式”下拉列表框中选择“数据”选项，在“文字高度”文本框中输入“3”。

**Step 07** 选择“常规”选项卡，在“对齐”下拉列表框中选择“左中”选项，然后在“页边距”栏的“水平”和“垂直”文本框中分别输入“1”和“0.5”，单击 确定 按钮。

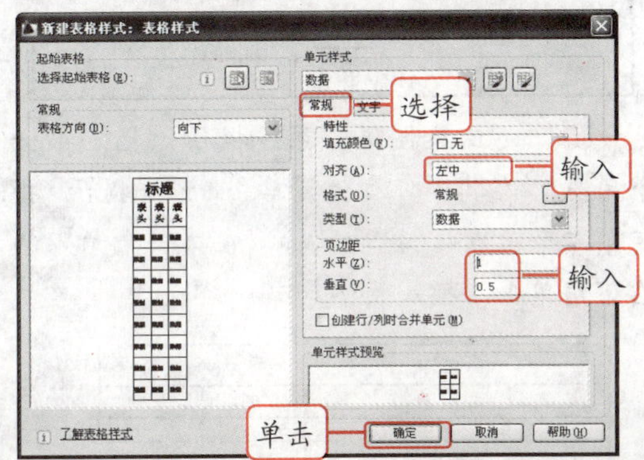


**Step 08** 返回“表格样式”对话框，单击 置为当前(U) 按钮将新建的表格样式置为当前，然后单击 关闭 按钮关闭对话框，完成表格样式的创建。

## 8.4.2 插入表格

创建好表格样式后，可以根据创建的表格样式插入所需的表格，并输入相应的表格内容。输入“TABLE”或“TB”，按 Enter 键执行“表格”命令，打开“插入表格”对话框，在其中设置相应的参数后单击 确定 按钮，返回绘图区，在其中指定插入点即可插入表格。

**新手演练 Novice exercises** 在“表格”图形文件中插入表格（源文件\第 8 章\表格.dwg）

**Step 01** 打开“表格”图形文件，输入“TABLE”或“TB”，按 Enter 键执行“表格”命令。

**Step 02** 打开“插入表格”对话框，在“表格样式”下拉列表框中选择“表格样式”选项，在“插入方式”栏中点选“指定窗口”单选按钮，在“列和行设置”栏的“列数”数值框中输入“5”，点选“数据行数”单选按钮，在其下的数值框中输入“10”，单击 确定 按钮。

**温馨提示牌 Warm and prompt licensing**

选择“注释”选项卡，在“表格”面板中单击“表格”按钮▦，也可以打开“插入表格”对话框。

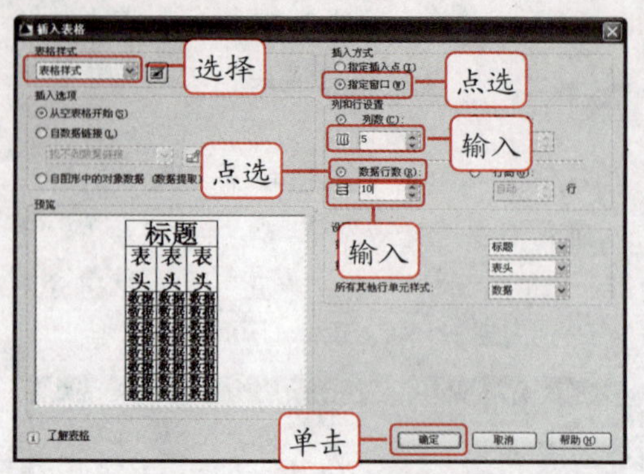


**Step 03** 返回绘图区，系统提示“指定第一个角点”，在其中任意位置单击，系统提示“指定第二个角点”，拖动鼠标，在第一个角点的右下角单击，插入表格。

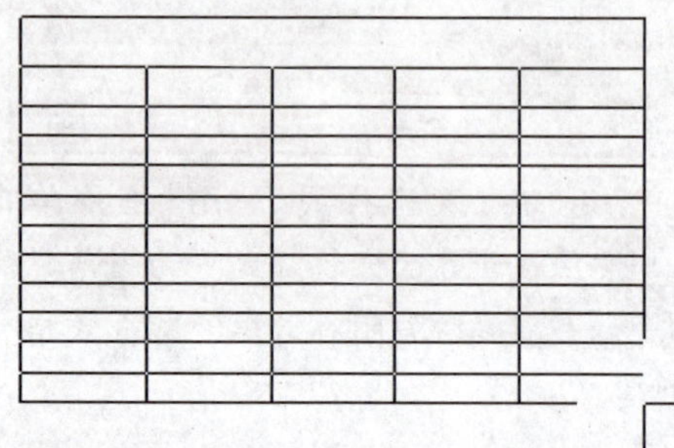

**Step 04** 插入表格的标题栏将自动处于可编辑状态，直接输入“减速器装配表”。

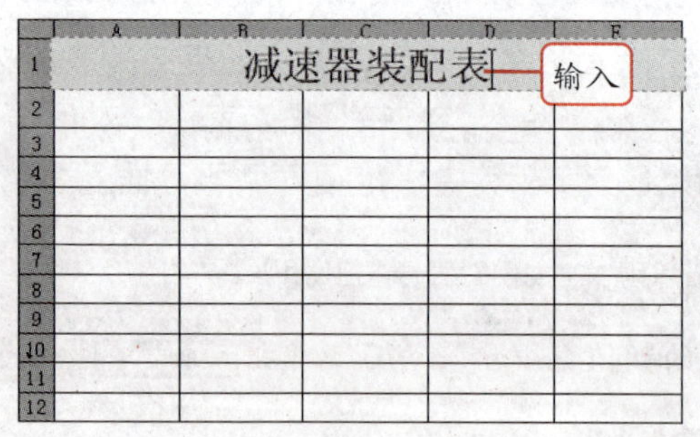


**Step 05** 在键盘上按↓方向键，表头部分的第一个单元格呈可编辑状态，输入“序号”。按→方向键，表头部分的第二个单元格呈可编辑状态，输入“名称”。

| | A | B | C | D | E |
|---|---|---|---|---|---|
| 1 | 减速器装配表 | | | | |
| 2 | 序号 | 名称 | | | |
| 3 | | | | | |
| 4 | | | | | |
| 5 | | | | | |
| 6 | | | | | |
| 7 | | | | | |
| 8 | | | | | |
| 9 | | | | | |
| 10 | | | | | |
| 11 | | | | | |
| 12 | | | | | |

输入

在输入一些相同的或有规律的数据时，可以先在一个单元格中输入数据。单击该单元格，当其右下角出现一个浅蓝色的菱形块时，拖动它直到需要的单元格，释放鼠标即可快速输入相同或有规律的数据。

**Step 06** 用相同的方法输入其他单元格中的内容，完成后在表格外的位置单击，完成表格的创建。

| 减速器装配表 | | | | |
|---|---|---|---|---|
| 序号 | 名称 | 数量 | 材料 | 备注 |
| 1 | 减速器箱体 | 1 | HT200 | |
| 2 | 调整垫片 | 2组 | 08F | FB 1095-79 |
| 3 | 端盖 | 1 | HT200 | |
| 4 | 键8*50 | 1 | Q275 | |
| 5 | 轴 | 1 | 45 | |
| 6 | 轴承 | 2 | | 30211 |
| 7 | 键16*70 | 1 | Q275 | FB 1095-79 |
| 8 | 大齿轮 | 1 | 40 | 30208 |
| 9 | 定距环 | 1 | Q235A | |
| 10 | 端盖 | 1 | HT150 | |

## 8.4.3 编辑表格

插入表格并输入相应的表格内容后，如果插入的表格或输入的表格内容不符合要求，可以对表格与单元格进行编辑，使其符合图纸的要求。

插入表格后，单击表格中的任意单元格或选择部分单元格，打开“表格”选项卡，通过该选项卡中的相应按钮便可完成表格的编辑。

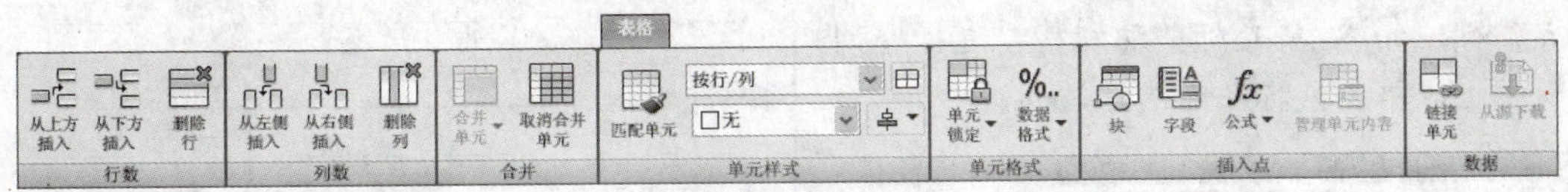


**知识点拨 Knowledge** “表格”选项卡中各面板的功能

**“行数”面板：** 用于插入和删除行。

**“列数”面板：** 用于插入和删除列。

**“合并”面板：** 用于合并与取消合并单元格。

**“单元样式”面板：** 用于指定单元格的样式以及设置单元格中文字的对齐方式。

**“单元格式”面板：** 用于锁定单元格或设置单元格中数据的类型。

**“插入点”面板：** 用于在单元格中插入块、字段和公式等。

**“数据”面板：** 用于将表格中的数据与 Excel 中的数据进行链接。

## 1. 选择单元格

如果要对表格中的内容进行修改，就要选择单元格，选择单元格时可以选择单个的单元格，也可以选择多个、整行、整列以及全部的单元格。

**知识点拨 Knowledge** 选择单元格的方法

**选择单个单元格：** 将光标移动到需要选择的单元格上单击，可以选择该单元格。被选择的单元格被一个黄色的方框包围住，并且用黄色底纹突出显示当前选择单元格的行号和列标。

选择的单元格

**温馨提示牌 Warm and prompt licensing**

表格的行号和列号，只有在选择了某个或某些单元格后才会显示出来。

**选择连续的单元格：** 选择第一个单元格，按住鼠标左键不放，拖动光标到目标单元格后释放鼠标即可选择连续的单元格。另外，选择单元格范围中左上角的单元格，按住 Shift 键不放，选择单元格范围中右下角的单元格也可以选择连续的单元格。

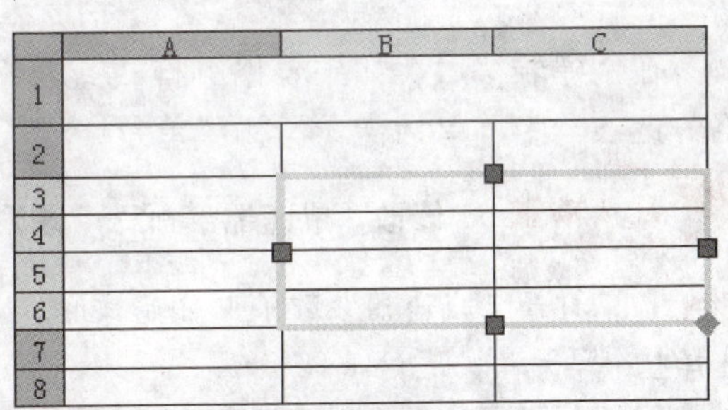

**选择整行单元格：** 将光标移动到需要选择整行的行号上，单击鼠标即可选择该行。

单击

**选择整列单元格：**将光标移动到需要选择整列的列标上，单击鼠标即可选择该列。

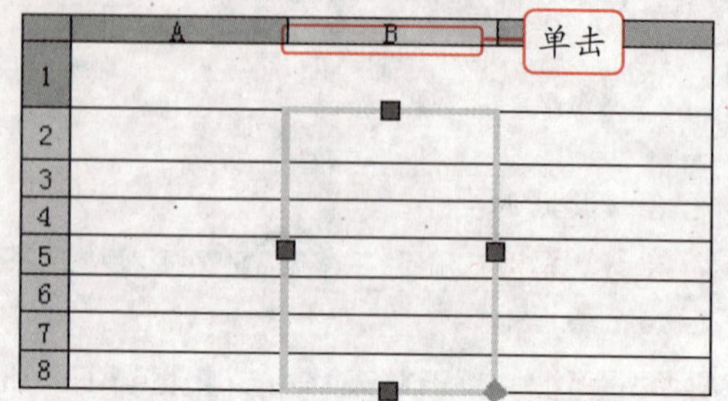


**选择全部单元格：**单击表格左上角的▇位置也可以选择全部单元格。

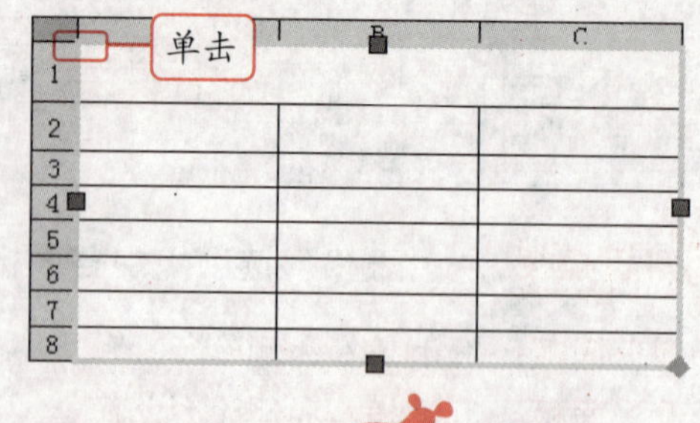


**温馨提示牌** Warm and prompt licensing

在选择整行、整列或全部单元格时，通过选择连续单元格中的拖动鼠标的方法也可以选择它们。

## 2. 调整单元格行高和列宽

在 AutoCAD 中插入表格后，每个单元格的行高和列宽都是固定不变的，但在实际输入和编辑数据的过程中，每个数据的长度不一样，为了满足实际数据长度的要求，可以调整单元格的行高和列宽，使表格中的数据完全显示。

在选择单元格后，单元格不仅被一个黄色的方框包围住，而且还出现了 4 个蓝色的夹点和一个浅蓝色的自动填充夹点，拖动蓝色的夹点可以调整单元格的行高和列宽。

## 3. 设置单元格样式和格式

在创建表格后，如果表格的样式或表格中数据的类型不满足要求，这时可以通过“表格”选项卡中“单元样式”和“单元格式”面板对其进行修改。

**新手演练** Novice exercises　**修改“减速器装配表”图形文件中的表格**（源文件\第 8 章\减速器装配表.dwg）

**Step 01** 打开“减速器装配表”图形文件，选择整个单元格。

| 减速器装配表 | | | | |
|---|---|---|---|---|
| 序号 | 名称 | 数量 | 材料 | 备注 |
| 1 | 减速器箱体 | 1 | HT200 | |
| 2 | 调整垫片 | 2组 | 08F | FB 1095-79 |
| 3 | 端盖 | 1 | HT200 | |
| 4 | 键8*50 | 1 | Q275 | |
| 5 | 轴 | 1 | 45 | |
| 6 | 轴承 | 2 | | 30211 |
| 7 | 键16*70 | 1 | Q275 | FB 1095-79 |
| 8 | 大齿轮 | 1 | 40 | 30208 |
| 9 | 定距环 | 1 | Q235A | |
| 10 | 端盖 | 1 | HT150 | |

**Step 02** 选择“表格”选项卡，在“单元样式”面板中单击“单元边框”按钮田。

**Step 03** 打开“单元边框特性”对话框，在“线宽”下拉列表框中选择“0.30 mm”选项，然后单击“外边框”按钮回。

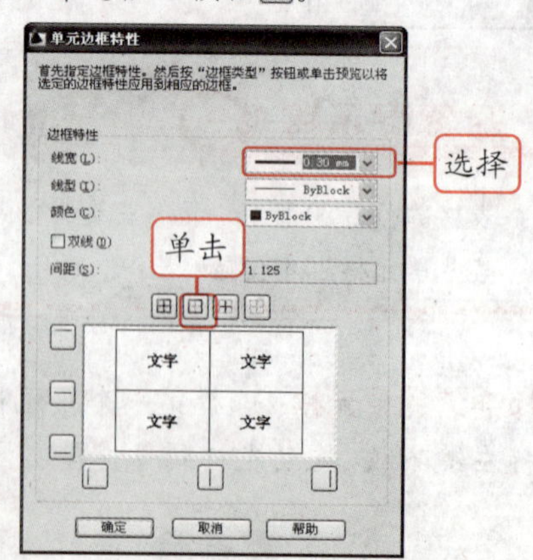

**Step 04** 在“线宽”下拉列表框中选择“0.09mm”选项，然后单击“内边框”按钮⊞，设置表格的内边框，单击 确定 按钮。

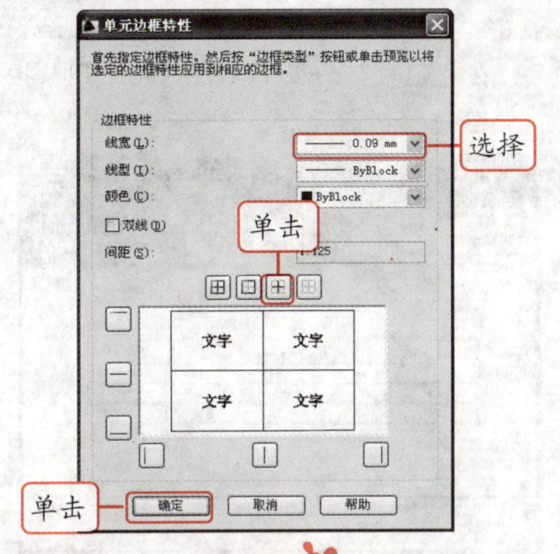


**温馨提示牌** Warm and prompt licensing

单击“单元边框”按钮⊞或已去除表格边框，当再次单击该按钮时可以为表格添加上边框。

**Step 05** 选择 A3 ~ A12 单元格，在“单元样式”面板中单击“对齐方式”按钮右侧的▾按钮，在弹出的菜单中选择“正中”选项。

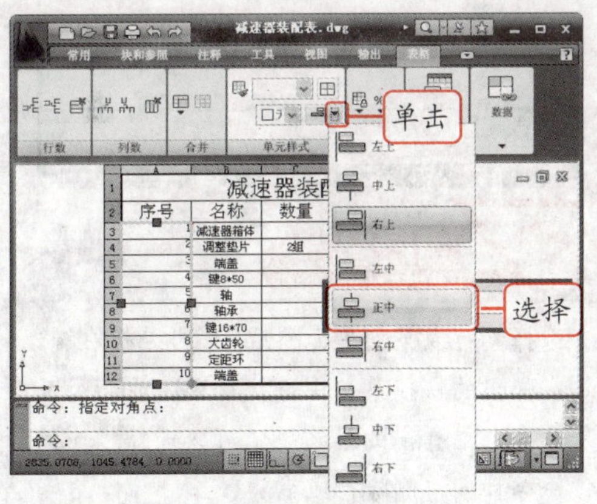


**Step 06** 选择的单元格中的文字内容居中显示。选择 C3 ~ E12 单元格，将其中的文字内容的对齐方式设置为正中对齐，取消单元格的选择状态。

减速器装配表

| 序号 | 名称 | 数量 | 材料 | 备注 |
|---|---|---|---|---|
| 1 | 减速器箱体 | 1 | HT200 | |
| 2 | 调整垫片 | 2组 | 08F | FB 1095-79 |
| 3 | 端盖 | 1 | HT200 | |
| 4 | 键8*50 | 1 | Q275 | |
| 5 | 轴 | 1 | 45 | |
| 6 | 轴承 | 2 | | 30211 |
| 7 | 键16*70 | 1 | Q275 | FB 1095-79 |
| 8 | 大齿轮 | 1 | 40 | 30208 |
| 9 | 定距环 | 1 | Q235A | |
| 10 | 端盖 | 1 | HT150 | |

**Step 07** 选择全部的单元格，选择“表格”选项卡，在“单元格式”面板中单击“单元锁定”按钮，在弹出的菜单中选择“内容和格式已锁定”命令锁定表格。

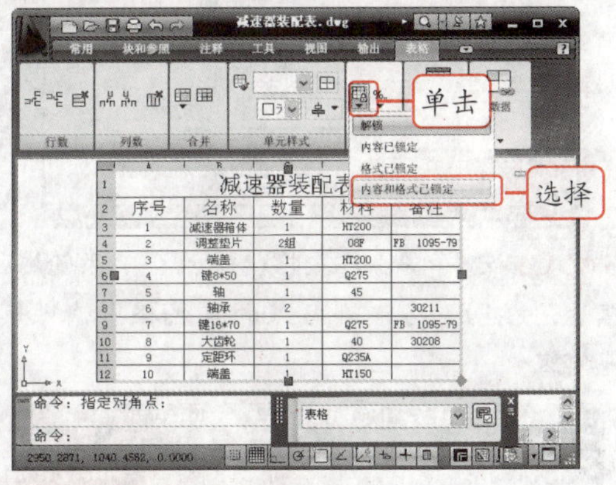


**职场经验谈** Workplace Experience

如果勾选“单元边框特性”对话框中的“双线”复选框，边框线将以双线的形式显示，而通过该复选框下方的间距文本框可以指定双线之间的间距。

### 4. 插入与删除单元格

在编辑表格的过程中，有时要在表格中添加和删除一些文字内容，在添加内容之前，首先要在所需要添加内容的地方插入单元格，然后在单元格中输入内容。如果需要删除表格中不需要的行或列中的内容，可以直接将该行或该列所在的单元格删除。

新手演练 Novice exercises　在齿轮参数表中插入和删除单元格（源文件\第 8 章\齿轮参数表.dwg）

Step 01　打开“齿轮参数表”图形文件，在表格的任意单元格上单击，显示出行号和列标，然后选择第三行单元格。

| | A | B | C | D | E | F |
|---|---|---|---|---|---|---|
| 1 | 齿轮参数表 (mm) | | | | | |
| 2 | | 模数 | 齿数 | 轴孔直径 | 键槽宽 | |
| 3 | 大齿轮 | 5 | 30 | 25 | 5 | |

Step 02　选择“表格”选项卡，在“行数”面板中单击“从上方插入”按钮，插入一行空白的单元格。

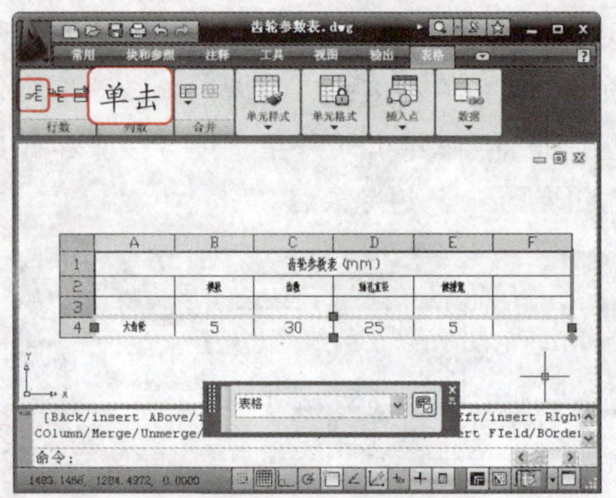


Step 03　选择 A3 单元格，输入“小齿轮”，然后用相同的方法在插入的单元格中输入其他内容。

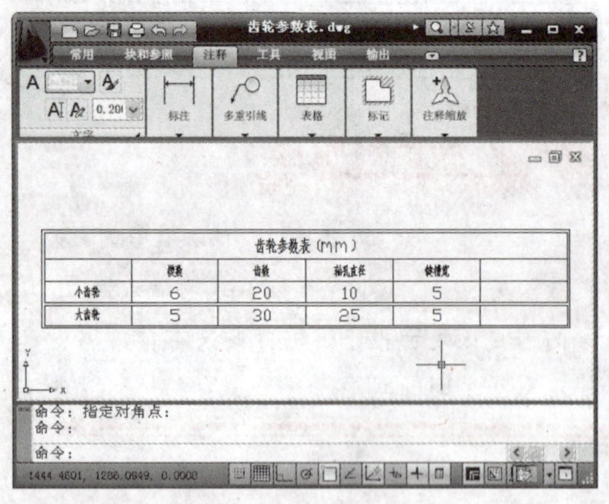


Step 04　选择 F 列单元格，选择“表格”选项卡，在“列数”面板中单击“删除列”按钮，删除选择的单元格。

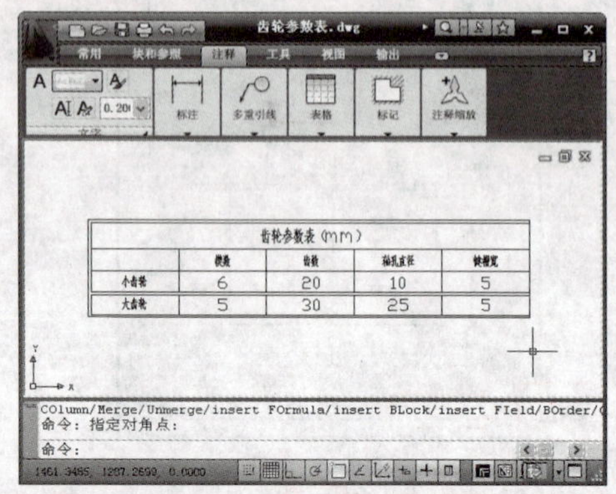

Step 05　选择全部单元格，将表格的外边框设置为双线，双线间距保持默认值，并将内边框设置为单线。

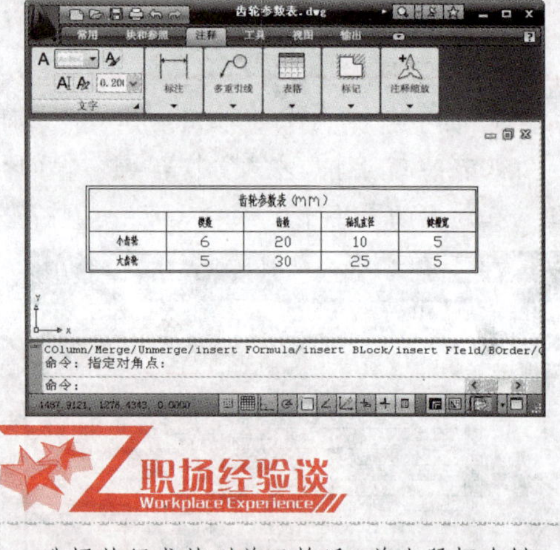

职场经验谈 Workplace Experience

选择某行或某列单元格后，单击鼠标右键，在弹出的快捷菜单中选择“列”或“行”命令，在弹出的子菜单中可以选择相应的命令插入与删除行或列。

## 5. 合并单元格

在制作表格的过程中，为了满足不同的需求，有时要将多个连续的单元格通过合并单元格功能将其合并为一个单元格。对于合并后的单元格，还可以通过拆分单元格功能将其进行拆分。

**新手演练 Novice exercises** 在齿轮参数表中合并单元格

**Step 01** 打开“齿轮参数表”图形文件，选择 E2～F2 单元格。选择“表格”选项卡，在“合并”面板中单击“合并单元格”按钮，在弹出的菜单中选择“按行合并”命令，合并 E2～F2 单元格。

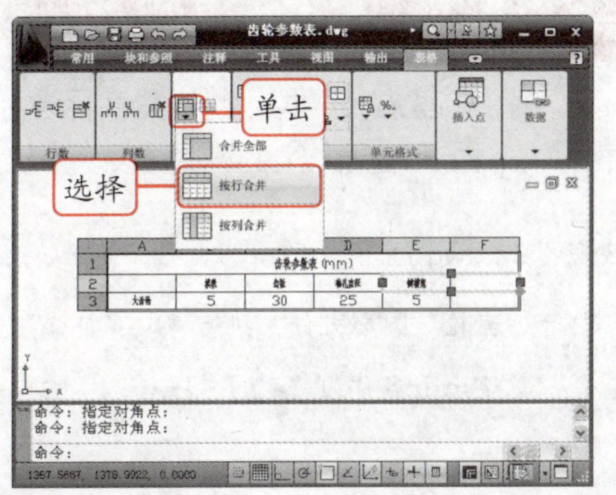


**Step 02** 用相同的方法将 E3～F3 单元格进行合并。

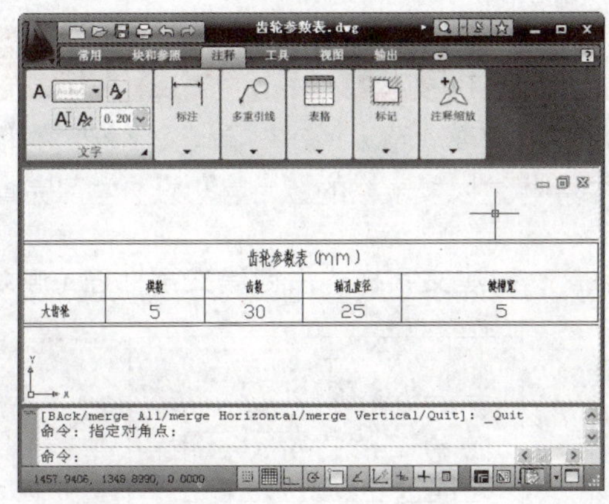

## 6. 插入公式

与在 Excel 中一样，AutoCAD 中的表格也可以插入公式，对其中的数据进行计算。在 AutoCAD 中可以插入的公式主要包括求和、求平均值、计数、单元和方程式。

**新手演练 Novice exercises** 在表格中插入公式（源文件\第 8 章\插入公式.dwg）

**Step 01** 打开“插入公式”图形文件，选择 C12 单元格，在“插入点”面板中单击“公式”按钮 $f_x$，在弹出的菜单中选择“求和”命令。

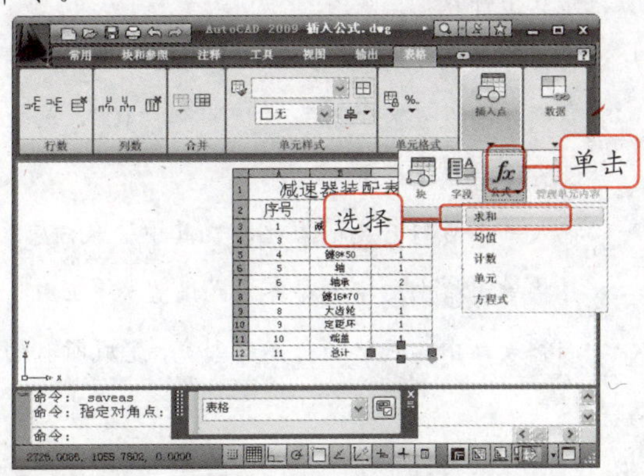


**Step 02** 系统提示“选择表格单元范围的第一个角点”，在 C3 单元格上单击，系统提示“选择表格单元范围的第二个角点”，移动鼠标，在 C11 单元格上单击，选择出要进行求和计算的单元格。

| | A | B | C |
|---|---|---|---|
| 1 | 减速器装配表 | | |
| 2 | 序号 | 名称 | 数量 |
| 3 | 1 | 减速器箱体 | 1 |
| 4 | 3 | 端盖 | 1 |
| 5 | 4 | 键8*50 | 1 |
| 6 | 5 | 轴 | 1 |
| 7 | 6 | 轴承 | 2 |
| 8 | 7 | 键16*70 | 1 |
| 9 | 8 | 大齿轮 | 1 |
| 10 | 9 | 定距环 | 1 |
| 11 | 10 | 端盖 | 1 |
| 12 | 11 | 总计 | =Sum(C3:C11) |

**Step 03** 按 Enter 键计算出结果，完成插入公式的操作。

| 减速器装配表 | | |
|---|---|---|
| 序号 | 名称 | 数量 |
| 1 | 减速器箱体 | 1 |
| 3 | 端盖 | 1 |
| 4 | 键8*50 | 1 |
| 5 | 轴 | 1 |
| 6 | 轴承 | 2 |
| 7 | 键16*70 | 1 |
| 8 | 大齿轮 | 1 |
| 9 | 定距环 | 1 |
| 10 | 端盖 | 1 |
| 11 | 总计 | 10 |

**职场经验谈** Workplace Experience

如果要在表格中的多个单元格中插入公式，可以在一个单元格中插入公式，然后通过复制的方法将其复制到其他单元格中，则该单元格将自动应用复制的公式。

## 8.5 职场特训

本章主要介绍了创建与编辑文字标注的相关知识，包括管理文字样式、创建文字标注和编辑文字标注以及表格的应用等知识。学习完章节内容后，下面通过两个实例巩固本章知识。

### 特训 1：新建文字样式后创建文字标注（源文件\第 8 章\齿轮.dwg）

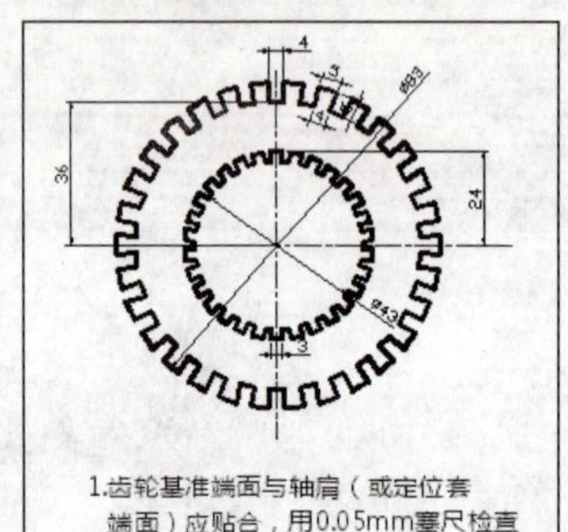


1. 打开“齿轮”图形文件，执行“文字样式”命令，新建一个名称为“我的文字样式”的文字样式。
2. 设置新建文字样式的字体为“微软雅黑”，文字高度为“5”，然后将其置为当前。
3. 执行“多行文字”命令，在图形的下方输入多行文字的内容。
4. 将输入的文字内容进行编号。

### 特训 2：创建表格样式并插入表格（源文件\第 8 章\阀体装配表.dwg）

| 阀体装配表 | | | | | |
|---|---|---|---|---|---|
| 序号 | 图号 | 名称 | 数量 | 材料 | 备注 |
| 1 | JZ2315-01 | 阀体 | 1 | 45 | |
| 2 | JZ2315-02 | 泄压螺钉 | 1 | 2Cr13 | |
| 3 | JZ2315-03 | 阀杆 | 1 | 2Cr13 | |
| 4 | JZ2315-04 | 填料盒 | 1 | 45 | |
| 5 | JZ2315-05 | O型盘根 | 2 | 丁氰橡胶 | |
| 6 | JZ2315-06 | 密封垫片 | 1 | 紫铜 | |
| 7 | JZ2315-07 | 手轮 | | 胶木 | |
| 8 | | 垫圈 | 1 | Q235-A | GB/T97.1-1985 |
| 9 | | 螺母 | 1 | Q235-A | GB/T6170-200D |

1. 新建图形文件，新建一个名为“阀体装配表”的表格样式。
2. 将其标题文字高度、表头文字高度和数据文字高度分别设置为“20”、“15”和“10”，其他设置保持默认设置。
3. 插入一个 9 行 6 列的表格，在其中输入内容，并将单元格中文字的对齐方式设置为“正中”。
4. 调整表格中单元格的行高和列宽，完成所有的操作。

# 第9章

# 尺寸标注

创建标注样式

用“角度”标注命令标注图形

基线标注轴套

对图形中的标注进行打断

## 本章导读

为了使生产人员能够更清晰地了解图形的设计意图，从而生产出精确并符合设计师要求的零件，设计师在绘制机械图形时需要对零件进行尺寸标注。利用 AutoCAD 中的各种尺寸标注命令，可以快速对图形的尺寸和规格等进行标注。

# 9.1 机械制图标注规范

通过 CAD 绘制的机械零件图一般都是用于机械中，对于机械图形的尺寸要求非常高，因此对图形进行尺寸标注是有一定规范的，需要使用统一的国家相关标准规定对机械图纸进行标注。

## 9.1.1 尺寸标注规则

在使用 AutoCAD 提供的尺寸标注功能进行尺寸标注前，必须了解在机械设计方面对尺寸标注的相关规定。

知识点拨 Knowledge　对机械图形进行尺寸标注的有关规定

**标注单位：** 图形中的尺寸以 mm 为单位时，不需要标明单位，否则必须标明所采用的单位代号或名称，如 cm（厘米）等。

**图形真实大小：** 图形的真实大小应该以图样上所标注的尺寸数值为依据，与所绘制图形的大小及画图的准确性无关。

**标注中的数字：** 标注中的数字一般位于尺寸线上方或中间位置。在同一套图纸中，标注中的数字的高度必须相同。

**标注中的文字：** 标注文字中的字体必须符合国家的标准规定，即汉字使用仿宋体，数字使用阿拉伯数字或罗马数字，字母使用希腊字母或拉丁字母。各种字体的具体大小可以从 7 种规格，即 20 mm、14 mm、10 mm、7 mm、5 mm、3.5 mm 和 2.5 mm 中进行选择。

**其他规定：** 标注的尺寸应准确、不能重复标注尺寸，也不能漏标，并且应标注在最能反映产品特征的位置上。另外，图形中的标注尺寸应为图形的最后成品标注尺寸，否则需另加说明。

## 9.1.2 尺寸标注的组成

在机械设计中，一个完整的尺寸标注由尺线、延伸线、箭头和标注文字四部分组成，其中的任意一个部分都缺一不可。

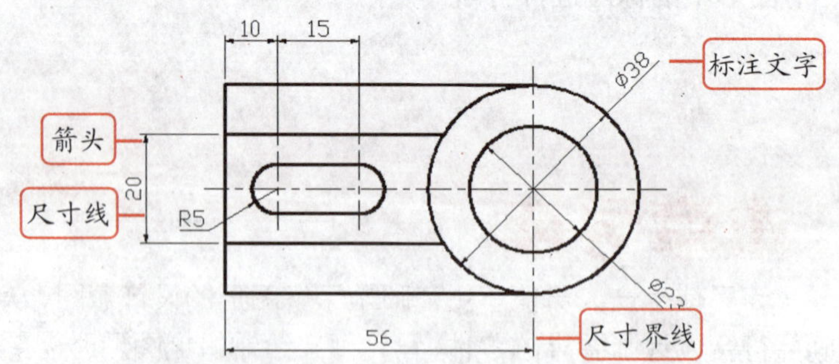

知识点拨 Knowledge　尺寸标注各组成部分的作用

**尺寸线：** 通常与所标注的对象平行，放在两条尺寸界线之间，用于标示被标注对象的方向和范围。

延伸线：也被称为投影线或证示线，是尺寸标注的边界，它从所标注图形的两端延伸到尺寸线并与尺寸线垂直。

箭头：位于尺寸线的两端，用于标示尺寸线的起始位置。

标注文字：位于尺寸线的上方或中间，用以标示选择图形的具体大小。在进行尺寸标注时，AutoCAD 会自动生成标注对象的尺寸数值，另外，也可以对标注的尺寸数值进行修改。

## 9.1.3 创建机械标注样式

与文字标注相同，在对图形进行尺寸标注前，首先应该创建标注样式。创建标注样式是在“标注样式管理器”对话框中进行的，选择“注释”选项卡，在“标注”面板中单击“标注样式”按钮，或在菜单浏览器中选择“标注”|“标注样式”命令，或输入“DIMSTYLE”后按 Enter 键执行“标注样式”命令都可以打开“标注样式管理器”对话框。

新手演练 Novice exercises　创建标注样式

Step 01　输入“DIMSTYLE”，按 Enter 键执行“标注样式”命令。

Step 02　打开“标注样式管理器”对话框，单击 新建(N)... 按钮。

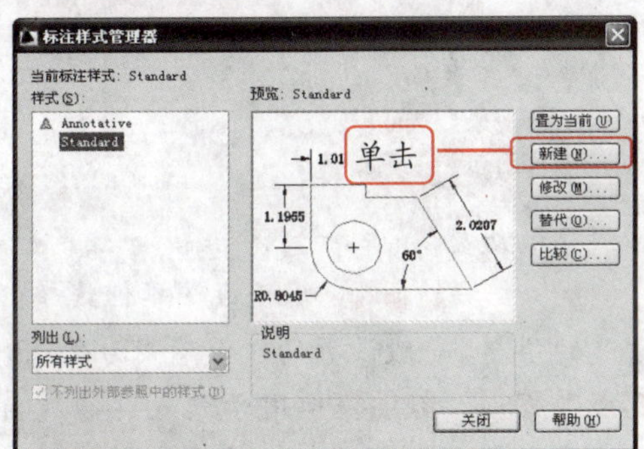

单击 比较(C)... 按钮，在打开的“比较标注样式”对话框中可以比较已经存在的两个标注样式或列出其中一个标注样式的所有特性。

Step 03　打开“创建新标注样式”对话框，在“新样式名”文本框中输入“机械”，单击 继续 按钮。

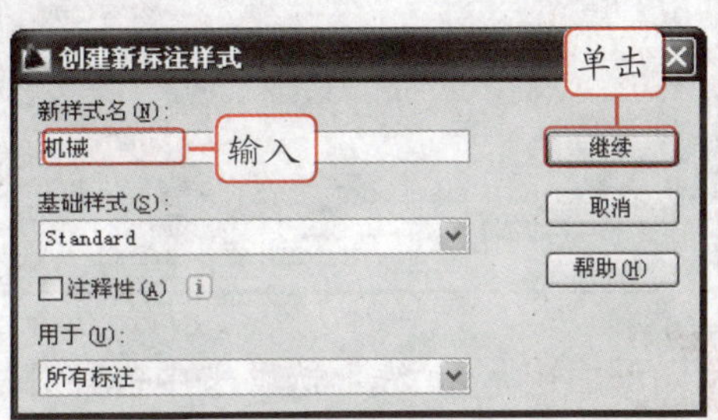


Step 04　打开“新建标注样式：机械”对话框，单击 确定 按钮即可新建标注样式。

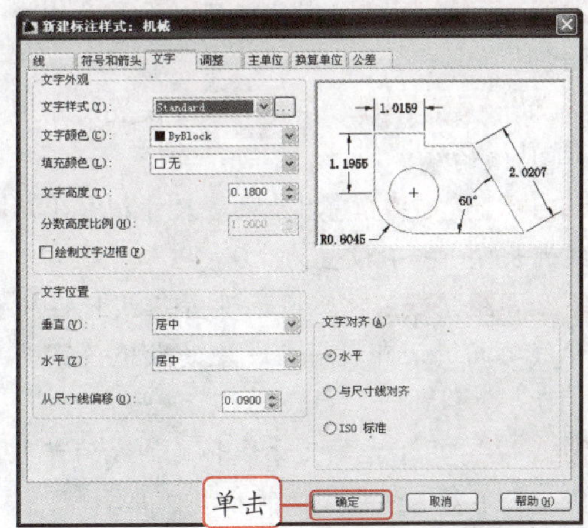

## 9.1.4 设置机械标注样式

通过前面介绍的方法创建的标注样式，并不符合机械图形尺寸标注的相关规定，因此，需要对标注样式的各种参数进行设置。

### 1. 设置尺寸线和延伸线

尺寸线与尺寸界线是尺寸标注中不可或缺的组成部分，主要是在“新建标注样式：机械”对话框的“线”选项卡中对其进行设置。

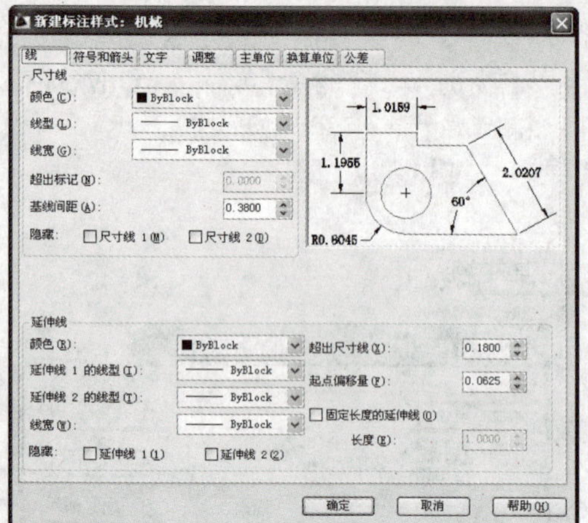


**温馨提示牌** Warm and prompt licensing

在“新建标注样式：机械”对话框的右上角有一个标注预览框，在设置标注样式时，可以实时看到设置后的效果。

**知识点拨** Knowledge “线”选项卡中各部分的作用

**“颜色”下拉列表框：**用于设置尺寸线和延伸线的颜色。

**“线型”下拉列表框：**在其中可以设置尺寸线的线型。

**“线宽”下拉列表框：**在其中可以设置尺寸线和延伸线的线宽。

**“超出标记”数值框：**用于设置尺寸线超出延伸线的长度，一般设置为“0”。

**“基线间距”数值框：**用于设置基线标注中尺寸线之间的间距，一般设置的数值范围为 7~10。

**“隐藏”栏：**用于控制尺寸线和延伸线的可见性，一般不勾选该栏中的两个复选框。

**“延伸线 1 的线型”下拉列表框：**用于设置延伸线 1 的线型。

**“延伸线 2 的线型”下拉列表框：**用于设置延伸线 2 的线型。

**“超出尺寸线”数值框：**用于设置延伸线超出尺寸线的距离，一般设置的数值范围为 2~3。

**“起点偏移量”数值框：**用于设置延伸线与标注对象之间的距离，一般设置的数值不小于 2。

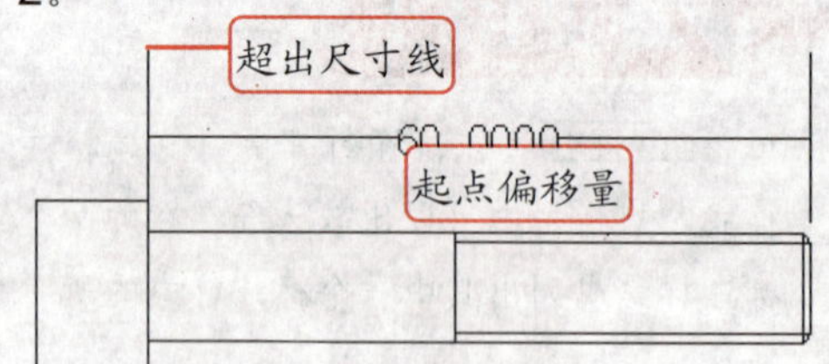


**“固定长度的延伸线”复选框：**勾选该复制框后，所有标注的延伸线都等长，其长度值可以在其下面的“长度”文本框中进行设置。但通常情况下不勾选该复选框。

## 2. 设置符号和箭头

对机械图形进行尺寸标注时，其箭头的样式有很多种，如实心闭合、空心闭合和点等，可以根据需要对其进行设置。

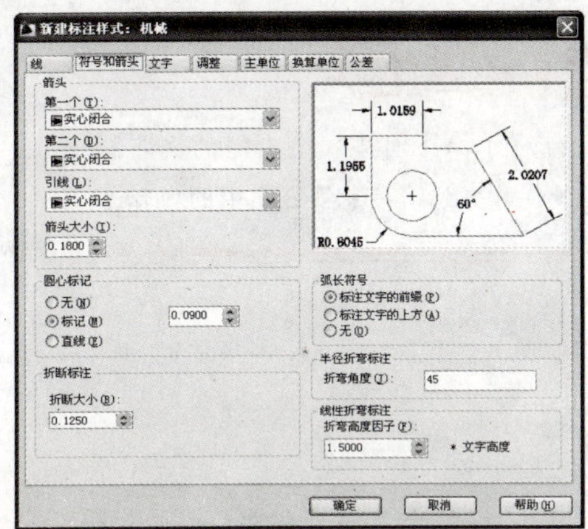


**温馨提示牌** Warm and prompt licensing

单击“新建标注样式：机械”对话框右下角的 帮助(H) 按钮，可以打开“帮助”窗口，在其中显示了有关设置符号和箭头的相关信息。

**知识点拨 Knowledge** “符号和箭头”选项卡中各部分的作用

**“第一个”和“第二个”下拉列表框：**设置尺寸标注中第一个标注箭头与第二个标注箭头的外观样式。机械标注中一般将其设置为“实心闭合”。

**“引线”下拉列表框：**设置快速引线标注中箭头的类型，一般将其设置为“实心闭合”。

**“箭头大小”数值框：**用于设置尺寸标注中箭头的大小，一般设置为“2.5”。

**“圆心标记”栏：**用于设置圆心标记的类型和显示大小。一般设置显示大小为“2.5”的标记类型。

**“折断标注”数值框：**用于设置折断标注的间距宽度。

**“弧长符号”栏：**用于设置弧长标注中圆弧符号的显示位置。

**“半径折弯标注”栏：**用于设置折弯半径标注，其中的“折弯角度”数值框用于设置折弯的角度，即尺寸线横向线段的角度。

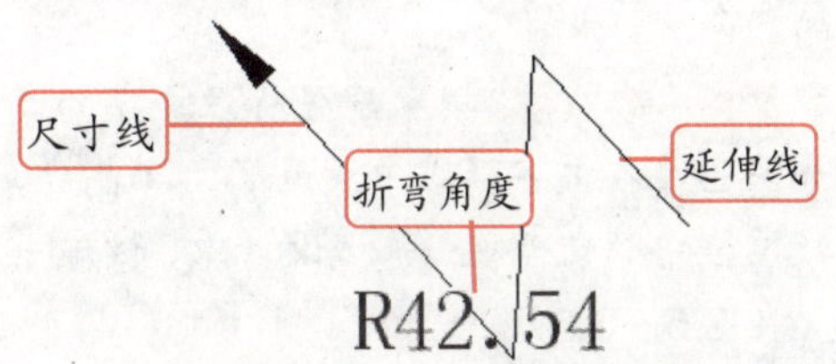


**“线性折弯标注”栏：**设置线性标注折弯的显示。

**温馨提示牌** Warm and prompt licensing

有关折断标注、弧长标注、半径折弯标注和线性折弯标注的相关知识，将在后面进行详细介绍。

## 3. 设置标注文字

尺寸标注中的文字默认采用 Standard 文字样式，在标注机械图形时，如果该文字样式不能满足标注的需要，可以通过“新建标注样式：机械”对话框中的“文字”选项卡来进行设置。

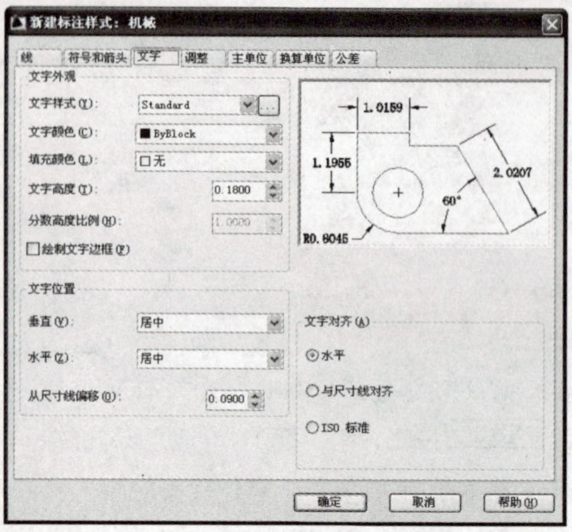

**温馨提示牌** Warm and prompt licensing

可以为尺寸标注创建一个专门的文字样式，其创建方法请参考第 8 章中的内容。

## 知识点拨 Knowledge “文字”选项卡中各部分的作用

**“文字样式”下拉列表框：**用于选择尺寸标注所采用的文字样式。

**“文字颜色”下拉列表框：**用于设置标注文字的颜色。

**“填充颜色”下拉列表框：**用于设置标注文字背景的颜色。

**“文字高度”数值框：**用于设置标注文字的高度，如果已经在文字样式中设置了文字高度，则该数值框中的值无效。机械设计中，该值一般设置在 2.5 ~ 3.5 之间。

**“分数高度比例”数值框：**用于设置分数形式字符与其他字符的比例。只有当选择了支持分数的标注格式时，该数值框才可用。

**“绘制文字边框”复选框：**勾选该复选框后，在标注尺寸时，标注文字的周围会显示一个矩形框。

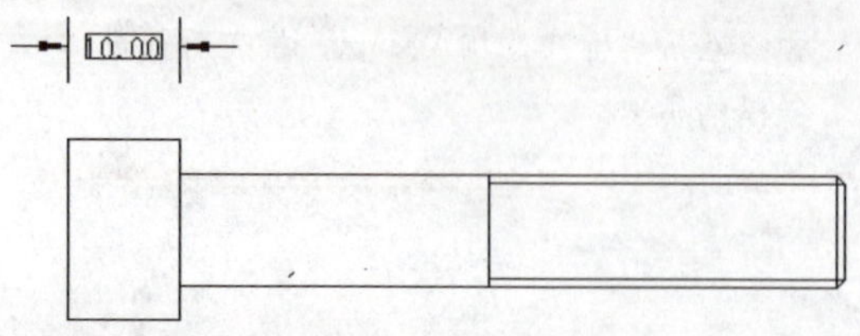


**“垂直”下拉列表框：**用于选择标注文字相对于尺寸线的垂直对齐位置，一般设置为“上”对齐位置。

**“水平”下拉列表框：**用于选择标注文字相对于尺寸线的水平对齐位置，一般设置为“居中”对齐位置。

**“从尺寸线偏移”数值框：**用于指定标注文字到尺寸线之间的距离。

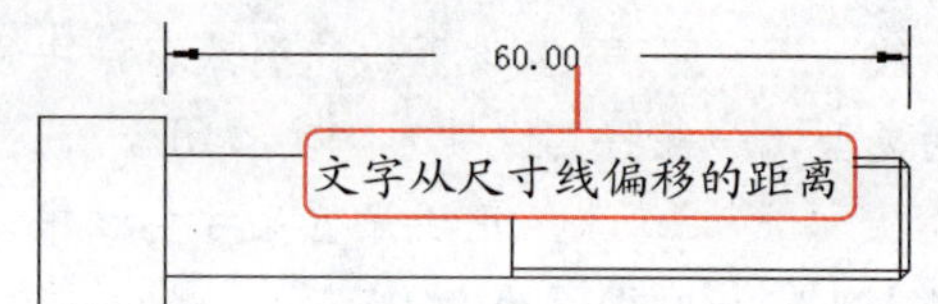


**“文字对齐”栏：**用于设置标注文字放在延伸线外边或里边时的方向是保持水平还是与延伸线平行，一般在该栏中点选“与尺寸线对齐”单选按钮。

**温馨提示牌** Warm and prompt licensing

点选“ISO 标准”单选按钮，当文字在延伸线内时，文字与尺寸线对齐，当文字在延伸线外时，文字水平排列。

## 4. 设置调整选项

“新建标注样式：机械”对话框中的“调整”选项卡主要用于对尺寸标注各组成部分、标注特性比例和文字位置等进行调整。

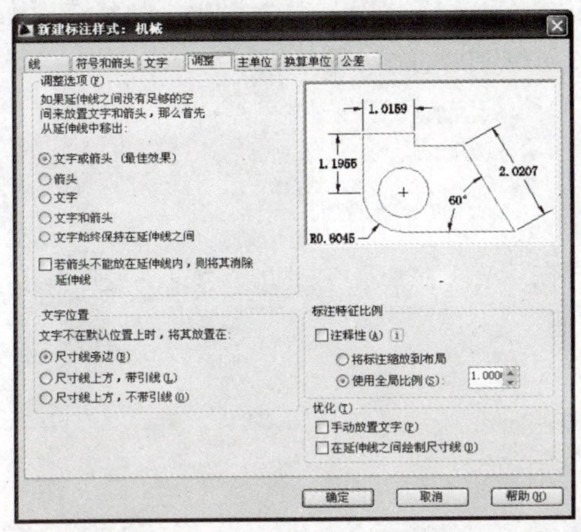

对于一些复杂的文字标注，可以将其调整为“手动放置文字”，使文字更加匹配图形。

知识点拨 Knowledge　“调整”选项卡中各部分的作用

**“文字或箭头（最佳效果）”单选按钮：**当点选该单选按钮后，将由系统选择一种最佳方式来安排标注文字和箭头的位置。

**“箭头”单选按钮：**当点选该单选按钮后，当延伸线间没有足够空间时，箭头将放在尺寸界线外侧。

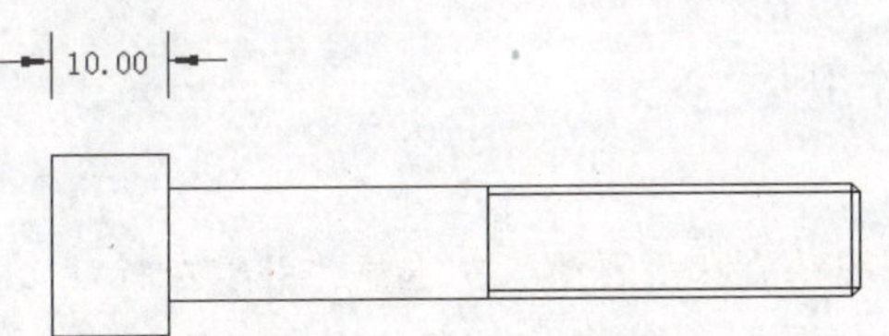


**“文字”单选按钮：**当点选该单选按钮后，当延伸线间没有足够空间时，标注文字将放在尺寸界线外侧。

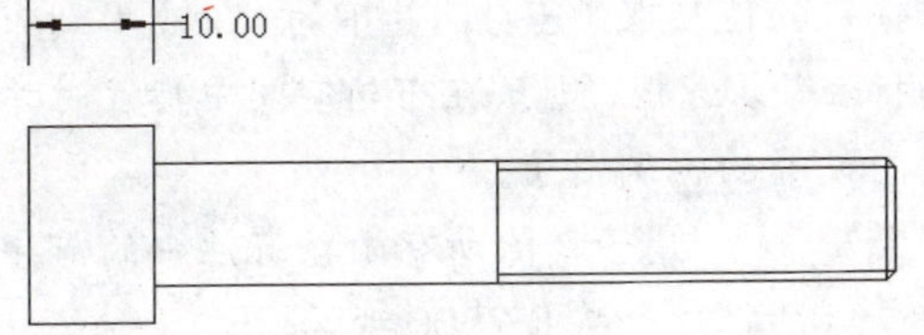


**“文字和箭头”单选按钮：**当点选该单选按钮后，当延伸线间没有足够空间时，标注文字和箭头将放在尺寸界线外侧。

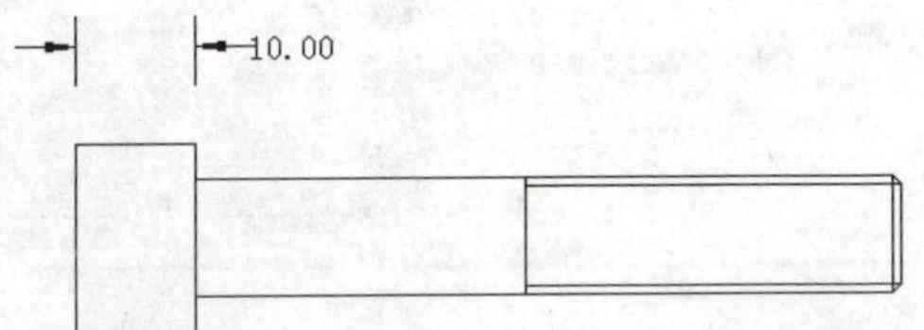


**“文字始终保持在延伸线之间”单选按钮：**当点选该单选按钮后，标注文字将始终放在尺寸界线之间。

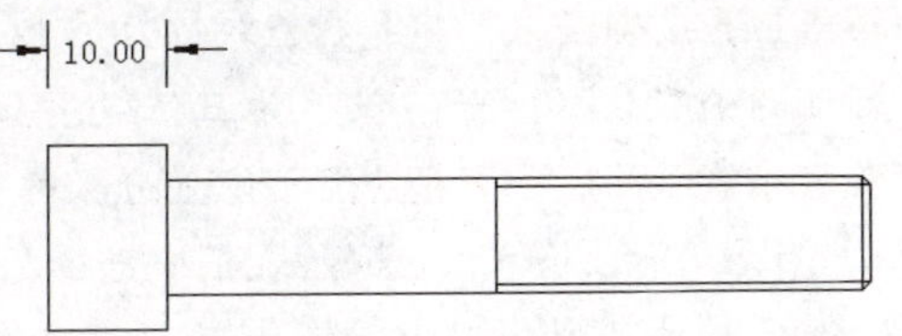


**“若箭头不能放在延伸线内，则将其消除延伸线”复选框：**勾选该复选框后，如果延伸线内没有足够的空间，则不显示箭头。

**“文字位置”栏：**当文字不在默认位置上时，用于设置文字所在的位置。

**“将标注缩放到布局”单选按钮：**点选该单选按钮，表示可以根据模型空间视口比例设置标注比例。

**“使用全局比例”单选按钮：**点选该单选按钮，表示在其后的数值框中可设置尺寸标注的比例，而所指定的比例值将影响尺寸标注所有组成元素的大小。

**“手动放置文字”复选框：**勾选该复选框，表示忽略所有水平对正设置，并将文字手动放置在“尺寸线位置”的相应位置。

**“在延伸线之间绘制尺寸线”复选框：**勾选该复选框，表示在进行尺寸标注时，始终在延伸线之间绘制尺寸线。

## 5. 设置主单位

在机械设计的尺寸标注中，对于标注单位也有相当高的要求，因此需要在“主单位”选项卡中对尺寸标注的单位进行设置。

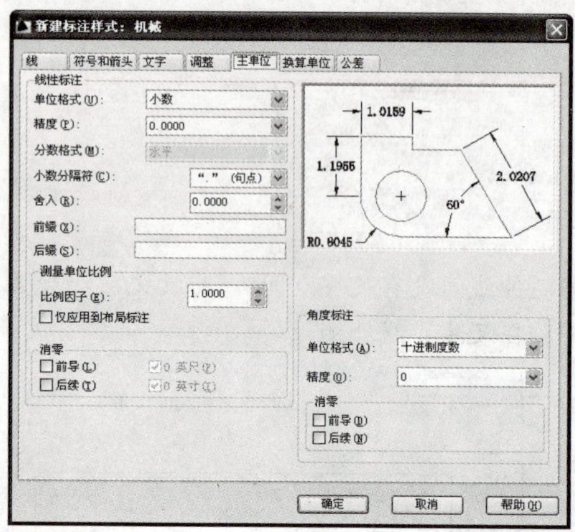


**温馨提示牌** Warm and prompt licensing

如果要使用某个尺寸标注样式中的部分参数，而又不想创建新的尺寸标注样式时，可以单击“标注样式管理器”中的 替代(O)... 按钮来替代标注样式。

**知识点拨** Knowledge “主单位”选项卡中各部分的作用

**“单位格式”下拉列表框：**用于设置线性标注和角度标注所采用的单位格式。

**“精度”下拉列表框：**用于调整线性标注和角度标注的小数位数，一般设置为三位数。

**“分数格式”下拉列表框：**用于设置分数的格式，只有在“单位格式”下拉列表框中选择“分数”选项时才可用。

**“小数分隔符”下拉列表框：**用于设置小数分隔符的类型。

**“舍入”数值框：**用于设置非角度标注测量值的舍入规则。若设置舍入值为 0.25，则所有长度都将被舍入到最接近 0.25 个单位的数值。

**“前缀”和“后缀”文本框：**用于在标注文字前面添加一个前缀或在标注文字后面添加一个后缀。

**“比例因子”数值框：**用于设置线性标注测量值的比例因子，AutoCAD 将标注测量值与此处输入的值相乘。若勾选其下的“仅应用到布局标注”复选框，则只在布局空间中标注时才使用设置的比例因子。

**“消零”栏：**用于消除所有小数标注中的前导零或后续零，如将 0.2500 变为.25。

## 6. 设置换算单位

如果一套图纸中有不同单位的尺寸标注，这时可以通过“新建标注样式：机械”对话框的“换算单位”选项卡将标注的单位统一。

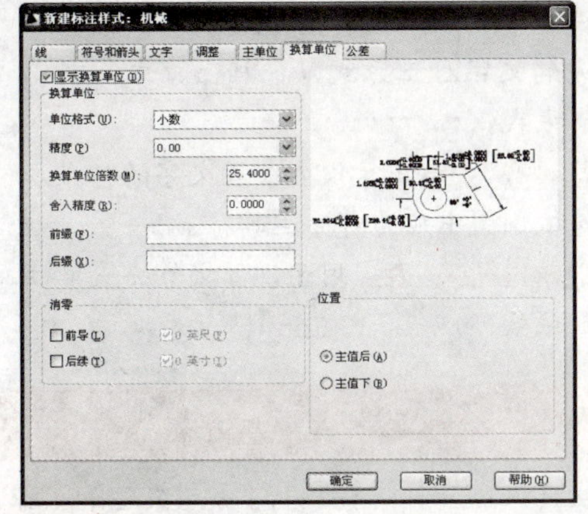

**温馨提示牌** Warm and prompt licensing

只有当勾选“显示换算单位”复选框后，“换算单位”选项卡中的各选项才呈可用状态。

**知识点拨** Knowledge　**“换算单位”选项卡中各部分的作用**

**“单位格式”下拉列表框：** 用于设置换算单位的格式。

**“精度”下拉列表框：** 用于设置换算单位的小数位数。

**“换算单位倍数”数值框：** 在该数值框中可以指定一个乘数作为主单位和换算单位之间的换算因子。

**“前缀”和“后缀”文本框：** 用于为换算标注文字，指定一个前缀或后缀。

**“舍入精度”数值框：** 为除角度之外的所有标注类型设置换算单位的舍入规则。

**“位置”栏：** 用于设置换算单位位于主单位的前面或后面。

## 7. 设置公差

在机械设计中，公差标注会经常用到，因此需要对其各种参数进行设置。在“公差”选项卡中，可以对公差标注的组成部分、标注特性比例和文字位置等进行调整。

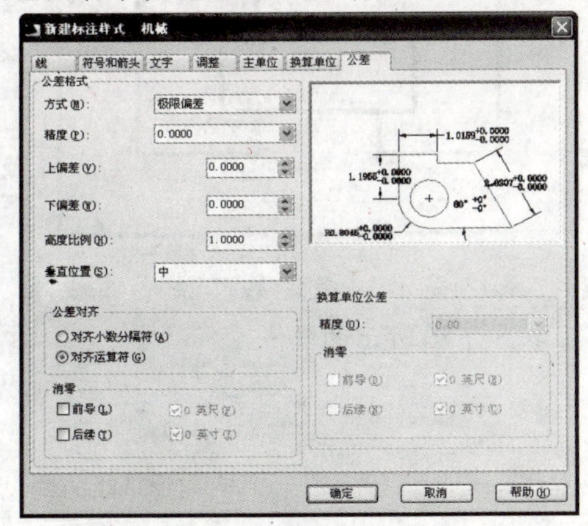


**温馨提示牌** Warm and prompt licensing

创建标注样式后，如果对其中的某些参数不满意，可以通过单击“标注样式管理器”中的 修改(M)... 按钮来进行修改。

**知识点拨 Knowledge** “公差”选项卡中各部分的作用

“方式”下拉列表框：用于设置尺寸标注的公差模式，包括无、对称、极限偏差、极限尺寸和基本尺寸，默认为无公差，选择一种公差模式后才能激活该选项卡中的其他选项。

“精度”下拉列表框：用于设置公差值的小数位数。

“上偏差”和“下偏差”数值框：用于设置上下偏差值，若公差模式为对称公差，则只需指定上偏差，而基本尺寸模式无上下偏差。

“高度比例”数值框：用于设置公差文字的高度比例。

“垂直位置”下拉列表框：设置对称公差和极限公差的文字对正方式，包括上、中、下 3 种对正方式。

“公差对齐”栏：用于设置公差文字的对齐方式，机械制图中应为对齐运算符。

“换算单位公差”栏：用于设置换算公差单位的小数位数。

# 9.2 简单尺寸标注

在 AutoCAD 中，尺寸标注的方法多种多样，在进行标注时，需要针对不同类型的对象采用不同的标注方法，下面首先介绍简单尺寸标注的方法。

## 9.2.1 线性标注

线性标注用于标注两点间的水平或垂直距离，使用该标注方法标注对象时，标注的尺寸线始终呈水平或垂直状态。

**新手演练 Novice exercises** 用“线性标注”命令标注连接件（源文件\第 9 章\连接件.dwg）

Step 01 打开“连接件”图形文件，创建一个符合要求的名为“机械”的尺寸标注样式并将其置为当前。

Step 02 选择“注释”选项卡，在“标注”面板中单击“线性”按钮，或输入“DIMLINEAR”、“DIMLIN”，按 Enter 键执行“线性标注”命令。

**职场经验谈 Workplace Experience**

> 在进行标注时使用“标注”工具栏更加方便，在菜单浏览器中选择“工具”|“工具栏”|“AutoCAD”|“标注”命令可以打开“标注”工具栏。

Step 03 系统提示“指定第一条延伸线原点或<选择对象>”，拾取如下图所示的端点。

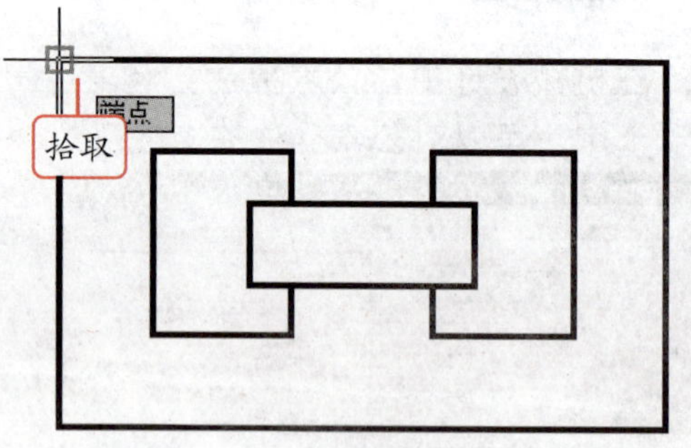


Step 04 系统提示“指定第二条延伸线原点”，拾取如下图所示的端点。

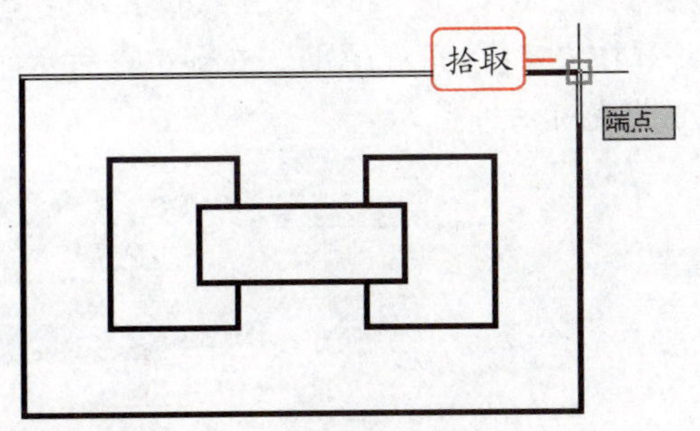


Step 05 系统提示“指定尺寸线位置或[多行文字(M)/文字(T)/角度(A)/水平(H)/垂直(V)/旋转(R)]”，在如下图所示的位置指定标注位置。

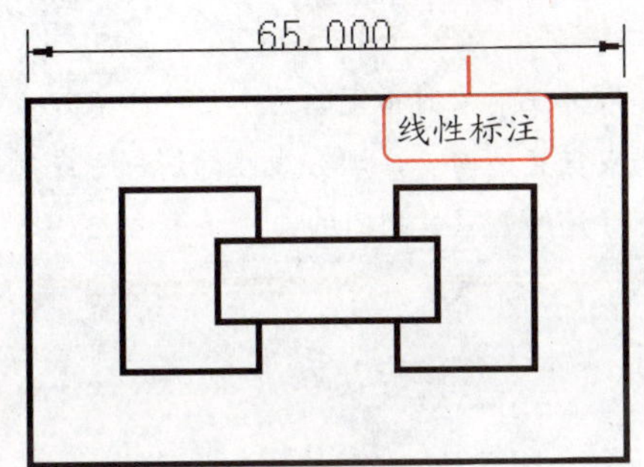


**温馨提示牌** Warm and prompt licensing

在指定尺寸线位置时，如果选择“水平”选项，将只标注两点之间的水平距离；如果选择“垂直”选项，将只标注两点之间的垂直距离。

Step 06 按 Enter 键重复执行“线性标注”命令，根据系统提示对图形中如下图所示的部分进行标注。

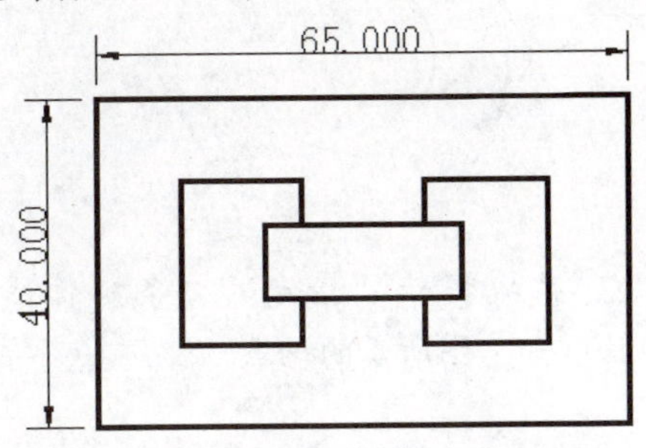


Step 07 用相同的方法对图形中其他部分进行标注。

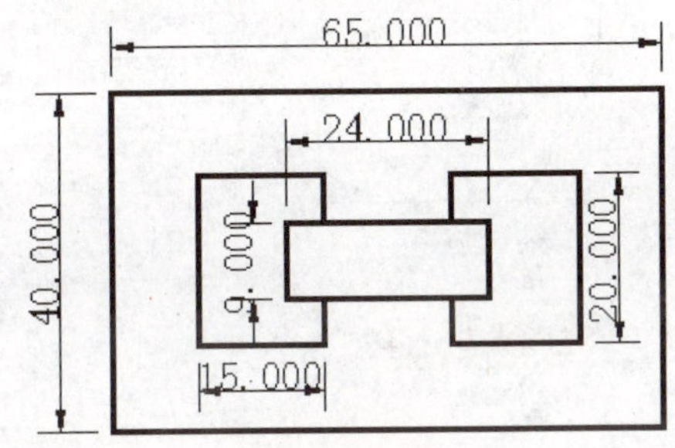


**温馨提示牌** Warm and prompt licensing

在指定尺寸线位置时，选择“角度”选项，可以设置标注文字方向与标注端点连线之间的夹角；如果选择“旋转”选项，可以设置尺寸线的旋转角度。

## 9.2.2 对齐标注

对齐标注又称平行标注，通过该种标注方法，可以创建与指定位置或对象平行的标注。由于标注的尺寸线始终与标注点的连线平行，因此可以标注任意方向上两点间的距离。

**新手演练** Novice exercises 用“对齐标注”命令标注六角螺母（源文件\第 9 章\六角螺母.dwg）

Step 01 打开“六角螺母”图形文件，在“标注”面板中单击“线性”按钮下方的下拉按钮，在弹出的菜单中选择“对齐”命令，或输入“DIMALIGNED”，按 Enter 键执行“对齐标注”命令。

Step 02 系统提示“指定第一条延伸线原点或<选择对象>”，拾取如下图所示的端点。

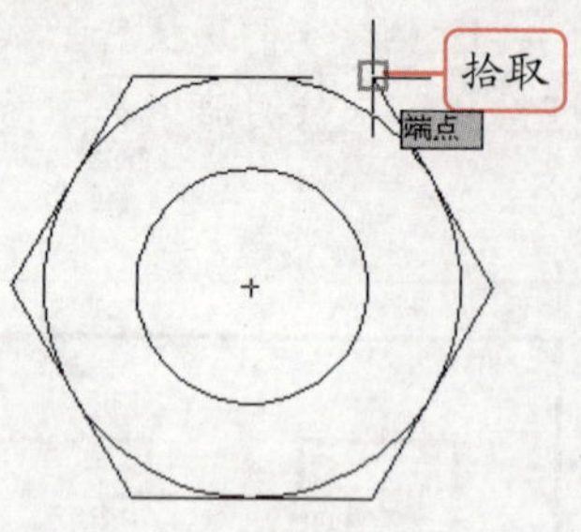


**Step 03** 系统提示“指定第二条延伸线原点”，拾取如下图所示的端点。

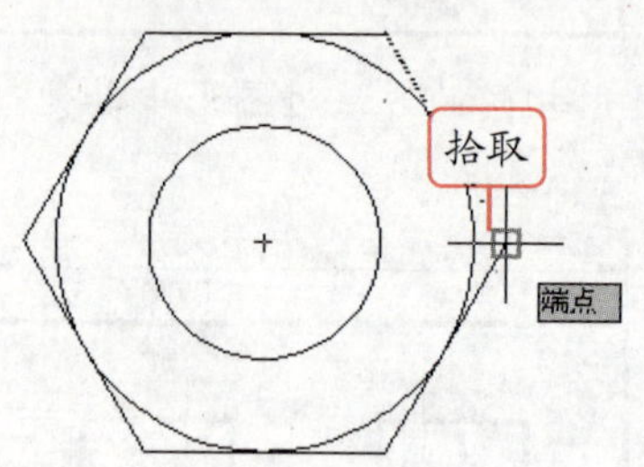


**Step 04** 系统提示“指定尺寸线位置或[多行文字(M)/文字(T)/角度(A)]”，在如下图所示的位置指定标注位置。

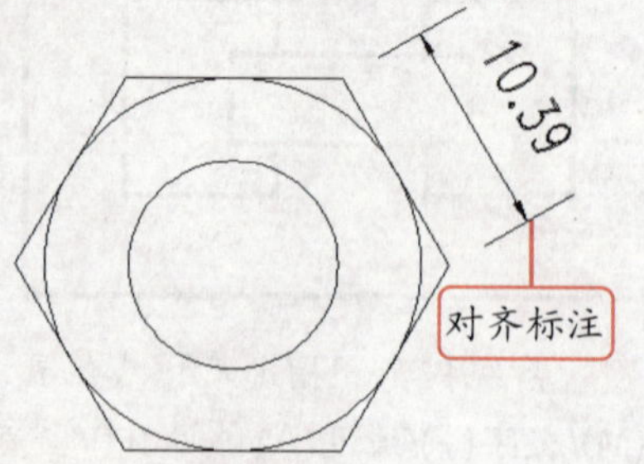


**职场经验谈** Workplace Experience

如果标注对象时指定的两个延伸线点在水平或垂直方向上，那么线性标注命令或对齐标注的效果是相同的。

## 9.2.3 角度标注

在机械设计中进行尺寸标注时，常常需要标注对象的夹角，使用“角度标注”命令不仅可以标注两个对象之间的夹角，还可以对圆弧的角度进行角度标注。

**新手演练** Novice exercises 用“角度标注”命令标注图形（源文件\第 9 章\角度标注.dwg）

**Step 01** 打开“角度标注”图形文件，在“标注”面板中单击“线性”按钮下方的下拉按钮，在弹出的菜单中选择“角度”命令，或输入“DIMANGULAR”、“DIMANG”，按 Enter 键执行“角度标注”命令。

**Step 02** 系统提示“选择圆弧、圆、直线或<指定顶点>”，选择如下图所示的直线。

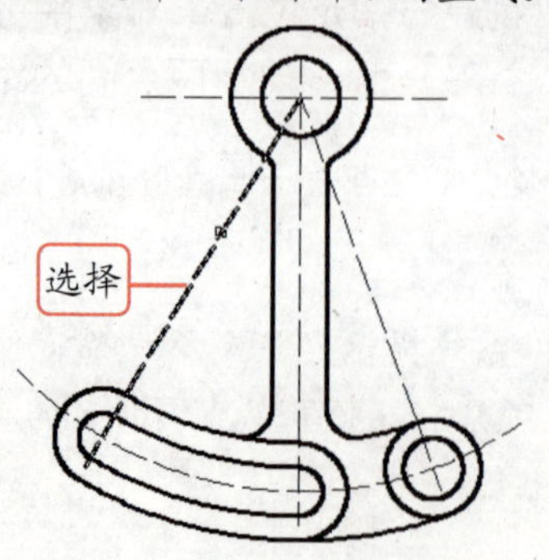


**Step 03** 系统提示“选择第二条直线”，选择如下图所示的直线。

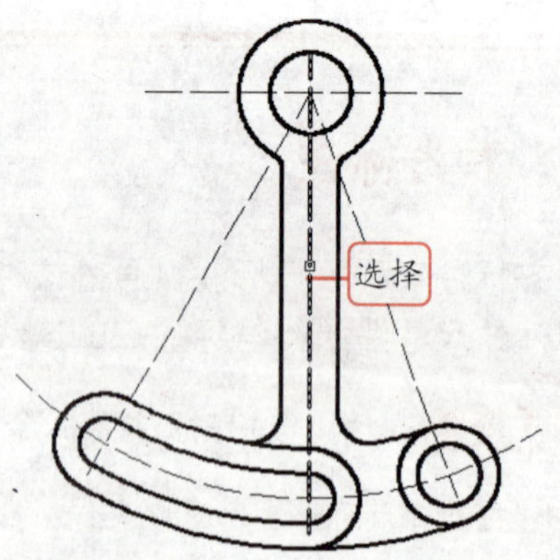


**Step 04** 系统提示“指定标注弧线位置或[多行文字(M)/文字(T)/角度(A)/象限点(Q)]”，在如下图所示的位置指定标注位置。

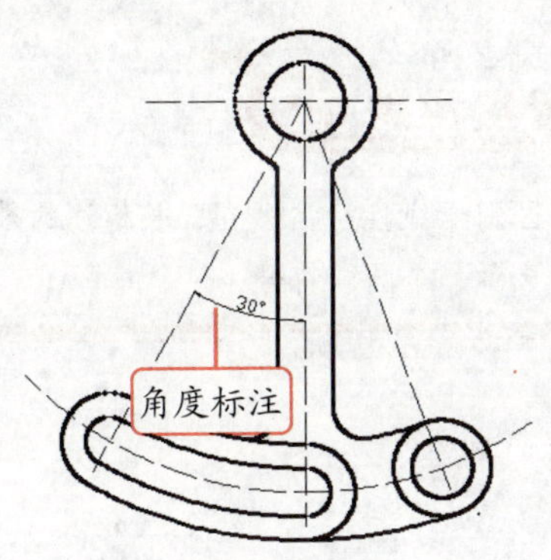


Step 05 按 Enter 键重复执行“角度标注”命令，根据系统提示标注图形中的另一个角。

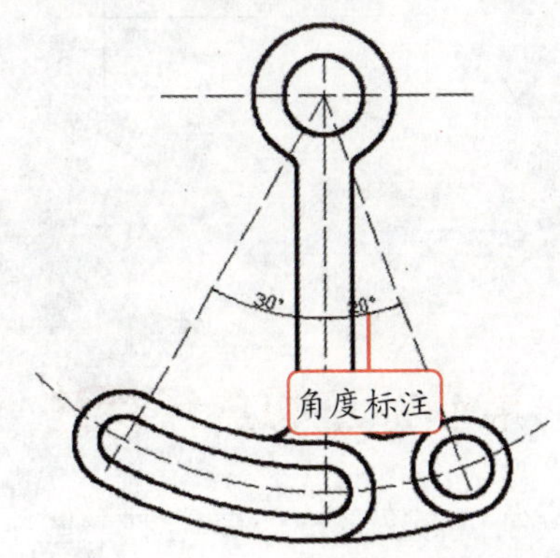


## 9.2.4 弧长标注

弧长标注用于标注圆弧或弧线段中弧线的距离，在“标注”面板中单击“线性”按钮下方的下拉按钮，在弹出的菜单中选择“弧长”命令，或输入“DIMARC”命令后 Enter 键执行“弧长标注”命令。

新手演练 Novice exercises 用“弧长标注”命令标注曲柄中的弧线（源文件\第 9 章\曲柄.dwg）

Step 01 打开“曲柄”图形文件，输入“DIMARC”后，按 Enter 键执行“弧长标注”命令。

Step 02 系统提示“选择弧线段或多段线弧线段”，选择左侧的弧线段。

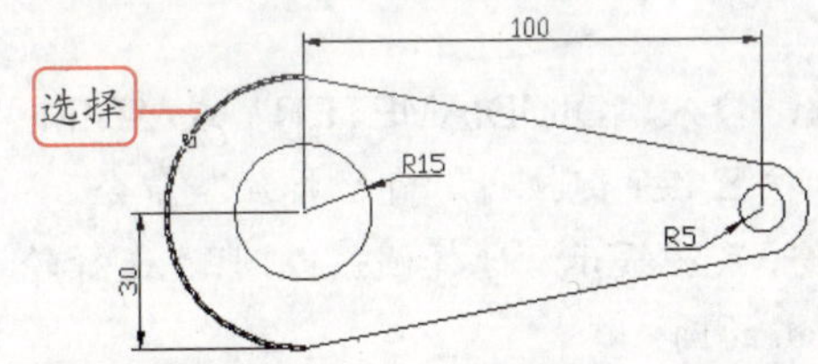


Step 03 系统提示“指定弧长标注位置或[多行文字(M)/文字(T)/角度(A)/部分(P)/引线(L)]”，在如下图所示的位置指定标注位置。

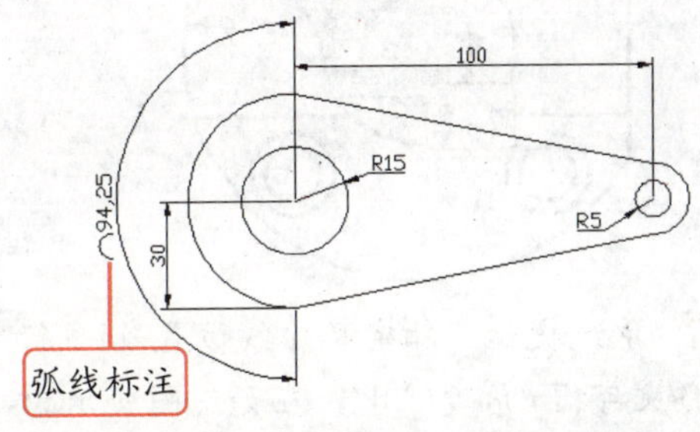


职场经验谈 Workplace Experience

在指定弧长标注位置时，如果选择“部分”选项，可以只标注选择弧线段的一部分。

Step 04 按 Enter 键重复执行“弧长标注”命令，根据系统提示选择右侧的弧线段。

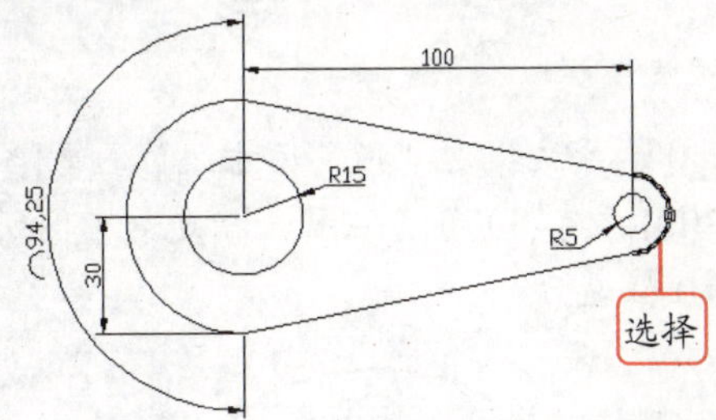


Step 05 系统提示“指定弧长标注位置或[多行文字(M)/文字(T)/角度(A)/部分(P)/引线(L)]”，选择“引线”选项。

Step 06 系统提示“指定弧长标注位置或[多行文字(M)/文字(T)/角度(A)/部分(P)/引线(L)]”，在如下图所示的位置指定标注的位置。

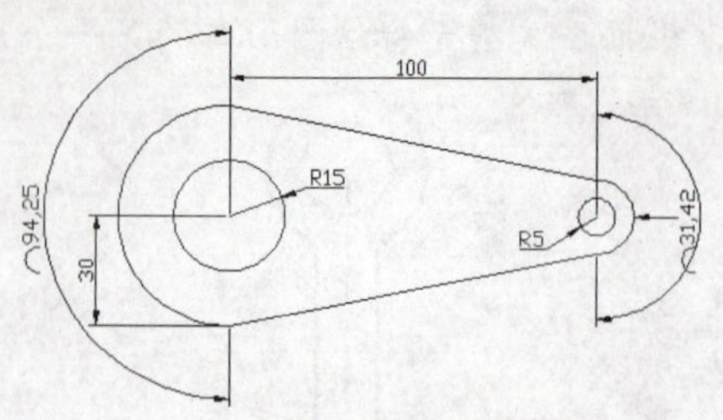


**温馨提示牌** Warm and prompt licensing

为了区别于线性标注，在弧长标注的数字前将显示一个圆弧符号。

## 9.2.5 半径标注和直径标注

在绘制机械图形时，常绘制一些由圆组成的机械零件，在对这些图形进行标注时，需要使用半径标注和直径标注。在“标注”面板中选择命令，或通过输入命令的方法都可执行“半径标注”或“直径标注”命令。

**新手演练** Novice exercises 用“半径标注”和“直径标注”命令对轮盘进行标注（源文件\第 9 章\轮盘.dwg）

**Step 01** 打开“轮盘”图形文件，输入“DIMRADIUS”或“DIMRAD”，按 Enter 键执行“半径标注”命令。

**Step 02** 系统提示“选择圆弧或圆”，选择轮盘最外侧的圆弧。

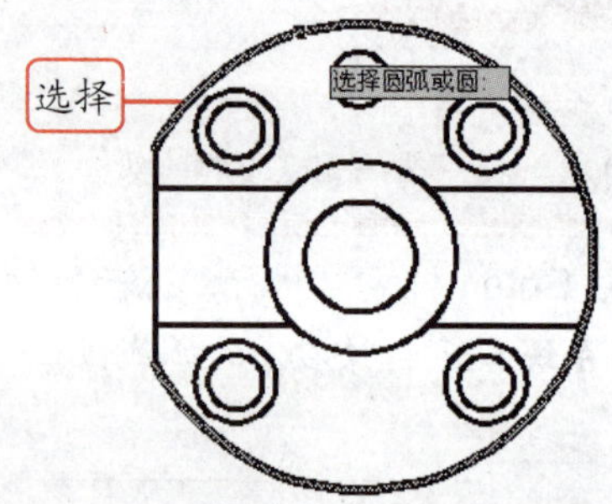


**Step 03** 系统提示“指定尺寸线位置或[多行文字(M)/文字(T)/角度(A)]”，指定如下图所示的标注位置。

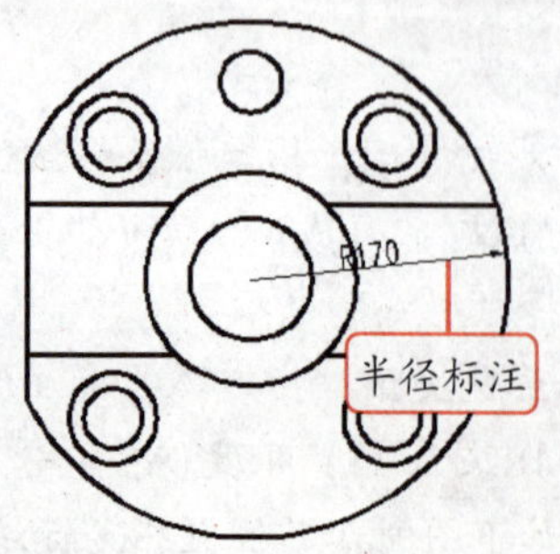


**Step 04** 按 Enter 键重复执行“半径标注”命令，根据系统提示对下图所示的圆进行半径标注。

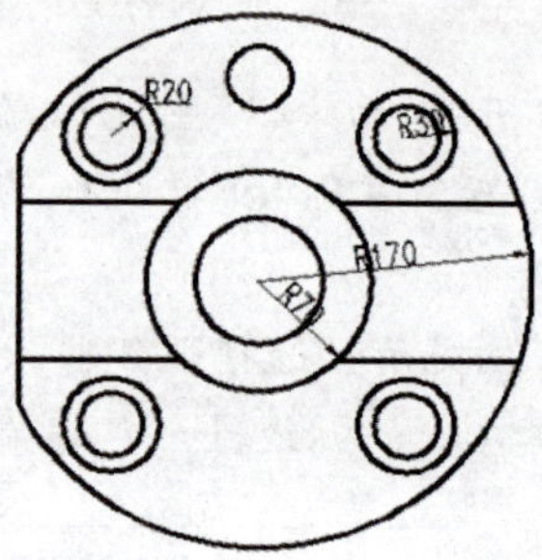


**Step 05** 输入“DIMDIAMETER”或“DIMDIA”，按 Enter 键执行“直径标注”命令。

**Step 06** 系统提示“选择圆弧或圆”，选择轮盘最中心的圆。

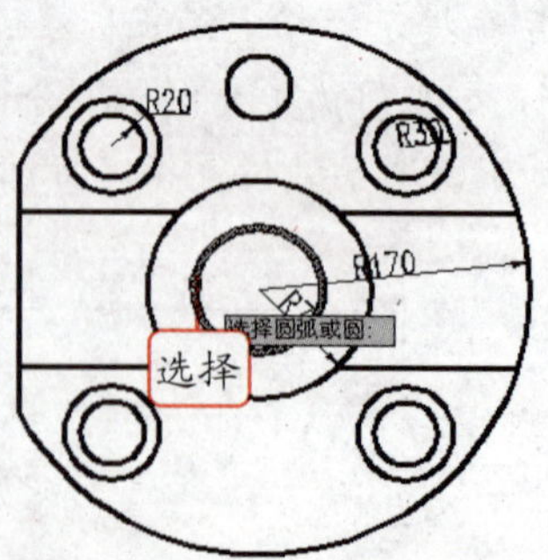


**Step 07** 系统提示“指定尺寸线位置或[多行文字(M)/文字(T)/角度(A)]”，在如下图所示的

位置处指定标注位置。

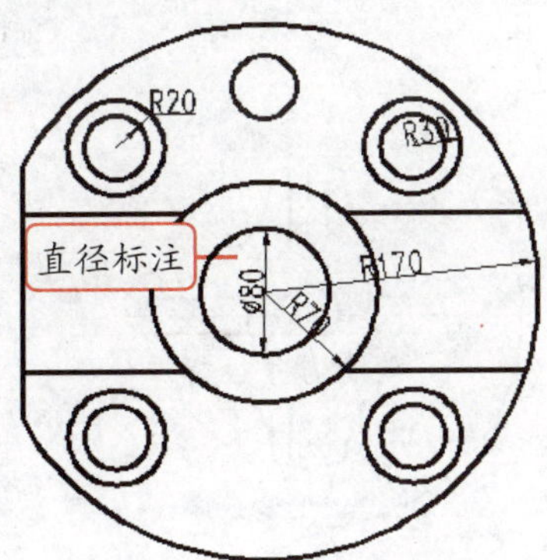


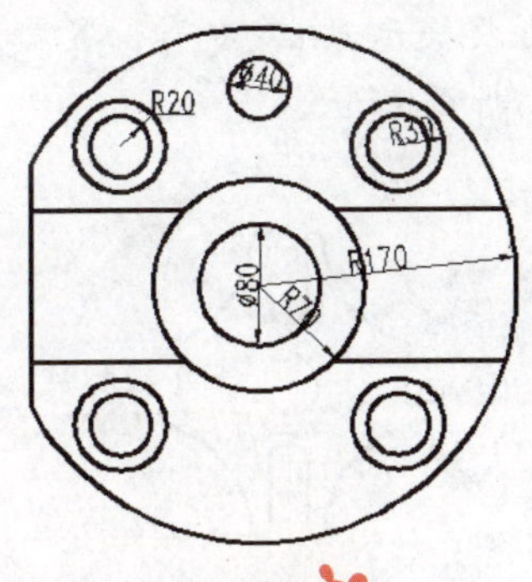


Step 08 按 Enter 键重复执行"直径标注"命令，根据系统提示对轮盘中如图所示的圆进行标注。

温馨提示牌 Warm and prompt licensing

在半径标注中有一个代表半径的 R 符号，而在直径标注中则有一个代表直径的φ符号。

## 9.2.6 折弯半径标注

当圆弧或圆的中心位于布局外并且无法在其实际位置显示时，可以通过"折弯半径标注"命令对其进行半径标注。

新手演练 Novice exercises 用"折弯半径标注"命令对槽轮进行标注（源文件\第 9 章\槽轮.dwg）

Step 01 打开"槽轮"图形文件，输入"DIMJOGGED"，按 Enter 键执行"折弯半径标注"命令。

温馨提示牌 Warm and prompt licensing

在"标注"面板中并没有执行"折弯标注"命令的按钮，这时可以使用"标注"工具栏中的"折弯"按钮来进行标注。

Step 02 系统提示"选择圆弧或圆"，选择如下图所示的圆弧。

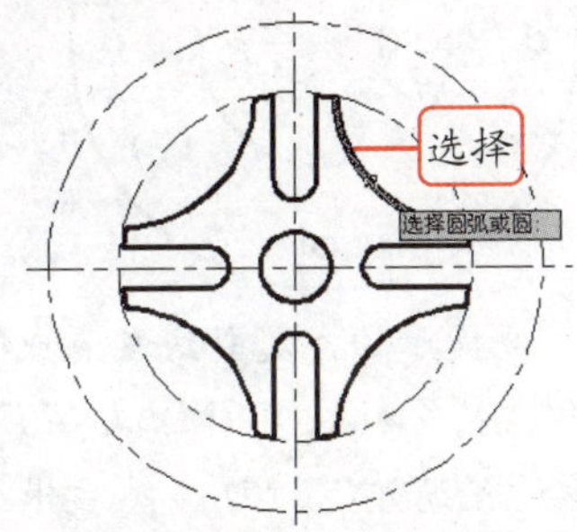


Step 03 系统提示"指示图示中心位置"，在选择圆弧的右侧单击，指定中心位置。

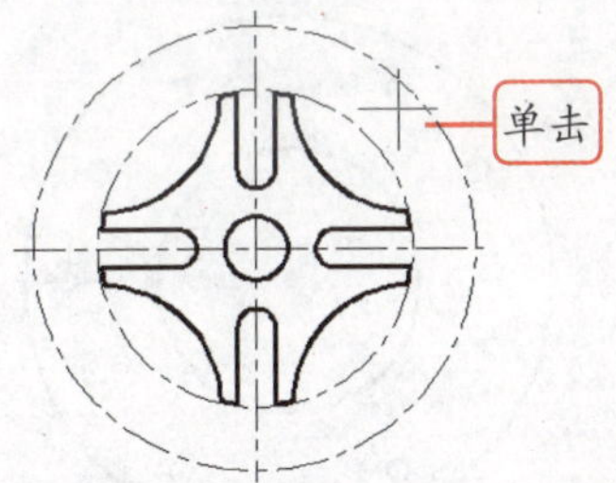


Step 04 系统提示"指定尺寸线位置或[多行文字(M)/文字(T)/角度(A)]"，在如下图的所示的位置处单击，指定尺寸线的位置。

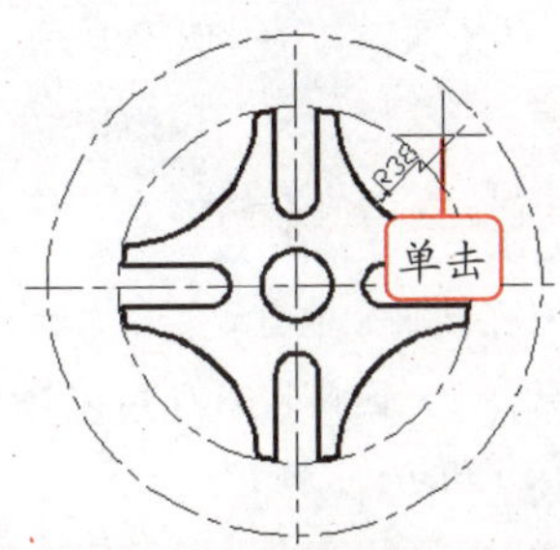

**Step 05** 系统提示“指定折弯位置”，指定如下图所示的折弯位置。

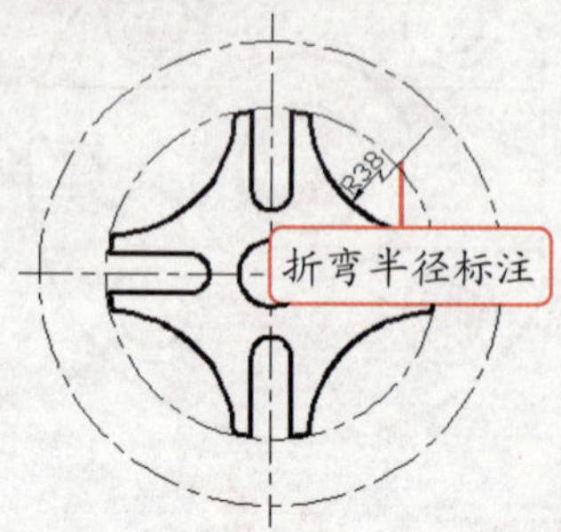


**Step 06** 按 Enter 键重复执行“折弯半径标注”命令，根据系统提示对轮盘中如图所示的圆进行标注。

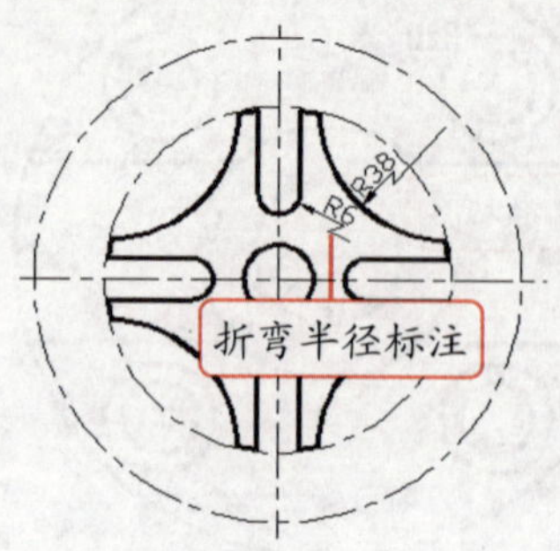


## 9.2.7 坐标标注

坐标标注用于测量从原点（基准点）到图形上某点（特征点）的水平或垂直距离，这种标注保持特征点与基准点的精确偏移量，从而避免增大误差。

**新手演练 Novice exercises** 用“坐标标注”命令标注图形（源文件\第 9 章\坐标标注.dwg）

**Step 01** 打开“坐标标注”图形文件，输入“DIMORDINATE”或“DIMORD”，按 Enter 键执行“坐标标注”命令。

**Step 02** 系统提示“指定点坐标”，拾取如下图所示的圆心。

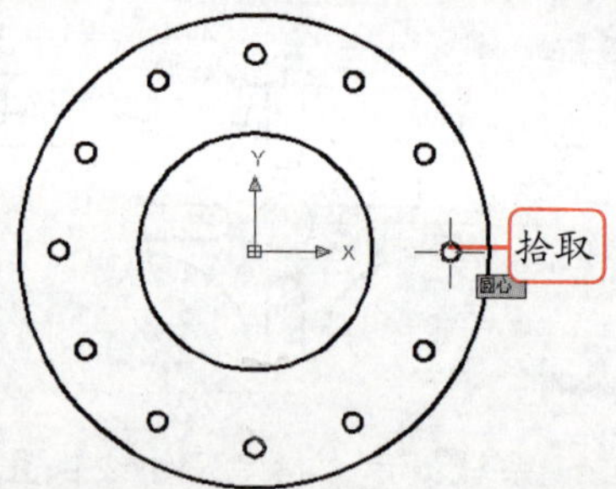


**Step 03** 系统提示“指定引线端点或[X 基准(X)/Y 基准(Y)/多行文字(M)/文字(T)/角度(A)]”，选择“X 基准”选项。

**职场经验谈 Workplace Experience**

> 在图形中可以明显地看到拾取的圆心在 Y 轴上距离为 0，因此只需对其 X 轴上的距离进行标注即可。

**Step 04** 根据系统提示指定引线端点，如下图所示。

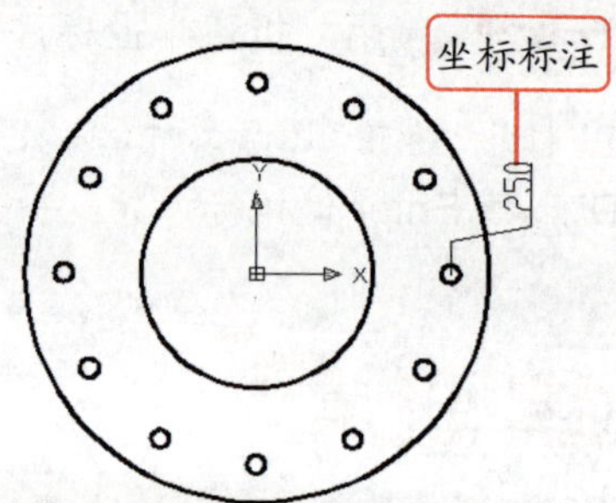


**Step 05** 按 Enter 键重复执行“坐标标注”命令，根据系统提示拾取如下图所示的圆心。

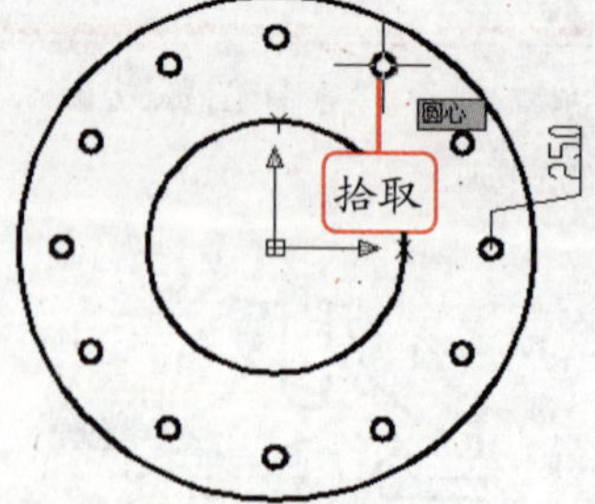


**Step 06** 系统提示“指定引线端点或[X 基准(X)/Y 基准(Y)/多行文字(M)/文字(T)/角度(A)]”，选择“Y 基准”选项。然后根据系统

提示指定引线端点。

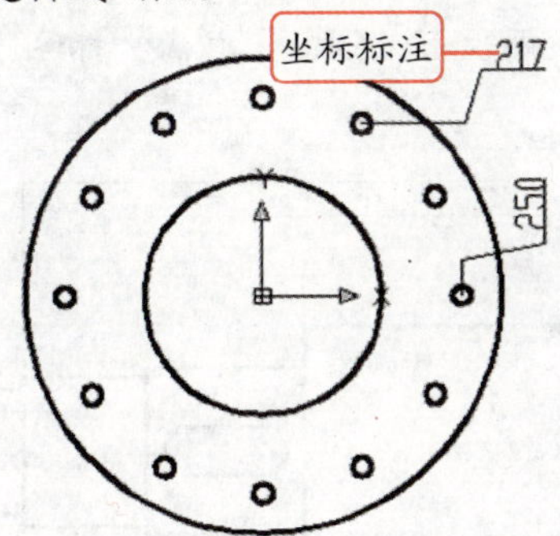


Step 07 按 Enter 键重复执行“坐标标注”命令，根据系统提示拾取上一步拾取的圆心。

Step 08 根据系统提示选择“X 基准”选项，然后指定引线端点，完成坐标标注的操作。

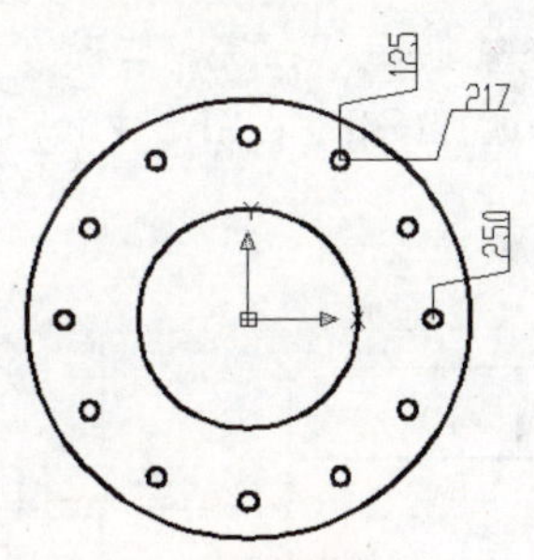


温馨提示牌 Warm and prompt licensing

X 基准上的坐标标注中的标注文字是垂直显示的，而 Y 基准上的坐标标注中的标注文字是水平显示的。

## 9.3 快速标注尺寸

对于复杂的机械图形，在对其进行标注时，如果使用简单的尺寸标注方法，不仅会非常繁琐，而且标注出来也非常混乱，因此影响图形的表达。基于这种情况，AutoCAD 还提供了快速标注同一类型尺寸的标注命令，如快速标注、基线标注和连续标注等命令。

### 9.3.1 基线标注

基线标注可根据线性或角度标注进行基准标注，即从上一个选择的基线作连续的线性、角度或坐标标注。

新手演练 Novice exercises 基线标注轴套（源文件\第 9 章\轴套.dwg）

Step 01 打开“轴套”图形文件，在“标注”面板中单击“连续标注”按钮右侧的下拉按钮，在弹出的菜单中选择“基线标注”命令，或输入“DIMBASELINE”、“DIMBASE”，按 Enter 键执行“基线标注”命令。

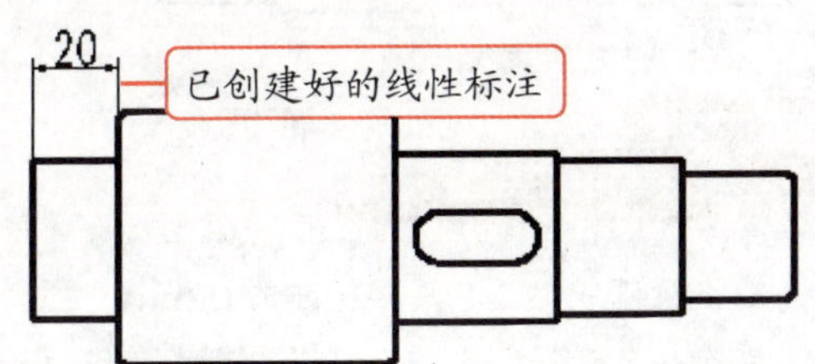


Step 02 系统提示“选择基准标注”，选择图形中的线性标注。

Step 03 系统提示“指定第二条延伸线原点或[放弃(U)/选择(S)]”，在图形中拾取如下图所示的端点。

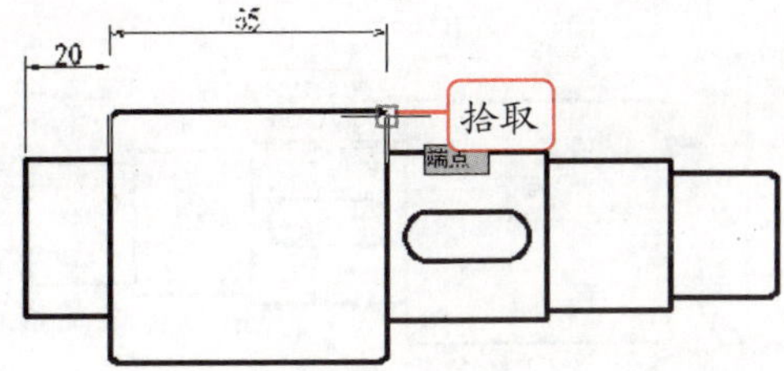

Step 04 系统提示"指定第二条延伸线原点或[放弃(U)/选择(S)]"，在图形中拾取如下图所示的端点。

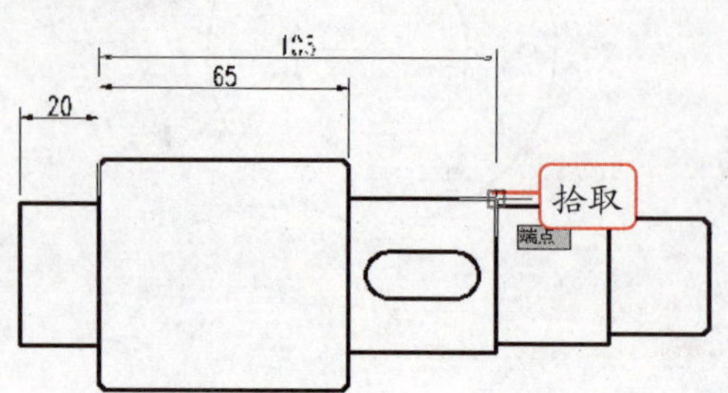


Step 05 根据系统提示拾取图形中另外两个端点，按两次 Enter 键完成基线标注。

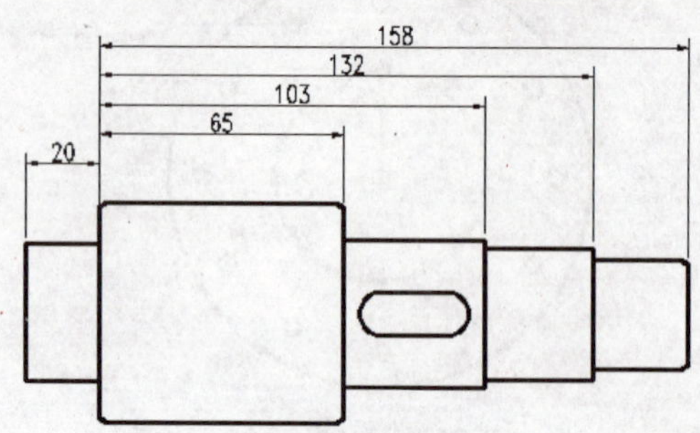


## 9.3.2 连续标注

连续标注用于创建从上一个选择标注的第二条延伸线开始的线性、角度或坐标标注，使用连续标注命令对图形进行标注可以保证每个尺寸的精度。

新手演练 Novice exercises　连续标注轴套（源文件\第 9 章\轴套 1.dwg）

Step 01 打开"轴套"图形文件，在"标注"面板中单击"连续标注"按钮，或输入"DIMCONTINUE"、"DIMCONT"后，按 Enter 键执行"连续标注"命令。

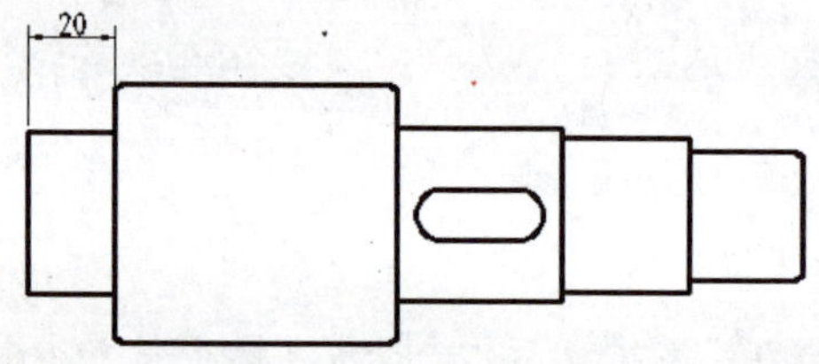


Step 02 系统提示"选择连续标注"，选择图形中的线性标注。

Step 03 系统提示"指定第二条延伸线原点或[放弃(U)/选择(S)]"，在图形中拾取如下图所示的端点。

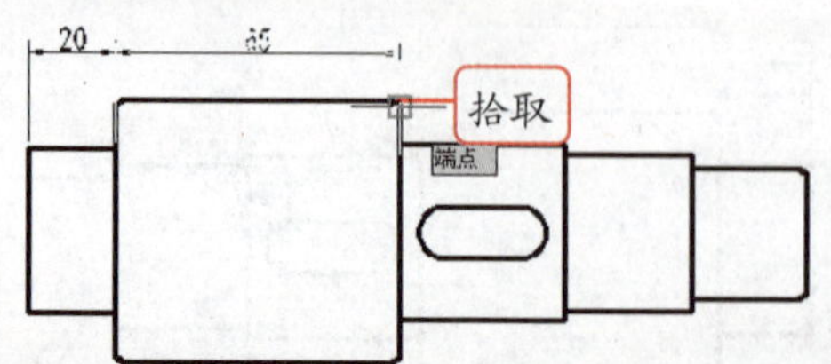


Step 04 系统提示"指定第二条延伸线原点或[放弃(U)/选择(S)]"，在图形中拾取如下图所示的端点。

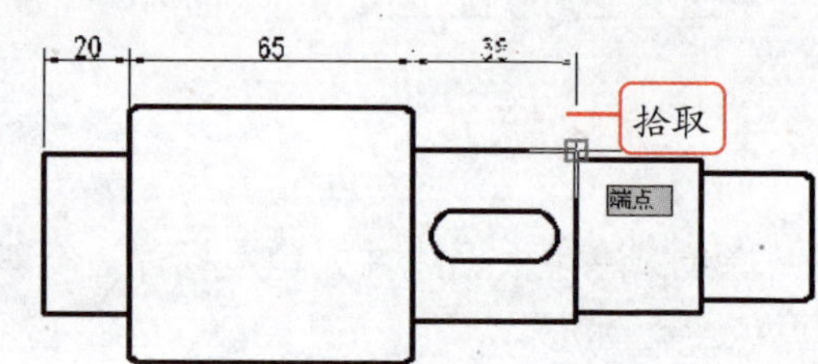


Step 05 根据系统提示拾取图形中另外两个端点，按两次 Enter 键完成连续标注。

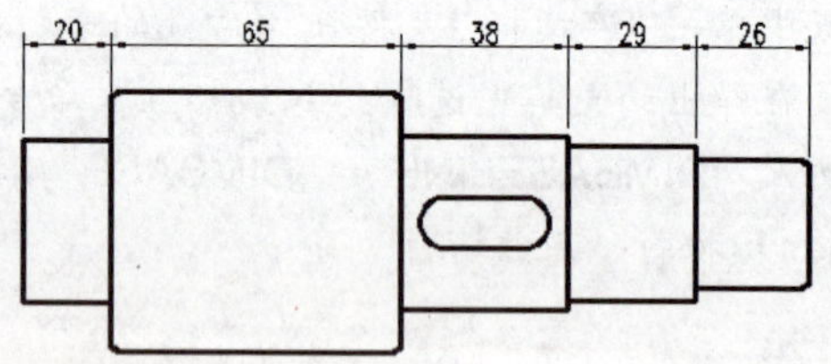


职场经验谈 Workplace Experience

在进行基线标注和连续标注的过程中，如果选择"选择"选项，可以重新指定作为基准的延伸线。

### 9.3.3 快速标注

通过“快速标注”命令，可以从选择的对象中快速创建一组标注，在为一系列圆或圆弧创建标注时，“快速标注”命令很适用。

#### 1. 创建快速标注

在“标注”面板中单击“快速标注”按钮，或输入“QDIM”，按 Enter 键执行“快速标注”命令，可以根据系统提示创建快速标注了。

**新手演练 Novice exercises** **快速标注螺旋杆**（源文件\第 9 章\螺旋杆.dwg）

Step 01 打开“螺旋杆”图形文件，在“标注”面板中单击“快速标注”按钮，或输入“QDIM”后，按 Enter 键执行“快速标注”命令。

Step 02 系统提示“选择要标注的几何图形”，选择如下图所示的线条。

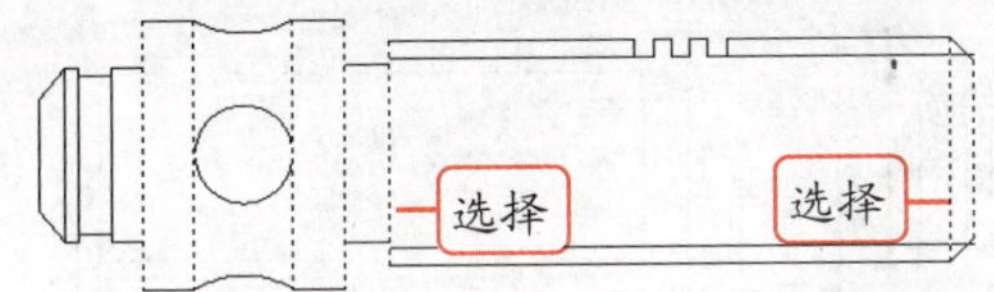


Step 03 按 Enter 键确定选择的线条，系统提示“指定尺寸线位置或[连续(C)/并列(S)/基线(B)/坐标(O)/半径(R)/直径(D)/基准点(P)/编辑(E)/设置(T)]”，在螺旋杆的下方指定尺寸线的位置，完成快速标注操作。

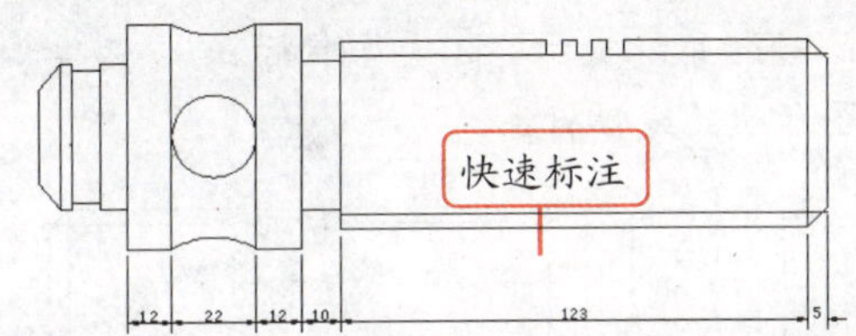


#### 2. 设置快速标注方式

在确定选择的图形对象后，系统将根据所选对象的类型自动采用一种最适合的标注方式，也可以根据需要选择其他选项来创建快速标注。

**知识点拨 Knowledge** **进行快速标注时，确定选择的图形对象后，系统提示中各选项的含义**

连续（C）：用于创建一系列连续标注，与“连续标注”命令的作用相同，但它不需要在已有的线性标注基础之上进行标注。

并列（S）：用于创建一系列并列标注，用于标注对称性的尺寸。

基线（B）：创建一系列基线标注，与“基线标注”命令的作用相同。

坐标（O）：以某一基点为准，标注其他端点相对于该基点的相对坐标。

半径（R）或直径（D）：用于创建半径或直径标注。

基准点（P）：用于为基线标注和坐标标注设置新的基准点。

编辑（E）：用于编辑标注，可以增加或减少尺寸标注中尺寸界线原点的数目。

设置（T）：用于为指定尺寸界线原点设置默认的对象捕捉模式。

# 9.4 编辑尺寸标注

在对机械图形进行尺寸标注后，也许部分尺寸标注并不能满足要求，这时可以根据需要对尺寸标注进行编辑，如折断已有的标注、折弯线性标注以及改变标注文字的位置和内容等。

## 9.4.1 等距标注

等距标注可以为指定的两个或多个尺寸标注设置间距，以调整平行的线性标注或角度标注之间的间距。

新手演练 Novice exercises　修改螺旋杆中线性标注间的间距（源文件\第 9 章\修改螺旋杆.dwg）

**Step 01** 打开“修改螺旋杆”图形文件，在“标注”面板中单击“调整间距”按钮，或输入“DIMSPACE”，按 Enter 键执行“等距标注”命令。

**Step 02** 系统提示“选择基准标注”，选择如下图所示的线性标注。

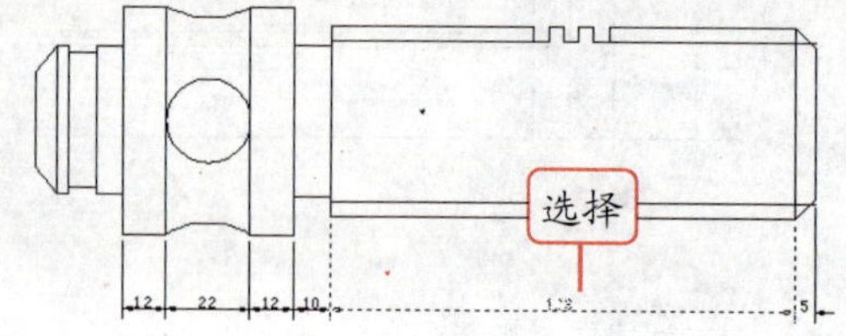


**Step 03** 系统提示“选择要产生间距的标注”，选择图形中的其他标注，按 Enter 键确定选择。

**Step 04** 系统提示“输入值或[自动(A)]”，输入“10”，按 Enter 键，完成标注间距的修改。

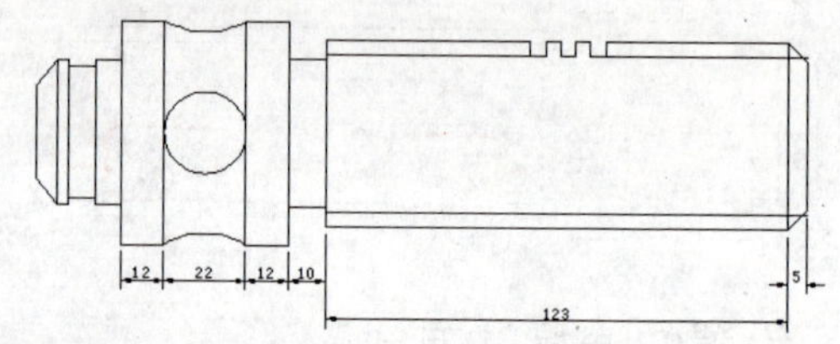


## 9.4.2 打断标注

当有对象与标注相交时，使用“打断”命令可以将标注、延伸线或引线从指定的位置处打断一定的距离。

新手演练 Novice exercises　对图形中的标注进行打断（源文件\第 9 章\打断标注.dwg）

**Step 01** 打开“打断标注”图形文件，在“标注”面板中单击“打断”按钮，或输入“DIMBREAK”，按 Enter 键执行“打断”命令。

**Step 02** 系统提示“选择要添加/删除折断的标注或[多个(M)]”，选择图形中最右侧的线性标注。

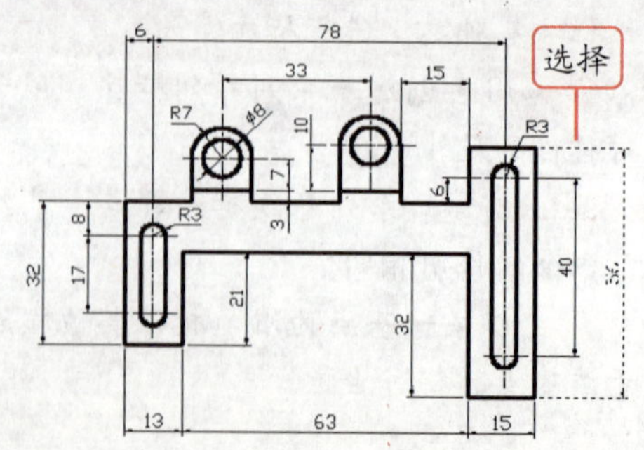

**Step 03** 系统提示“选择要折断标注的对象或[自动(A)/手动(M)/删除(R)]”，选择“手动”选项。

**Step 04** 系统提示“指定第一个打断点”，拾取如下图所示的最近点。

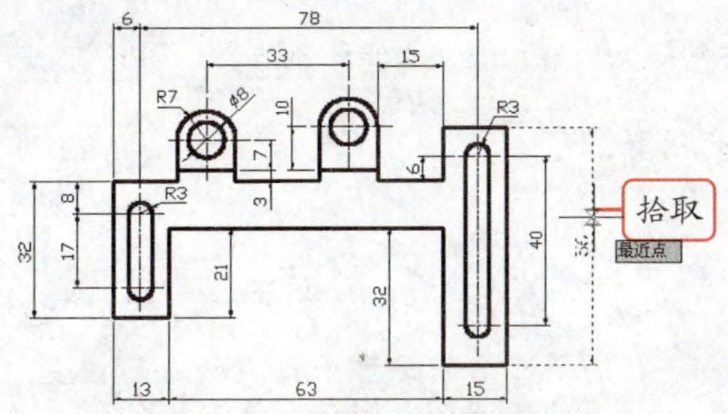


**Step 05** 系统提示“指定第二个打断点”，拾取如下图所示的最近点。按 Enter 键，完成标注间距的修改。

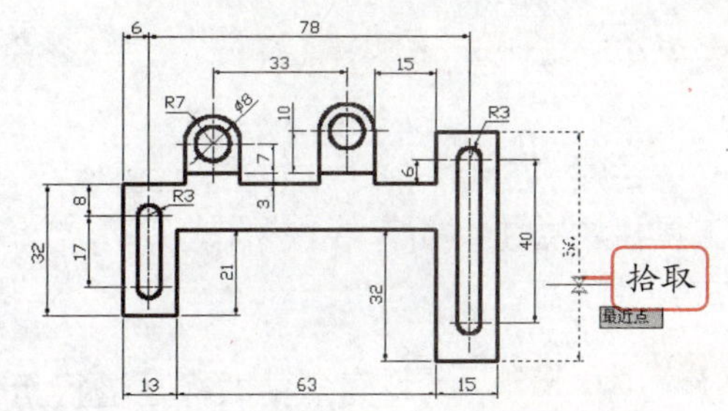


**Step 06** 系统自动将标注从拾取的两点间的位置进行打断。

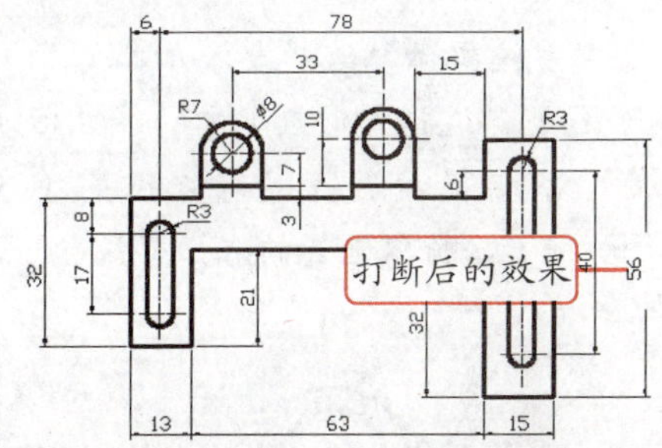


## 9.4.3 倾斜标注

通过“倾斜”命令可以使线性标注的延伸线倾斜，单击“标注”面板右下角的◢按钮，显示隐藏的部分，在其中单击“倾斜”按钮$\overline{H}$，或输入“DIMEDIT”后按 Enter 键均可以执行“倾斜”命令。

**新手演练 Novice exercises** **将图形中的标注进行倾斜操作**（源文件\第 9 章\倾斜标注.dwg）

**Step 01** 打开“倾斜标注”图形文件，执行“倾斜”命令。

**Step 02** 系统提示“输入标注编辑类型[默认(H)/新建(N)/旋转(R)/倾斜(O)] <默认>: _O 选择对象”，选择图形最右侧的线性标注。

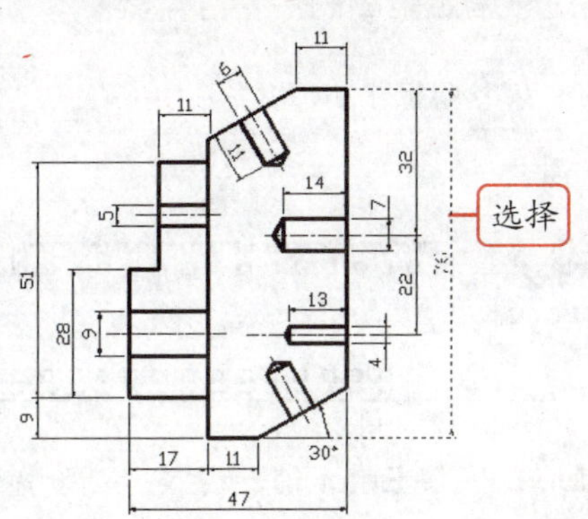


**Step 03** 按 Enter 键，系统提示“输入倾斜角度（按 ENTER 表示无）”，输入“30”，按 Enter 键，完成操作。

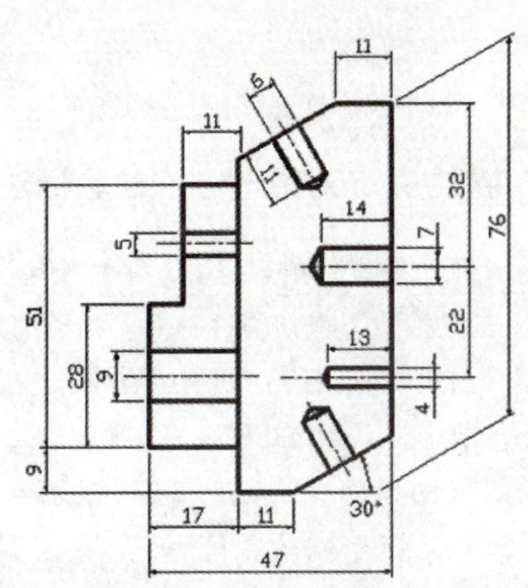

### 9.4.4 折弯线性标注

通过“折弯线性”命令可以在线性标注或对齐标注中添加或删除折弯线，在“标注”工具栏中单击“折弯线性”按钮，或输入“DIMJOGLINE”后按 Enter 键均可执行“折弯线性”命令。

新手演练 Novice exercises　将图形中的标注进行折弯操作（源文件\第 9 章\折弯线性.dwg）

Step 01 打开“折弯线性”图形文件，执行“折弯线性”命令。

Step 02 系统提示“选择要添加折弯的标注或[删除(R)]”，选择图形最下方的线性标注。

Step 03 系统提示“指定折弯位置（或按 ENTER 键）”，拾取选择的线性标注的中点。

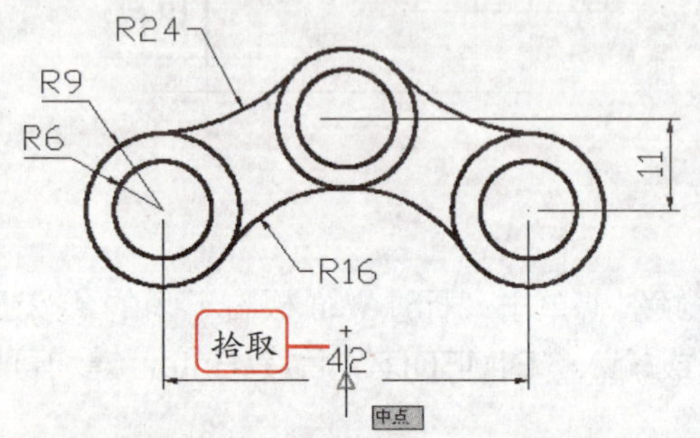


Step 04 系统自动在拾取的中点处将标注进行折弯。

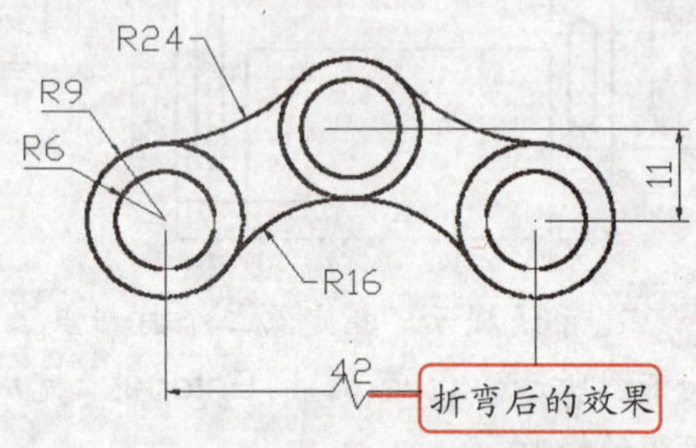


Step 05 用相同的方法对图形最右侧的标注进行折弯操作。

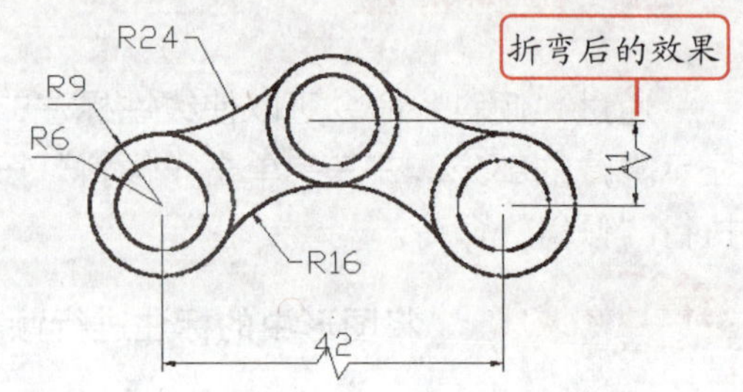


### 9.4.5 检验标注

通过“检验”命令可以添加或删除与选择的标注关联的检验信息，主要用于指定应检查制造的部件的频率，以确保标注值和部分公差处于指定范围内。

新手演练 Novice exercises　对图形进行检验标注（源文件\第 9 章\检验标注.dwg）

Step 01 打开“检验标注”图形文件，在“标注”面板中单击“检验”按钮，执行“检验”命令。

Step 02 打开“检验标注”对话框，在其中单击“选择标注”按钮。

Step 03 返回绘图区，系统提示“选择标注”，选择图形上方和左侧的线性标注。

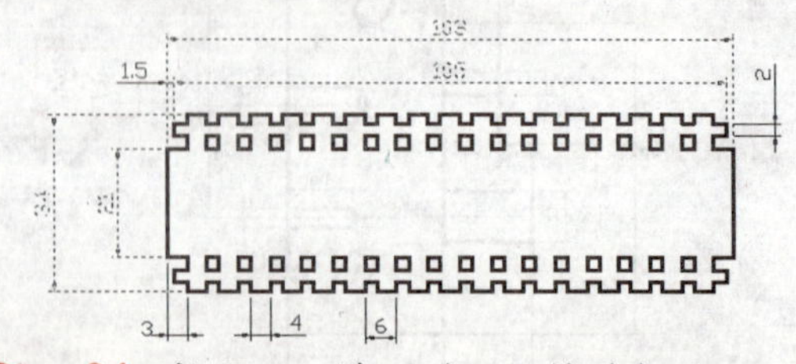


Step 04 按 Enter 键，返回“检验标注”

对话框，在其中点选“尖角”单选按钮，单击 确定 按钮。

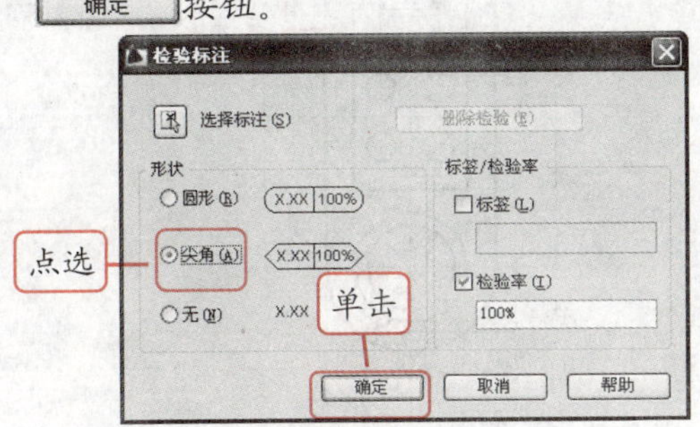


Step 05 用相同的方法对图形其他的标注进行检验操作。

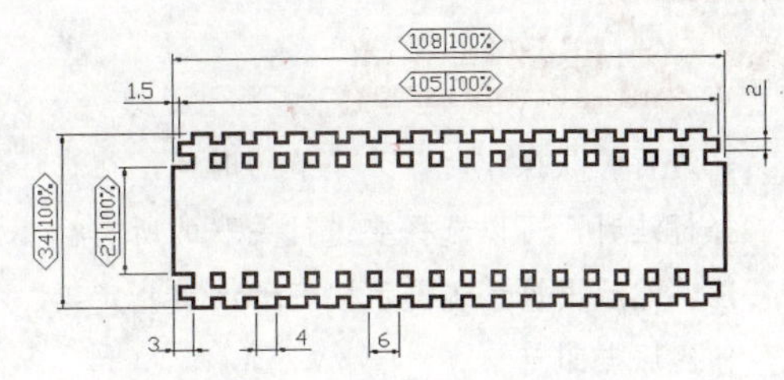

## 9.4.6 更新标注

在对图形进行标注后，如果对标注的效果不满意，可以在标注样式管理器中对标注进行修改，修改后标注尺寸不一定会自动更新，此时需要使用“更新”命令对标注进行更新，以应用修改后的标注样式。

在“标注”面板中单击“更新”按钮，或输入“DIMSTYLE”，按 Enter 键执行“更新”命令，根据系统提示选择要更新的标注后按 Enter 键即可更新标注。

## 9.4.7 关联标注

在进行了尺寸标注后，如果发现图形中某些部分绘制错了，在对图形进行修改后，还需要对尺寸标注进行修改，从而浪费大量的时间。通过关联标注操作，可以将尺寸标注与绘制的图形对象进行链接，这样在修改图形时标注也会自动修改。

新手演练 Novice exercises 对标注进行关联（源文件\第 9 章\关联标注.dwg）

Step 01 打开“关联标注”图形文件，单击“标注”面板中的“重新关联”按钮，或输入“DIMREASSOCIATE”，按 Enter 键。

Step 02 系统提示“选择对象”，选择图形中最上方的线性标注。

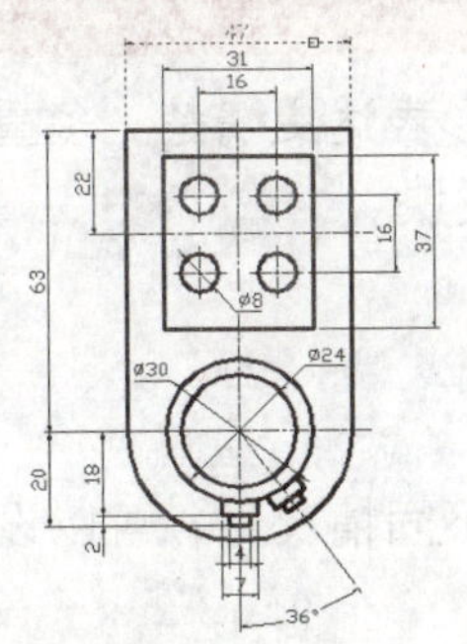

Step 03 系统提示“指定第一个延伸线原点或[选择对象(S)]”，按 Enter 键默认系统指定的第一个延伸线原点。

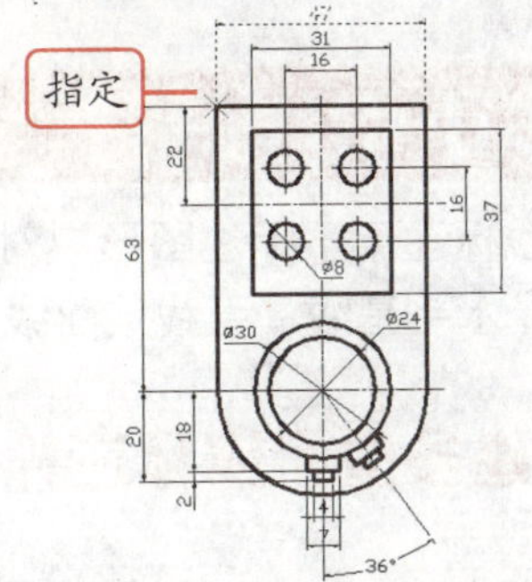


Step 04 系统提示“指定第二个延伸线原点”，按 Enter 键默认系统指定的第二个延伸

线原点。完成关联标注操作，在修改图形时，尺寸标注也会相应被修改。

在进行关联操作时，为了节约时间，在选择标注时，可以选择要进行关联的所有标注，然后根据系统提示按 Enter 键指定延伸线原点即可。

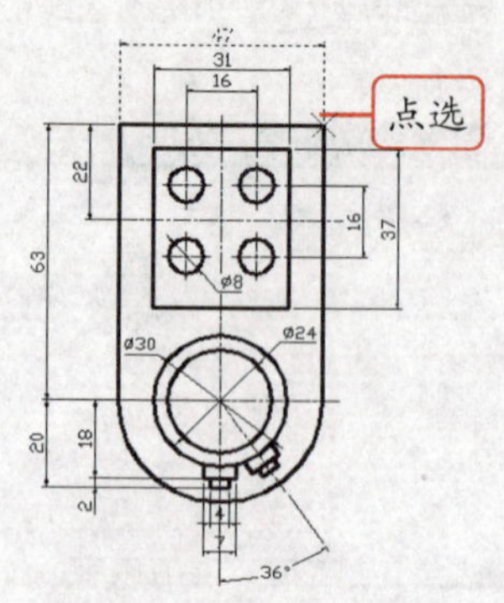


### 9.4.8 编辑标注文字的位置

在对图形进行标注的过程中，有时会遇到标注中文字重合的情况，这时除了可以通过"移动"命令将其移动到其他位置外，还可以根据需要来更改某个标注文字在尺寸线上的位置。

新手演练 Novice exercises　**对标注文字的位置进行编辑**

**Step 01** 打开"标注文字"图形文件，单击"标注"面板右下角的◢按钮，显示隐藏的部分，在其中单击"右对正"按钮。

**Step 02** 系统提示"选择标注"，选择图形中最右侧的线性标注。

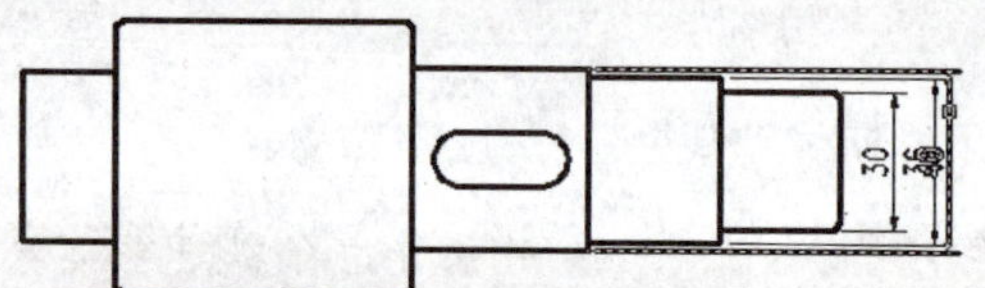

**Step 03** 系统自动将选择标注中的文字向右对齐。

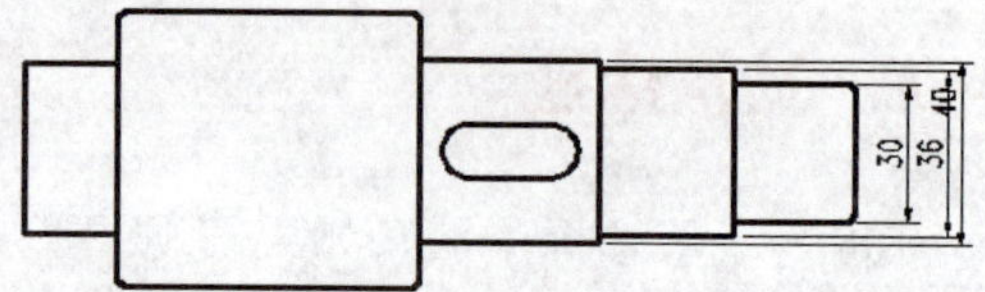

**Step 04** 在"标注"面板中单击"左对正"按钮，根据系统提示选择三个标注中最左侧的线性标注，完成所有操作。

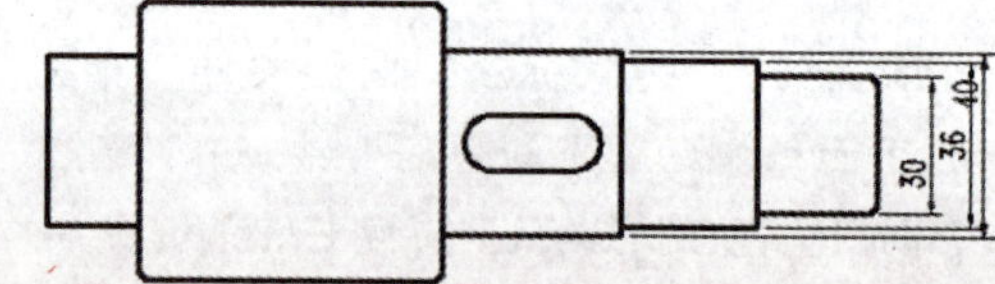

## 9.5 多重引线标注

多重引线标注用于标注图形中对象的说明信息，使图形表达更清楚。多重引线对象通过包含箭头、水平基线、引线或曲线以及多行文字的对象或块。

### 9.5.1 创建多重引线标注样式

与标注样式相似，多重引线标注有其单独的样式，在不同情况下，可以设置不同的标注样式。

创建多重引线标注样式主要是在"多重引线样式管理器"对话框中进行，在"注释"

选项卡的“多重引线”面板中单击“多重引线样式”按钮，或输入“MLEADERSTYLE”后按 Enter 键可以打开该对话框。

## 创建多重引线标注样式

**Step 01** 选择“注释”选项卡，在“多重引线”面板中单击“多重引线样式”按钮。

**Step 02** 打开“多重引线样式管理器”对话框，在该对话框中单击 新建(N)... 按钮。

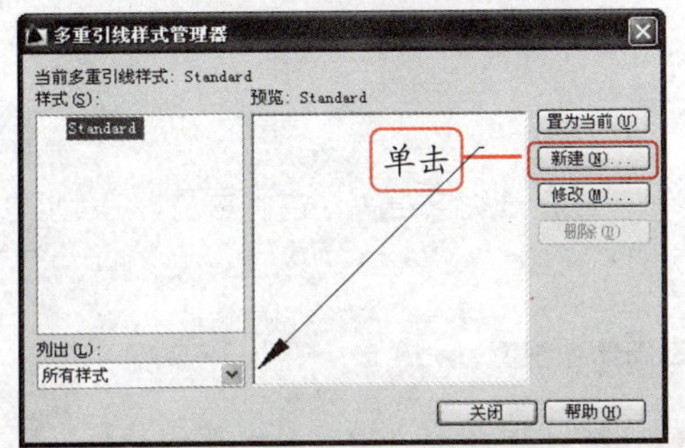


**Step 03** 打开“创建新多重引线样式”对话框，在该对话框的“新样式名”文本框中输入“机械”，单击 继续(O) 按钮。

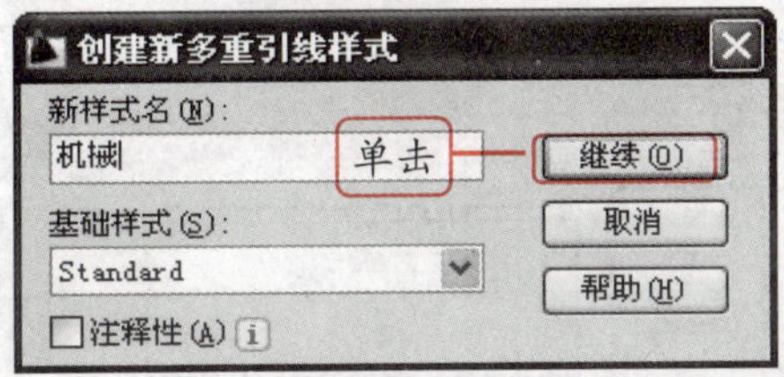


**Step 04** 打开“修改多重引线样式：机械”对话框，在其中的“类型”下拉列表框中选择“直线”选项，在“大小”和“打断大小”数值框中分别输入“2.5”和“0.5”。

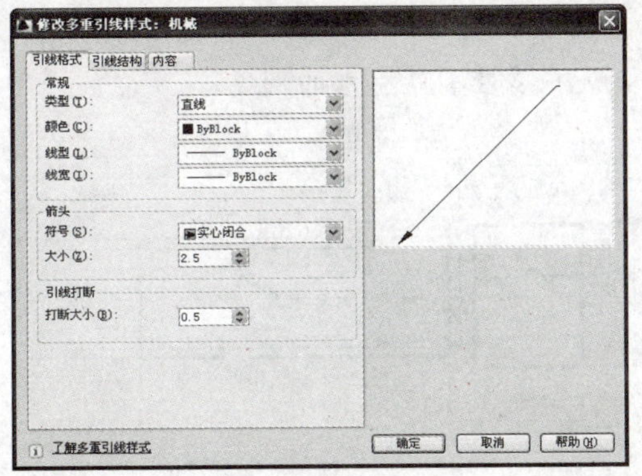


**Step 05** 选择“引线结构”选项卡，在“设置基线距离”数值框中输入“2.5”。

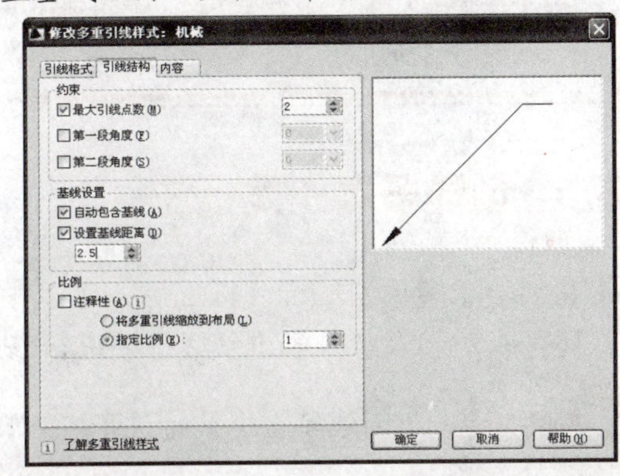


**Step 06** 选择“内容”选项卡，在“文字角度”下拉列表框中选择“保持水平”选项，在“文字高度”数值框中输入“5”，在“连接位置-左”和“连接位置-右”下拉列表框中均选择“最后一行中间”选项，单击 确定 按钮。

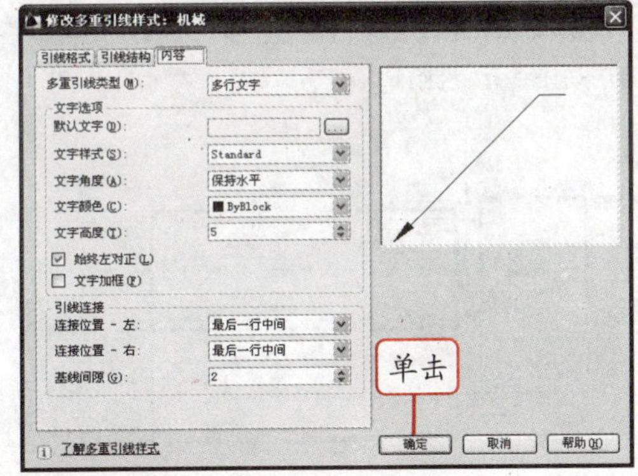


**职场经验谈** Workplace Experience

单击“默认文字”文本框后面的按钮返回绘图区，在出现的文字输入框中输入文字后，在绘图区空白位置单击，可以为多重引线设置默认的文字内容。

Step 07 返回“多重引线样式管理器”对话框，单击[关闭]按钮，完成样式的创建。

温馨提示牌 Warm and prompt licensing

在创建多重引线样式后一般需要单击[置为当前(U)]按钮，将其置为当前，以使用创建样式创建多重引线。

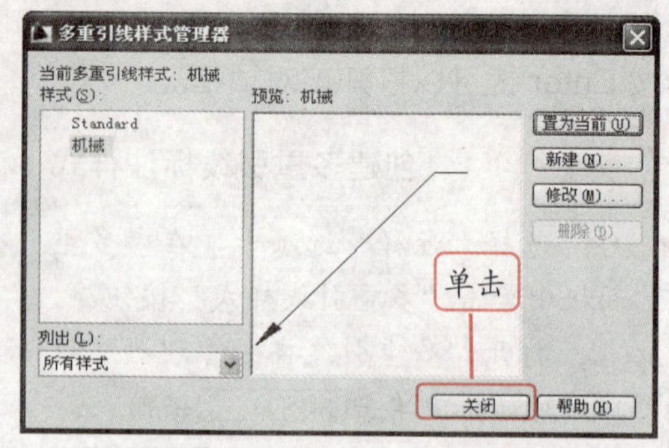


## 9.5.2 创建多重引线标注

在创建了多重引线标注样式后，可以根据需要对图形进行多重引线标注了，在创建之后，还可以对不满意的多重引线标注进行修改。

新手演练 Novice exercises 创建多重引线标注（源文件\第9章\阀体左视图.dwg）

Step 01 打开“阀体左视图”图形文件，单击“多重引线”面板中的“多重引线”按钮，或输入“MLEADER”后按Enter键，执行“多重引线标注”命令。

Step 02 系统提示“指定引线箭头的位置或[引线基线优先(L)/内容优先(C)/选项(O)]”，拾取如下图所示的圆心。

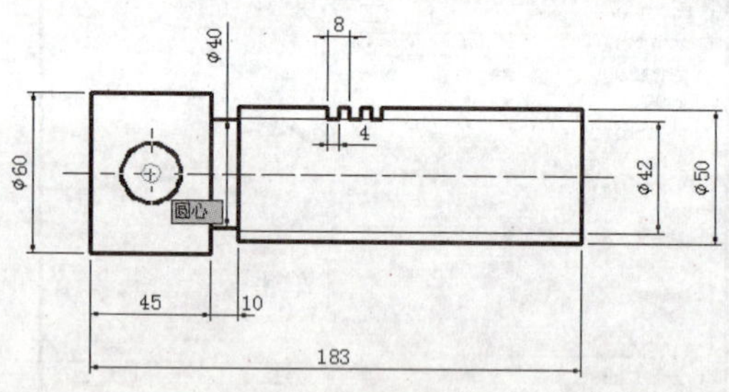


温馨提示牌 Warm and prompt licensing

若选择“选项”选项，根据系统提示“输入选项[引线类型(L)/引线基线(A)/内容类型(C)/最大节点数(M)/第一个角度(F)/第二个角度(S)/退出选项(X)]”，选择相应的选项就可以对多重引线进行详细设置。

Step 03 系统提示“指定引线基线的位置”，在图形的左上角单击，指定引线基线的位置，此时在该位置处将出现一个文字输入框，并打开“多行文字”选项卡。

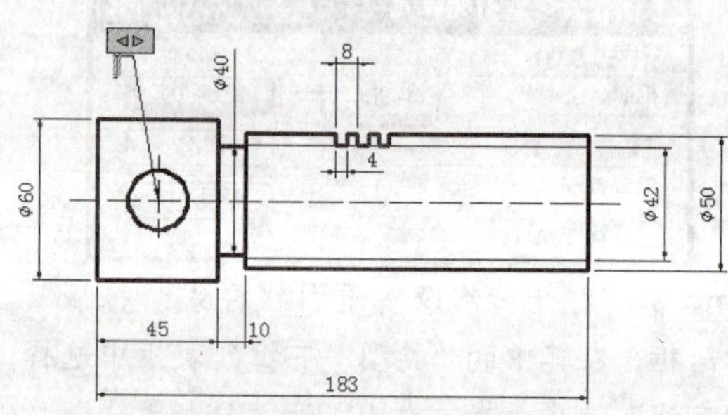


Step 04 在文字输入框中输入“ф22通孔”，在绘图区的空白位置单击，确定输入多行文字，完成多重引线标注的创建。

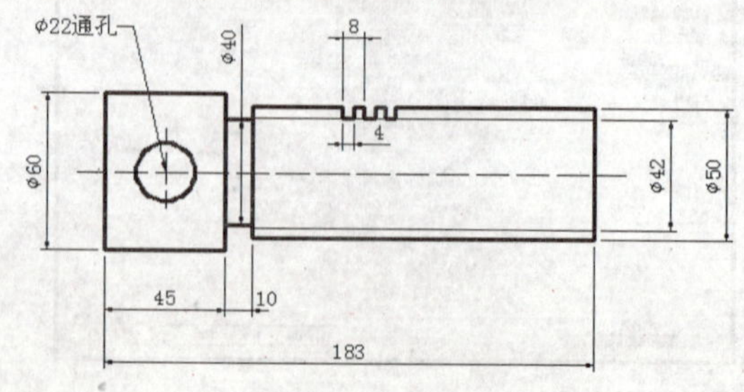

Step 05 用相同的方法创建如下图所示的多重引线标注。

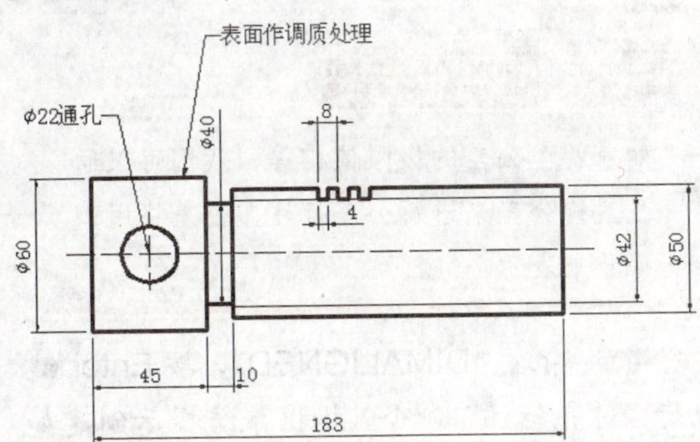


职场经验谈 Workplace Experience

在创建了多重引线后，如果发现创建的多重引线错误，可以单击“多重引线”面板中的“删除引线”按钮将其删除。

Step 06 单击“多重引线”面板中的“添加引线”按钮，系统提示“选择多重引线”，选择上一步创建的多重引线。

Step 07 系统提示“指定引线箭头的位置”，在图形上拾取如下图所示的最近点。

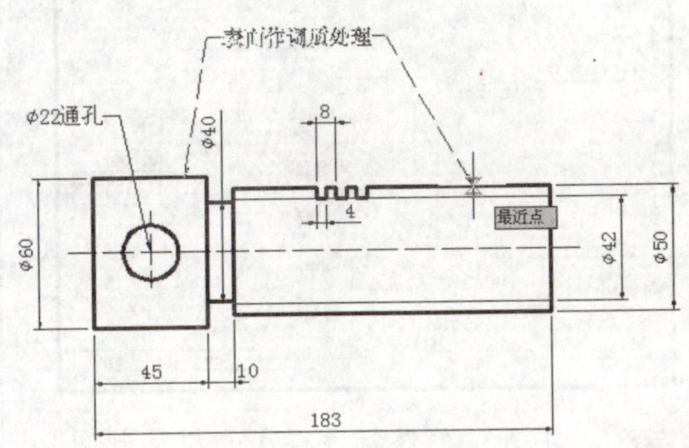


Step 08 按 Enter 键，确定指定引线箭头的位置，为多重引线添加一条引线。

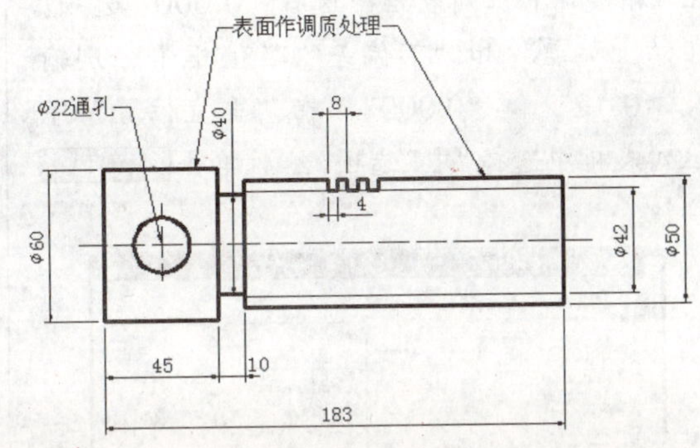


# 9.6 公差标注

公差标注是机械绘图中特有的标注，主要用于说明机械零件允许的尺寸与误差范围，通过指定生产中的公差，可以控制部件所需的精度等级，公差标注有尺寸公差标注和形位公差标注两种类型。

## 9.6.1 尺寸公差

在实际生产中，受各种因素的影响，零件的尺寸不可能做得绝对精确，这时可根据零件的使用要求和加工条件，对某些尺寸规定一个允许的变动量，这个变动量称为尺寸公差，简称公差。

新手演练 Novice exercises 对图形进行尺寸公差标注

Step 01 打开“六角螺母”图形文件，打开“标注样式管理器”对话框。

Step 02 在“样式”列表框中选择“机械制图”选项，单击 修改(M)... 按钮。

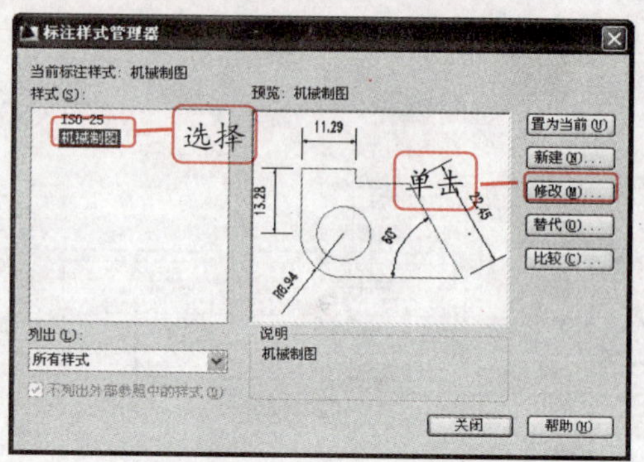

**Step 03** 打开“修改标注样式：机械制图”对话框，在其中选择“公差”选项卡，在“方式”下拉列表框中选择“极限偏差”选项，在“精度”下拉列表框中选择“0.000”选项，在“上偏差”和“下偏差”数值框中分别输入“0.12”和“0.005”，在“垂直位置”下拉列表框中选择“中”选项，然后单击 确定 按钮。

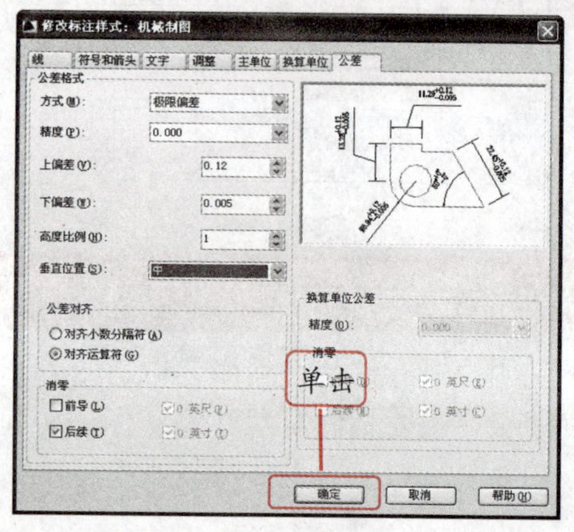

**Step 04** 返回“标注样式管理器”对话框，单击 置为当前(U) 按钮，单击 关闭 按钮。

**职场经验谈** Workplace Experience

如果两个公差的极限值相等，我们可以通过对称公差来进行公差标注，公差将用±符号来表示。

**Step 05** 输入“DIMALIGNED”，按Enter键执行“对齐标注”命令，根据系统提示创建如下图所示的对齐标注，其中标注文字中将显示设置的尺寸公差。

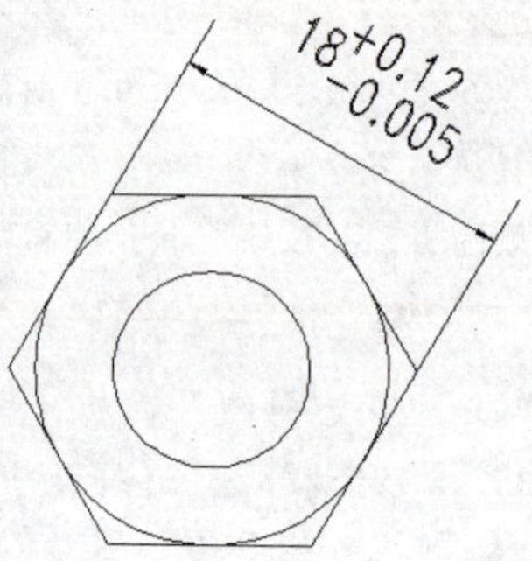


**温馨提示牌** Warm and prompt licensing

如果只是对图形的某部分进行尺寸公差标注，可以选择已经进行线性标注的尺寸，然后在“特性”面板中对尺寸公差的参数进行设置。

## 9.6.2 形位公差

加工后的零件不仅有尺寸误差，还有形位公差。由于构成零件几何特征的点、线、面的实际形状或相互位置与理想几何体规定的形状和相互位置不可避免地存在差异，通过形位公差就可以定义机械图形中形状、轮廓、方向、位置和跳动相对精确几何图形的最大允许误差，以表现零件要求的精确度。

### 1. 认识形位公差

形位公差包括形状公差和位置公差，是指导生产、检验产品和控制质量的技术依据。

形位公差内容用框格表示，框格内容自左向右第一格总是形位公差几何特征符号，它用于表示应用公差的几何特征，例如位置、轮廓、形状、方向或跳动；第二格为公差数值；第三格以后为基准。形位公差符号和含义以及其有无基准要求如下所示的表格中所示。

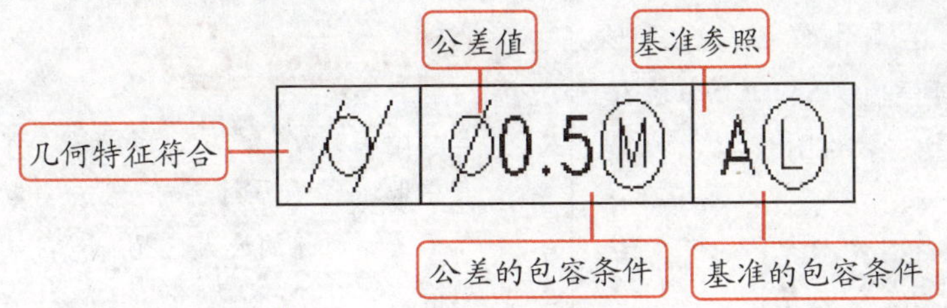


表 9-1 形位公差表

| 公差 | | 含义 | 符号 | 有无基准要求 |
|---|---|---|---|---|
| 形状 | 形状 | 直线度 | — | 无 |
| | | 圆度 | ○ | 无 |
| | | 平面度 | ▱ | 无 |
| | | 圆柱度 | ⌭ | 无 |
| 形状或位置 | 轮廓 | 线轮廓度 | ⌒ | 有或无 |
| | | 面轮廓度 | ⌓ | 有或无 |
| 位置 | 定向 | 平行度 | // | 有 |
| | | 垂直度 | ⊥ | 有 |
| | | 倾斜度 | ∠ | 有 |
| | 定位 | 同轴度 | ◎ | 有 |
| | | 对称度 | ⌯ | 有 |
| | | 位置度 | ⌖ | 有或无 |
| | 跳动 | 圆跳动 | ↗ | 有 |
| | | 全跳动 | ⌰ | 有 |

形位公差与尺寸公差不同，它不是通过在“标注样式管理器”对话框中进行参数设置，而是需要在“形位公差”对话框中进行参数设置。单击“标注”面板右下角的◢按钮，显示隐藏的部分，在其中单击“公差”按钮，或输入“TOLERANCE”、“TOL”后按 Enter 键，打开“形位公差”对话框。

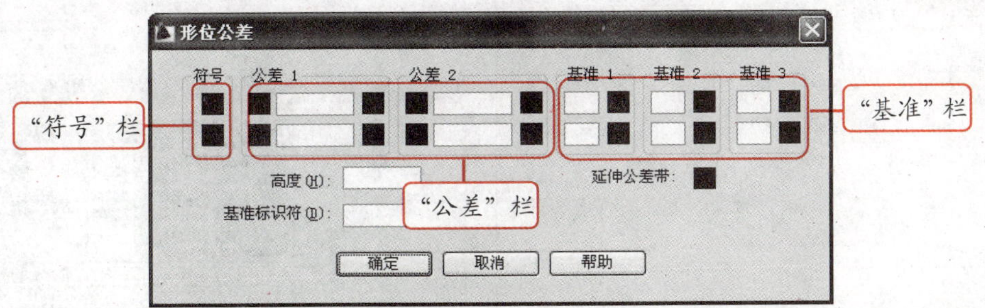

## 知识点拨 Knowledge “形位公差”对话框中各部分的含义

**“符号”栏：**单击该栏中的图标框■将打开“特征符号”对话框，在其中单击所需的形位公差符号关闭该对话框，并返回“形位公差”对话框，在“符号”栏的图标框中将显示所选的符号。

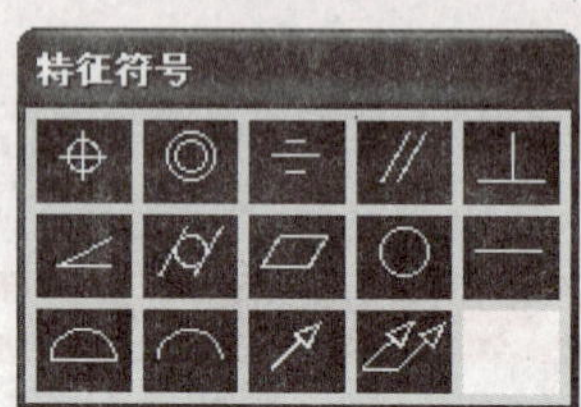


**“公差”栏：**该栏中包含两个图标框和一个文本框，左边的图标框为“直径”，单击该框将在形位公差前面加注直径符号“Ø”；中间的文本框用于输入形位公差值，公差值指明了几何特征相对于精确形状的允许偏差量；右边的图标框为“附加符号”，单击该图标框将打开“附加符号”对话框，在其中可以选择修饰符号。

> **温馨提示牌** Warm and prompt licensing
>
> 在“附加符号”对话框中包含三种符号，其中Ⓜ符号表示材料的一般中等状况；Ⓛ符号表示材料的最大状况；Ⓢ符号表示材料的最小状况。

**“基准”栏：**用于创建基准参照，基准是理论上精确的几何参照，用于建立特征的公差带，基准参照由值和修饰符号组成。

**“高度”文本框：**用于创建投影公差带的值。创建特征控制框中的投影公差零值，投影公差带控制固定垂直部分延伸区的高度变化，并以位置公差控制公差精度。

**“基准标识符”文本框：**创建由参照字母组成的基准标识符号。基准是理论上精确的几何参照，用于建立其他特征的位置和公差带。点、直线、平面、圆柱或者其他几何图形都能作为基准。

**“延伸公差带”栏：**用于在延伸公差带值后面插入延伸公差带符号。

## 2. 创建形位公差

认识形位公差并对“形位公差”对话框中各参数的含义了解后，单击[确定]按钮返回绘图区，指定形位公差的标注位置即可创建形位公差。

## 新手演练 Novice exercises 创建形位公差（源文件\第 9 章\带轮.dwg）

**Step 01** 打开“形位公差”图形文件，输入“TOL”后按 Enter 键，打开“形位公差”对话框，单击“符号”栏中的图标框■。

**Step 02** 在打开的“特征符号”对话框中单击↗符号。

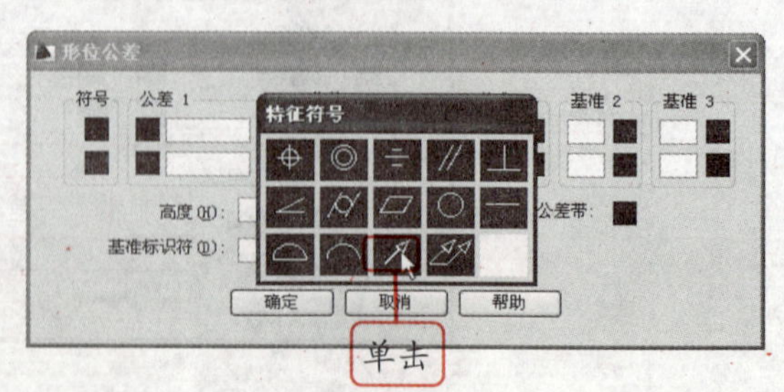

Step 03 返回“形位公差”对话框，在“公差 1”栏的文本框中输入“0.1”，单击 确定 按钮。

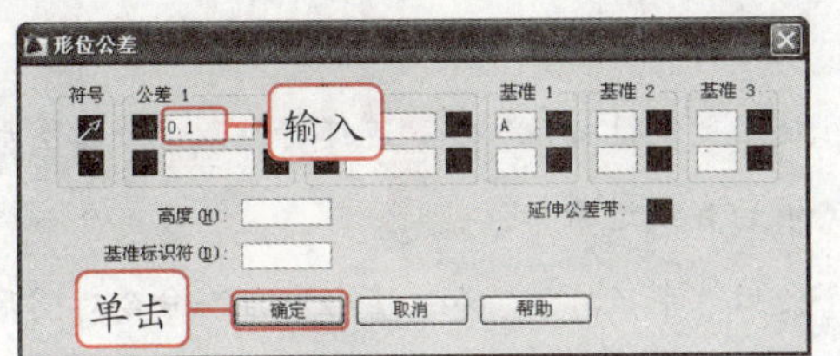


Step 04 返回绘图区，系统提示“输入公差位置”，在中心线的上方单击，插入设置的形位公差。

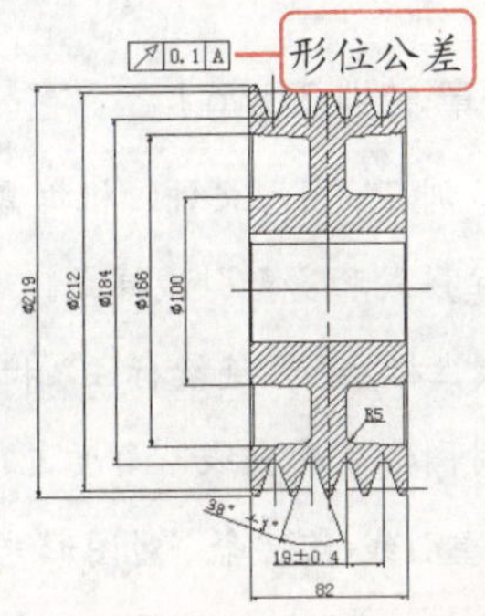


Step 05 创建适合的多重引线样式，并在形位公差的左侧创建一条无文字内容的引线，完成形位公差的创建。

Step 06 用相同的方法为其他部分的图形创建形位公差。

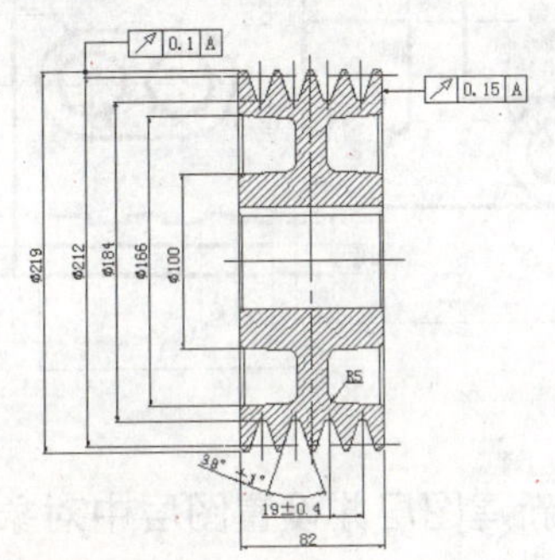


**职场经验谈** Workplace Experience

单击“形位公差”对话框中的 帮助 按钮，可以打开“帮助”窗口，在其中提供了有关形位公差的信息。

## 9.7 职场特训

本章主要介绍了尺寸标注的相关知识，包括机械制图标注规范、创建标注样式、简单尺寸标注，快速标注尺寸、编辑尺寸标注、多重引线标注和公差标注等知识。学习完章节内容后，下面通过三个实例巩固本章知识。

### 特训 1：使用各种不同的标注方法对图形进行标注（源文件\第 9 章\特训 1.dwg）

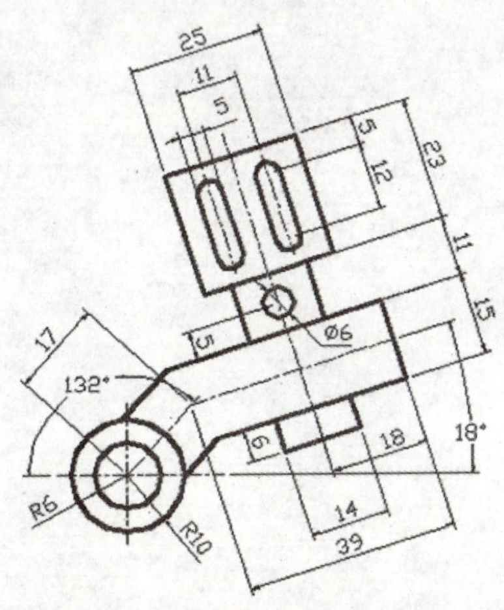


1. 打开“特训 1”图形文件，根据需要创建尺寸标注样式，并将其置为当前。
2. 通过“对齐标注”命令对图形中的直线进行对齐标注。
3. 使用“角度标注”命令对图形中的角度进行角度标注。
4. 通过“半径标注”和“直径标注”命令对图形中的圆进行标注。
5. 通过关联标注的方法将创建的尺寸标注与图形进行关联。

**特训 2：** 新建图层并设置图层中对象的外观 1（源文件\第 9 章\特训 2.las）

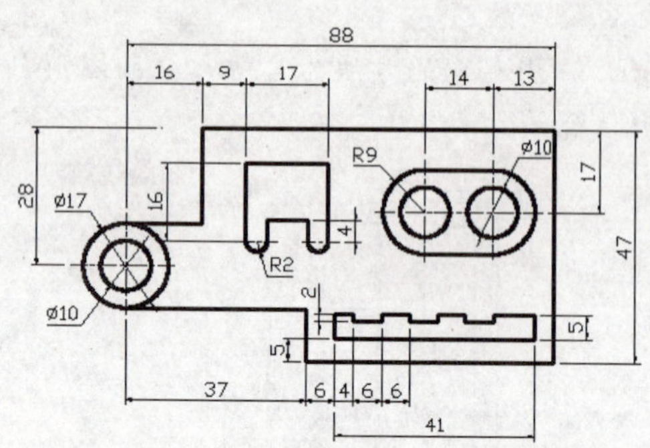

1. 打开“特训 2”图形文件，根据需要创建新的尺寸标注样式。
2. 使用“线性标注”和“连续标注”命令对图形中的直线进行标注。
3. 使用“半径标注”和“直径标注”命令对图形中的圆进行标注。

**特训 3：** 新建图层并设置图层中对象的外观 2（源文件\第 9 章\特训 3.dwg）

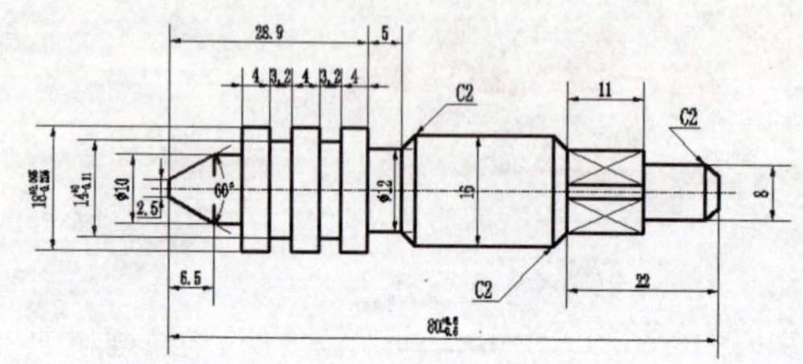

1. 打开“特训 3”图形文件，根据需要创建新的尺寸标注样式和多重引线样式。
2. 使用“线性标注”、“连续标注”和“角度标注”等命令对图形中的直线、角度进行标注。
3. 使用“多重引线标注”命令对图形进行引线标注，然后再将部分线性标注设置为尺寸公差标注。

# 第10章

# 创建三维模型

## 精彩案例

将二维图形拉伸为三维实体

将二维图形旋转为三维实体

通过“差集运算”命令完成底座实体

通过“三维镜像”命令完成蝶形螺母

## 本章导读

在AutoCAD中，二维绘图功能只能绘制出物体各面的二维图形，而通过强大的三维绘图功能，可以绘制各种三维的线、平面、曲面以及实体等，通过绘制出的三维模型可以直观地表现出物体的实际形状。

# 10.1 设置三维视图

在使用 AutoCAD 绘制三维图形前，首先应掌握三维绘图环境和坐标系统及根据自己的需要和习惯设置三维视图。

## 10.1.1 使用三维坐标系

默认状态下，AutoCAD 的坐标系为世界坐标系，其坐标原点和方向是固定不变的，为了方便绘制三维图形，可以使用用户坐标系（UCS），即自定义坐标系的位置和方向。输入“UCS”后按 Enter 键，根据系统提示可创建出所需的用户坐标系，在创建用户坐标系后，还可以根据需要对坐标进行保存、恢复和删除等操作。

新手演练 Novice exercises　创建一个用户坐标系（源文件\第 10 章\用户坐标系.dwg）

Step 01　打开“用户坐标系”图形文件，执行 UCS 命令。

Step 02　系统提示“指定 UCS 的原点或[面(F)/命名(NA)/对象(OB)/上一个(P)/视图(V)/世界(W)/X/Y/Z/Z 轴(ZA)]”，拾取长方体 Y 轴所在下方边的中点作为原点。

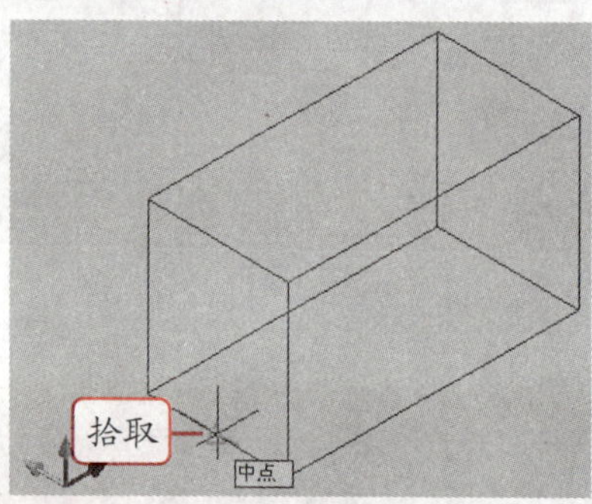


职场经验谈 Workplace Experience

若选择“面”选项，可以将 UCS 与三维对象的选择面对齐；选择“对象”选项，可以根据选择的三维对象创建坐标系；选择“视图”选项，可以以平行于屏幕的平面为 *XY* 平面建立新的坐标系，UCS 原点保持不变。

Step 03　系统提示“指定 *X* 轴上的点或<接受>”，按 Enter 键确认系统默认的“接受”选项，创建用户坐标系。

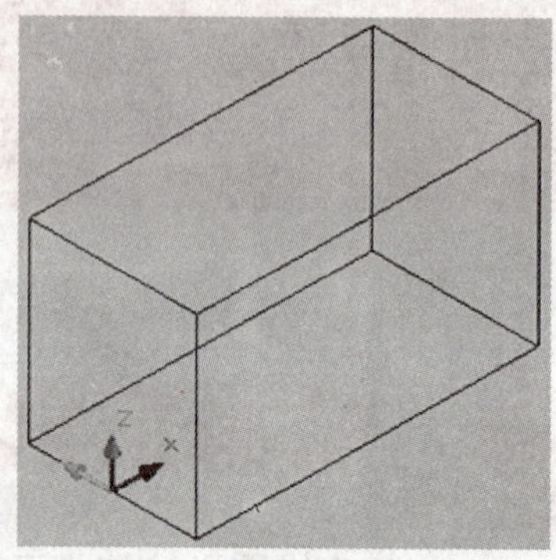

Step 04　按 Enter 键重复执行 UCS 命令，根据系统提示选择“命名”选项。系统提示“输入选项[恢复(R)/保存(S)/删除(D)/?]”，选择“保存”选项。

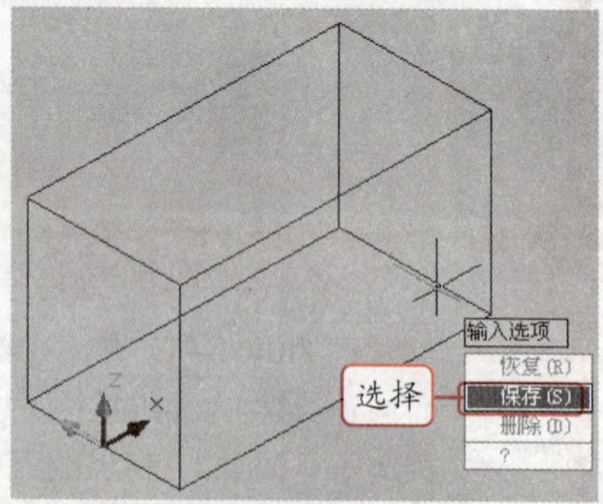


Step 05　系统提示“输入保存当前 UCS 的名称或[?]”，输入“iu”，按 Enter 键保存创

建的用户坐标系。

Step 06 按 Enter 键重复执行 UCS 命令，根据系统提示选择“命名”选项，再次根据系统提示选择“恢复”选项。

Step 07 系统提示“输入要恢复的 UCS 名称或[?]”，输入“iu”，按 Enter 键即可在创建的用户坐标系中绘制实体。

**温馨提示牌** Warm and prompt licensing

启动 AutoCAD 2009 后，默认的工作界面不方便绘制三维模型，这时需要自定义工作空间，将有关三维的选项卡显示到工作界面中，如三维建模。

## 10.1.2 视觉样式的改变

视觉样式用来控制视口中边和着色的显示，在 AutoCAD 中系统提供了二维线框、三维线框、三维隐藏、真实和概念五种视觉样式。

输入“VSCURRENT”，按 Enter 键后根据系统提示选择不同的选项，或在“视觉样式”选项卡中的下拉列表框中选择相应的选项都可以改变视觉样式。另外，在菜单浏览器中选择“视图”|“视觉样式”|“视觉样式管理器”命令，可以打开视觉样式管理器，在其中可以创建和修改视觉样式。

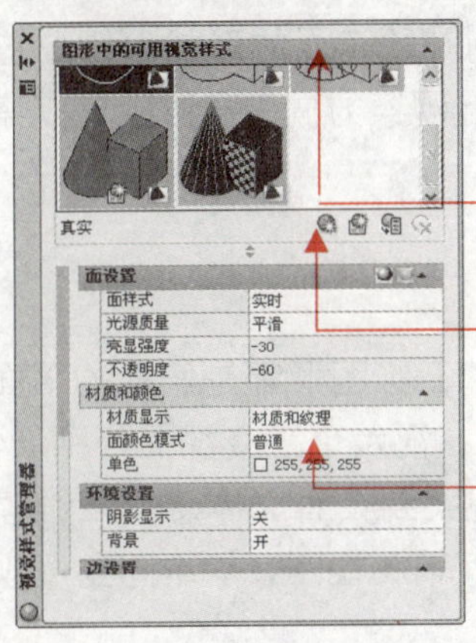


- “视觉样式”列表框：用于选择视觉样式
- 按钮组：用于创建、应用和输出视觉样式
- 参数设置栏：用于设置选择视觉样式的参数

**知识点拨** Knowledge 五种视觉样式的含义

二维线框：显示用直线和曲线表示边界的对象。光栅和 OLE 对象、线型和线宽均可见。

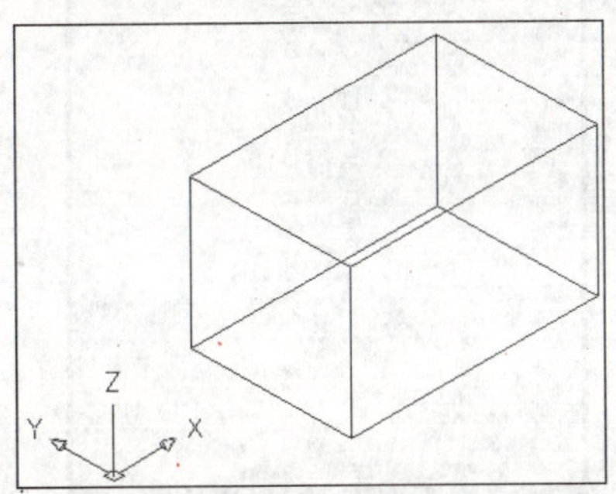


三维线框：与二维线框视觉样式相同，用于显示用直线和曲线表示边界的对象。

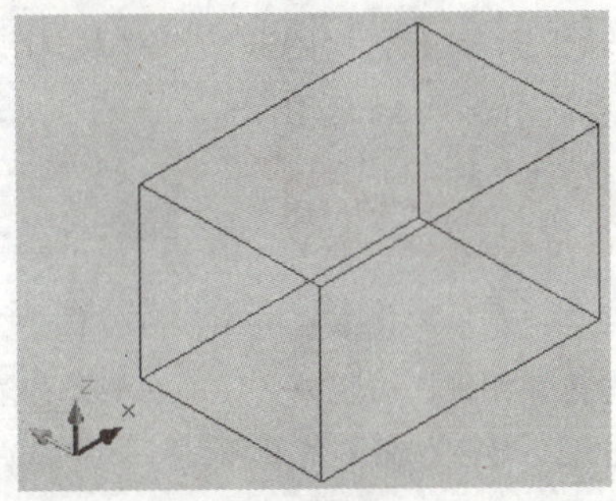

**三维隐藏：**显示用三维线框表示的对象并隐藏表示后向面的直线。

**真实：**着色多边形平面间的对象，并使对象的边平滑化，选择该视觉样式后，将显示已附着到对象的材质。

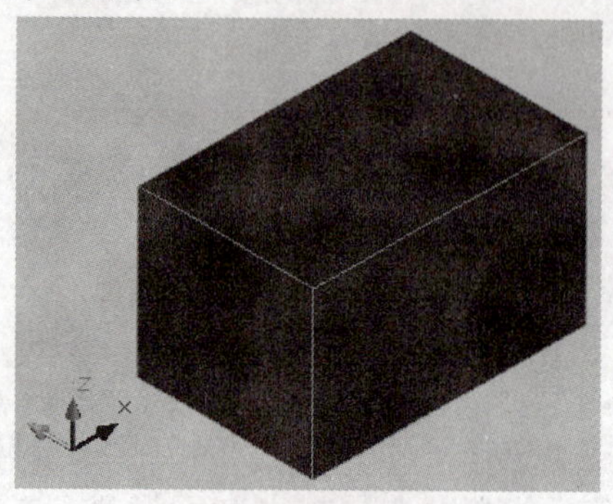


**概念：**着色多边形平面间的对象，并使对象的边平滑化。着色使用古氏面样式，一种在冷色和暖色之间的过渡颜色。虽然该视觉样式的效果缺乏真实感，但可以方便地查看模型的细节。

## 10.1.3 观察三维模型

三维模型具有多个面，仅从一个角度不可能观察到其所有面的形状，因此应根据情况选择适当的观察方法。在 AutoCAD 中可以选择通过指定观察方向、通过视口观察和进行动态观察等三种方法。

### 1. 指定视图的观察方向

启动 AutoCAD 2009 后，使用三维绘图命令绘制的三维图形都是俯视的平面图，可以根据 AutoCAD 提供的俯视、仰视、前视、后视、左视和右视六个正交视图分别从物体的上、下、前、后、左、右六个方位观察三维模型。如果要观察到具有立体感的三维模型，还可以使用 AutoCAD 提供的西南、西北、东南和东北四个等轴测视图，从不同角度观察三维模型，使观察效果更加形象和直观。

**知识点拨 Knowledge** 指定视图观察方向的方法

**通过菜单浏览器指定：**在菜单浏览器中选择"视图" | "三维视图"命令，在弹出的子菜单中显示出六个正交视图和四个等轴测视图，根据需要选择需要的视图。

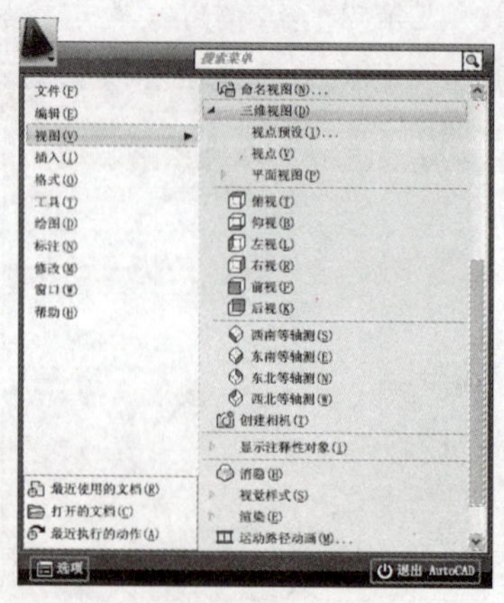


**温馨提示牌 Warm and prompt licensing**

在菜单浏览器的搜索框中输入有关正交视图和等轴测视图的相关文字，在其下列表框中就会显示搜索到的视图。

**通过工具栏指定：**在菜单浏览器中选择“工具”|“工具栏”|“AutoCAD”|“视图”命令，显示“视图”工具栏，在其中单击视图所对应的按钮即可。

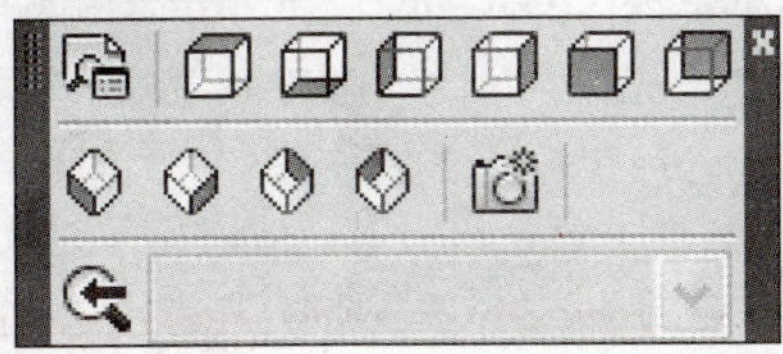

**通过选项卡指定：**在“自定义用户界面”对话框中将“视图”选项添加到选项卡，使其在工作界面中显示“视图”选项卡，然后在其中的“视图”下拉列表框中选择视图所对应的选项即可。

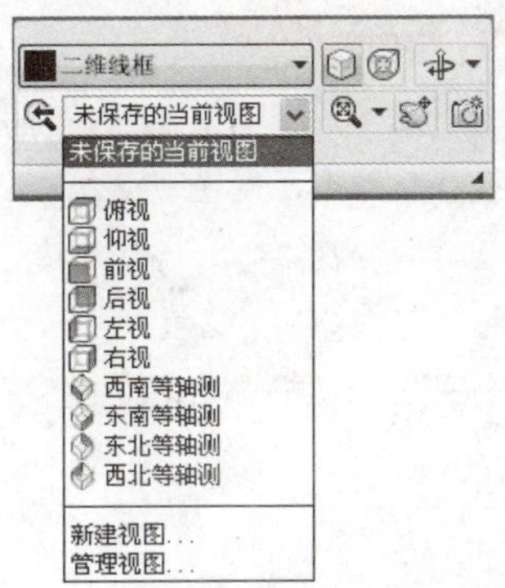


## 2. 创建视口

绘制图形时，不仅需要图形精确，同时也要高效率。虽然通过视图可以方便地从不同角度观察三维模型，但需要不停地切换视图，操作起来很麻烦，这时可以根据自己的需要新建多个视口，同时使用不同的视图来观察三维模型。

**新手演练 Novice exercises** 创建多个视口

**Step 01** 输入“VPORTS”，按 Enter 键执行“新建视口”命令。

**Step 02** 在打开的“视口”对话框中选择“新建视口”选项卡，在“新名称”文本框中输入“我的视口”，在“标准视口”列表框中选择“四个：左”选项，在“设置”和“视觉样式”下拉列表框中分别选择“三维”和“三维线框”选项。

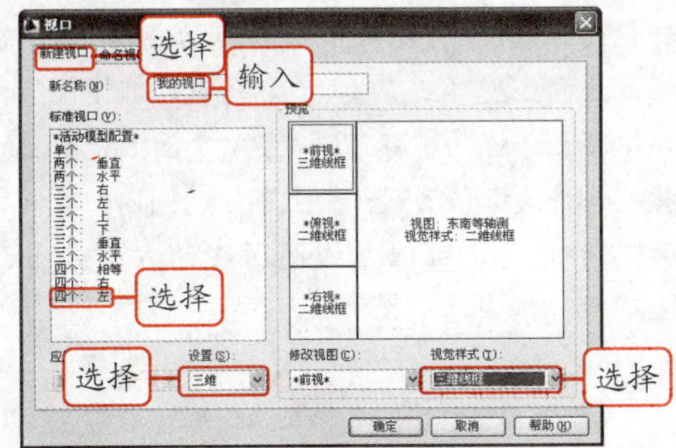


**Step 03** 在“预览”栏中单击“*俯视*二维线框”视口，在“视觉样式”下拉列表框中选择“三维线框”选项。用相同的方法将其他视口的视觉样式设置为“三维线框”。

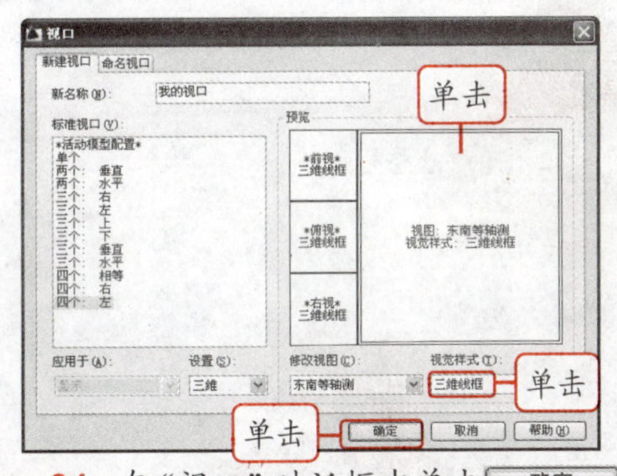


**Step 04** 在“视口”对话框中单击 确定 按钮，完成视口的创建。

温馨提示牌 Warm and prompt licensing

在菜单浏览器中选择“视图”|“视口”|“新建视口”命令，或在“视口”工具栏中单击“显示‘视口’对话框”按钮，都可以打开“视口”对话框。

职场经验谈 Workplace Experience

若不需要创建的某个视口，可以在“视口”对话框中选择“命名视口”选项卡，在“命名视口”列表框中选择不需要的视口名称，右击，在弹出的快捷菜单中选择“删除”命令。

## 3. 动态观察

通过三维动态的方法可以从任意角度实时、直观地观察三维模型，进行三维动态观察会使用到 3D 导航立方体、三维动态观察器和控制盘三种工具。

知识点拨 Knowledge　进行动态观察的方法

**3D 导航立方体：**在除二维线框外的视觉样式下才会显示该立方体，默认情况下位于绘图区的右上角。单击其上的文字，可以切换到相应的视图，选择并拖动导航立方体上的任意文字，可以在同一个平面上旋转当前视图。

温馨提示牌 Warm and prompt licensing

单击导航立方体下方文字块中的按钮，在弹出的菜单中可以选择导航立方体的名称或为其新建名称。

**受约束的动态观察：**这种方法只能沿 XY 平面或 Z 轴进行动态观察。在菜单浏览器中选择“视图”|“动态观察”命令，在弹出的子菜单中选择“受约束的动态观察”命令，将鼠标移动到绘图区中变为形状时，按住鼠标左键不放并拖动鼠标，可以动态观察三维模型。

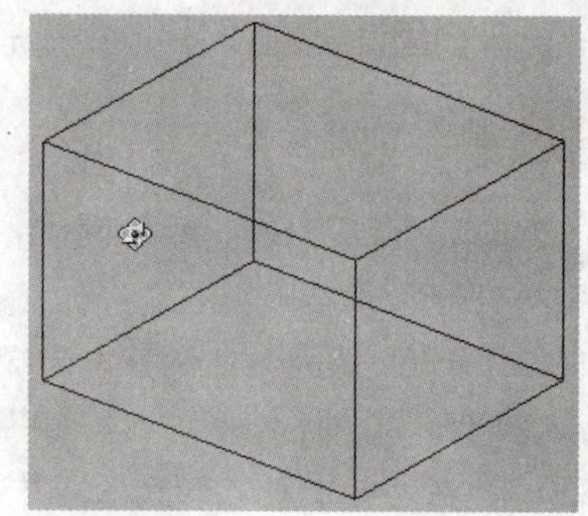

**自由动态观察：**在菜单浏览器中选择“视图”|“动态观察”命令，在弹出的子菜单中选择“自由动态观察”命令，将出现一个绿色的转盘，在转盘内部按住鼠标左键不放并拖动鼠标，可以在任意方向上观察三维模型；在转盘外部按住鼠标左键不放并拖动鼠标可以在 XY 平面上观察三维模型；将鼠标移动到转盘上不同的圆内，鼠标变为形状时，可以在该圆所在的方向或平面上观察三维模型。

温馨提示牌 Warm and prompt licensing

在转盘内部，鼠标将变为形状；在转盘外部，鼠标将变为形状。

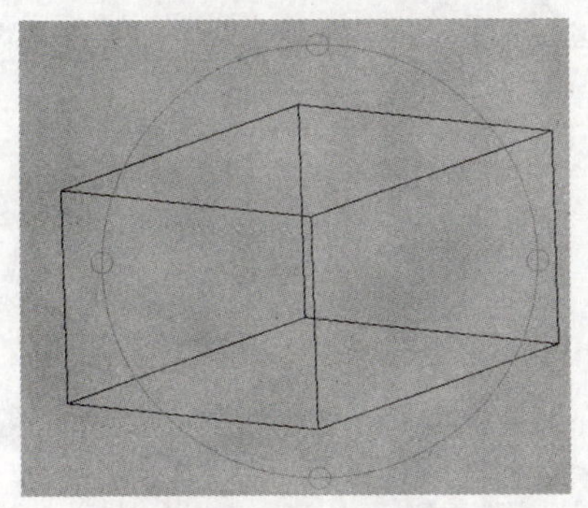

**连续动态观察：** 这种方法可以对三维模型进行连续地动态观察。在要使连续动态观察移动的方向上单击并拖动鼠标，然后松开鼠标，轨道沿该方向继续移动。

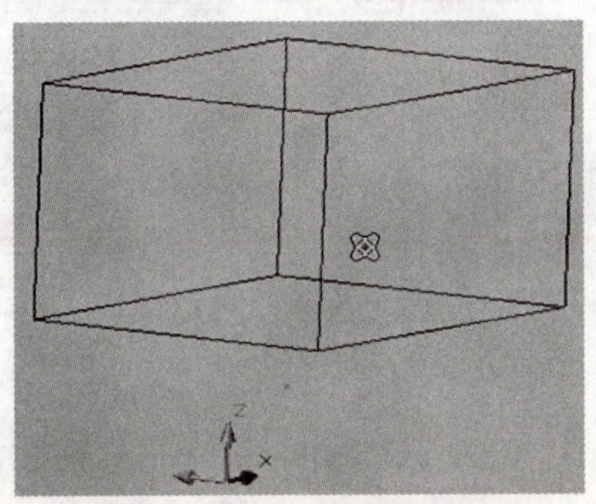

**控制盘：** 在菜单浏览器中选择"视图"|"SteeringWheels"命令，打开控制盘。控制盘上的每个按钮都代表一种导航工具，可以以不同方式平移、缩放或动态观察三维模型。单击控制盘右下角的按钮，在弹出的菜单中选择"SteeringWheels 设置"命令，在打开的"SteeringWheels 设置"对话框中可以对控制盘的外观进行设置。

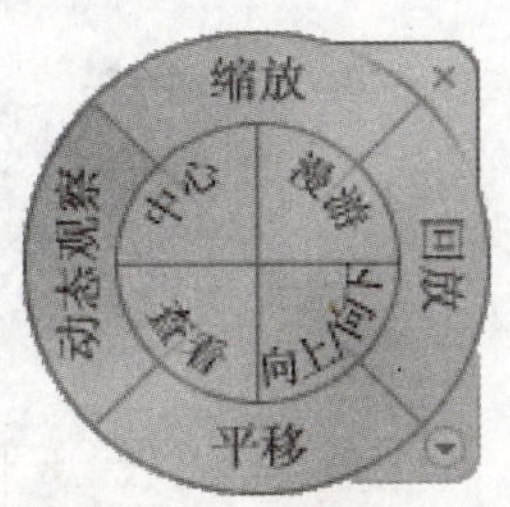


**温馨提示牌** Warm and prompt licensing

在控制盘上按住鼠标左键不放，然后拖动鼠标，就、可以对三维模型进行平移、缩放和查看等操作。

## 10.2 创建三维实体

在了解了三维视图的一些知识后，可以使用三维绘图命令来绘制三维模型。由于三维模型一般是由多个三维基本对象组成的，如长方体、楔体、球体、圆柱体、圆锥体和圆环体等，因此首先要掌握三维基本对象的绘制方法。

### 10.2.1 绘制长方体

长方体是最基本的实体模型之一，输入"BOX"后按 Enter 键，或在菜单浏览器中选择"绘图"|"建模"|"长方体"命令均可执行"长方体"命令。

**新手演练** Novice exercises　创建长、宽、高分别为 60、40 和 30 的长方体

Step 01　启动 AutoCAD 2009，将视觉样式设置为"三维线框"，视图观察方向为"西南等轴测"。输入"BOX"，按 Enter 键执行"长方体"命令。

Step 02　系统提示"指定第一个角点或[中心(C)]"，选择"中心"选项。

Step 03　系统提示"指定中心"，在绘图区的任意位置单击，指定长方体的中心。

Step 04　系统提示"指定角点或[立方体(C)/长度(L)]"，选择"长度"选项。

Step 05 系统提示“指定长度”，输入“60”，按 Enter 键指定长方体的长度。

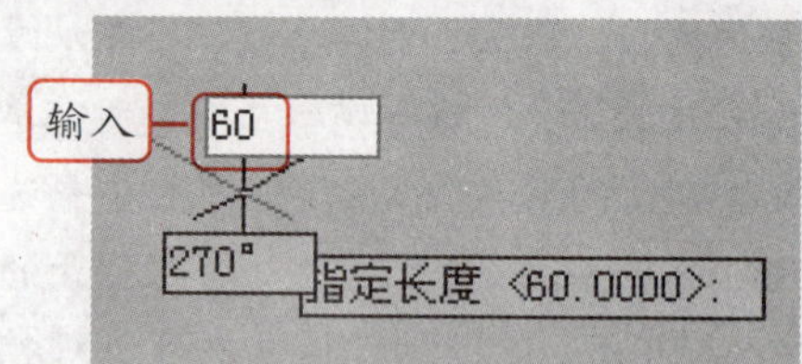


Step 06 系统提示“指定宽度”，输入“40”，按 Enter 键指定长方体的宽度。

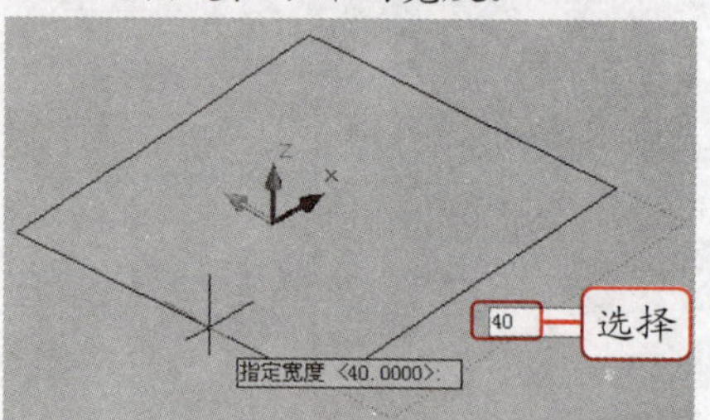


Step 07 系统提示“指定高度”，输入“30”，按 Enter 键指定长方体的高度，完成长方体的创建。

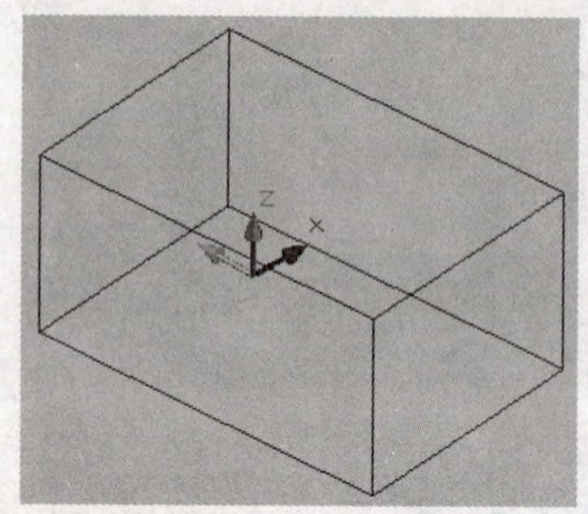

职场经验谈 Workplace Experience

系统提示“指定角点或[立方体(C)/长度(L)]”时，如果选择“立方体”选项，可以绘制长、宽、高相同的长方体实体。

## 10.2.2 绘制多段体

通过“多段体”命令可以创建具有固定高度和宽度的直线段和曲线段的墙。输入“POLYSOLID”后按 Enter 键，或在菜单浏览器中选择“绘图”|“建模”|“多段体”命令均可执行“多段体”命令。

新手演练 Novice exercises 创建多段体

Step 01 输入“POLYSOLID”，按 Enter 键执行“多段体”命令。

Step 02 系统提示“指定起点或[对象(O)/高度(H)/宽度(W)/对正(J)]”，选择“高度”选项。

职场经验谈 Workplace Experience

如果选择“对象”选项，可以选择现有的直线、二维多段线、圆弧或圆，将其转换为具有矩形轮廓的多段体。

Step 03 系统提示“指定高度”，输入“15”，按 Enter 键指定高度。

Step 04 根据系统提示选择“宽度”选项，系统提示“指定宽度”，输入“2”，按 Enter 键指定长方体的宽度。

Step 05 根据系统提示在绘图区中任意位置单击，指定起点。

Step 06 系统提示“指定下一个点或[圆弧(A)/放弃(U)]”，输入“@30,0”，按 Enter 键指定下一点。

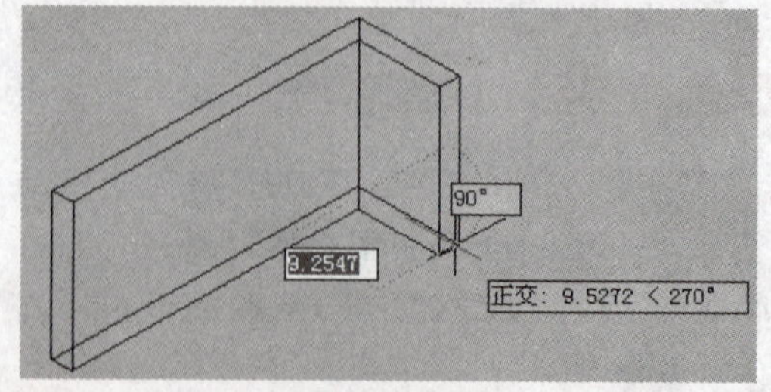


Step 07 根据系统提示输入“@0,-25”，按 Enter 键指定下一点。

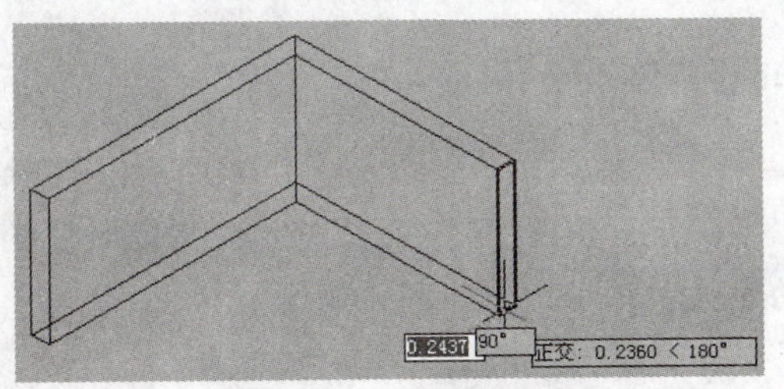


**Step 08** 系统提示“指定下一个点或[圆弧(A)/闭合(C)/放弃(U)]”，输入“@-30,0”，按Enter键指定下一点，再次按Enter键完成多段体的绘制。

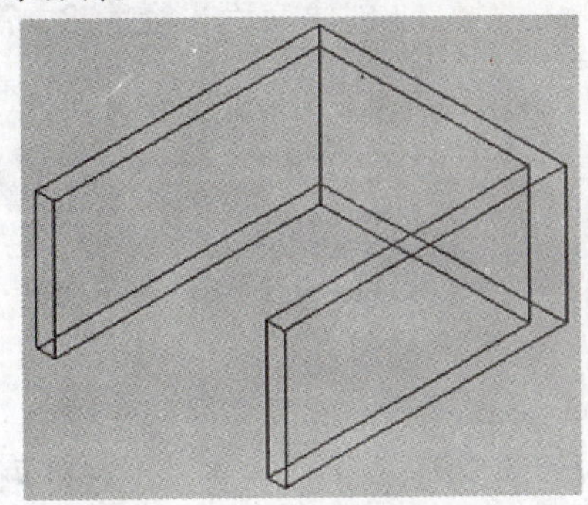

## 10.2.3 绘制球体

球体与长方体一样，也是常用的基本实体模型之一。在绘制球体时，可以执行ISOLINES命令，然后根据线框密度来控制球体的显示效果。

**新手演练 Novice exercises** 创建半径为“5”的球体

**Step 01** 输入“ISOLINES”，按Enter键，系统提示“输入ISOLINES的新值”，输入“32”，按Enter键，设置线框密度。

**Step 02** 输入“SPHERE”，按Enter键执行“球体”命令。

**温馨提示牌 Warm and prompt licensing**

如果在设置工作空间时，将“三维建模”选项卡放置到工作界面中，可以单击其中的按钮来执行相应的命令。

**Step 03** 系统提示“指定中心点或[三点(3P)/两点(2P)/切点、切点、半径(T)]”，在绘图区中任意位置单击，指定球体的中心点。

**Step 04** 系统提示“指定半径或[直径(D)]”，输入“5”，按Enter键指定球体的半径，完成球体的绘制。

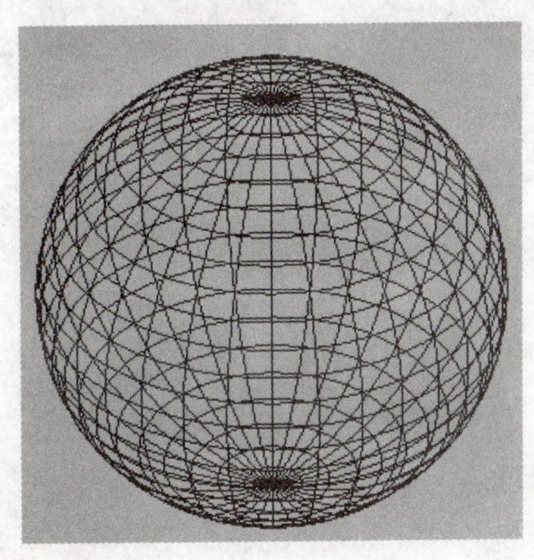

**职场经验谈 Workplace Experience**

ISOLINES命令不仅可以指定球体表面的线框密度，还可以指定其他实体上每个面的轮廓线数目。其值越大，绘制的实体表面越光滑。

## 10.2.4 绘制圆柱体

圆柱体是底面为圆或椭圆的柱体，它是最常用的基本实体模型之一，在机械绘图中被广泛应用，其显示效果可以根据线框密度来进行控制。

新手演练 Novice exercises　创建底面半径为 3、高度为 7 的圆柱体

Step 01 输入“ISOLINES”，按 Enter 键，系统提示“输入 ISOLINES 的新值”，输入“45”，按 Enter 键。

Step 02 输入“CYLINDER”，按 Enter 键执行“圆柱体”命令。

Step 03 系统提示“指定底面的中心点或[三点(3P)/两点(2P)/切点、切点、半径(T)/椭圆(E)]”，在绘图区中任意位置单击，指定圆柱体底面的中心点。

Step 04 系统提示“指定底面半径或[直径(D)]”，输入“3”，按 Enter 键指定圆柱体底面的半径。

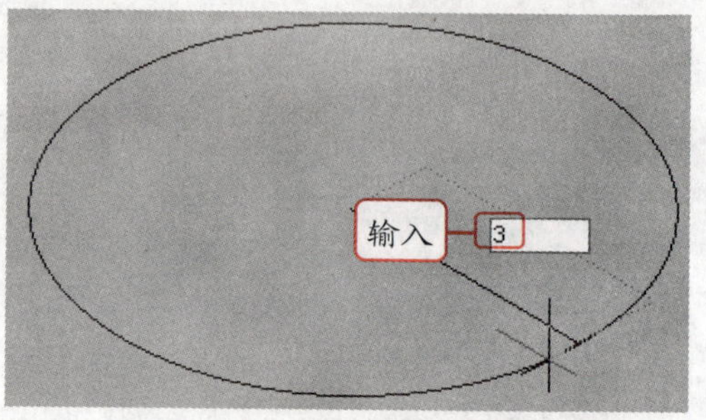


Step 05 系统提示“指定高度或[两点(2P)/轴端点(A)]”，输入“7”，按 Enter 键指定圆柱体的高度，完成圆柱体的绘制。

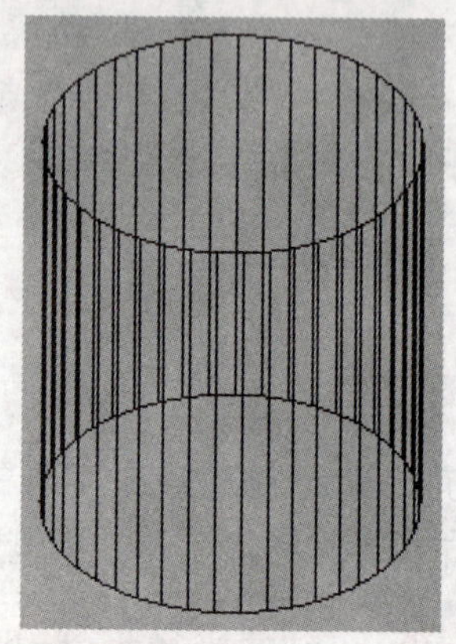

职场经验谈 Workplace Experience

当系统提示指定高度时，如果选择“轴端点”选项，在绘制圆柱时将以指定圆柱底面圆的轴端点方式进行绘制。

## 10.2.5 绘制圆锥体和棱锥体

圆锥体和棱锥体都属于锥体类，只是圆锥体的底面是圆或椭圆，棱锥体的底面是四边形。可以通过 ISOLINES 命令来控制圆锥体的显示效果，但不能控制棱锥体的显示效果。

新手演练 Novice exercises　创建一个圆锥体和一个棱锥体

Step 01 输入“CONE”，按 Enter 键执行“圆锥体”命令。

Step 02 系统提示“指定底面的中心点或[三点(3P)/两点(2P)/切点、切点、半径(T)/椭圆(E)]”，在绘图区中任意位置单击，指定底面的中心点。

Step 03 系统提示“指定底面半径或[直径(D)]”，输入“5”，按 Enter 键指定圆柱体底面半径。

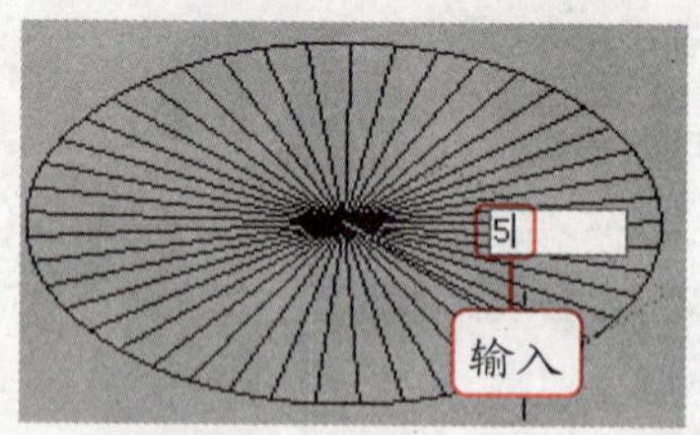


Step 04 系统提示“指定高度或[两点(2P)/轴端点(A)/顶面半径(T)]”，选择“顶面半径”选项。

Step 05 系统提示“指定顶面半径”，输入

"2"，按 Enter 键指定顶面的半径。

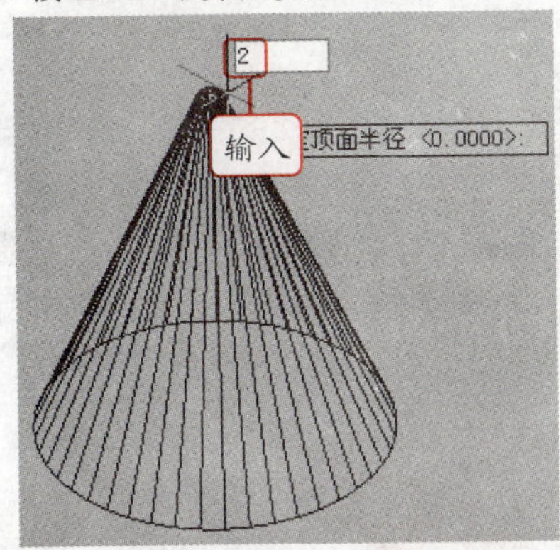


Step 06 系统提示"指定高度或[两点(2P)/轴端点(A)]"，输入"10"，按 Enter 键指定圆锥体高度，绘制出圆锥体。

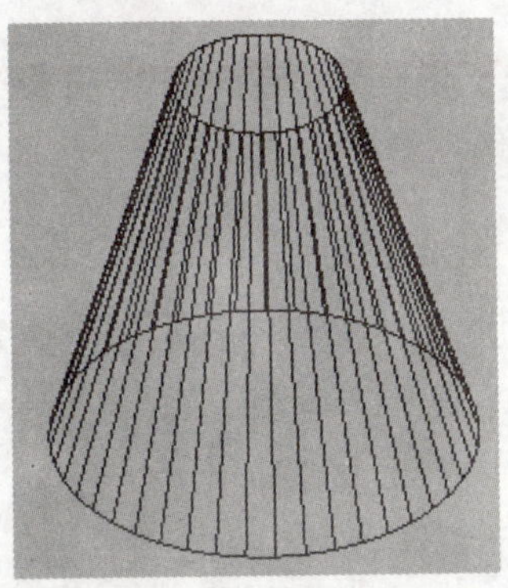

Step 07 输入"PYRAMID"或"PYR"，按 Enter 键执行"棱锥体"命令。

Step 08 系统提示"指定底面的中心点或[边(E)/侧面(S)]"，选择"边"选项。系统提示"指定边的第一个端点"，输入"from"，按 Enter 键，根据系统提示拾取如下图尺寸标注的圆心为基点。

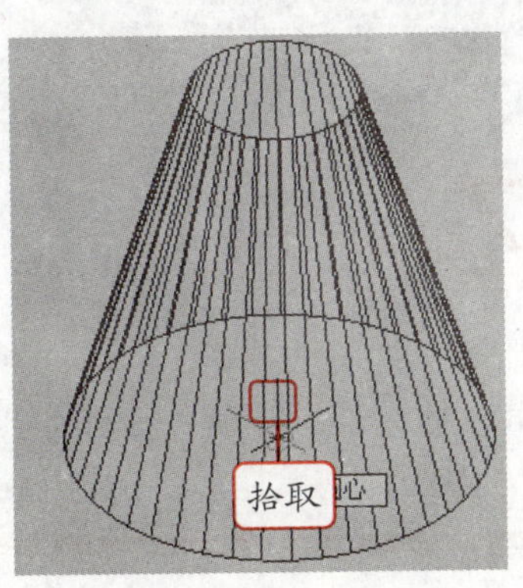


Step 09 系统提示"偏移"，输入"@10,-10,0"，按 Enter 键指定第一个端点。

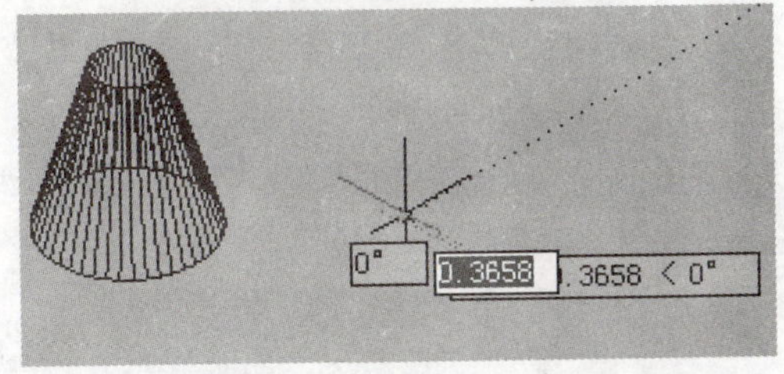


Step 10 系统提示"指定边的第二个端点"，输入"@10,0,0"，按 Enter 键指定第二个端点。

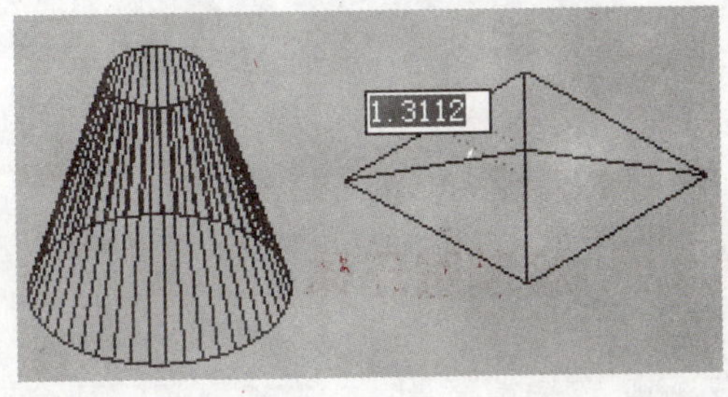


Step 11 系统提示"指定高度或[两点(2P)/轴端点(A)/顶面半径(T)]"，输入"15"，按 Enter 键指定高度，完成棱锥体的绘制。

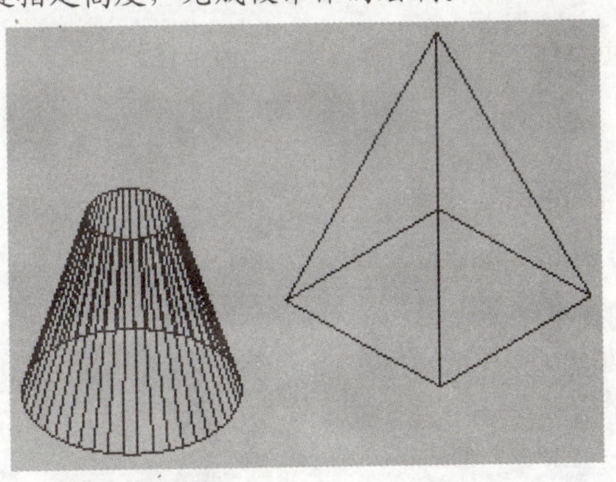

**职场经验谈** Workplace Experience

当系统提示指定高度时，如果选择"轴端点"选项，在绘制圆柱时将以指定圆柱底面圆轴端点的方式进行绘制。

### 10.2.6 绘制楔体

在机械建模中，通过“楔体”命令可以创建筋板等具有楔体形状的实体，它相当于将长方体从对角线处剖切开来的实体。

楔体的绘制方法与长方体相似，输入“WEDGE”后按 Enter 键，或在菜单浏览器中选择“绘图”|“建模”|“楔体”命令，执行“楔体”命令后，根据系统提示进行绘制即可。

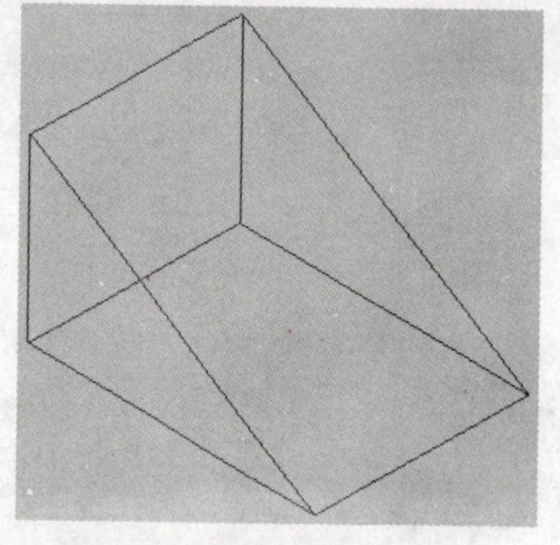

**温馨提示牌** Warm and prompt licensing

在绘制楔体的过程中，如果选择“立方体”选项，根据系统提示进行操作，可以创建等边楔体。

### 10.2.7 绘制圆环体

圆环体是填充环或实体填充圆，其绘制方法与圆相似，只是在指定半径或直径时，需要指定圆环体半径或直径及圆管半径或直径。

**新手演练** Novice exercises　创建圆环体

**Step 01** 将线框密度设置为“25”，输入“TORUS”或“TOR”，按 Enter 键，执行“圆环体”命令。

**Step 02** 系统提示“指定中心点或[三点(3P)/两点(2P)/切点、切点、半径(T)]”，在绘图区中任意位置单击，指定圆环体的中心点。

**Step 03** 系统提示“指定半径或[直径(D)]”，输入“25”后，按 Enter 键指定圆环体的半径。

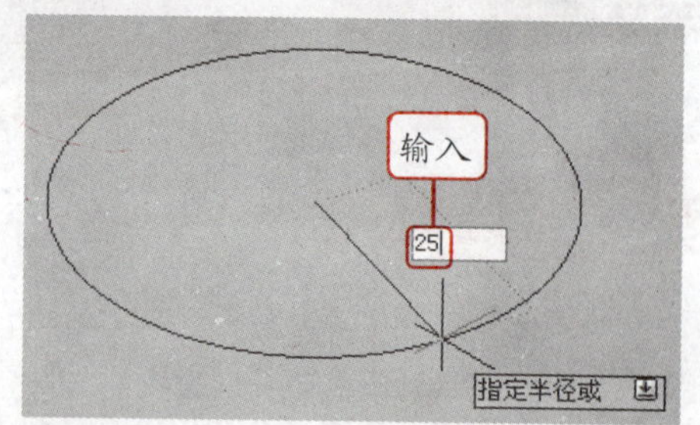


**Step 04** 系统提示“指定圆管半径或[两点(2P)/直径(D)]”，输入“5”，按 Enter 键指定圆管的半径，完成圆环体的创建。

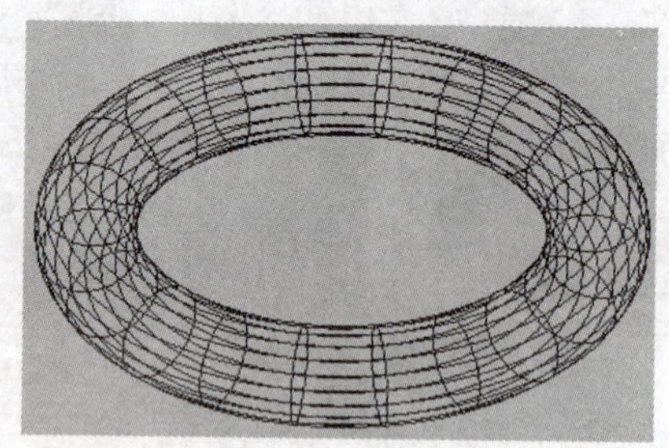

**职场经验谈** Workplace Experience

在“选项”对话框中选择“显示”选项卡，在“显示精度”栏的“每个曲面的轮廓素线”文本框中也可以设置线框密度值。

## 10.2.8 绘制螺旋体

在机械建模中，螺旋在机械设计中使用非常广泛，输入“HELIX”后按 Enter 键，或在菜单浏览器中选择“绘图”|“螺旋”命令，或在“绘图”面板中单击“螺旋”按钮都可以执行“螺旋”命令。

**新手演练 Novice exercises** 创建螺旋体

**Step 01** 输入“HELIX”后按 Enter 键，执行“螺旋”命令。

**Step 02** 系统提示“指定底面的中心点”，指定螺旋体的中心点。

**Step 03** 系统提示“指定底面半径或[直径(D)]”，输入“25”，按 Enter 键指定底面半径。

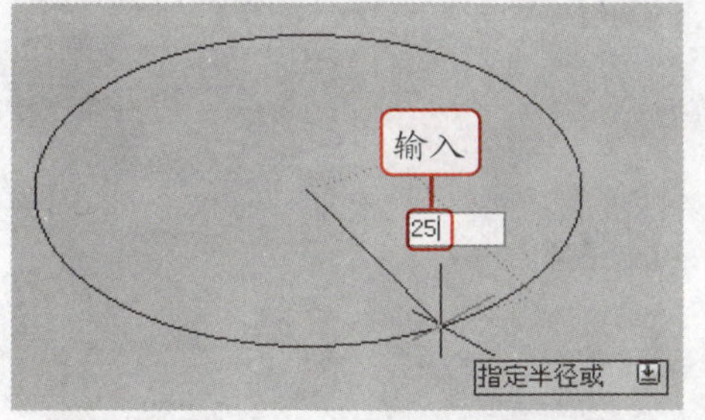


**Step 04** 系统提示“指定顶面半径或[直径(D)]”，输入“8”，按 Enter 键指定顶面半径。

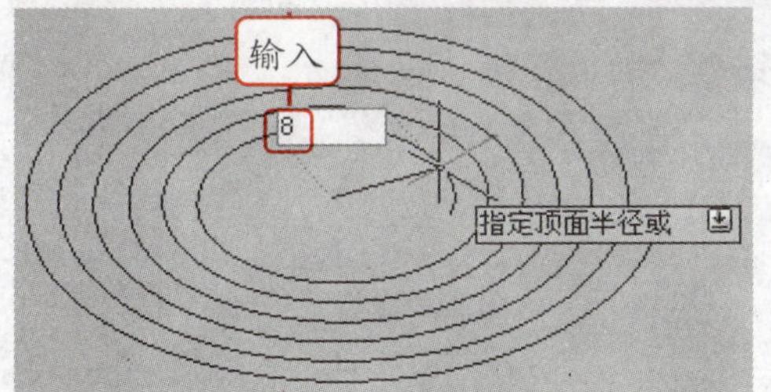


**Step 05** 系统提示“指定螺旋高度或[轴端点(A)/圈数(T)/圈高(H)/扭曲(W)]”，选择“圈数”选项，系统提示“输入圈数”，输入“6”，按 Enter 键指定螺旋的圈数。

**Step 06** 系统提示“指定螺旋高度或[轴端点(A)/圈数(T)/圈高(H)/扭曲(W)]”，输入“W”，按 Enter 键选择“扭曲”选项。

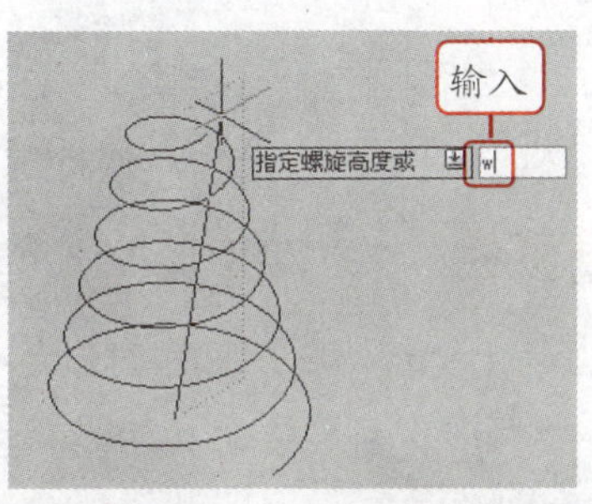


**Step 07** 系统提示“输入螺旋的扭曲方向[顺时针(CW)/逆时针(CCW)]”，选择“顺时针”选项。

**Step 08** 系统提示“指定螺旋高度或[轴端点(A)/圈数(T)/圈高(H)/扭曲(W)]”，输入“80”，按 Enter 键，指定螺旋的高度，完成螺旋体的绘制。

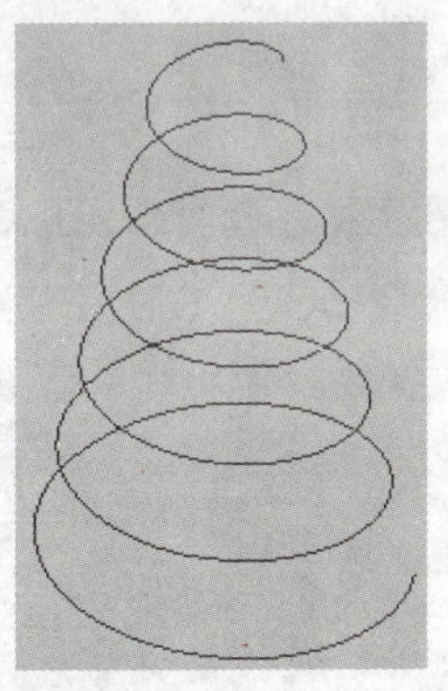

**职场经验谈 Workplace Experience**

在绘制螺旋的过程中，如果选择“圈高”选项，可以指定螺旋内一个完整圈的高度。当指定圈高值时，螺旋中的圈数也将相应地自动更新。

# 10.3 二维图形生成三维实体

对于一些形状复杂的三维实体，使用简单的三维绘图命令并不能满足要求，这时可以先绘制出该实体的二维图形，然后通过拉伸、旋转、扫掠和放样等方法将其生成为三维实体。

## 10.3.1 通过拉伸创建实体

将二维图形拉伸为三维实体的方法可以方便地创建外形不规则的实体，如先用二维对象绘制不规则的截面，再将其拉伸一定高度。

**新手演练 Novice exercises** 将二维图形拉伸为三维实体（源文件\第 10 章\拉伸底座图.dwg）

Step 01 打开“拉伸底座图”图形文件，将视觉样式设置为“三维线框”，视图观察方向为“西南等轴测”。

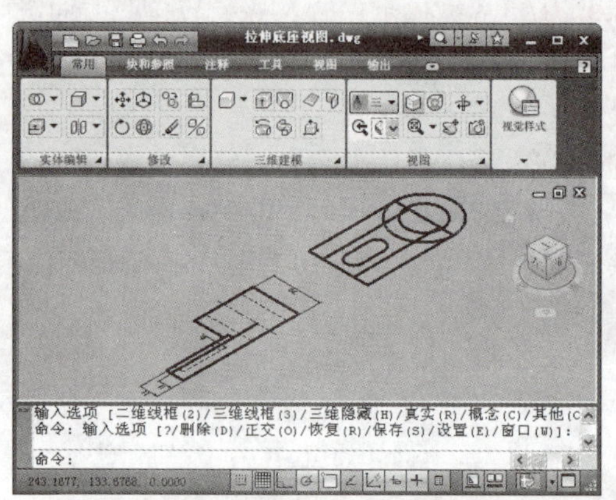

Step 02 输入“EXTRUDE”，按 Enter 键，系统提示“选择要拉伸的对象”，选择如图形中的两个圆。

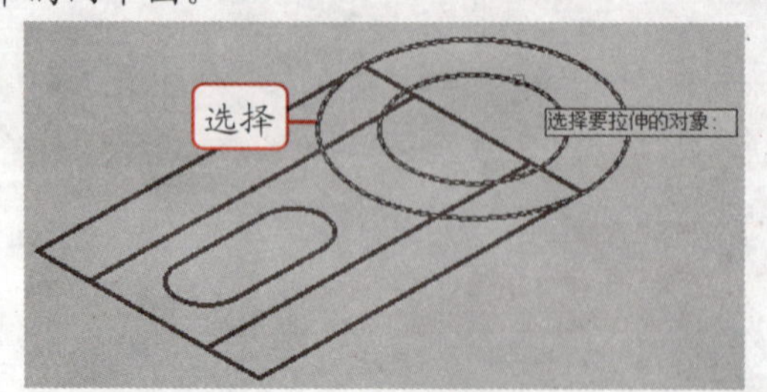


Step 03 按 Enter 键，系统提示“指定拉伸的高度或[方向(D)/路径(P)/倾斜角(T)]”，输入“11”，按 Enter 键指定拉伸的高度。

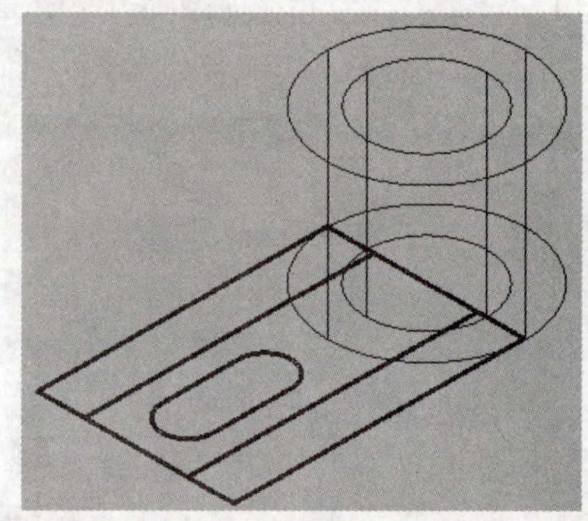

Step 04 按 Enter 键重复执行 EXTRUDE 命令，系统提示“选择要拉伸的对象”，选择如下图所示的最外侧的矩形。

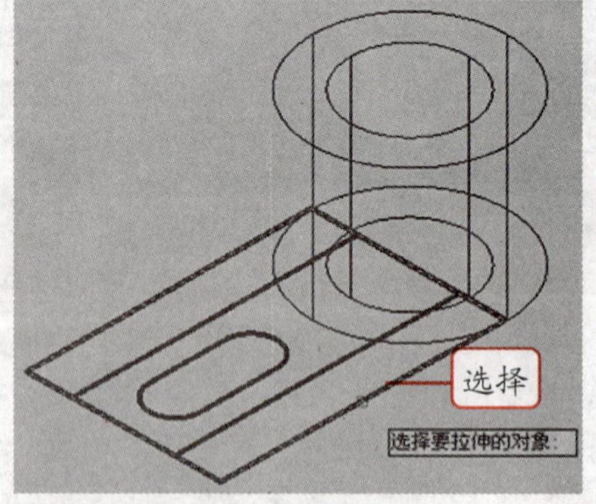


Step 05 按 Enter 键，系统提示“指定拉伸的高度或[方向(D)/路径(P)/倾斜角(T)]”，将光标移动到图形的上方，输入“8”，按 Enter 键指定拉伸的高度。

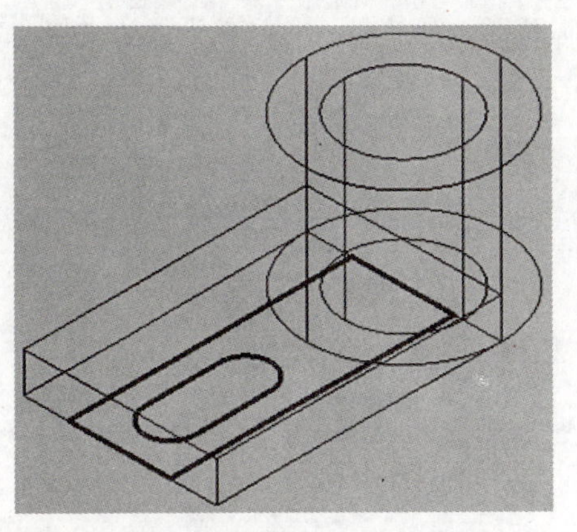

Step 06 用相同的方法将图形中的另一个矩形向上拉伸，拉伸高度为“11”，然后将视觉样式设置为“概念”，查看拉伸后的效果。

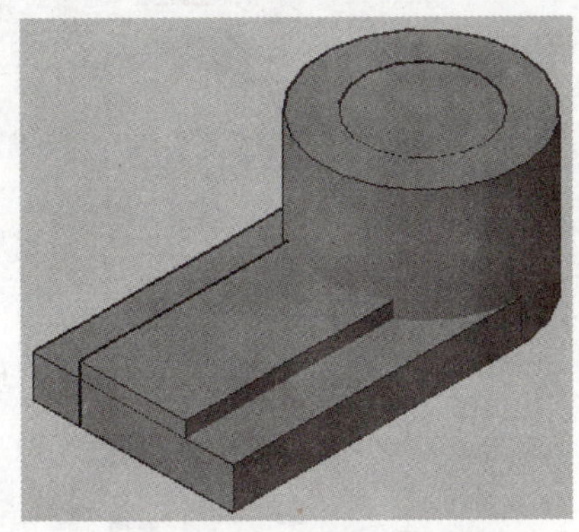

## 10.3.2 通过旋转创建实体

通过“旋转实体”命令可以通过绕轴旋转开放或闭合的平面曲线来创建三维实体，它是由二维对象创建出具有回转面的、外形不规则且中部为空的三维实体的一种常用方法。

新手演练 Novice exercises 将二维图形旋转为三维实体（源文件\第 10 章\轴套.dwg）

Step 01 打开“轴套”图形文件，删除图形中的标注，并绘制一条中心辅助线。

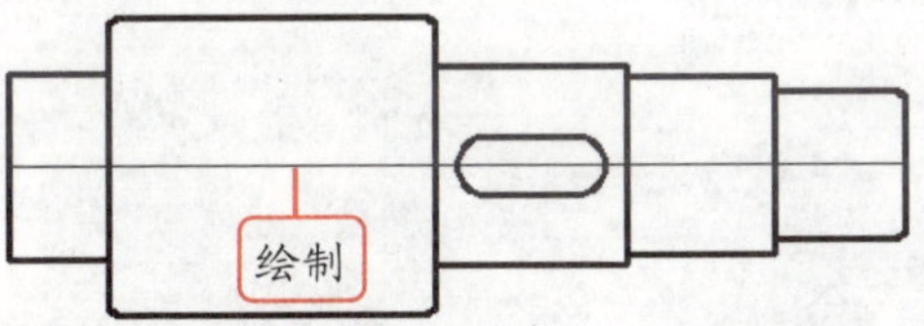


Step 02 通过“修剪”命令和“删除”命令，将中心辅助线下方的轴套轮廓线删除。

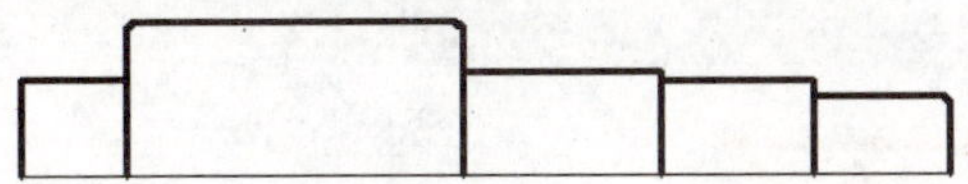

Step 03 将视觉样式设置为“三维线框”，视图观察方向为“西南等轴测”。输入“REVOLVE”或“REV”，按 Enter 键，执行“旋转实体”命令。

Step 04 系统提示“选择要旋转的对象”，选择图形中的轴套轮廓线。

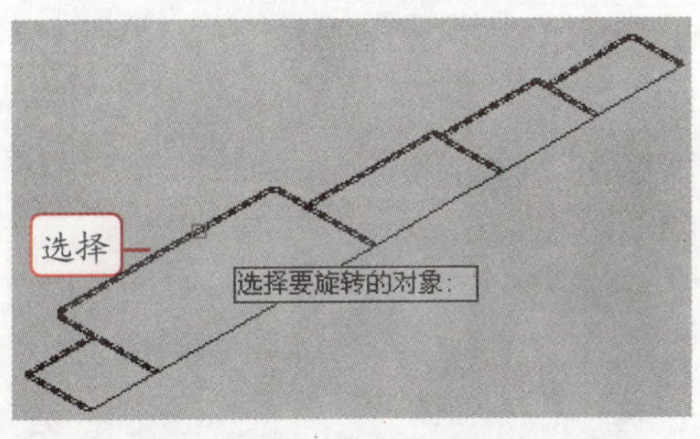


Step 05 系统提示“指定轴起点或根据以下选项之一定义轴[对象(O)/X/Y/Z]”，拾取如下图所示的端点。

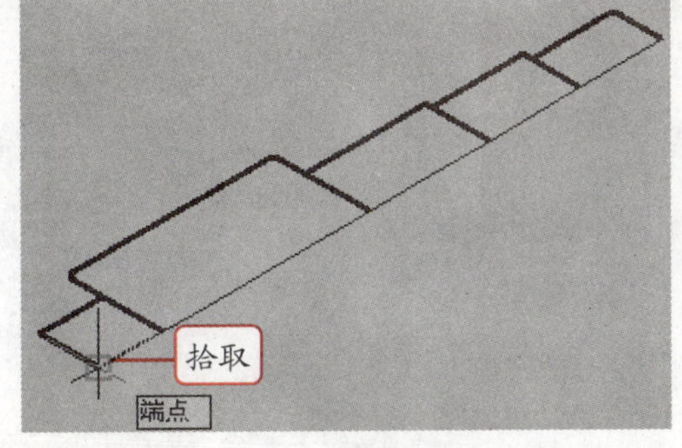


Step 06 系统提示“指定轴端点”，拾取如下

图所示的端点。

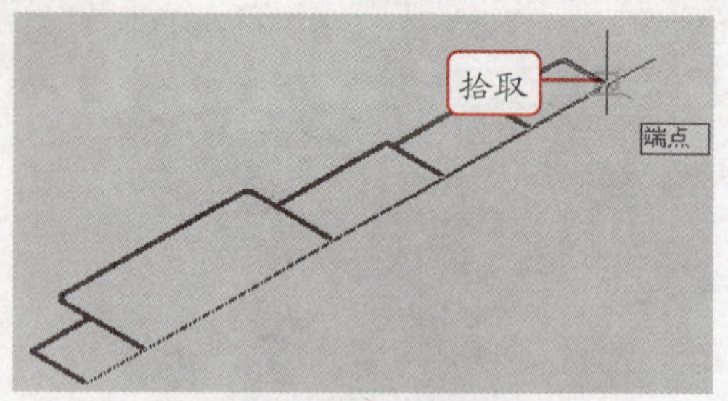


Step 07 系统提示“指定旋转角度或[起点角度(ST)]”，按 Enter 键指定旋转角度为系统默认的 360°，然后将视觉样式设置为“概念”，观察旋转后的效果。

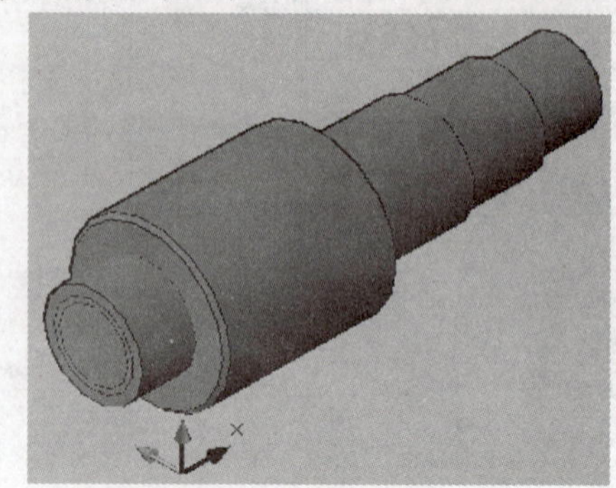

## 10.3.3 放样

使用“放样”命令可以通过对包含两条或两条以上横截面曲线的一组曲线进行放样来创建三维实体或曲面。其中横截面决定放样生成实体或曲面的形状，它可以是开放的直线，也可以是闭合的图形，如圆，矩形等。

放样生成三维实体（源文件\第 10 章\放样.dwg）

Step 01 打开“放样”图形文件，在菜单浏览器中选择“绘图”|“建模”|“放样”命令。

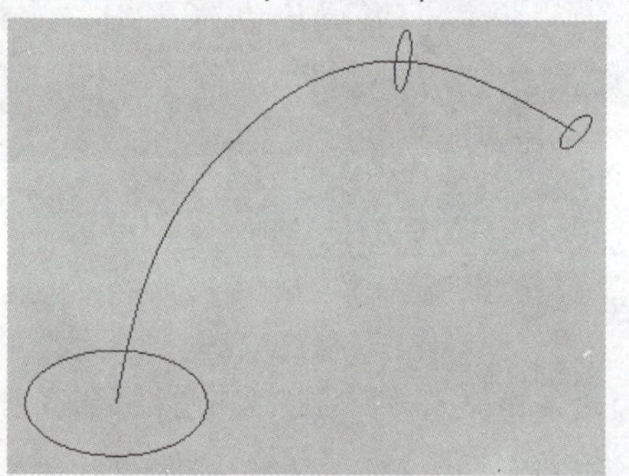

Step 02 系统提示“按放样次序选择横截面”，从下到上依次选择圆。

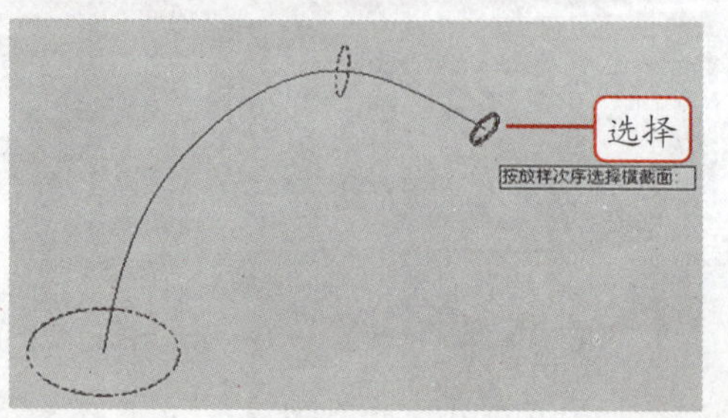


Step 03 按 Enter 键，系统提示“输入选项[导向(G)/路径(P)/仅横截面(C)]”，选择“路径”选项。

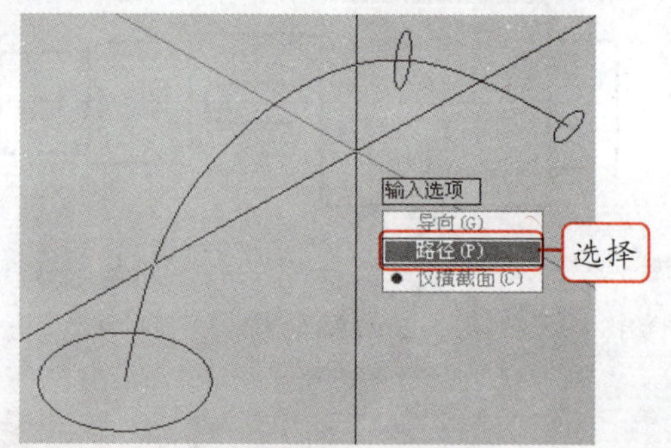


**职场经验谈** Workplace Experience

选择“导向”选项后，可以指定控制放样实体或曲面形状的导向曲线。导向曲线是直线或曲线，可通过将其他线框信息添加至对象来进一步定义实体或曲面的形状。

Step 04 系统提示“选择路径曲线”，选择绘图区中的样条曲线。

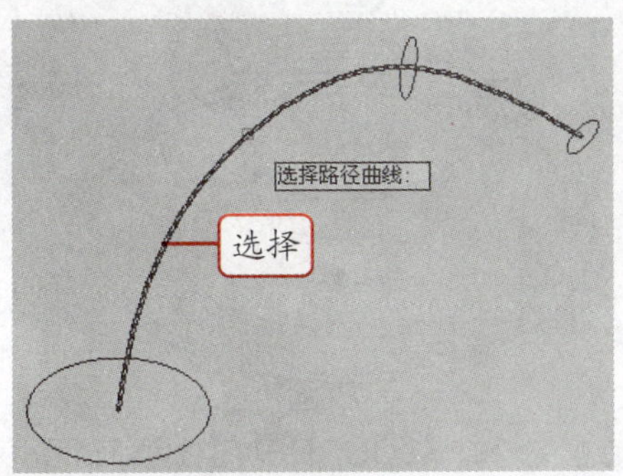


Step 05 此时图形中多出一条曲线，将视觉样式设置为“概念”，可以看到放样生成的三维实体。

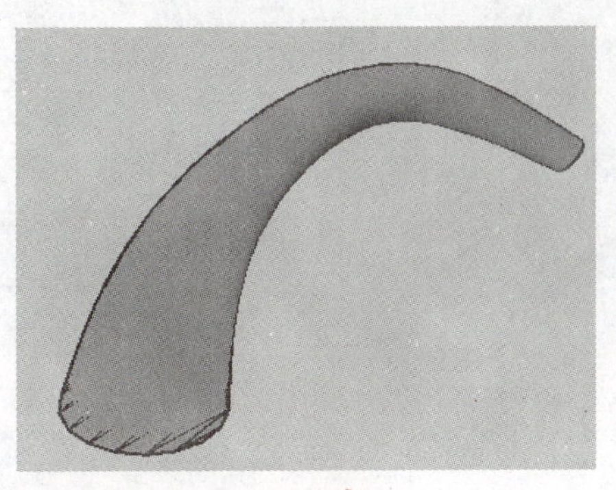

温馨提示牌 Warm and prompt licensing

选择“仅横截面”选项，在打开的“放样设置”对话框中可对放样进行设置。

## 10.3.4 扫掠

使用“扫掠”命令可以将开放或闭合的二维对象沿指定的路径创建出三维实体。它可以扫掠多个对象，但是这些对象必须位于同一平面中。用这种方法方便创建弹簧等需要同时在不同平面间转换的实体。

新手演练 Novice exercises 将圆沿螺旋路径扫掠生成弹簧实体图形（源文件\第 10 章\弹簧.dwg）

Step 01 在西南等轴测视图中绘制半径为“1.5”的圆。

Step 02 输入“HELIX”，按 Enter 键，执行“螺旋”命令，根据系统提示指定螺旋体的中心点。

Step 03 系统提示“指定底面半径或[直径(D)]”，输入“30”，按 Enter 键指定底面的半径。

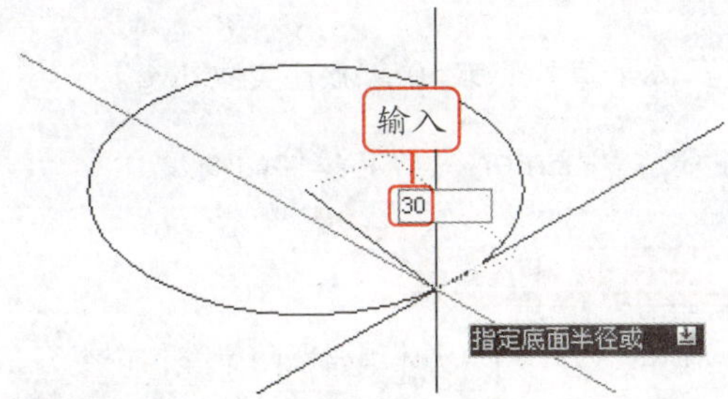


Step 04 系统提示“指定顶面半径或[直径(D)]”，输入“15”，按 Enter 键指定顶面的半径

Step 05 系统提示“指定螺旋高度或[轴端点(A)/圈数(T)/圈高(H)/扭曲(W)]”，选择“圈数”选项。

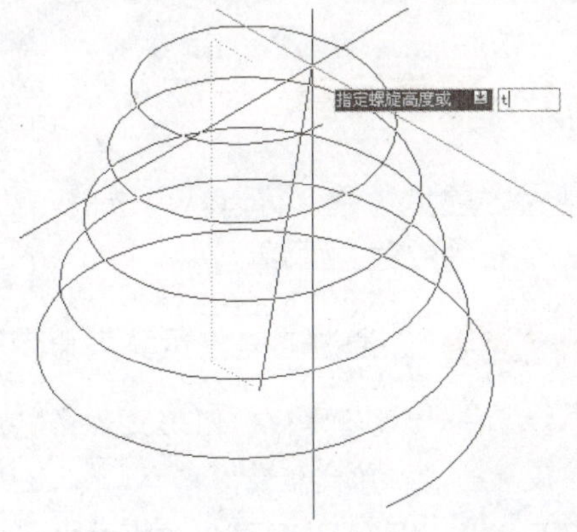


Step 06 输入“5”，按 Enter 键指定螺旋的圈数。系统提示“指定螺旋高度或[轴端点(A)/圈数(T)/圈高(H)/扭曲(W)]”，输入“20”。

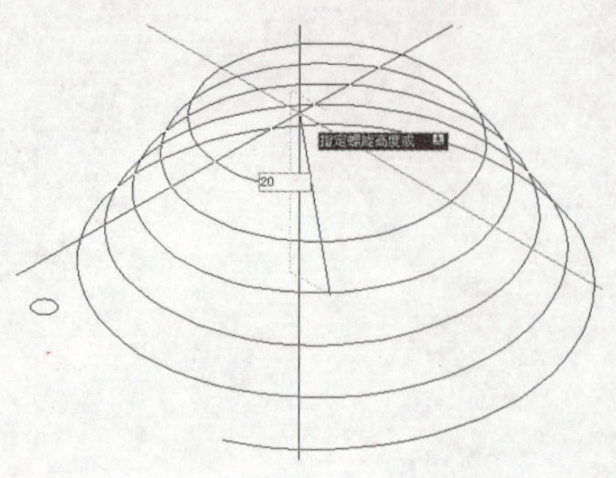

Step 07 按 Enter 键，指定螺旋的高度，完成螺旋体的绘制。输入“sweep”，按 Enter 键执行“扫掠”命令。

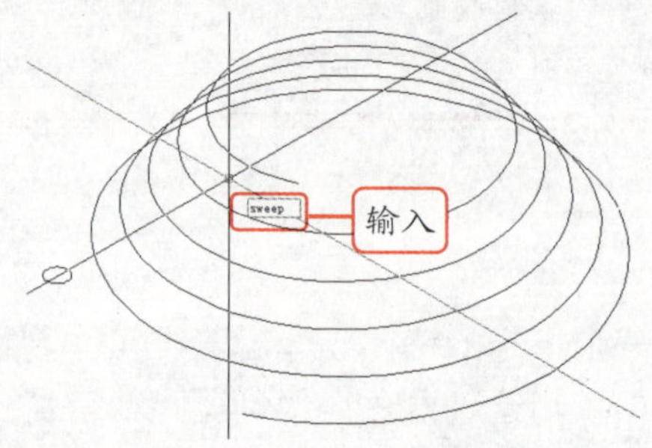


Step 08 系统提示“选择要扫掠的对象”，选择绘制的圆，按 Enter 键，系统提示“选择扫掠路径或[对齐(A)/基点(B)/比例(S)/扭曲(T)]”，选择绘制的螺旋体，完成操作。

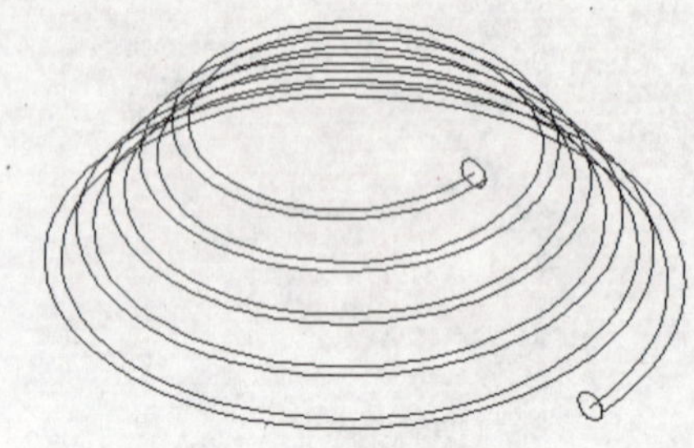

Step 09 输入“VSCURRENT”，按 Enter 键，根据系统提示选择“概念”选项，将视觉样式设置为“概念”。

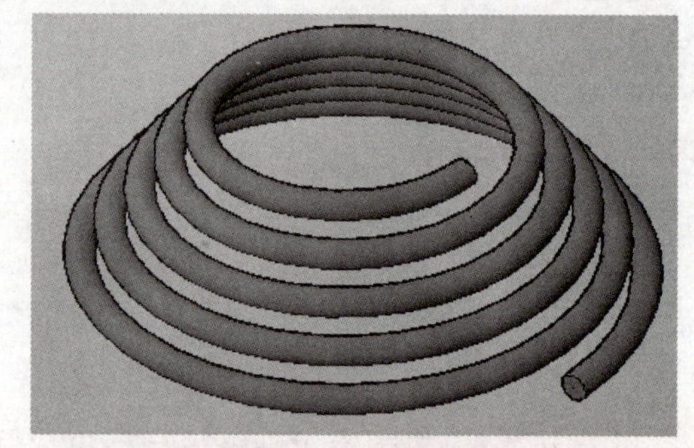

# 10.4 用布尔运算创建复杂实体

布尔运算是指将多个简单的三维实体或二维面域进行求差、求交及求并等操作，以创建出复杂的三维实体，它包括差集运算、交集运算和并集运算 3 种方式。

## 10.4.1 差集运算

通过“差集”命令可以从所选的三维实体组或面域组中减去一个或多个实体或面域，得到一个新的实体或面域。

通过“差集运算”命令完成底座实体（源文件\第 10 章\底座实体.dwg）

Step 01 打开“底座实体”图形文件，将视觉样式设置为“三维线框”。

Step 02 输入“EXTRUDE”，按 Enter 键，根据系统提示选择如图中的椭圆。

Step 03 按 Enter 键，系统提示“指定拉伸的高度或[方向(D)/路径(P)/倾斜角(T)]”，输入“6”，按 Enter 键指定拉伸的高度。

选择“修改”|“实体编辑”|“差集”命令也可以执行“差集”命令。

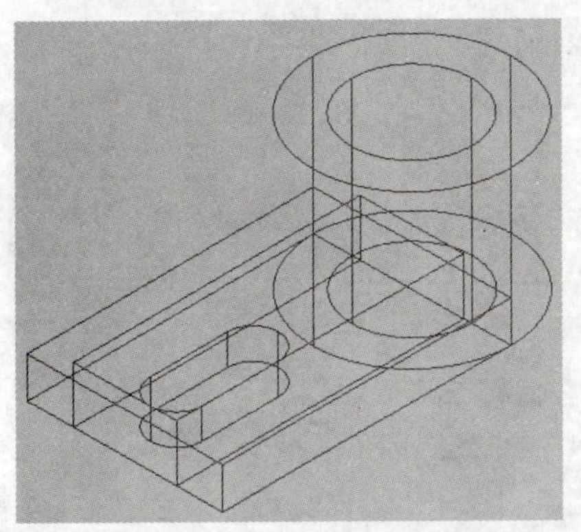

Step 04 执行 MOVE 命令，根据系统提示选择拉伸后的椭圆，系统提示“指定基点或[位移(D)]”，输入“5<90”，按 Enter 键将拉伸后的椭圆垂直向上移动 5 cm。

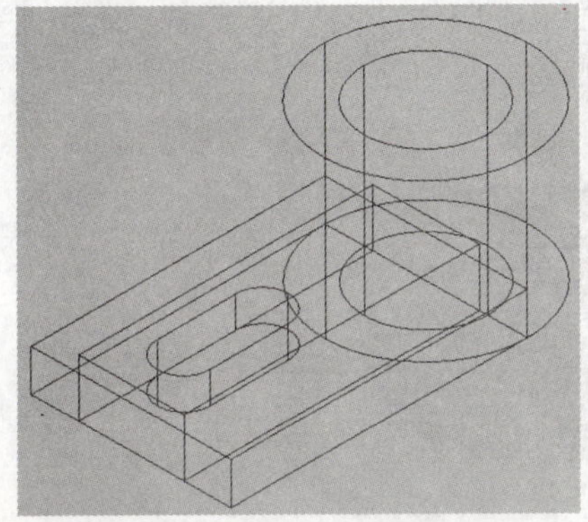

Step 05 将视觉样式设置为“概念”，输入“SUBTRACT”，按 Enter 键执行“差集”命令。系统提示“选择对象”，选择如下图所示的对象。

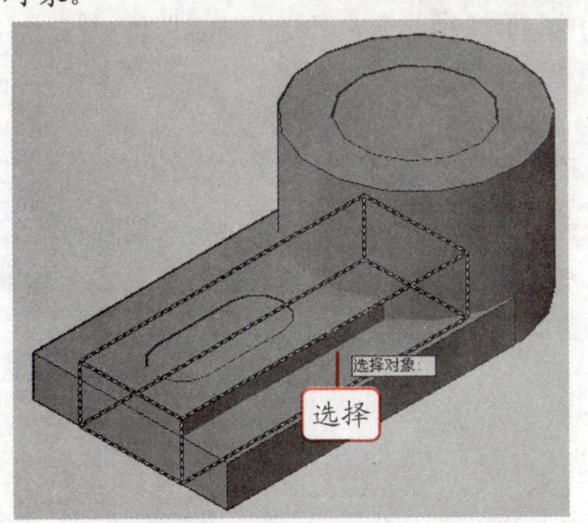


Step 06 系统提示“选择对象”，选择拉伸后的椭圆，按 Enter 键，完成差集运算。

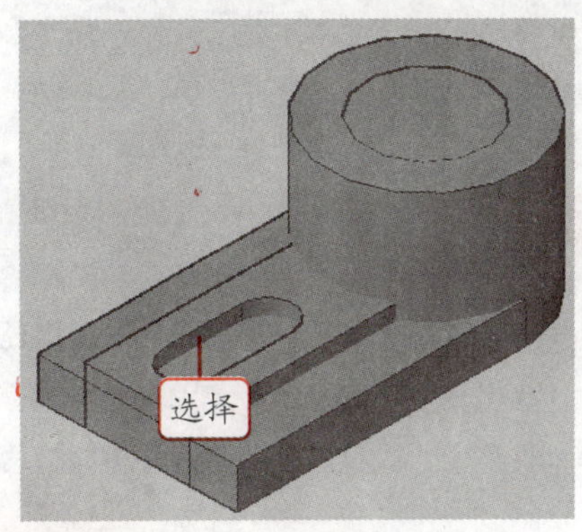


职场经验谈 Workplace Experience

不同的实体在进行差集运算后，这些实体将组合成一个实体。另外，在进行差集运算时，选择实体的先后顺序不一样，得到的效果也会不同。

Step 07 按 Enter 键重复执行“差集”命令，根据系统提示选择如下图所示的对象。

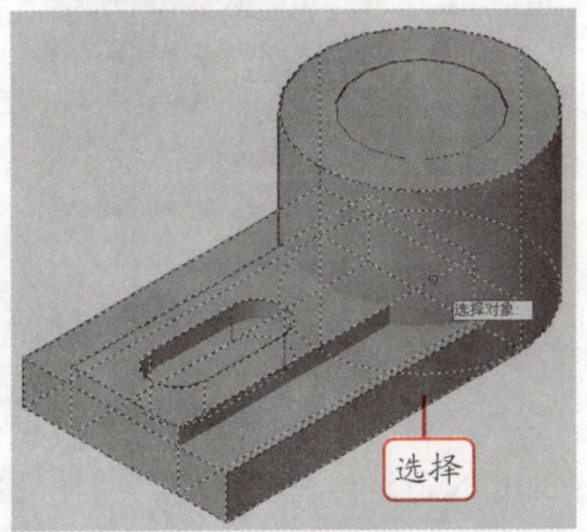


Step 08 按 Enter 键，系统提示“选择对象”，选择如下图所示的对象。

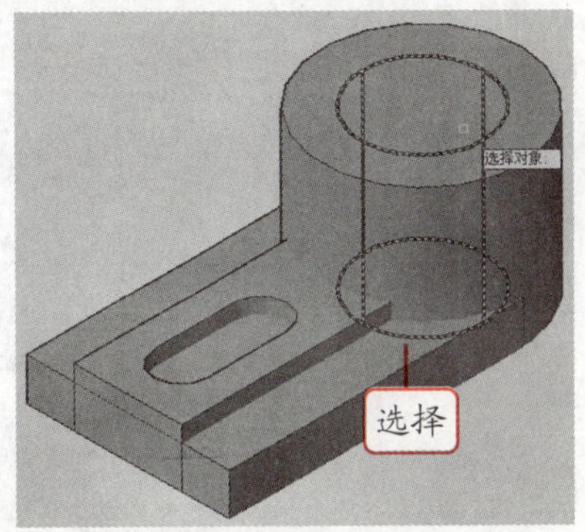

**Step 09** 按 Enter 键，完成差集运算，删除实体左侧的辅助平面图形，完成底座实体的创建。

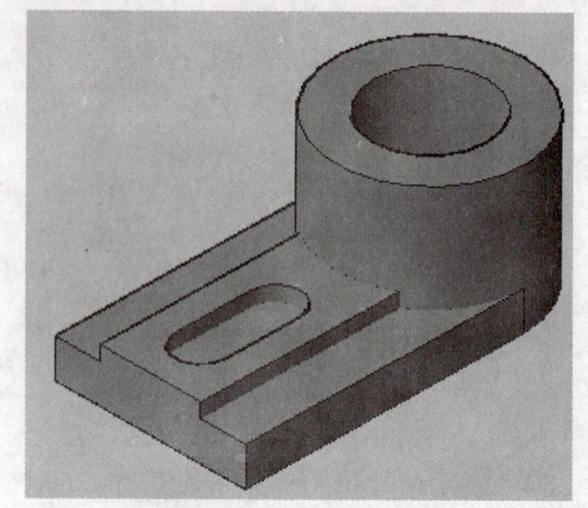

**职场经验谈 Workplace Experience**

在对两个以上的实体进行差集运算时，如果这些实体中只有一部分具有共同部分，那么差集运算后，就只会删除实体相同的部分。

## 10.4.2 交集运算

通过“交集”命令可以将多个具有公共部分的面域或实体进行求交操作，从而保留这两个实体或面域的相交部分，其不相交部分将会被删除。

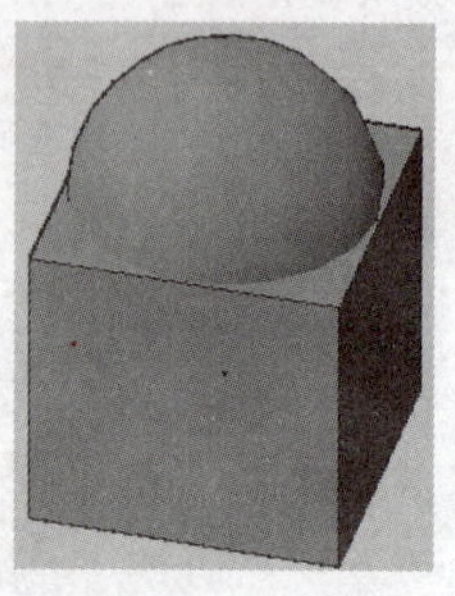

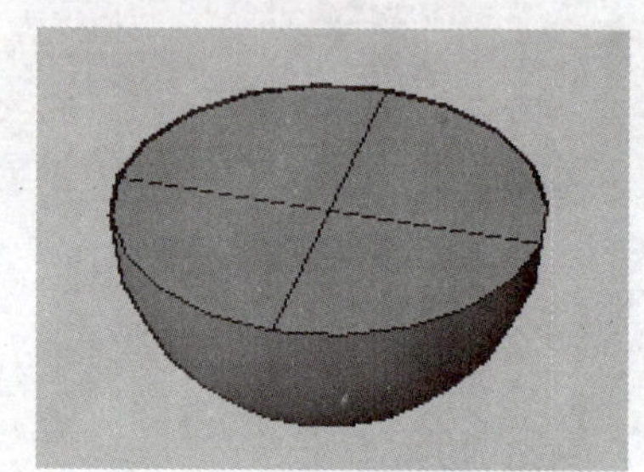

## 10.4.3 并集运算

通过“并集”命令可以将两个及两个以上的面域或实体合并为组合面域或复合实体。输入“UNION”后按 Enter 键，或在菜单浏览器中选择“修改”|“实体编辑”|“并集”命令可以执行“并集”命令。

通过“并集运算”命令完成螺栓实体（源文件\第 10 章\螺栓.dwg）

**Step 01** 在西南等轴测视图中绘制一个底面半径为“5”、高度为“60”的圆柱体。

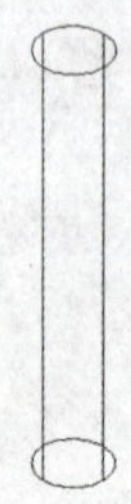

**Step 02** 按 Enter 键重复执行“圆柱体”命令，根据系统提示捕捉上一步绘制的圆柱体顶面圆心，指定圆柱体的中心点。

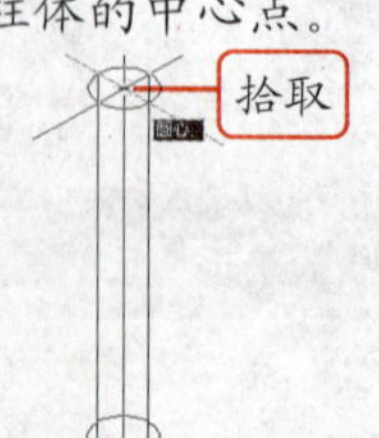

**Step 03** 根据系统提示指定底面半径为“11”，圆柱高度为“1.5”。

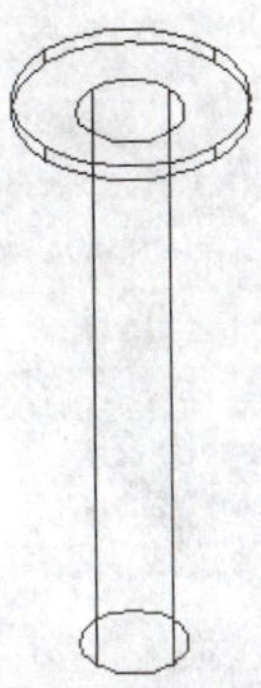

**Step 04** 以第一步绘制的圆柱体的顶面圆心为中心点，绘制一个边数为“6”的正多边形。其中绘制方法为“外切于圆”，圆的半径为“7.5”。

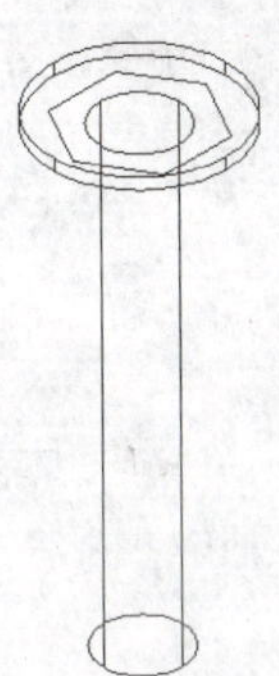

**Step 05** 执行“拉伸”命令，将绘制的正多边形向上拉伸“9.2”。

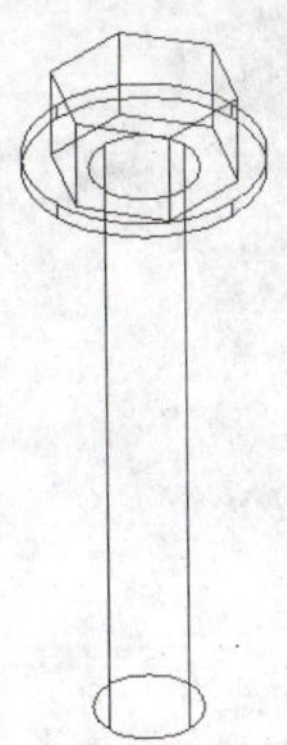

**Step 06** 输入“UNION”后按 Enter 键，执行“并集”命令，系统提示“选择对象”，选择绘制的圆柱和拉伸后的正多边形，按 Enter 键，完成并集运算。

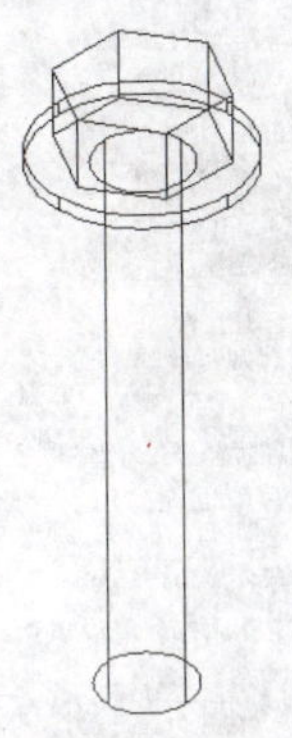

**Step 07** 执行 HELIX 命令，根据系统提示捕捉圆柱体底面圆心作为螺旋的底面中心点。然后根据系统提示分别指定螺旋的底面半径和顶面半径为“4.8”。

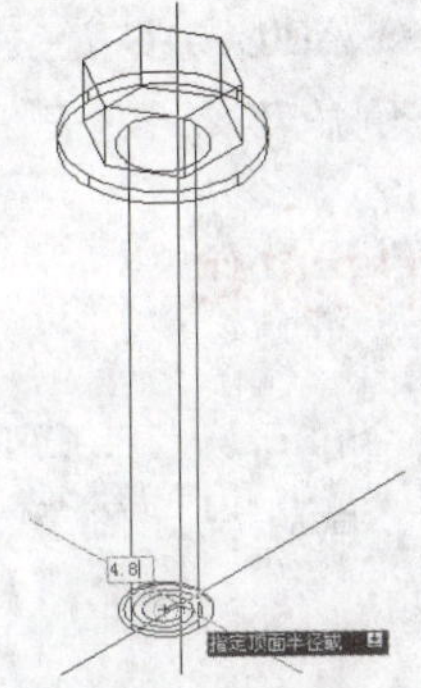


**Step 08** 系统提示“指定螺旋高度或[轴端点(A)/圈数(T)/圈高(H)/扭曲(W)]”，设置“圈高”为“1”，螺旋高度为“25”。

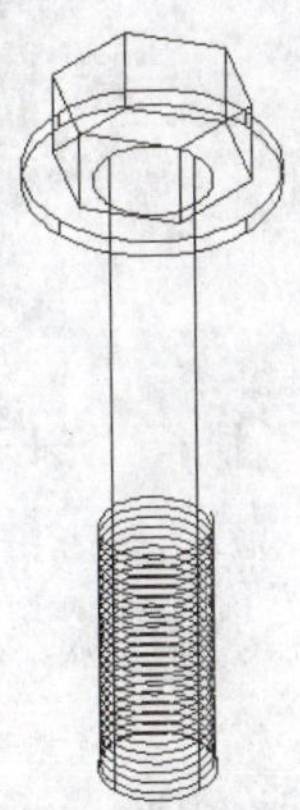

**Step 09** 以绘制的螺旋体的底面端点为中心

点，绘制一个边数为“3”的正多边形。其中绘制方法为“外切于圆”，圆的半径为“0.2”。

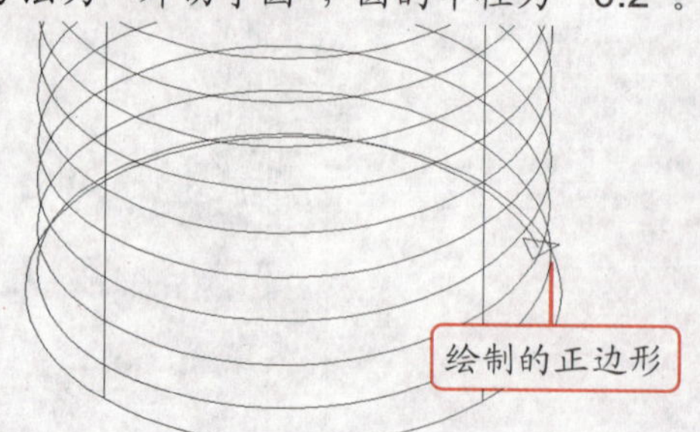


**Step 10** 执行“扫掠”命令，将绘制的正多边形沿螺旋体进行扫掠。然后执行“差集”命令，将扫掠后的实体从圆柱体中减去。设置视觉样式为“概念”，完成螺栓模型的绘制。

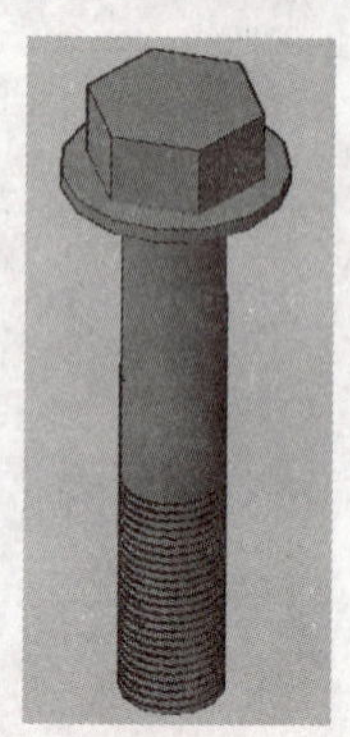

# 10.5 编辑三维图形

在创建好三维实体后，一些三维实体可能还存在一些瑕疵，并不符合机械图形的要求，这时可以对三维实体进行编辑。除了一些二维编辑命令，如复制命令、移动命令等可以编辑三维实体外，AutoCAD 还提供了一些专门用于编辑三维实体的命令，如剖切实体、加厚实体、圆角与倒角实体、编辑实体的面以及抽壳。

## 10.5.1 剖切实体

“剖切”命令可以切开现有实体并删除指定部分，以创建出新的实体。输入“SLICE”后按 Enter 键，或选择“修改”|“三维操作”|“剖切”命令都可以执行“剖切”命令。

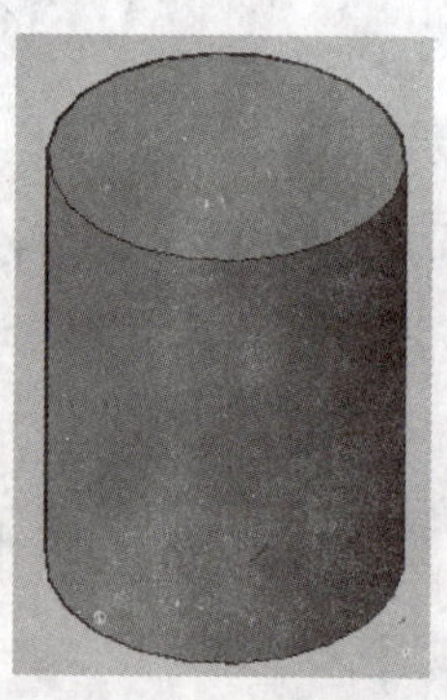

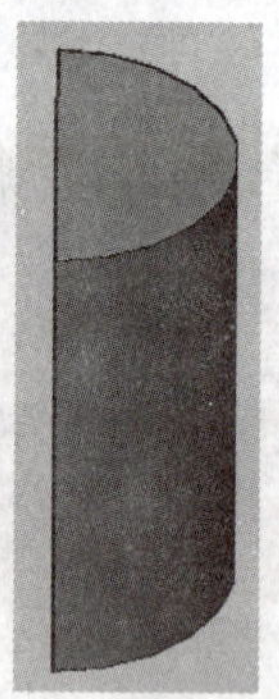

**知识点拨 Knowledge** 执行“剖切”命令后，系统提示中各选项的含义

**平面对象（O）**：选择该选项，可以将剪切面与圆、椭圆、圆弧、椭圆弧、二维样条曲线或二维多段线对齐。

**曲面（S）**：选择该选项，可以将剪切平面与曲面对齐。

**Z 轴（Z）**：选择该选项，可以通过平面上指定一点和在平面的 Z 轴（法向）上指定另一点来定义剪切平面。

视图（V）：选择该选项，可以将剪切平面与当前视口的视图平面对齐。指定一点定义剪切平面的位置。

XY 平面（XY）：选择该选项，可以将剪切平面与当前用户坐标系（UCS）的 XY 平面对齐。指定一点定义剪切平面的位置。

YZ 平面（YZ）：选择该选项，可以将剪切平面与当前用户坐标系（UCS）的 YZ 平面对齐。指定一点定义剪切平面的位置。

ZX 平面（ZX）：选择该选项，可以将剪切平面与当前用户坐标系（UCS）的 ZX 平面对齐。指定一点定义剪切平面的位置。

三点（3）：选择该选项，可以用三个点来定义剪切平面，这是系统默认的方法。

## 10.5.2 加厚实体

通过加厚曲面可以从任何曲面类型创建三维实体。输入“THICKEN”后按 Enter 键，或选择“修改”|“三维操作”|“加厚”命令都可以执行“加厚”命令。

新手演练 Novice exercises　加厚实体（源文件\第 10 章\加厚实体.dwg）

Step 01　在前视图中通过“多段线”和“圆”命令绘制如下图所示的图形。

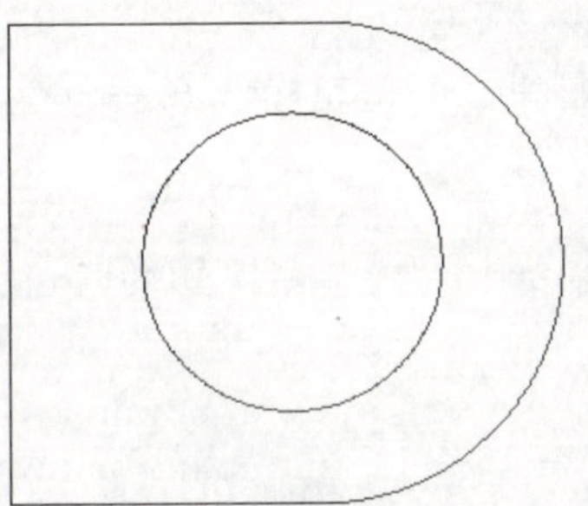

Step 02　切换到“西南等轴测”视图，选择绘制的图形，在菜单浏览器中选择“修改”|“三维操作”|“转换为曲面”命令，将选择的二维图形转换为曲面。

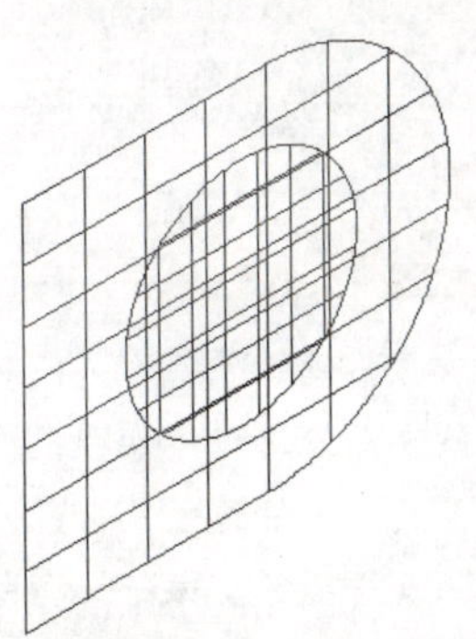

Step 03　输入“THICKEN”后按 Enter 键，执行“加厚”命令。

Step 04　系统提示“选择要加厚的曲面”，选择转换后的曲面。

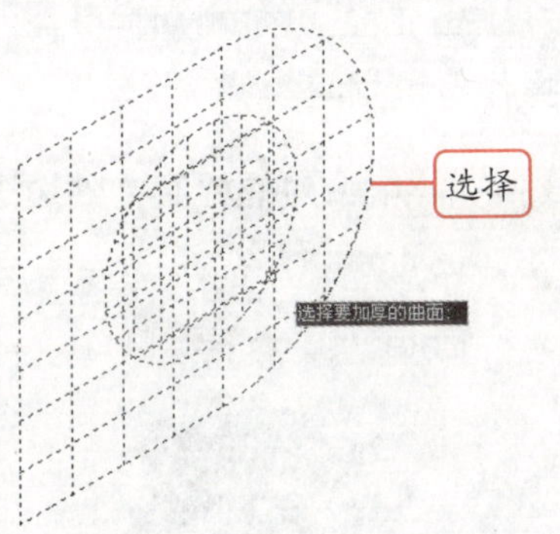


Step 05　按 Enter 键，系统提示“指定厚度”，输入“27”，按 Enter 键，完成加厚实体的操作。

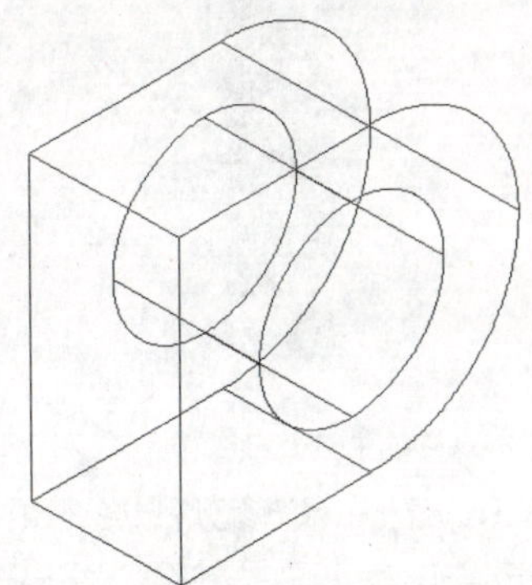

**Step 06** 输入“SUBTRACT”，按 Enter 键执行“差集”命令，根据系统提示选择如下图所示的实体。

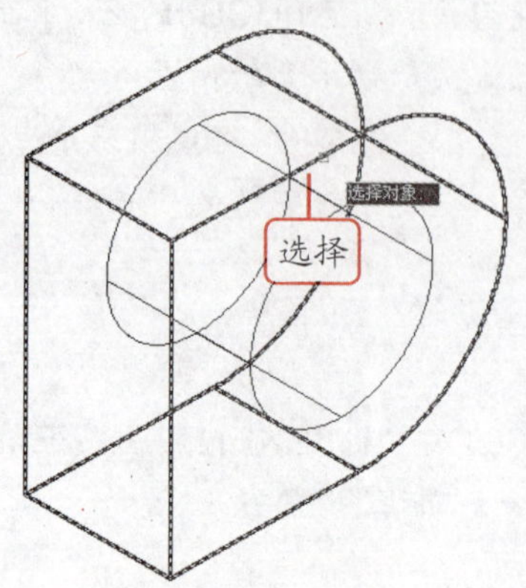


**Step 07** 按 Enter 键，根据系统提示选择另一个实体，并按 Enter 键。将视觉样式设置为“概念”，完成所有操作。

### 10.5.3 圆角与倒角实体

在三维绘图状态下，使用“倒角”和“圆角”命令，不仅可以对两条相交的直线进行倒角和圆角处理，还可以对三维实体的边进行倒角和圆角处理，其操作方法与在二维绘图中的操作方法相同。

新手演练 Novice exercises 对螺栓实体的边进行圆角处理（源文件\第 10 章\圆角螺栓实体.dwg）

**Step 01** 打开“螺栓实体”图形文件，输入“F”，按 Enter 键，执行“圆角”命令。

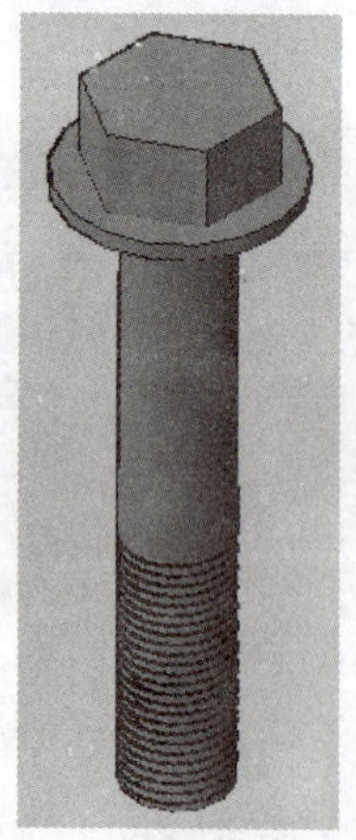

**Step 02** 系统提示“选择第一个对象或[放弃(U)/多段线(P)/半径(R)/修剪(T)/多个(M)]”，在如下图所示实体边上单击，选择要进行圆角的实体。

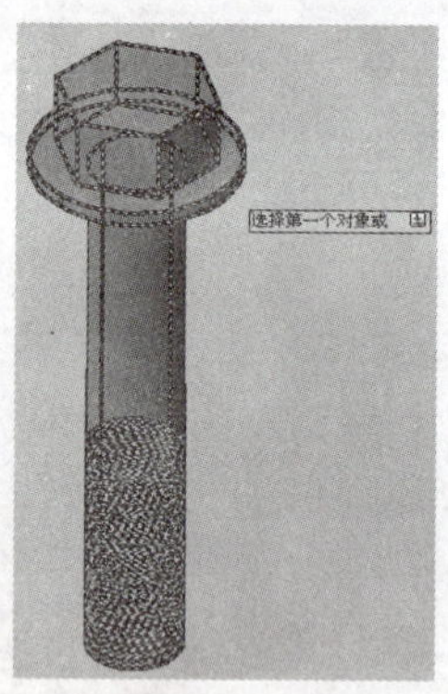

职场经验谈 Workplace Experience

在选择要进行圆角处理的实体时，如果只对其中的一部分边进行处理，这时一定要在需要圆角处理的边上单击，来选择该实体。因为在选择该实体时，会自动选择单击处所在的边。

**Step 03** 系统提示“输入圆角半径”，输入“0.75”，按 Enter 键，系统提示“选择边或[链(C)/半径(R)]”，选择如下图所示的边。

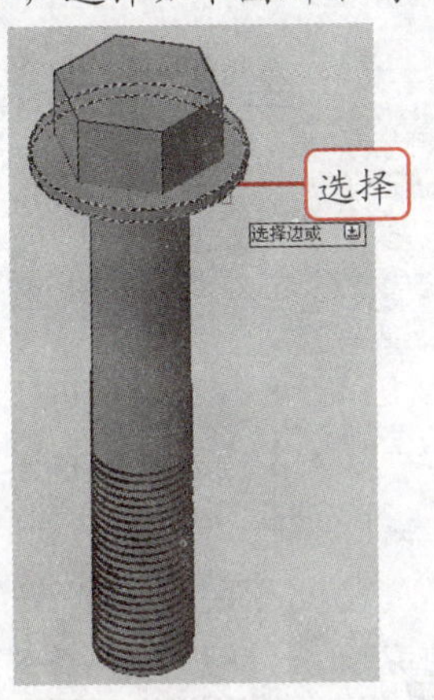


**Step 04** 按 Enter 键，完成对螺栓实体的边进行圆角处理操作。

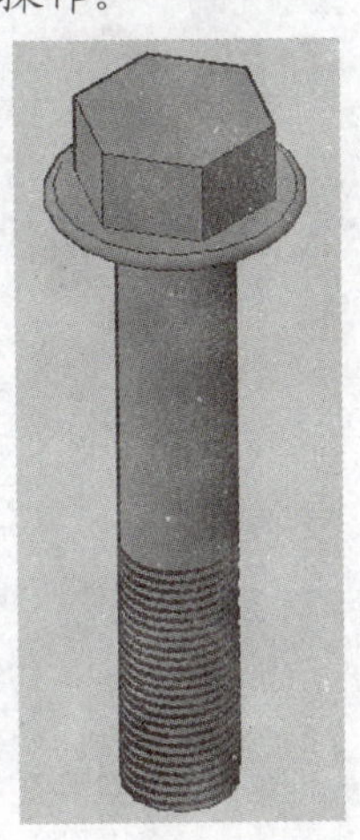

## 10.5.4 编辑实体的面

在绘制一些复杂的三维模型图时，可以先绘制一些简单的三维实体，然后通过对这些实体的面进行编辑，并结合使用相应的其他命令来绘制出复杂的模型。编辑实体的面主要包括移动面、偏移面、拉伸面、旋转面、倾斜面和复制面等操作。

**新手演练 Novice exercises** 通过拉伸面来绘制三维实体（源文件\第 10 章\编辑面.dwg）

**Step 01** 打开“编辑面”图形文件，在菜单浏览器中选择“修改”|“实体编辑”|“拉伸面”命令。

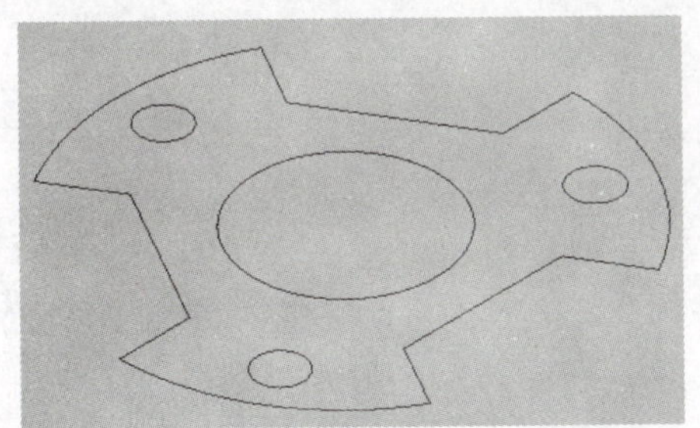

**Step 02** 系统提示“选择面或[放弃(U)/删除(R)]”，选择实体中的大圆，按 Enter 键。

**Step 03** 系统提示“指定拉伸高度或[路径(P)]”，输入“20”，按 Enter 键，系统提示“指定拉伸的倾斜角度”，按 Enter 键，指定拉伸的倾斜角度为系统默认的 0°，按 Esc 键退出“拉伸面”命令。

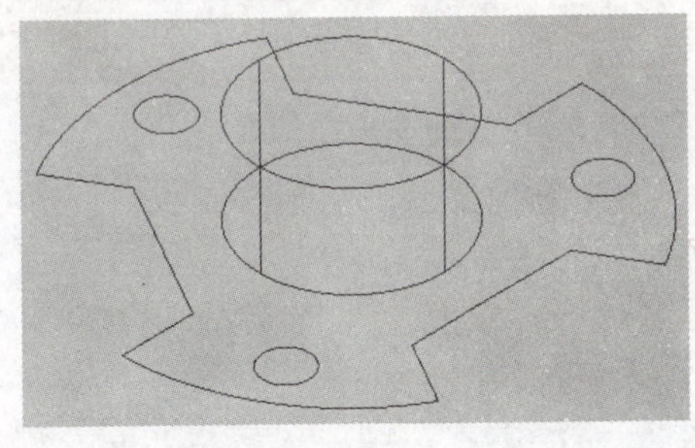

**Step 04** 按 Enter 键重复执行“拉伸面”命令，系统提示“输入实体编辑选项[面(F)/边(E)/体(B)/放弃(U)/退出(X)]”，选择“面”选项。

**Step 05** 系统提示“输入面编辑选项[拉伸(E)/移动(M)/旋转(R)/偏移(O)/倾斜(T)/删除(D)/复制(C)/颜色(L)/材质(A)/放弃(U)/退出(X)]”，选择“拉伸”选项，根据系统提示选择图形中的一个小圆，并将其垂直向上拉伸“20”，按 Esc 键退出“拉伸面”命令。

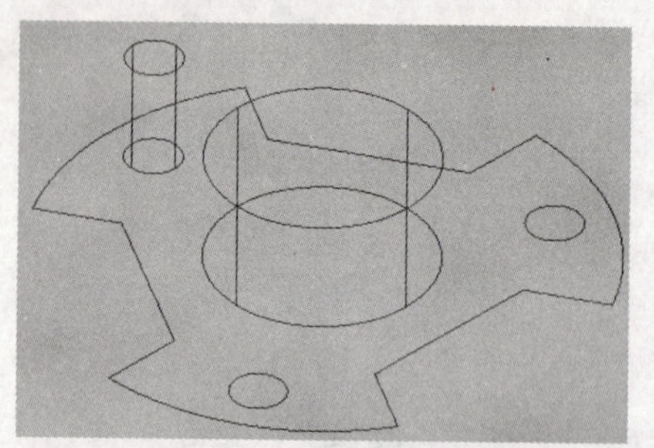

Step 06 用相同的方法将另外两个小圆和外围的不规则实体垂直向上拉伸“20”。

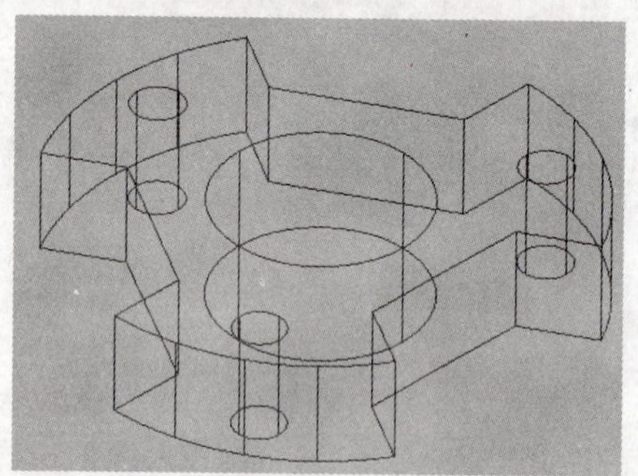

Step 07 将视觉样式设置为“概念”，执行“差集”命令，根据系统提示选择如下图所示的实体。

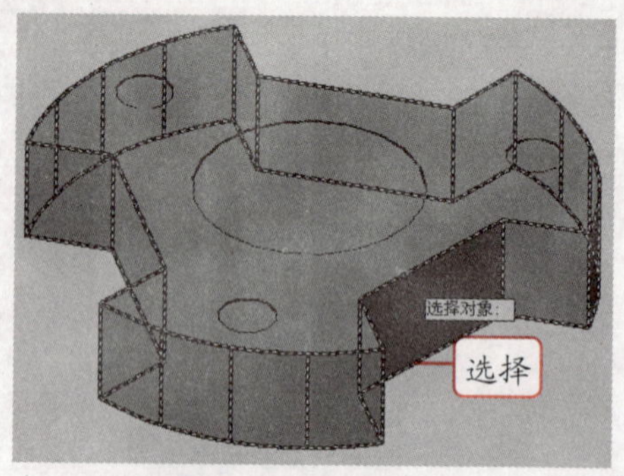


Step 08 按 Enter 键，根据系统提示选择通过“拉伸面”命令后的三个圆柱体，按 Enter 键，进行差集运算。

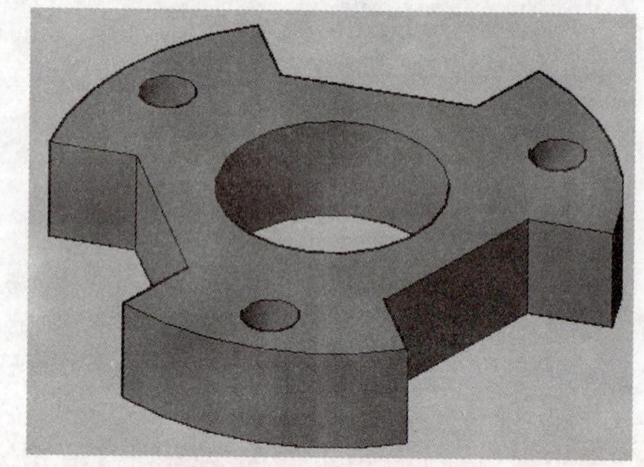

## 10.6 三维对象操作

与编辑二维图形一样，也可以通过使用对齐、旋转、镜像和阵列等命令对实体进行编辑，从而绘制出复杂的机械模型。

### 10.6.1 三维对齐

在三维绘图状态中，对齐主要有两种方式，一种是对齐对象位置，它可以将选择的三维对象与其他对象对齐到面、边或点。选择“修改”|“三维操作”|“对齐”命令，或输入“AL”后按 Enter 键都可以执行“对齐”命令，然后分别在要对齐的两个对象上指定对应点就可以对齐对象位置。

另一种是三维对齐，它与“对齐”命令相同，都可以将选择的三维对象与其他对象对齐到面、边或点。其操作方法是：选择“修改”|“三维操作”|“三维对齐”命令，或输入“3DALIGN”，按 Enter 键执行“三维对齐”命令，先在源对象上指定一个、两个或三个点，然后在目标对象上指定对应的点即可。

由于三维对齐可以拖动对象使其与实体对象的面对齐，以实时观察到对齐效果，这比对齐对象位置更加直观，因此在三维绘图状态中一般都使用三维对齐方法。

### 10.6.2 三维旋转

在前面 10.1.3 节介绍了通过三维动态观察来对三维模型的各个面进行观察，但这只在视觉上对模型进行了旋转，而三维旋转可以将模型绕指定的轴进行旋转。

选择“修改”|“三维操作”|“三维旋转”命令，或输入“3DROTATE”后按 Enter 键即可执行“三维旋转”命令。在执行该命令后，系统提示“选择对象”，选择要旋转的对象后，将出现旋转夹点工具，如下图所示，使用它可以自由旋转对象和子对象或将旋转约束到轴。

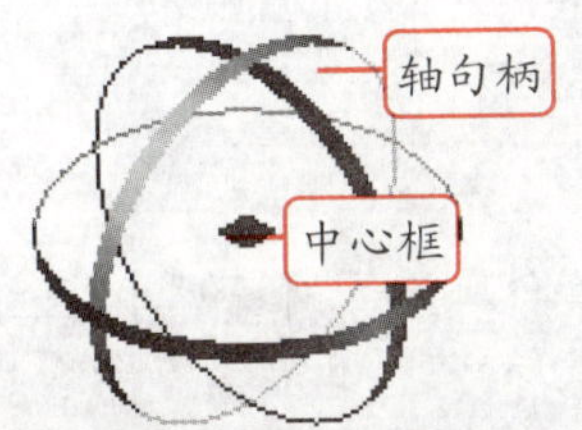


**温馨提示牌** Warm and prompt licensing

如果当前为二维线框视觉模式，执行“三维旋转”命令后，视觉样式将更改为三维线框，完成操作之后，将会返回二维线框模式。

**新手演练** Novice exercises　旋转圆角螺栓实体（源文件\第 10 章\三维旋转.dwg）

**Step 01** 打开“圆角螺栓实体”图形文件，输入“3DROTATE”，按 Enter 键即可执行“三维旋转”命令。

**Step 02** 系统提示“选择对象”，选择圆角螺栓实体。

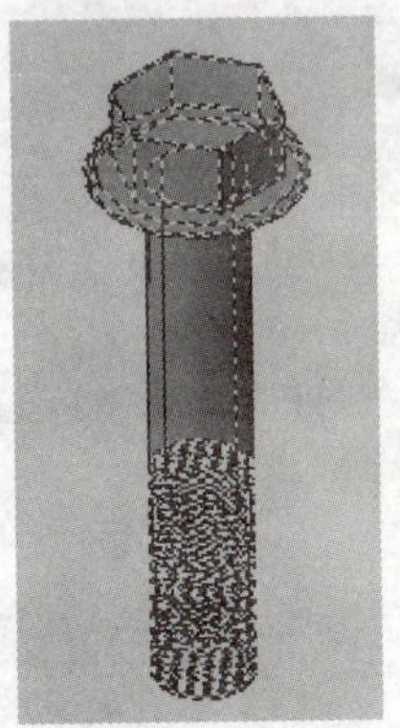

**Step 03** 系统提示“指定基点”，拾取螺栓圆柱体顶面的圆心。

**Step 04** 系统提示“拾取旋转轴”，将光标移动到红色的轴句柄上，此时该轴句柄变为黄色，并且在绘图区中将出现一条红色的矢量线，单击将其变为黄色的轴句柄，拾取旋转轴。

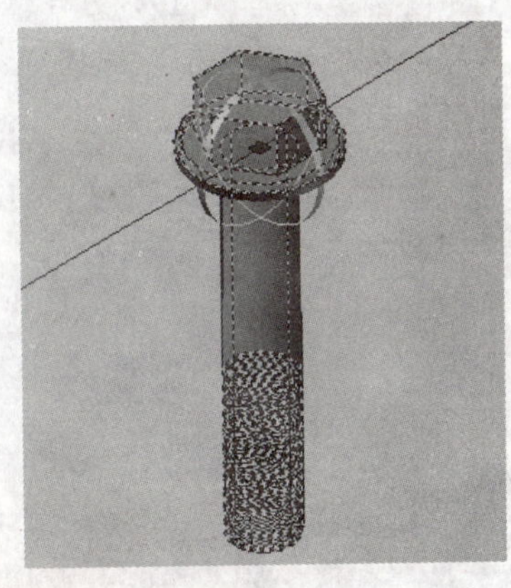

**职场经验谈** Workplace Experience

矢量线的颜色是随着选择轴句柄的不同而改变，它总是通过选择轴句柄的中心，并垂直于该轴句柄。

**Step 05** 系统提示“指定角的起点或输入角度”，拾取旋转夹点工具中的中心框。

**Step 06** 系统提示“指定角的端点”，在如下图所示的位置单击，拾取角的端点。

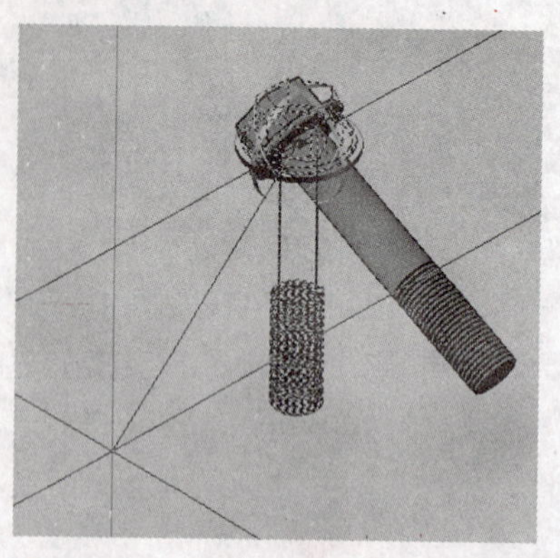

Step 07 此时可以看到旋转后的圆角螺栓，效果如下图所示。

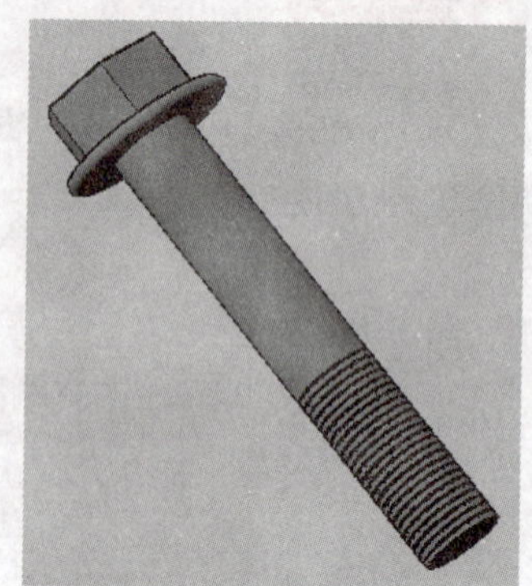

### 10.6.3 三维镜像

通过“三维镜像”命令，可以在三维模型上指定平面镜像，选择“修改”|“三维操作”|“三维镜像”命令，或输入“MIRROR3D”后按Enter键即可执行“三维镜像”命令。

**新手演练 Novice exercises** 通过“三维镜像”命令完成蝶形螺母（源文件\第10章\蝶形螺母.dwg）

Step 01 打开“蝶形螺母”图形文件，执行“三维镜像”命令，系统提示“选择对象”，选择如下图所示的实体。

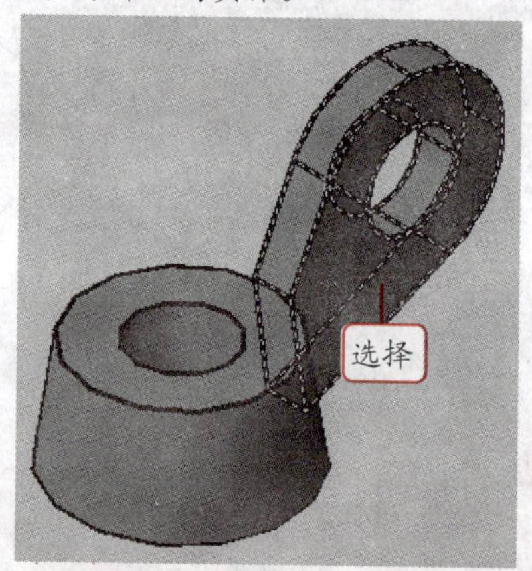


Step 02 按Enter键，系统提示“指定镜像平面(三点)的第一个点或[对象(O)/最近的(L)/Z轴(Z)/视图(V)/XY平面(XY)/YZ平面(YZ)/ZX平面(ZX)/三点(3)]”，输入“YZ”，按Enter键，设置镜像平面为“YZ平面”。系统提示“指定YZ平面上的点”，拾取如下图所示的圆心。

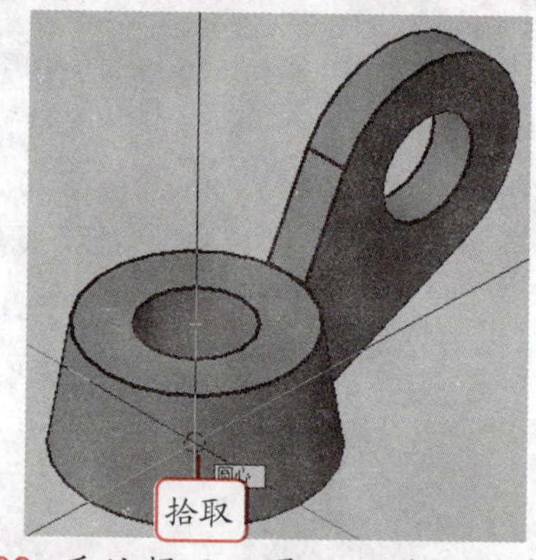


Step 03 系统提示“是否删除源对象？[是(Y)/否(N)]”，输入“N”，按Enter键，选择“否”选项，完成三维镜像操作。

## 10.6.4 三维阵列

与二维绘图状态中的阵列相同，“三维阵列”命令可以在三维空间中对对象进行三维阵列。三维阵列分为矩形阵列和环形阵列两种方式。选择“修改”|“三维操作”|“三维阵列”命令，或输入“3DARRAY”后按 Enter 键即可执行“三维阵列”命令。

**新手演练 Novice exercises** 通过“三维阵列”命令完成机械模型图（源文件\第 10 章\三维阵列.dwg）

Step 01 打开“三维阵列”图形文件，将视图设置为“西南等轴测”，视觉样式设置为“三维线框”。

Step 02 在菜单浏览器中选择“修改”|“三维操作”|“转换为曲面”命令，将如下图所示的二维图形转换为曲面。

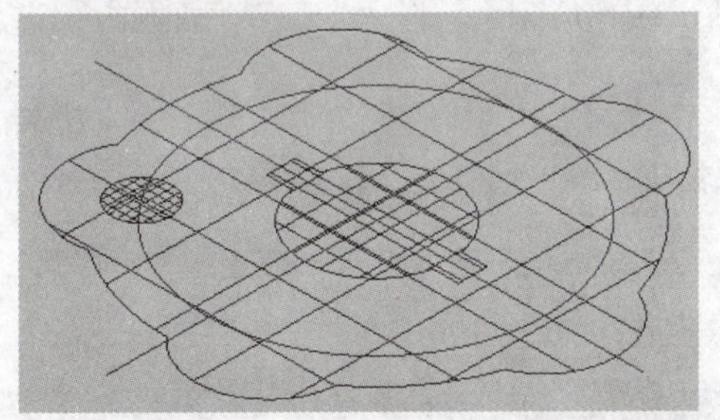

Step 03 输入“THICKEN”后按 Enter 键，执行“加厚”命令，将转换后的曲面加厚“30”。

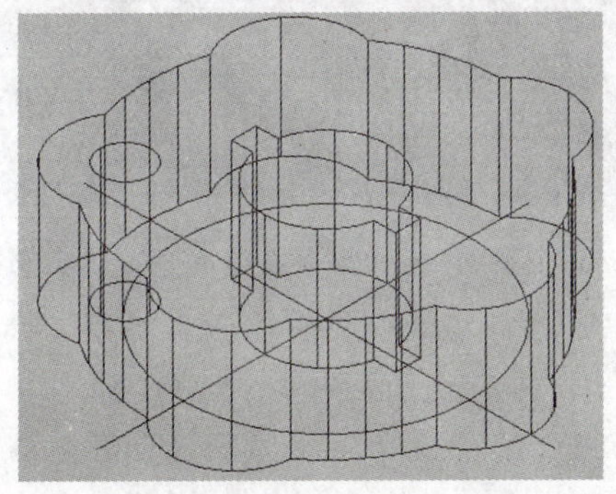

Step 04 输入“3DARRAY”，按 Enter 键，执行“三维阵列”命令，系统提示“选择对象”，选择加厚后的圆柱体。

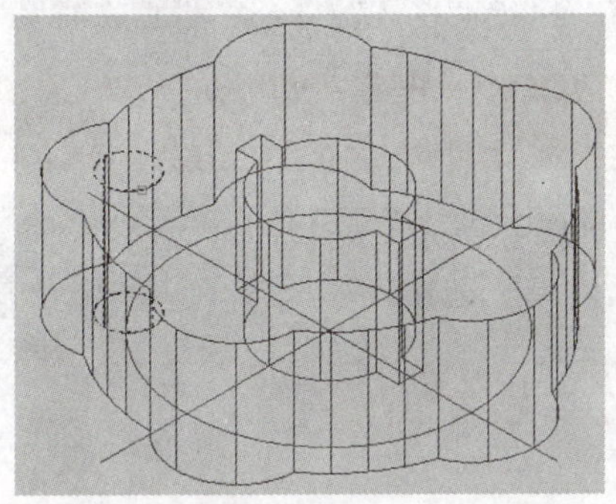

Step 05 按 Enter 键，系统提示“输入阵列类型[矩形(R)/环形(P)]”，选择“环形阵列”。系统提示“输入阵列中的项目数目”，输入“5”，按 Enter 键。

Step 06 系统提示“指定要填充的角度(+=逆时针，-=顺时针) <360>”，按 Enter 键，指定角度为系统默认的 360°。

Step 07 系统提示“旋转阵列对象？[是(Y)/否(N)]”，选择“是”选项。

Step 08 系统提示“指定阵列的中心点”，拾取如下图所示的圆心。

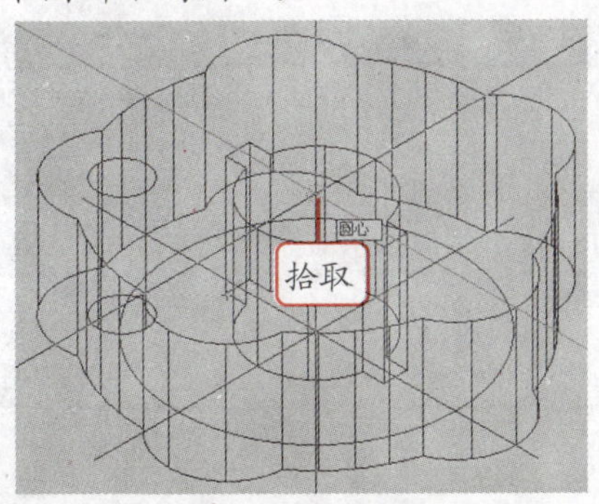

**Step 09** 系统提示“指定旋转轴上的第二点”，拾取如下图所示的圆心。

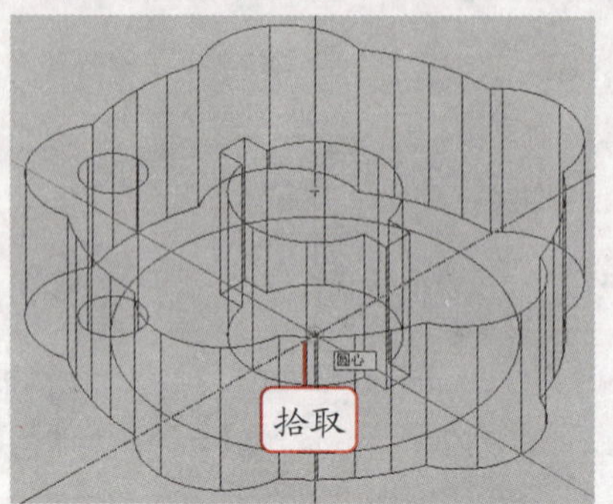


**Step 10** 执行“差集”命令，根据系统提示对实体进行差集运算，然后将视觉样式设置为“概念”。

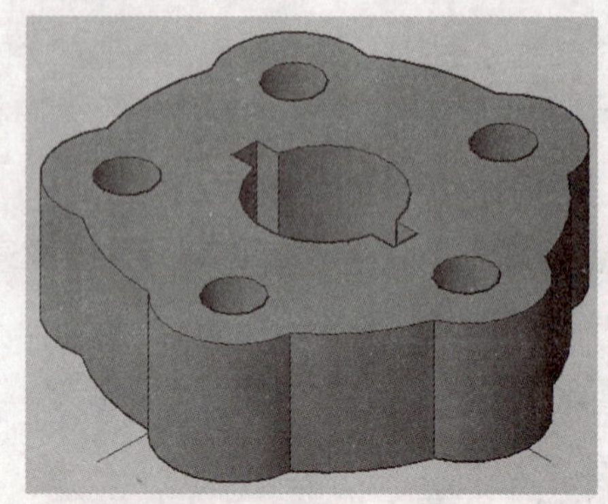

## 10.7 三维对象的渲染

在 AutoCAD 2009 中加入了渲染模型功能，通过渲染功能来处理模型可以使其效果更真实。在渲染前，应该对模型所处的场景、光源以及图形的材质等进行设置。

### 10.7.1 设置光源

生活中只有光源照射到物体上时，才能看到该物体。因此，在渲染三维模型时，首先要为模型添加光源。光源包括点光源、聚光灯、平行光和阳光等类型。在菜单浏览器中选择“视图”|“渲染”|“光源”命令，在弹出的子菜单中选择相应的命令，然后根据系统提示就可创建光源了。

**新手演练 Novice exercises** 创建和编辑光源（源文件\第 10 章\添加光源.dwg）

**Step 01** 打开“底座实体”图形文件，将视图设置为“前视图”，选择“视图”|“渲染”|“光源”|“新建点光源”命令。

**Step 02** 在打开的“光源-视口光源模式”对话框中单击“关闭默认光源（建议）”选项。

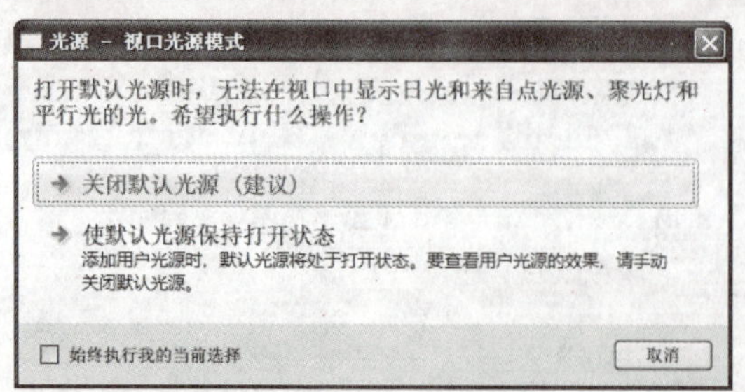


**Step 03** 系统提示“指定源位置”，在实体上方单击，拾取一点。

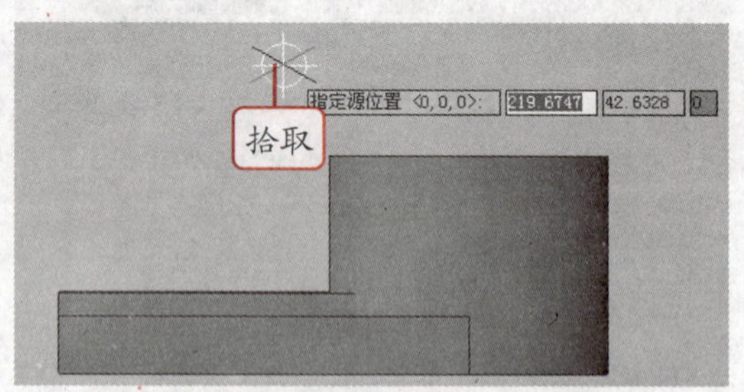


**Step 04** 系统提示“输入要更改的选项[名称(N)/强度(I)/状态(S)/阴影(W)/衰减(A)/颜色(C)/退出(X)]”，选择“强度”选项。

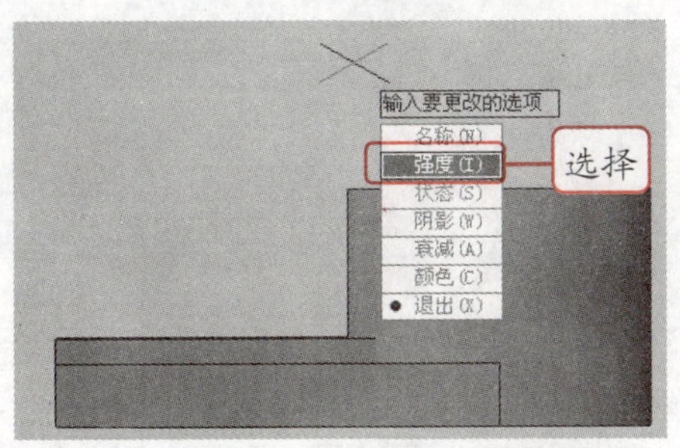


**Step 05** 系统提示“输入强度（0.00-最大浮点数）”，输入“3”，按 Enter 键。

**Step 06** 系统提示“输入要更改的选项[名称(N)/强度(I)/状态(S)/阴影(W)/衰减(A)/颜色(C)/退出(X)]”，选择“退出”选项，退出建立点光源的操作。

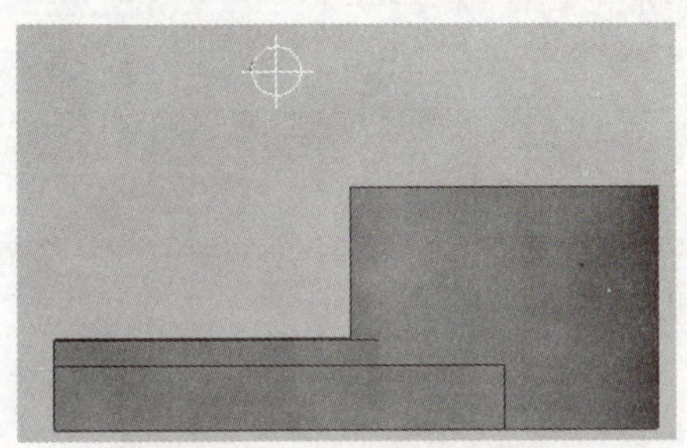

**Step 07** 将视图设置为“俯视图”，然后在绘图区中将建立的点光源移动到如下图所示的位置。

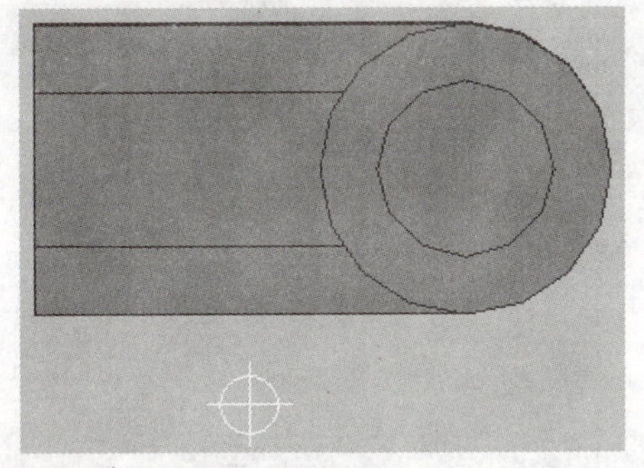

**Step 08** 将视图设置为“西南等轴测”，然后保存建立点光源的图形文件。

在建立光源后，如果对建立的光源不满意，还可以双击该光源，在打开的“特性”工具面板中对光源的名称、类型、阴影、强度因子和过滤颜色等进行修改。

## 10.7.2 设置渲染材质

为模型添加光源后，还需要为模型添加材质，这样模型显得更真实。为模型添加材质是指为其指定三维模型的材料，如瓷砖、釉面、织物或玻璃等。

选择“视图”|“渲染”|“材质”命令，或输入“MATERIALS”、“MAT”，按 Enter 键执行“材质”命令，在打开的“材质”选项板中即可为模型添加材质。

**新手演练 Novice exercises** 为底座实体模型添加材质效果（源文件\第 10 章\添加材质.dwg）

**Step 01** 打开“添加光源”图形文件，输入“MAT”，按 Enter 键执行“材质”命令。

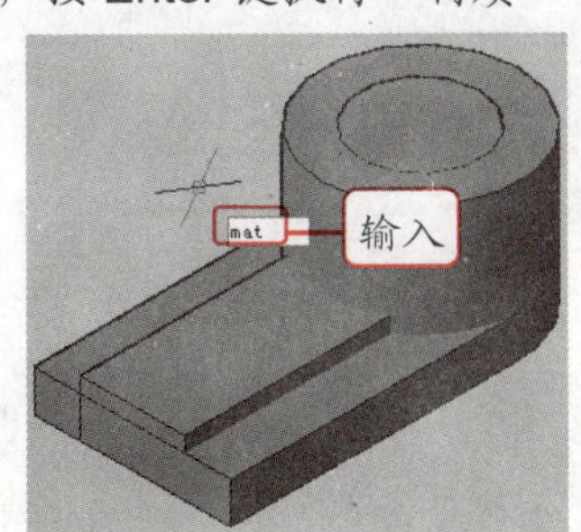


**Step 02** 在打开的“材质”选项板的“类型”和“样板”下拉列表框中分别选择“真实”和“石材”选项。

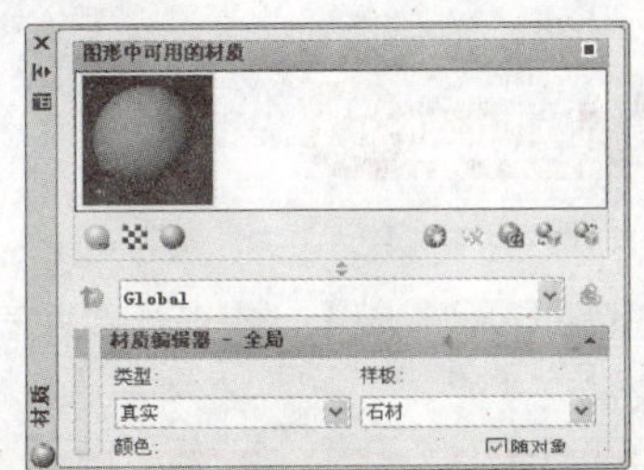

**Step 03** 在“反光度”、“不透明度”、“折射率”、“半透明度”栏中的数值框中分别输入“20”、“100”、“1.300”、“80”和“30”。

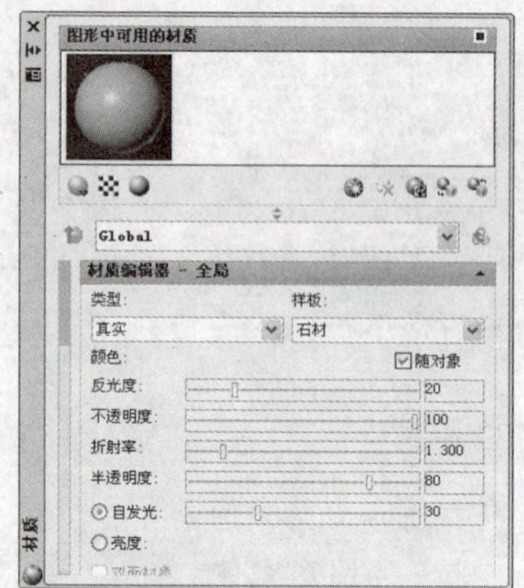


**Step 04** 在“材质”选项板的上方按钮组中单击“将材质应用到对象”按钮，此时光标将变为毛笔形状，系统提示“选择对象或[放弃(U)]”，框选三维模型，按 Enter 键。

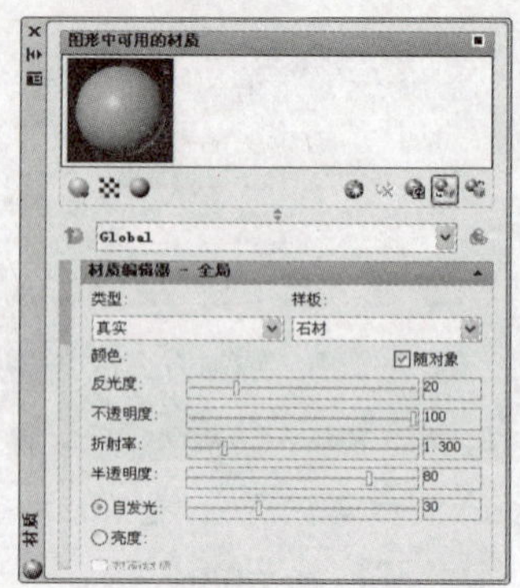


**Step 05** 此时设置好的材质被添加到选择的三维模型上了。

**职场经验谈** Workplace Experience

在“材质”选项板中有一个体现材质效果的示例球，默认是球形的，可以通过“样例几何体”按钮修改其形状。

## 10.7.3 渲染视图

在对三维模型添加光源和材质后，就可以对其进行渲染了。渲染后，如果对效果满意，还可以返回绘图区，对光源与材质等进行修改。

**新手演练** Novice exercises 渲染底座实体模型（源文件\第 10 章\渲染模型.bmp）

**Step 01** 打开“添加材质”图形文件，选择“视图”|“渲染”|“高级渲染设置”命令，打开“高级渲染设置”选项板。

**Step 02** 在“高级渲染设置”选项板上方的下拉列表框中选择“高”选项。在“常规”栏中单击“目标”单元格，该单元格变为下拉列表框，在其中选择“窗口”选项。

**Step 03** 用相同的方法将“输出尺寸”设置为“1024×768”。

**温馨提示牌** Warm and prompt licensing

选择“视图”|“渲染”|“渲染”命令，或输入“RENDER”，按 Enter 键可以直接打开渲染窗口进行渲染。

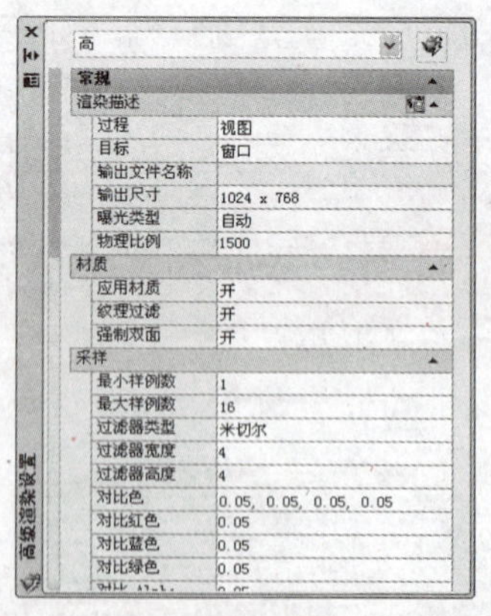


**Step 04** 在“高级渲染设置”选项板中单击右上方的“渲染”按钮，此时系统自动打开渲染窗口，并开始按设置渲染三维模型。渲染完毕后，在窗口左侧将显示图像信息。

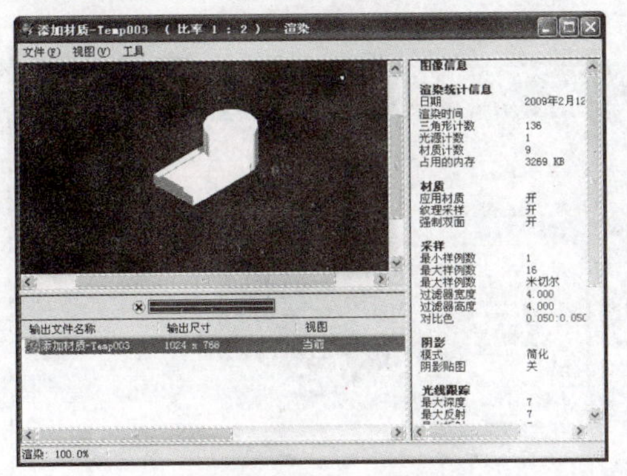

**职场经验谈** Workplace Experience

渲染后，如果对效果不满意，可以将该对话框关闭，然后对光源和材质进行修改。修改后，再进行渲染，重复操作，直至对渲染效果满意为止。

## 10.7.4 设置渲染场景

在执行“渲染”命令后，渲染窗口中三维模型的默认背景是黑色，有时为了提高效果质量，可以对模型的背景进行设置。

**新手演练** Novice exercises 设置底座实体的渲染场景（源文件\第 10 章\渲染场景.dwg）

Step 01 打开“添加材质”图形文件，输入“VIEW”，按 Enter 键。

Step 02 在打开的“视图管理器”对话框中单击 新建(N)... 按钮。

Step 03 在打开的“新建视图/快照特性”对话框的“视图名称”数值框中输入“渲染”，在“UCS”下拉列表框中选择“世界”选项，在“视觉样式”下拉列表框中选择“真实”选项，在“背景”栏中的下拉列表框中选择“纯色”选项。

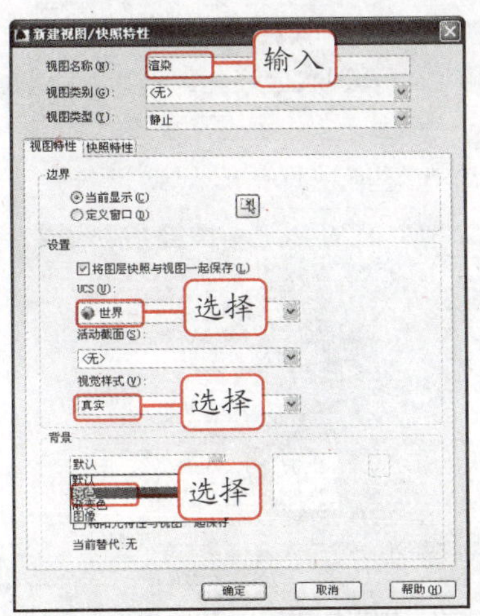


Step 04 在打开的“背景”对话框中单击“纯色选项”栏中的颜色条。

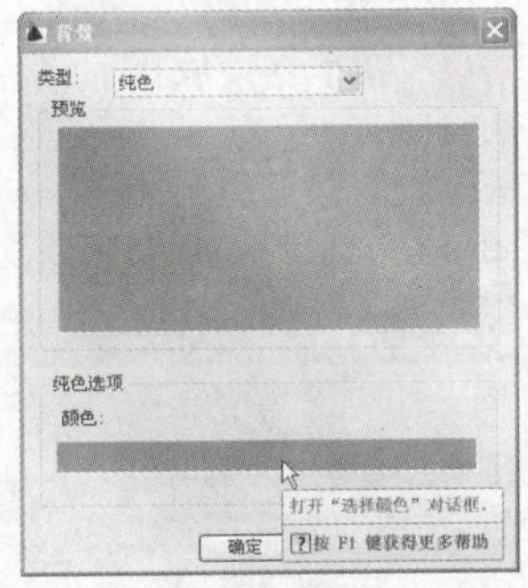

Step 05 在打开的“选择颜色”对话框中单击“索引颜色”选项卡，然后选择如下图所示的颜色，单击 确定 按钮。

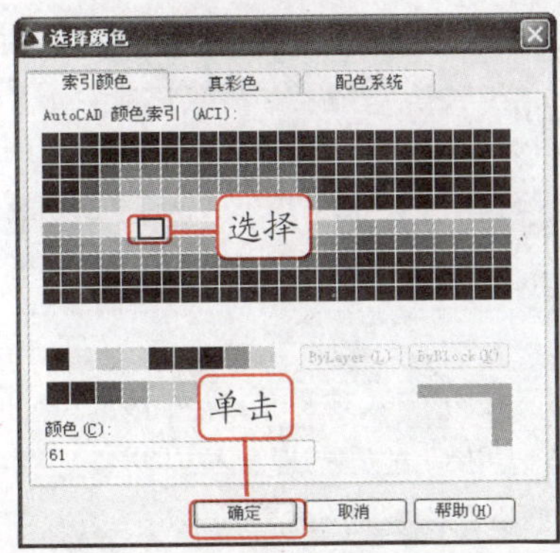

**Step 06** 返回“背景”对话框，单击 确定 按钮。返回“新建视图/快照特性”对话框，单击 确定 按钮。

**Step 07** 返回“视图管理器”对话框，单击 置为当前(C) 按钮，然后单击 确定 按钮。

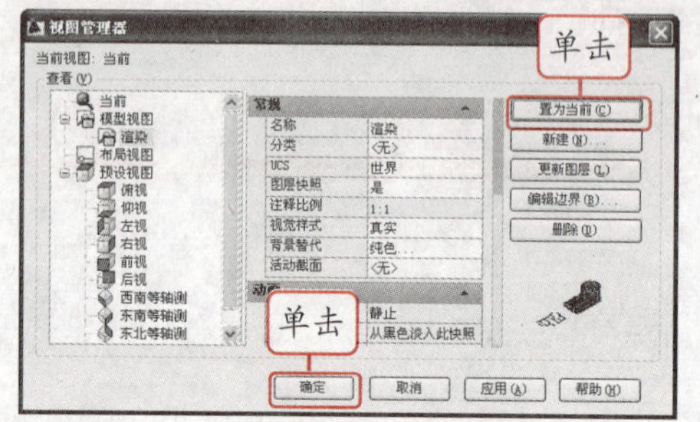


**Step 08** 返回绘图区，此时可以看绘图区的颜色变为设置的颜色。

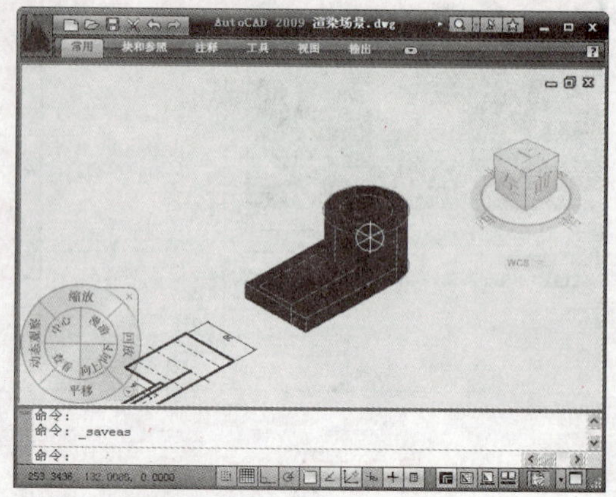

**Step 09** 选择“视图”|“渲染”|“渲染”命令，渲染模型。

## 10.7.5 将渲染效果保存为图像文件

在渲染后，如果对渲染效果满意，就可以将渲染效果保存为图像文件格式，以方便查看。

**新手演练 Novice exercises** 将渲染后的底座实体效果保存为图像文件（源文件\第 10 章\渲染模型.jpeg）

**Step 01** 打开“添加材质”图形文件，将渲染背景设置为如下图所示的双色渐变色。

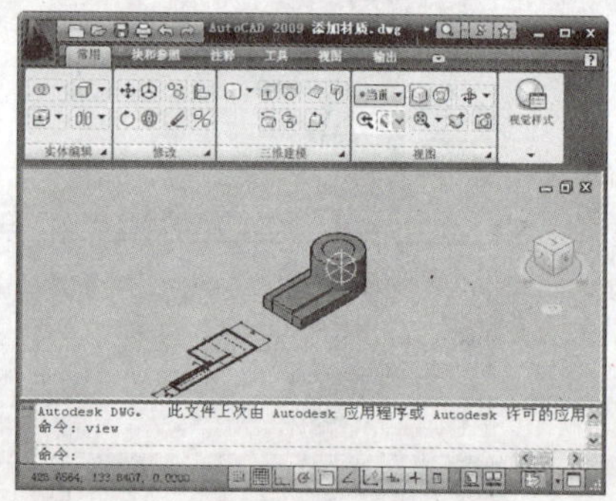

**Step 02** 在绘图区中移动光源到如下图所示的位置，然后打开“材质”选项板，在其中取消勾选“随对象”复选框，然后单击前面的颜色块，在打开的“选择颜色”对话框中选择一种颜色。

**Step 03** 关闭“选择颜色”对话框，在“材质”选项板中修改反光度、不透明度、折射率、半透明度和自发光等值。

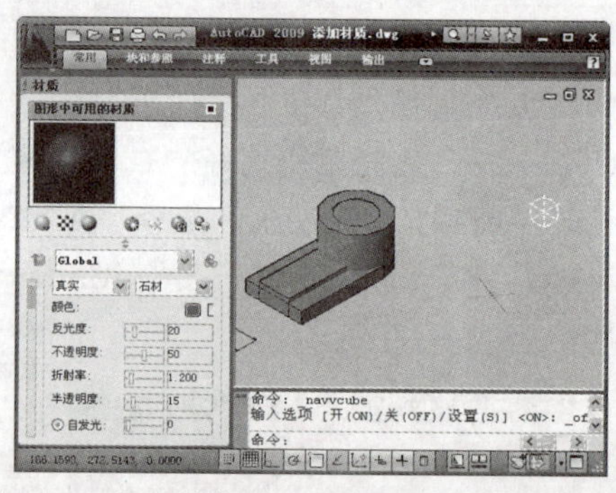

**Step 04** 然后选择“视图”|“渲染”|“渲染”命令，打开渲染窗口，对模型进行渲染。

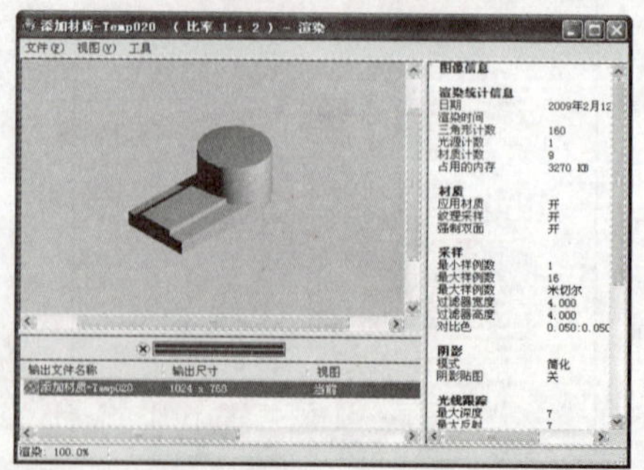

**Step 05** 在渲染窗口中选择“文件”|“保存”命令。

**Step 06** 在打开的“渲染输出文件”对话框中的“保存于”下拉列表框中选择保存位置，在文件名下拉列表框中输入保存名称，在“文件类型”下拉列表框中选择“JPEG（*jpeg; *.jpg）”选项，单击 保存(S) 按钮。

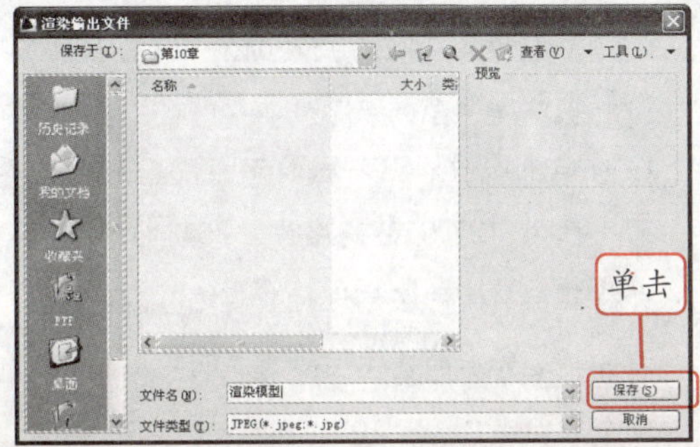


**Step 07** 在打开的“JPEG 图像选项”对话框中单击 确定 按钮，将渲染后的效果以图像文件进行保存。

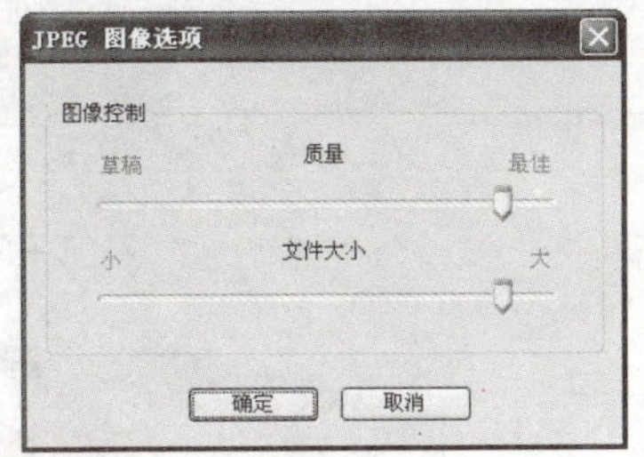


**职场经验谈** Workplace Experience

在“渲染输出文件”对话框的“文件类型”下拉列表框中选择不同的选项，单击 确定 按钮后将打开不同的对话框。

## 10.8 职场特训

本章主要介绍了绘制三维模型和渲染模型的相关知识，包括设置三维视图、创建三维实体、二维图形生成三维实体、用布尔运算创建复杂实体、编辑三维图形、三维对象操作以及三维对象的渲染等知识。学习完本章内容后，下面通过两个实例巩固本章知识。

**特训 1：** 根据本章所学知识绘制圆螺母（源文件\第 10 章\圆螺母.dwg）

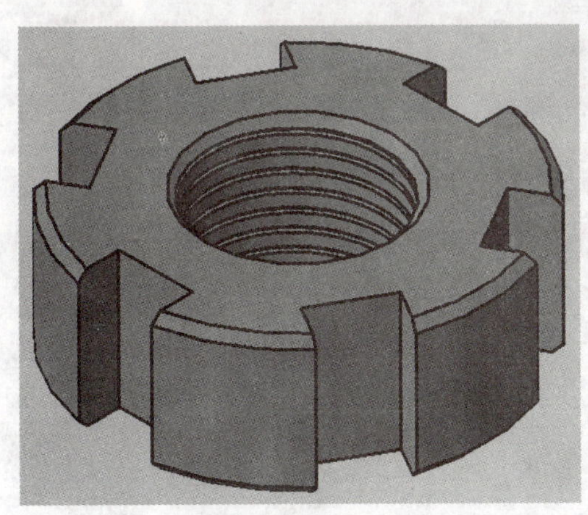

1. 使用“圆柱体”命令，以相同的中心分别绘制一个底面半径为“11”，高度为“5”和底面半径为“5”，高度为“8”的圆柱体。
2. 执行“差集”命令，对绘制的圆柱体进行差集运算。然后绘制一个长为“2.6”，宽为“4.3”、高为“8”的长方体。
3. 通过“对象捕捉”功能将绘制的长方体移动到大圆柱体的象限点上，然后将其进行三维环形阵列。
4. 对长方体与圆柱体进行差集运算，然后将实体的边进行倒角，倒角距离为“0.5”，最后绘制出螺纹实体。

**特训 2：** 绘制底座模型（源文件\第 10 章\底座.dwg、底座.jpeg）

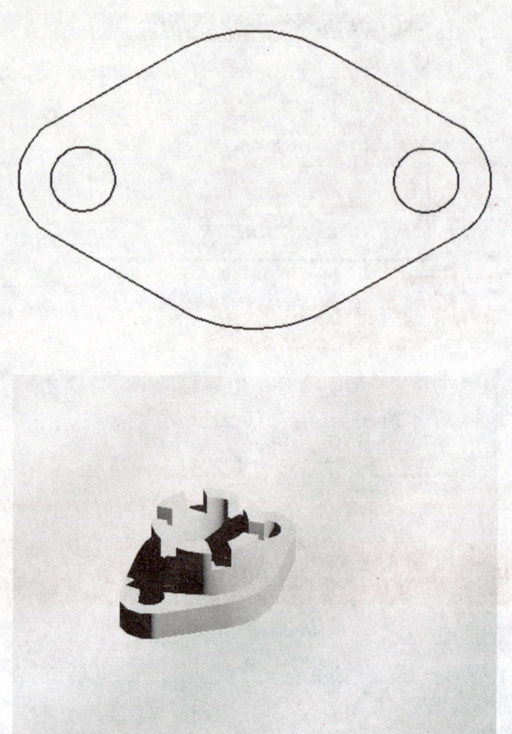

1. 打开“底座”图形文件，根据尺寸，保留如左上图所示的图形，然后将其转换为面域。
2. 通过“拉伸”命令，将圆和面域向上拉伸“15”。以拉伸实体底面的圆心为底面中心点，绘制一个底面半径为“10”，高度为“15”的圆柱体，然后将其进行差集运算。
3. 以圆柱体顶面圆心为底面中心点绘制一个底面半径为“27.5”，高度为“25”的圆柱体，并将其与前面的实体进行并集运算。
4. 以并集运算后的实体圆心为底面中心点，绘制一个底面半径为“20”，高度为“25”的圆柱体，并进行差集运算。
5. 根据尺寸，绘制一个长度为“60”，宽度为“10”，高度为“-10”的长方体，并将其环形阵列出两个，然后将其进行差集运算，为其添加光源和材质，并设置背景，最后将其进行渲染。

# 第11章

# 辅助工具的使用

查询“槽轮”图形文件的状态

查询“六角螺母”图形文件列表

使用工具选项板添加材质

在工具选项板中添加“光源”选项卡

## 本章导读

在 AutoCAD 2009 中，不仅包括原来版本中具有的辅助工具，如查询工具、工具选项板等，还新增了动作录制器等。通过这些辅助工具，可以方便绘制图形。

# 11.1 使用查询工具

在绘图过程中，可以使用查询工具来辅助绘图，通过它可以测量距离、计算图形面积和周长、列出对象的图形信息以及查询图形信息等。

## 11.1.1 查询时间

通过“查询时间”命令可以查询图形的创建时间、上一次更新时间、累计编辑时间、消耗时间计时器以及下次自动保存时间等信息。在菜单浏览器中选择“工具”|“查询”|“时间”命令，或输入“TIME”后按Enter键，执行“查询时间”命令，打开“AutoCAD 文本窗口”对话框，在其中列出了各个时间。

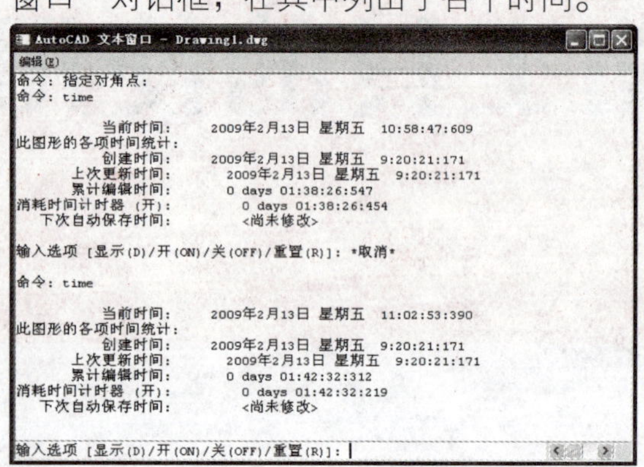

在“AutoCAD 文本窗口”对话框的下方有一条系统提示，选择“显示”选项将重复显示更新的时间；选择“开”或“关”选项将启动或停止用户消耗时间计时器；选择“重置”选项，可以将用户消耗时间计时器重置为0。

## 11.1.2 查询状态

通过“查询状态”命令可以查询当前图形的统计信息、模式和范围以及对象的数目，包括模型空间或图纸空间的图形界限、当前图层、当前颜色和当前线型等信息。在菜单浏览器中选择“工具”|“查询”|“状态”命令，或输入“STATUS”后按Enter键即可执行“状态”命令。

**新手演练 Novice exercises**　查询“槽轮”图形文件的状态

Step 01　打开“槽轮”图形文件，输入“STATUS”，按Enter键，执行“状态”命令。

Step 02　打开“AutoCAD 文本窗口”对话框，在其中列出了查找到的状态，并且系统提示“按Enter键继续”，按Enter键，继续查询状态。

Step 03　单击对话框右上角的☒按钮关闭该对话框。

```
AutoCAD 文本窗口 - 槽轮.dwg
编辑(E)
AutoCAD 菜单实用程序已加载。

Autodesk DWG.   此文件上次由 Autodesk 应用程序或 Autodesk 许可的应用程序保存,

命令: ' status 245 个对象在E:\职场无忧-CAD\新建文件夹\素材\槽轮.dwg中
模型空间图形界限         X:     0.0000   Y:     0.0000  (关)
                         X:   420.0000   Y:   297.0000
模型空间使用        X:   302.1077   Y:   280.5786
                         X:   442.1077   Y:   420.5786 **超过
显示范围                 X:   160.7096   Y:   249.3273
                         X:   583.2822   Y:   455.0152
插入基点                 X:     0.0000   Y:     0.0000   Z:     0.0000
捕捉分辨率               X:    10.0000   Y:    10.0000
栅格间距                 X:    10.0000   Y:    10.0000

当前空间:           模型空间
当前布局:           Model
当前图层:           0
当前颜色:        BYLAYER -- 7 (白)
当前线型:      BYLAYER -- "Continuous"
当前材质:      BYLAYER -- "Global"
当前线宽:    BYLAYER
当前标高:           0.0000  厚度:    0.0000
填充 开  栅格 关  正交 关  快速文字 关  捕捉 关  数字化仪 关
对象捕捉模式:    圆心, 端点, 交点, 中点, 最近点, 垂足, 象限点, 切点
按 ENTER 键继续:
可用图形磁盘 (E:) 空间: 42146.7 MB
可用临时磁盘 (C:) 空间: 13452.4 MB
可用物理内存: 1212.4 MB (物理内存总量 2047.5 MB).
可用交换文件空间: 3008.9 MB (共 3940.5 MB).
命令:
```

## 11.1.3 查询对象列表

通过“列表”命令可以查询AutoCAD图形对象信息，包括保存图形后的位置、所在图层以及图形各点的坐标、距离、面积和周长等。

**新手演练 Novice exercises** 查询“六角螺母”图形文件列表

Step 01 打开“六角螺母”图形文件，输入“LIST”或“LI”，按Enter键执行“列表”命令。

**温馨提示牌 Warm and prompt licensing**

选择“工具”|“查询”|“列表”命令也可以查询图形对象的信息。

Step 02 系统提示“选择对象”，选择如下图所示的图形，按Enter键。

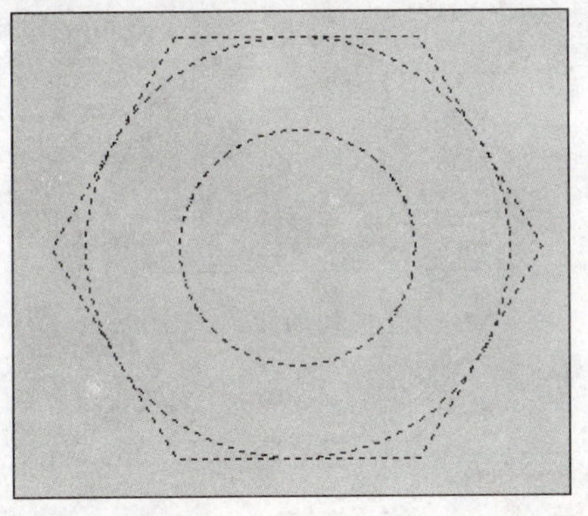

Step 03 打开“AutoCAD文本窗口”对话框，在其中列出了查询到的信息。

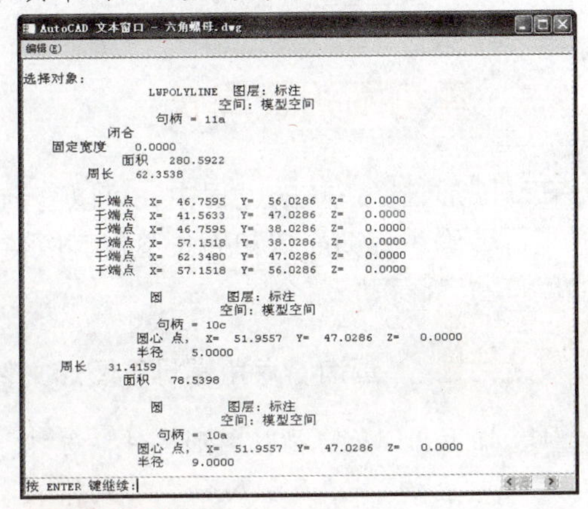


**职场经验谈 Workplace Experience**

在“AutoCAD文本窗口”对话框的下方有一个文本框。在其中输入相应的命令，也可以像在绘图区中执行命令一样执行相应的命令。

## 11.1.4 查询距离

使用“距离”命令不仅可以测量绘图区中任意两点间的距离，还会自动计算出 *XY* 平面上的倾斜角度及 *X*、*Y*、*Z* 的增量值。

**新手演练 Novice exercises** 查询“六角螺母”图形文件中的线段距离

Step 01 打开“六角螺母”图形文件，选择“工具”|“查询”|“距离”命令，或输入“DIST”或“DI”，按Enter键执行“距离”命令。

Step 02 系统提示“DIST 指定第一点”，在图形中拾取如图所示的端点。

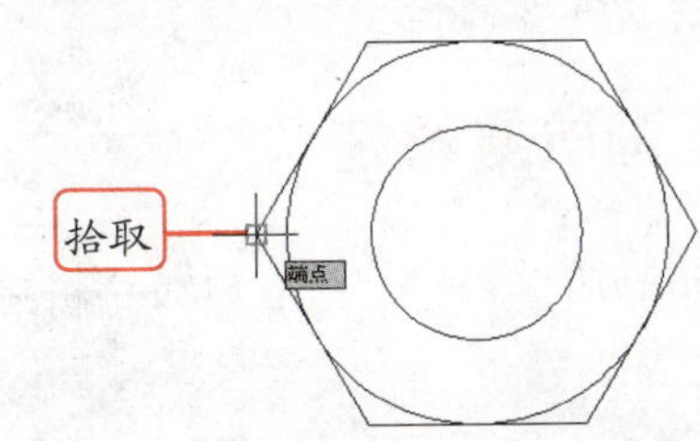

**Step 03** 系统提示“指定第二点”，在图形中拾取如下图所示的端点。

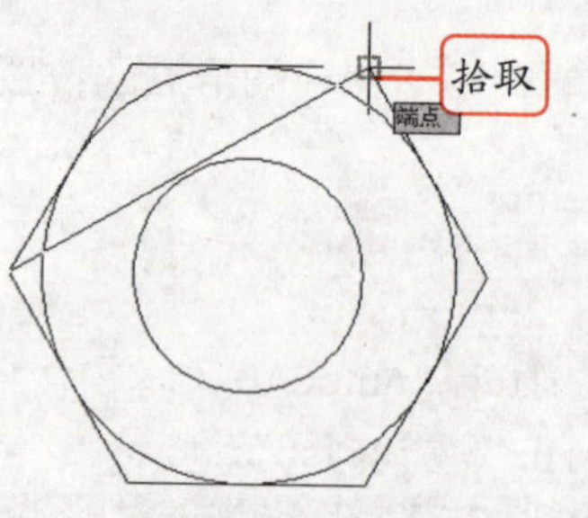


**Step 04** 此时绘图区和命令行中将显示测量出的距离以及 *XY* 平面上的倾斜角度和 *X*、*Y*、*Z* 的增量值。

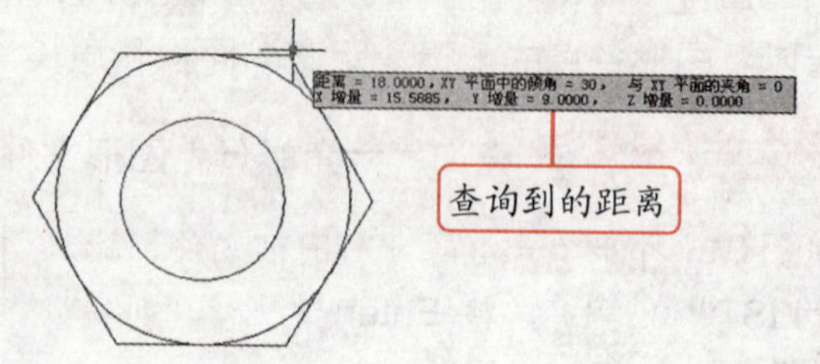


## 11.1.5 查询面积及周长

在对图形进行审核的过程中，可以查询绘制的图形面积和周长，以便计算绘制的图形尺寸是否精确。查询面积和周长不仅可以使用“列表”命令，还可以使用专门用于查询面积和周长的“面积”命令。

**新手演练 Novice exercises** 查询“六角螺母”图形文件的面积和周长

**Step 01** 打开“六角螺母”图形文件，选择“工具”|“查询”|“面积”命令，或输入“AREA”，按 Enter 键执行“面积”命令。

**Step 02** 系统提示“指定第一个角点或[对象(O)/加(A)/减(S)]”，选择“对象”选项。

**Step 03** 系统提示“选择对象”，选择螺母最外侧的正六边形。

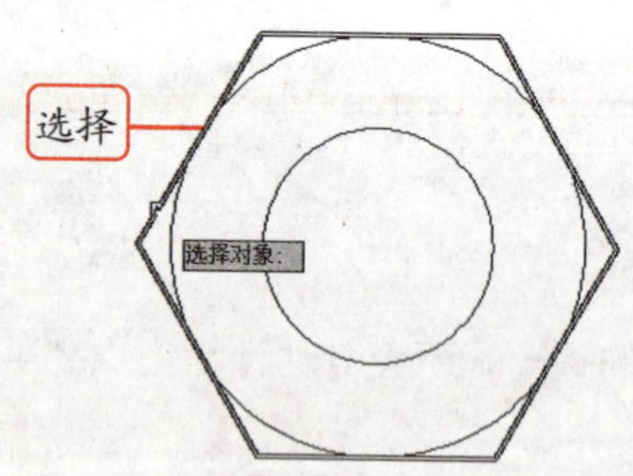


**Step 04** 按 Enter 键，此时绘图区和命令行将显示查询到的面积和周长。

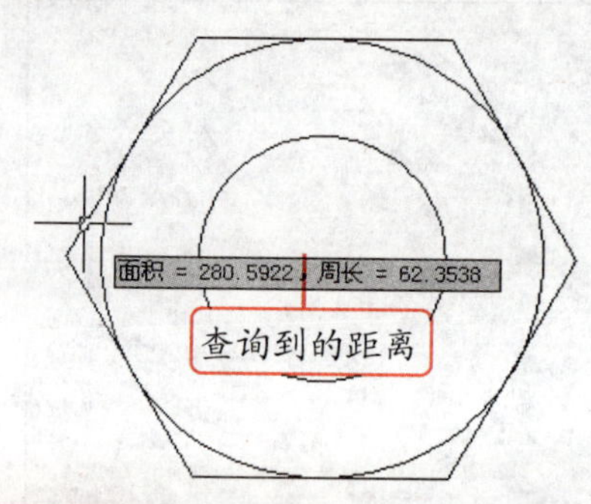


**职场经验谈 Workplace Experience**

执行“面积”命令后，根据系统提示选择“加”选项，可查询定义区域和对象的面积、周长，也可查询所有定义区域和对象的总面积；选择“减”选项，可从总面积中减去指定的面积。

## 11.1.6 查询质量特性

使用“面域/质量特性”命令可以分析三维实体和二维面域的质量特性，包括体积、面积、惯性矩、重心等。

选择“工具”|“查询”|“面域/质量特性”命令，或输入“MASSPROP”，按 Enter 键执行“面域/质量特性”命令后，系统提示“选择对象”，选择需要查询的面域或实体后按 Enter 键，在打开的“AutoCAD 文本窗口”对话框中将显示出查询结果。

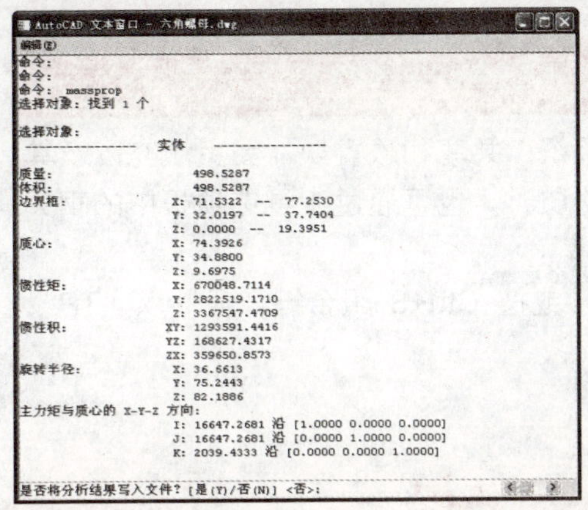


**温馨提示牌** Warm and prompt licensing

根据对话框下方的提示选择“是”选项，还可以将查询结果保存为文本文件。另外，在对话框的上方选择“编辑”|“近期使用的命令”命令，在弹出的子菜单中可以快速执行最近使用的命令。

## 11.2 快速计算器

在使用 AutoCAD 绘图过程中，有时会计算一些数据。使用 AutoCAD 提供的快速计算器可以快速进行数据的计算。快速计算器除了具有大多数标准计算器类似的基本功能外，它还是一个表达式生成器，用户可以执行数学、科学和几何计算以及转换测量单位等。

选择“工具”|“选项板”|“计算器”命令，或输入“QUICKCALC”、“QC”后，按 Enter 键即可执行“计算器”命令。执行该命令后，在打开的“快速计算器”选项板中即可进行数据的计算。

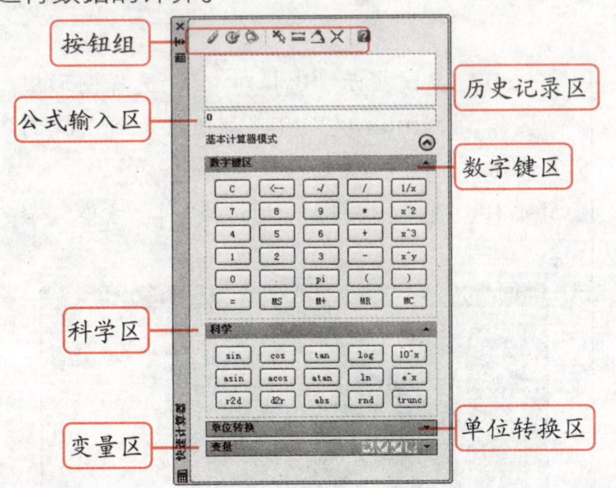


**温馨提示牌** Warm and prompt licensing

单击“快速计算器”选项板中的⊙按钮，可以隐藏数字键区以下的部分。单击数字键区右上角的▲按钮可以折叠该区域，此时▲按钮将变为▼按钮，单击它可以展开数字键区。

**知识点拨** Knowledge　“快速计算器”选项板中各区域的作用

**按钮组：** 该组包括常用的操作按钮，如“清除”按钮、“清除历史记录”按钮和“将值粘贴到命令行”按钮等。

**历史记录区：** 该区域可以查看和检索以前进行过的计算。

**公式输入区：** 用于输入要计算的表达式。

**数字键区**：用于执行标准计算，即简单的加、减、乘、除以及平方、立方计算等。

**科学区**：用于执行科学和工程计算。

**单位转换区**：用于进行单位的换算，如将公制转换为英制单位。

**变量区**：用于创建、编辑和删除计算器变量。

## 11.3 工具选项板

工具选项板是以选项卡形式组成的，主要用于组织、共享和放置块、图案填充以及其他工具。在进行图案填充、插入块以及添加光源和材质时，也可通过工具选项板中的相关选项来操作。

选择"工具"|"选项板"|"工具选项板"命令，或按 Ctrl+3 组合键，或输入"TP"后按 Enter 键都可以打开工具选项板。

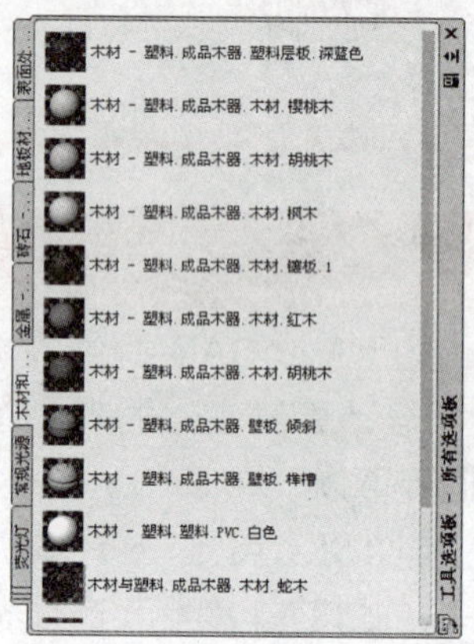


**温馨提示牌** Warm and prompt licensing

工具选项板的右侧有多个选项卡，单击某个选项卡，在其右侧会显示出该选项卡中的各个选项。另外，在选项卡右下角右击，在弹出的快捷菜单中可以选择显示隐藏的选项卡。

**新手演练** Novice exercises　使用工具选项板添加材质

**Step 01** 打开"添加材质"图形文件，按 Ctrl+3 组合键打开工具选项板。

**Step 02** 单击工具选项板右侧的"金属-材质样例"选项卡，在其右侧单击"金属 金属结构构架 钢"选项。

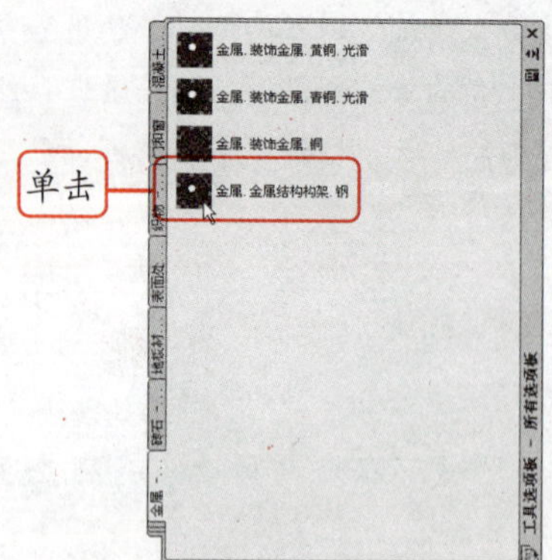


**Step 03** 系统提示"选择对象"，选择图形中的实体，按 Enter 键即可将材质添加到选择的实体上。

**Step 04** 选择"视图"|"渲染"|"渲染"命令，渲染实体。

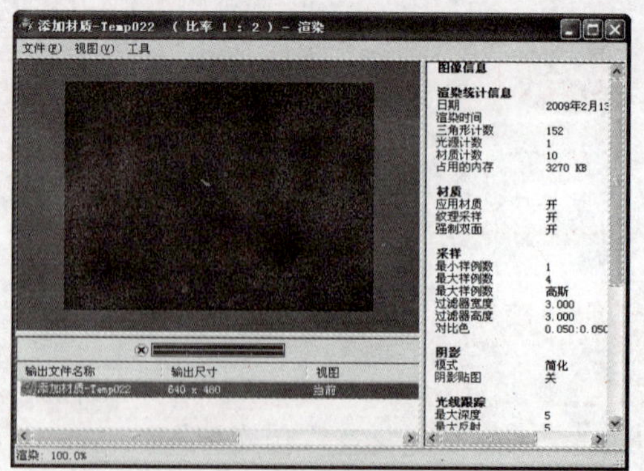

## 11.3.1 添加选项卡

在使用 AutoCAD 2009 绘制图形的过程中，除了可以使用系统默认的工具选项板，还可以根据需要创建自己的工具选项板。

**新手演练 Novice exercises** 在工具选项板中添加“光源”选项卡

Step 01 打开工具选项板，在选项板中间的空白处右击，在弹出的快捷菜单中选择“新建选项板”命令。

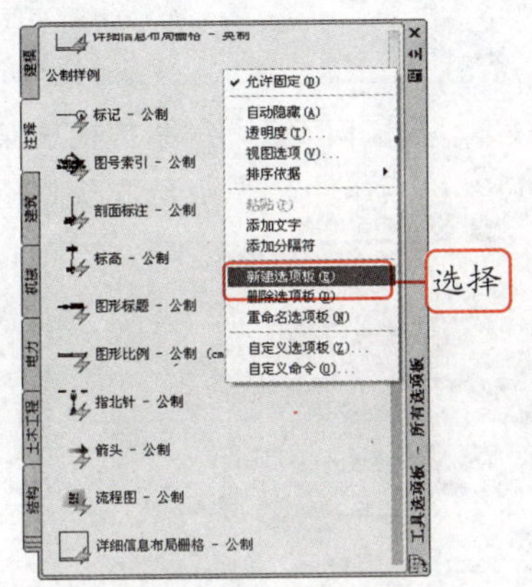


Step 02 此时将新建一个选项板，在可编辑的名称框中输入“渲染”，对其进行命名，然后在空白处单击，完成选项卡的创建。

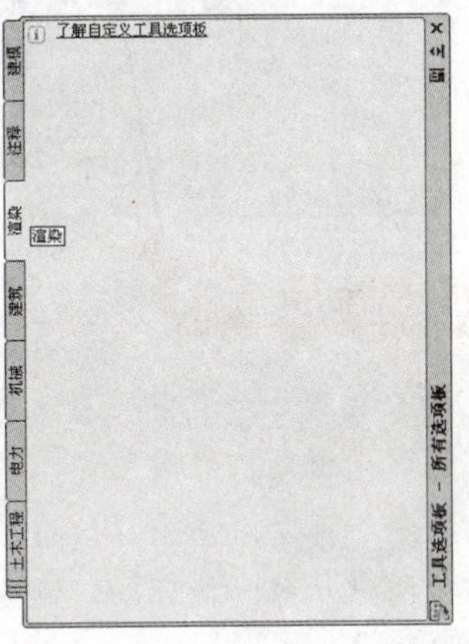

## 11.3.2 修改工具选项板

在工具选项板中，有很多相似的选项卡，为了方便查看选项卡中的选项，可以将相似的选项卡组合在一起。

**新手演练 Novice exercises** 将与光源有关的选项卡组合在一起

Step 01 打开工具选项板，新建一个名称为“光源”的选项卡。

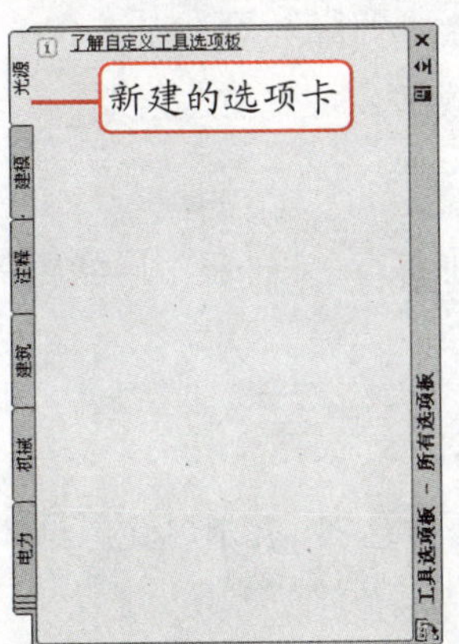


Step 02 在工具选项板左下角右击，在弹出的菜单中选择“常规光源”选项。

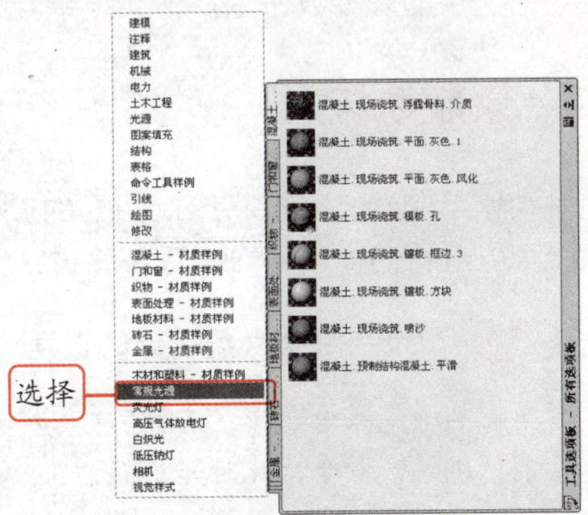

Step 03 此时工具选项板中显示“常规光源”选项卡中的选项，右击“默认点光源”选项，在弹出的快捷菜单中选择“剪切”命令。

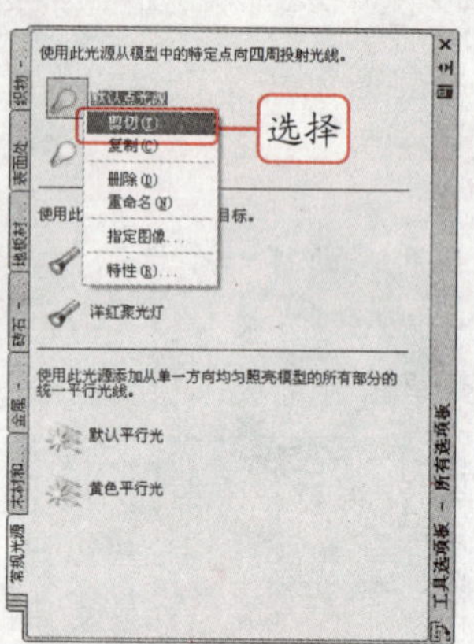


**温馨提示牌**

在快捷菜单中选择“指定图像”命令，可以为该光源更换显示图像；选择“特性”命令，可以对该光源的特性进行设置，在创建光源时就可以以设置的特性进行创建。

Step 04 选择“光源”选项卡，在空白处右击，在弹出的快捷菜单中选择“粘贴”命令，将其粘贴到“光源”选项卡中。

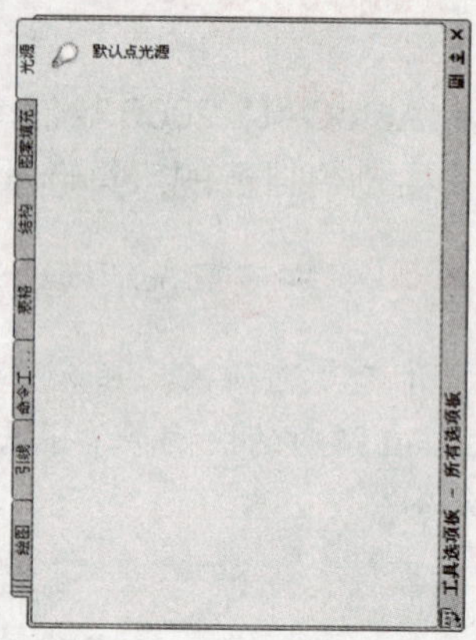

Step 05 用相同的方法将其他光源移动到“光源”选项卡中，完成所有操作。

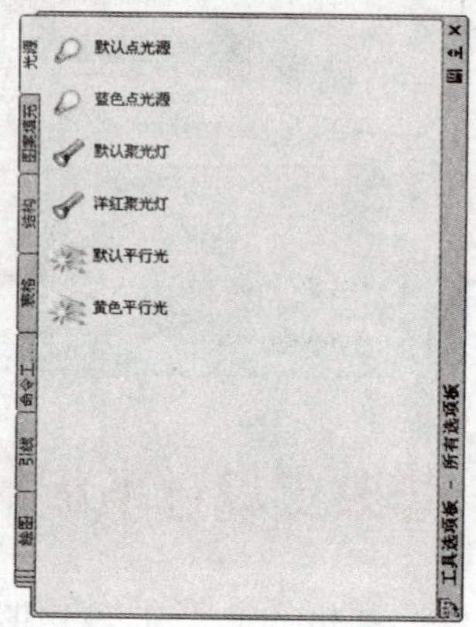

## 11.4 动作录制器

在 AutoCAD 2009 版本中提供了动作录制器，通过它可以录制命令行和已熟悉的用户界面元素中使用的大多数命令。下面详细介绍有关动作录制器的相关知识。

### 11.4.1 录制动作

通过动作录制器，可以将绘制图形的过程以动作的形式录制下来，再次绘制相同的图形时，就可以运行动作录制器，系统将自动绘制图形。

**新手演练** 录制绘制六角螺母的过程

Step 01 在菜单浏览器中选择“工具”|“动作录制器”|“记录”命令，此时光标的右上角出现一个红色圆，表示现在已经开始在录制动作。

**温馨提示牌** Warm and prompt licensing

选择“工具”选项卡，在“动作录制器”面板中单击“播放”按钮◯，也可以开始进行动作的录制操作。

Step 02 输入“C”，按 Enter 键执行“圆”命令，系统提示“指定圆的圆心或[三点(3P)/两点(2P)/切点、切点、半径(T)]”，在绘图区的任意位置单击，指定圆的圆心。

Step 03 系统提示“指定圆的半径或[直径(D)]”，输入“5”，按 Enter 键，指定圆的半径，绘制出圆。

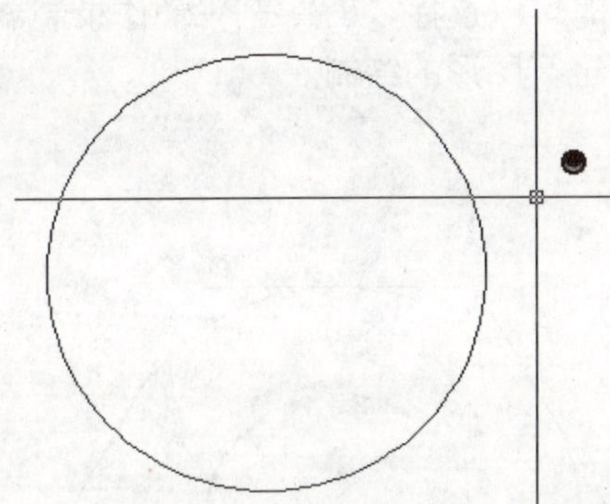

Step 04 按 Enter 键重复执行“圆”命令，系统提示“指定圆的圆心或[三点(3P)/两点(2P)/切点、切点、半径(T)]”，拾取上一步绘制圆的圆心。

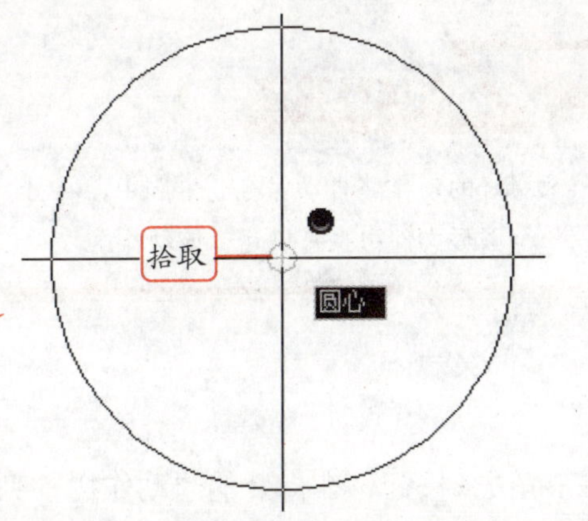


Step 05 系统提示“指定圆的半径或[直径(D)]”，输入“9”，按 Enter 键，指定圆的半径，绘制出圆。

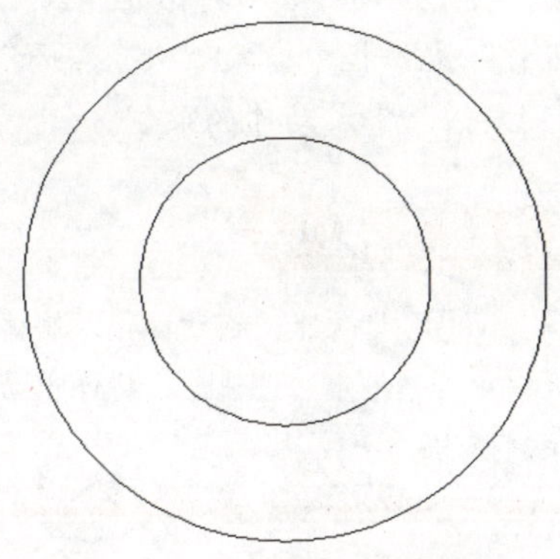

Step 06 输入“POL”，按 Enter 键执行“正多边形”命令，系统提示“输入边的数目”，输入“6”，按 Enter 键。

Step 07 系统提示“指定正多边形的中心点或[边(E)]”，拾取圆的圆心，系统提示“输入选项[内接于圆(I)/外切于圆(C)]”，选择“外切于圆”选项。

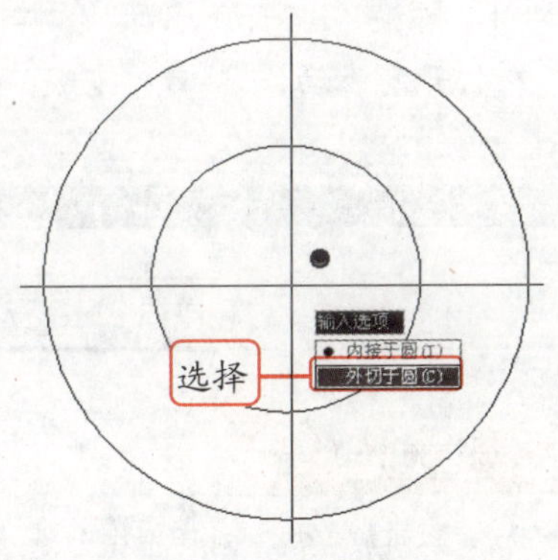


Step 08 系统提示“指定圆的半径”，输入“9”，按 Enter 键，绘制出正六边形。

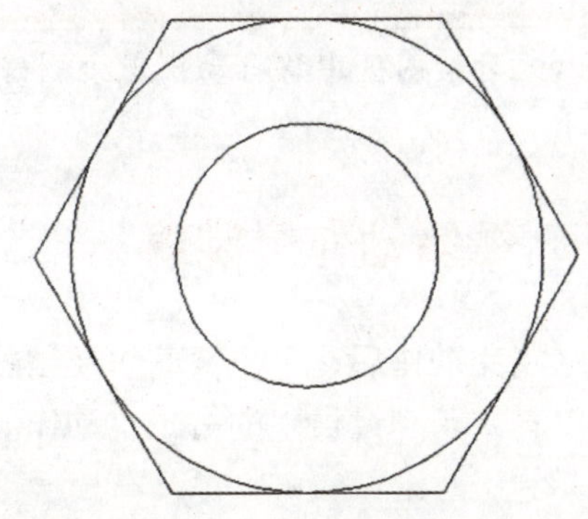

Step 09 选择“工具”|“动作录制器”|“停止”命令，打开“动作宏”对话框，在“动作宏命令名称”文本框中输入“六角螺母”，单击 确定 按钮，完成动作的录制。

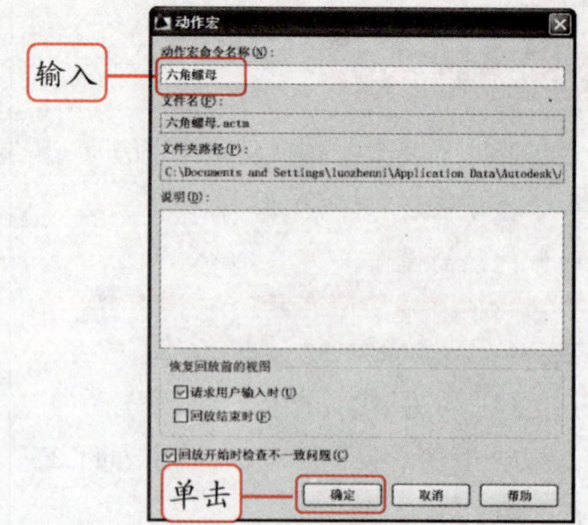


**温馨提示牌** Warm and prompt licensing

选择“工具”选项卡，在“动作录制器”面板中单击“停止”按钮，将停止动作的录制操作。

## 11.4.2 运行动作录制器

在录制完动作后，如果需要绘制相同的图形，这时可以选择“工具”|“动作录制器”|“播放”命令，在弹出的子菜单中选择需要的动作来进行图形的绘制。

**新手演练** Novice exercises　运行名称为“六角螺母”的动作

Step 01 在菜单浏览器中选择“工具”|“动作录制器”|“播放”|“六角螺母”命令。

Step 02 在打开的“动作宏-回放完成”对话框中单击 确定 按钮。

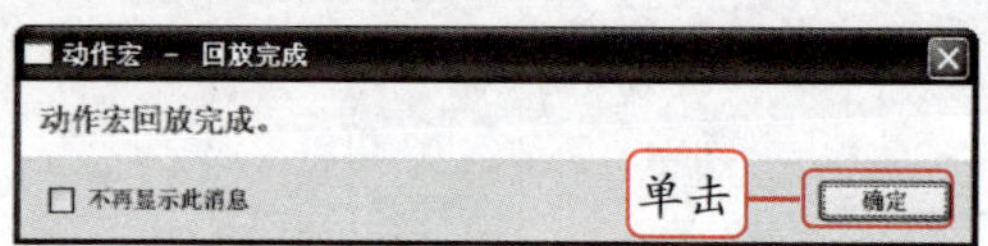


**温馨提示牌** Warm and prompt licensing

在“动作宏-回放完成”对话框中勾选“不再显示此消息”复选框，再次运行该宏时，系统将不会打开该对话框。

Step 03 此时绘图区中将自动出现绘制好的六角螺母。

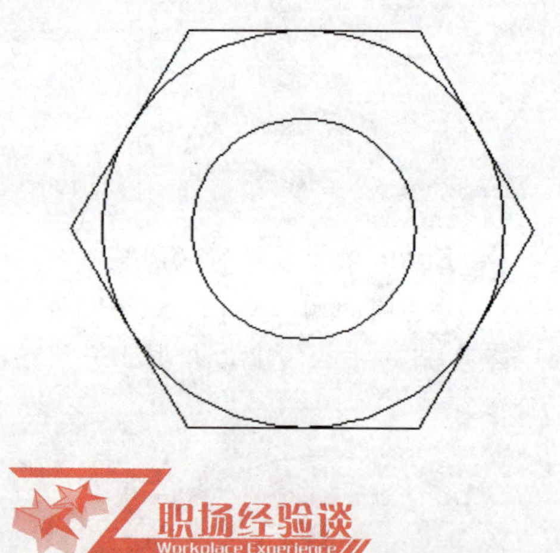

**职场经验谈** Workplace Experience

录制好的动作将自动保存到电脑中，在另一个图形文件中也可以运行该动作。

## 11.4.3 编辑动作录制器

在录制完动作后，单击“动作录制器”面板右下角的◢按钮，在打开的“动作树”列表框中可以看到录制过程中的每一个动作。

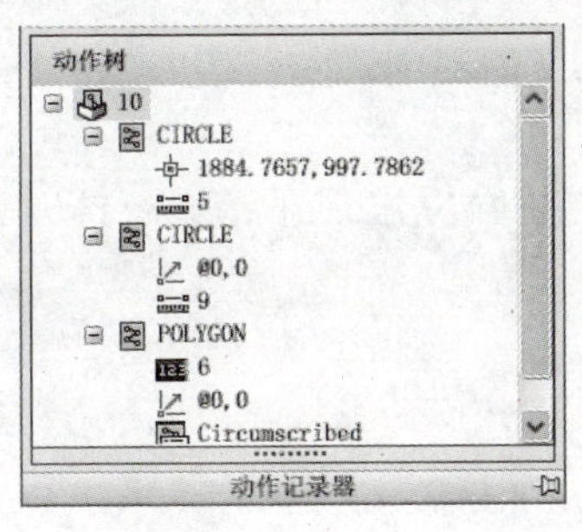

将光标移动到面板名称的上方边框位置，当其变为↕形状时，上下拖动光标可以改变“动作树”列表框的大小。

## 1. 插入信息

在动作录制器中，可以将消息插入到动作中，那么在运行动作时，就可以显示插入的信息。

### 新手演练 Novice exercises 在动作中插入信息

Step 01 在“动作树”列表框中右击如下图所示选项，在弹出的快捷菜单中选择“插入用户消息”命令。

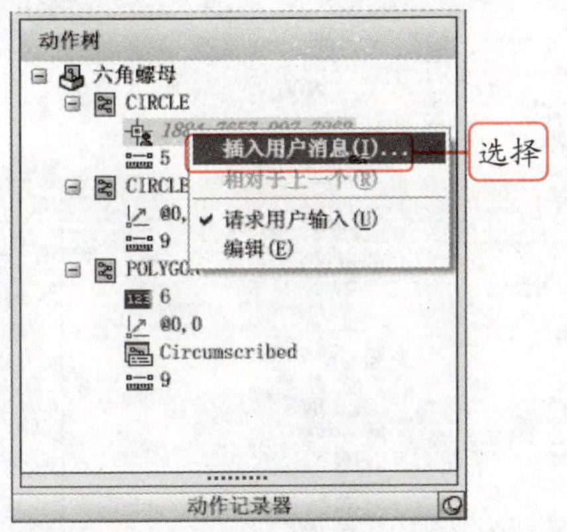


Step 02 在打开的“插入用户消息”对话框中的文本框中输入文字“指定圆心”，单击 确定 按钮。

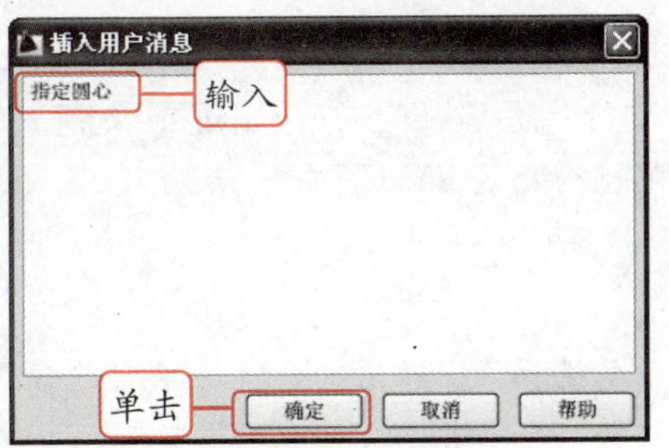


Step 03 此时“动作树”列表框中选择的选项上方显示出用户消息。

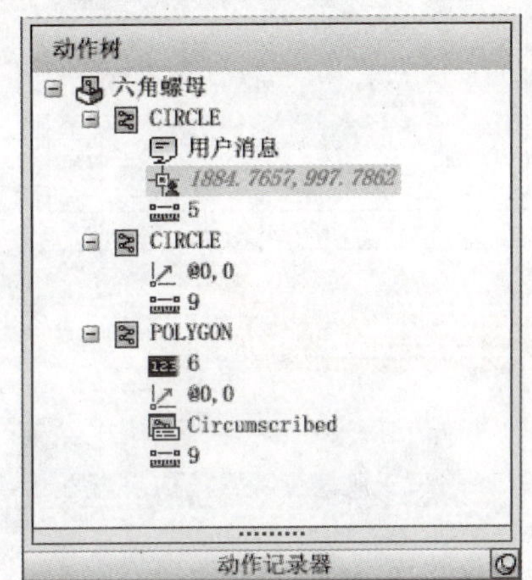


Step 04 在“动作录制器”面板中单击“播放”按钮运行动作录制器，打开“用户消息”对话框，单击 是(Y) 按钮。

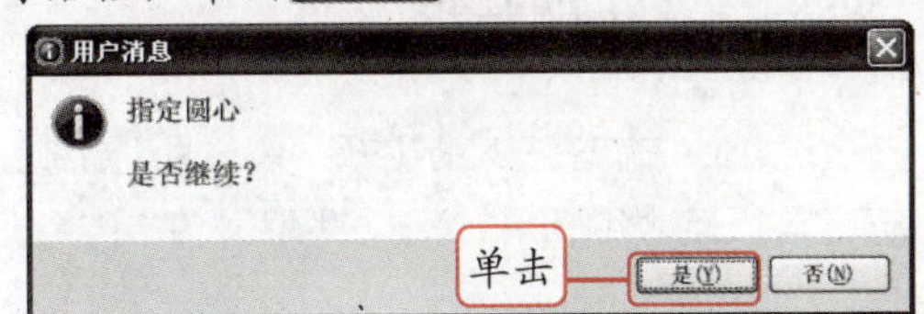


Step 05 在打开的“动作宏-回放完成”对话框中单击 确定 按钮，系统将在绘图区中自动绘制出六角螺母图形。

## 2. 编辑动作

在完成动作的录制后，如果发现某一个或多个动作中的数据出现了错误，这时可以在“动作树”列表框中对其进行修改。

**新手演练 Novice exercises** 编辑动作中的错误数据

**Step 01** 在“动作树”列表框中右击如下图所示的选项，在弹出的快捷菜单中选择“编辑”命令。

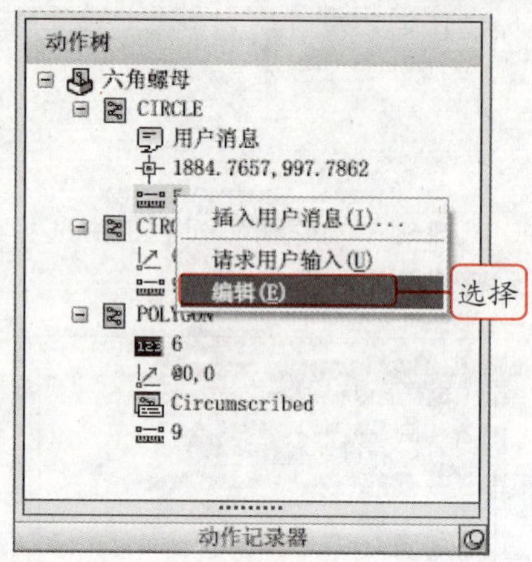


**温馨提示牌 Warm and prompt licensing**

在编辑动作时，只有执行每一个命令后，指定的数据才能进行编辑，而命令却不能进行编辑。

**Step 02** 此时该选项变为可编辑状态，输入“6”，在“动作树”列表框的空白位置单击，完成修改。

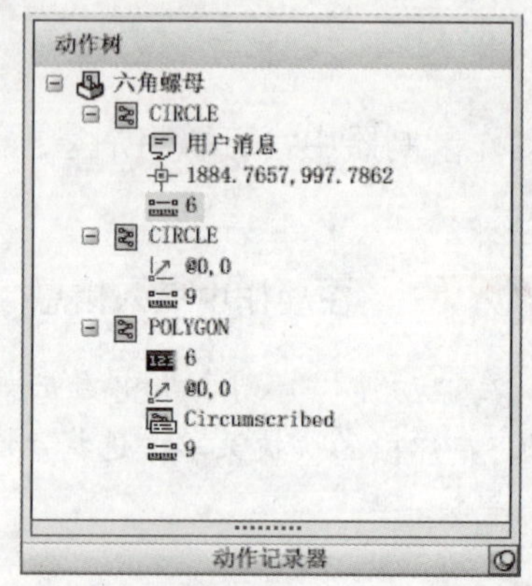


**Step 03** 用相同的方法将另外两个动作中的数据修改为“10”。

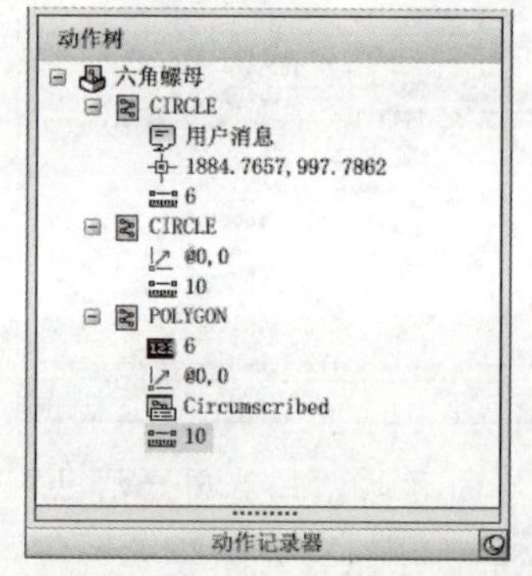


## 3. 控制动作中的数据

通过前面的方法录制的动作，所绘制出图形的尺寸是固定不变的。如果想录制一个尺寸能够自行变化的动作，这时可以在录制动作后，将其数据设置为要求用户输入。

**新手演练 Novice exercises** 将动作中的数据设置为要求用户输入

**Step 01** 选择“工具”选项卡，在“动作录制器”面板的“动作树”列表框中右击如下图所示的选项，在弹出的快捷菜单中选择“请求用户输入”命令。

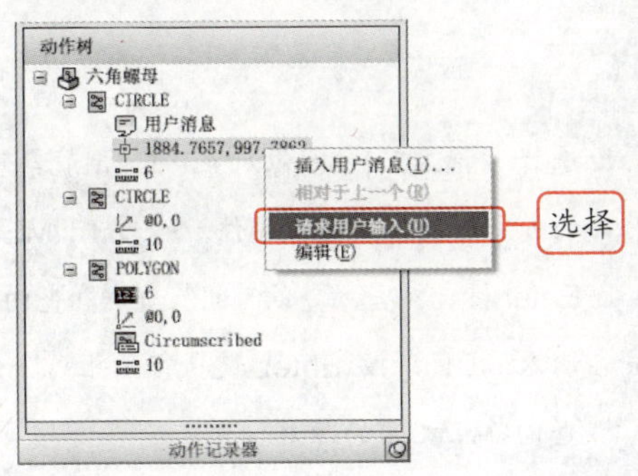


**Step 02** 在“动作录制器”面板中单击“播放”按钮◯运行动作录制器，打开“用户消息”对话框，单击 是(Y) 按钮。

**Step 03** 在打开的“动作宏-输入请求”对话框中选择“提供输入”选项。

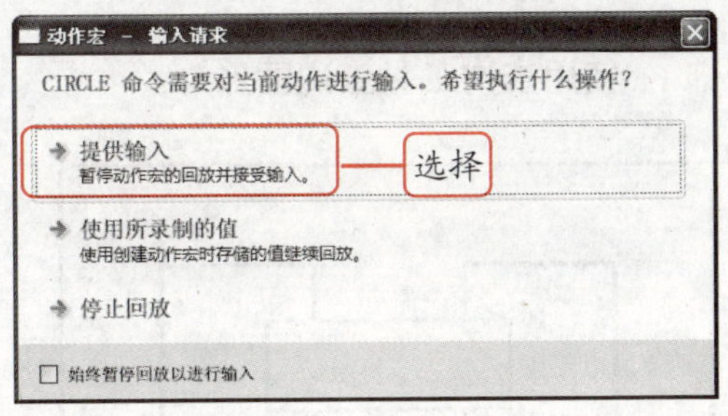


**Step 04** 系统提示“指定圆的圆心或[三点(3P)/两点(2P)/切点、切点、半径(T)]”，拾取需要的点作为圆心。

**Step 05** 在打开的“动作宏-回放完成”对话框中单击 确定 按钮，系统将在指定的位置绘制出六角螺母图形。

### 4. 删除动作

在录制动作的过程中，难免会有多余的动作，如动作过多会影响运行动作录制器后，系统自动绘制图形的速度，这时要删除多余的动作。

在“动作树”列表框中选择要删除的动作，右击，在弹出的快捷菜单中选择“删除”命令即可删除选择的动作。

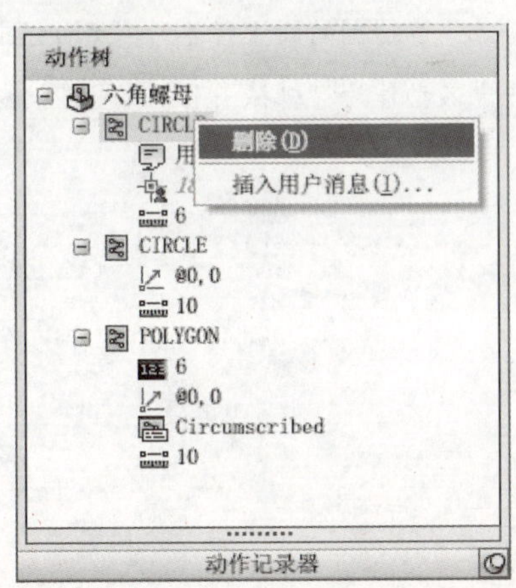


**温馨提示牌** Warm and prompt licensing

在“动作树”列表框中选择录制的动作，右击，在弹出的快捷菜单中选择相应的命令就可以对动作进行播放、删除、重命名、复制和插入消息等操作。

## 11.5 职场特训

本章主要介绍了使用查询工具、快速计算器、工具选项板、动作录制器的相关知识，包括查询时间、状态、对象列表和距离、面积及周长、质量特性，快速计算器，在工具选项板中添加选项卡、修改工具选项板，录制动作、运行动作录制器、编辑动作录制器等知识。学习完这些内容后，下面通过两个实例巩固本章知识。

## 特训 1：使用查询工具查询图形

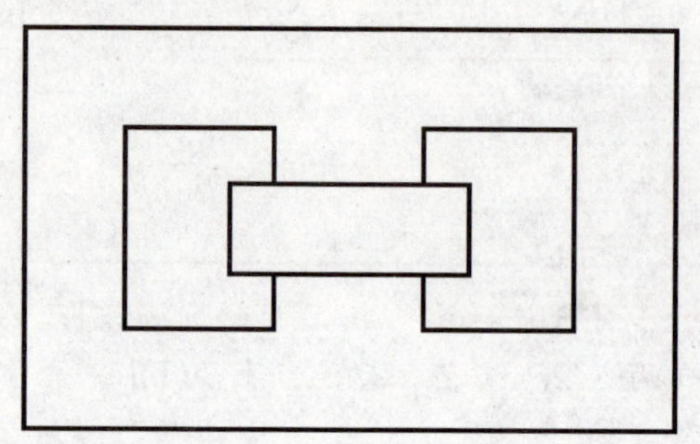

1. 选择“插入”|“图像对象”|“导航条”命令
2. 打开“连接件”图形文件，输入“TIME”后按Enter键，执行“查询时间”命令，查询时间。
3. 输入“DI”，按Enter键执行“距离”命令，查询各点之间的距离。
4. 输入“AREA”，按Enter键执行“面积”命令，查询面积和周长。

## 特训 2：录制一个名称为“机械图”的动作

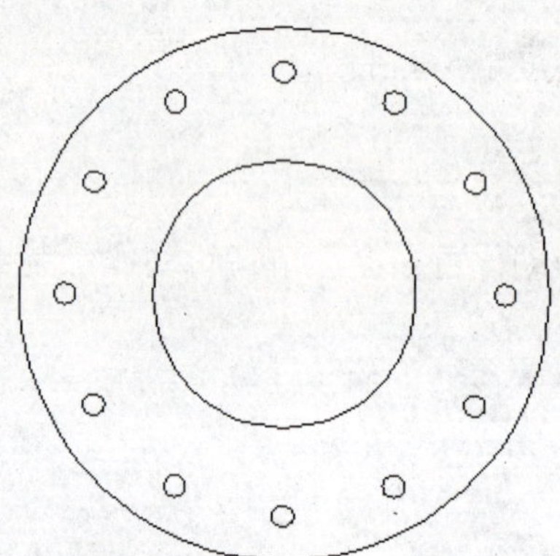

1. 选择“工具”选项卡，在“动作录制器”面板中单击“播放”按钮，开始录制动作。
2. 绘制三个半径分别为“300”、“250”和“150”的同心圆。
3. 以捕捉圆心后出现的极轴追踪线与半径为“250”的圆的交点为圆心，绘制一个半径为“12”的圆。
4. 将上一步绘制的圆进行阵列，然后停止动作，并命名动作为“机械图”。

# 第 12 章

# 输入与输出图形

## 精彩案例

- 设置打印参数
- 创建打印文件
- 预览制作好的图像的打印效果
- 保存打印设置后进行调用

## 本章导读

使用 AutoCAD 绘制图形只是一种手段，最终要将绘制的图形打印到图纸上，以便产品生产人员参考。建筑设计或机械设计中，将图形打印到图纸上也有一定要求，只有对打印参数进行准确设置，才能将设计者想要表达的信息通过图形打印到图纸上。

# 12.1 打印图形

在 AutoCAD 中，系统提供了全面、详细的打印参数供用户参考，从而准确地将图形打印到图纸上。打印图形有两种方式：一种是打印到图纸，另一种是打印到文件。

## 12.1.1 打印到图纸

在将图形打印前，首先要设置打印参数。设置打印参数主要是在“打印-模型”对话框中进行，选择“文件”|“打印”命令，或按 Ctrl+P 组合键都可以打开“打印-模型”对话框。

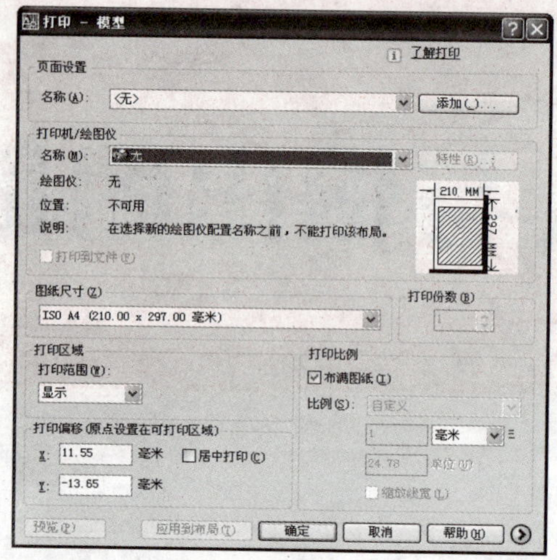


**温馨提示牌** Warm and prompt licensing

单击“打印-模型”对话框右下角的按钮，可以显示该对话框的隐藏部分，此时该按钮变为按钮，单击它可以隐藏右侧部分。

### 1. 选择打印设备

打印图形除了可以使用打印机外，还可以使用绘图仪，因此需要选择打印设备。在“打印-模型”对话框的“打印机/绘图仪”栏的“名称”下拉列表框中列出了 Windows 系统打印机或 AutoCAD 内部打印机设备名称，可以根据需要进行选择。

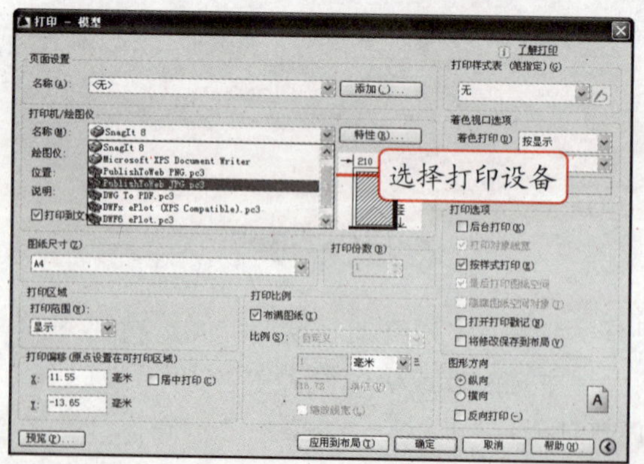


**温馨提示牌** Warm and prompt licensing

单击“名称”下拉列表框右侧的特性(R)...按钮，在打开的“绘图仪配置编辑器”对话框中可以设置打印机的配置情况。

## 2. 指定打印样式

打印样式是系统预设好的样式，通过修改打印样式可以改变图形对象在输出时的颜色、线型或线宽等特性。在“打印”对话框的“打印样式表（笔指定）”下拉列表框中可以设置图形输出的打印样式。

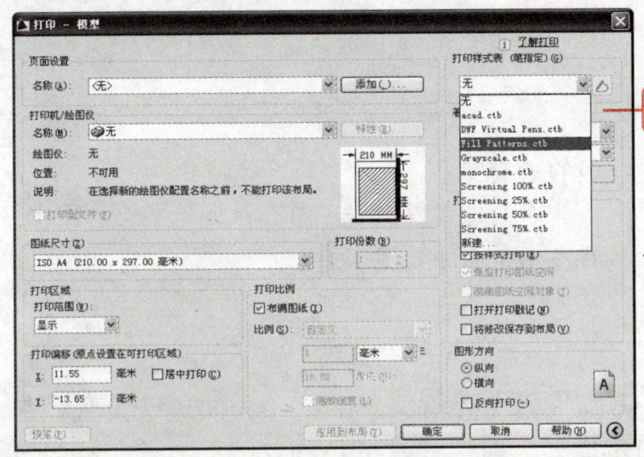

如果在“打印样式表（笔指定）”下拉列表框中选择“新建”命令，可以根据需要新建一个打印样式。

## 3. 选择图纸尺寸

在选择打印设备和打印样式后，要选择图纸的尺寸。在 AutoCAD 中，系统提供了多种图纸尺寸供用户选择。在打开的“打印-模型”对话框的“图纸尺寸”下拉列表框中可以选择需要的图纸尺寸。

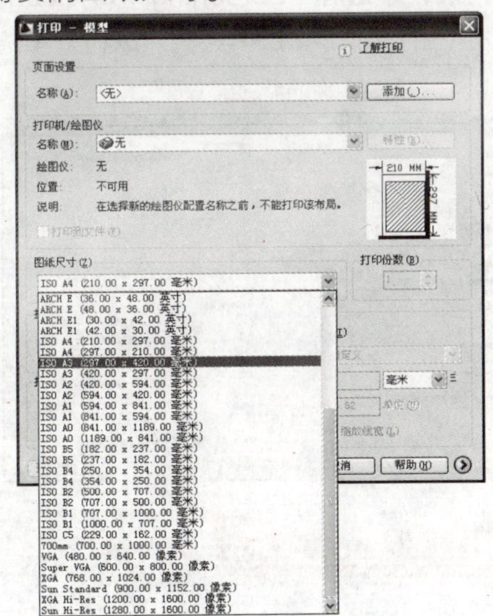

选择的打印机不同，在“图纸尺寸”下拉列表框中选择的图纸尺寸也会不相同。

## 4. 设置打印区域和比例

指定打印区域是指在 AutoCAD 中指定的打印范围，是图形中的全部或某一部分。打印比例用于控制图形单位与打印单位之间的相对尺寸。系统默认的打印比例是“布满图纸”，即按照能够布满图纸的最大可能尺寸打印图形。若需要重新指定图形的打印比例，也可以在“打印比例”栏中对打印比例进行设置。

## 5. 调整图形打印位置

如果在设置打印区域和打印比例后仍不能完全打印图形，这时可以在“打印偏移”栏中对打印时图形所在图纸的位置进行设置。

**“打印偏移”栏各项的作用**

**“X”文本框：**用于指定打印原点在 X 轴方向的偏移量。

**“Y”文本框：**用于指定打印原点在 Y 轴方向的偏移量。

**“居中打印”复选框：**勾选该复选框后，图形将在图纸居中位置打印。

## 6. 调整图形打印方向

系统默认的图形打印方向是纵向的，也可以根据需要对图形的打印方向进行设置，包括纵向、横向和反向打印三种方式。在“打印-模型”对话框右下角的“图形方向”栏中点选相应的单选按钮或勾选相应的复选框就可以调整图形的打印方向。

新手演练 Novice exercises **设置打印参数**

**Step 01** 选择“文件”|“打印”命令，打开“打印-模型”对话框，在“打印机/绘图仪”栏的“名称”下拉列表框中选择打印设备，在“图纸尺寸”下拉列表框中选择“A4”选项，在“打印范围”下拉列表框中选择“图形界限”选项。

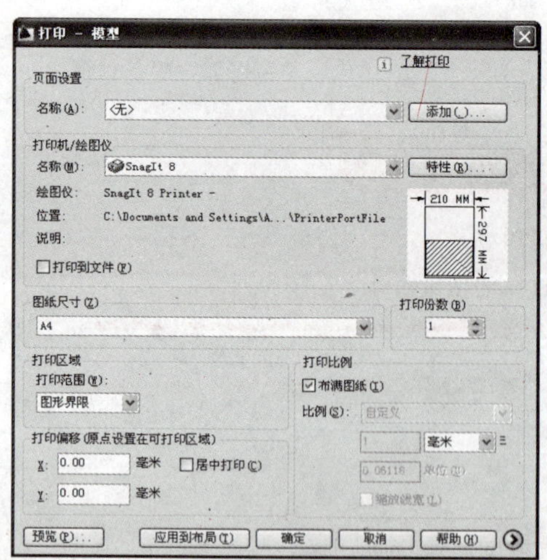


**Step 02** 单击对话框右下角的按钮，展开对话框隐藏的部分，在“打印样式表(笔指定)”下拉列表框中选择“Screening 100%.ctb”选项，在“图形方向”栏中点选“纵向”单选按钮，完成打印参数的设置。

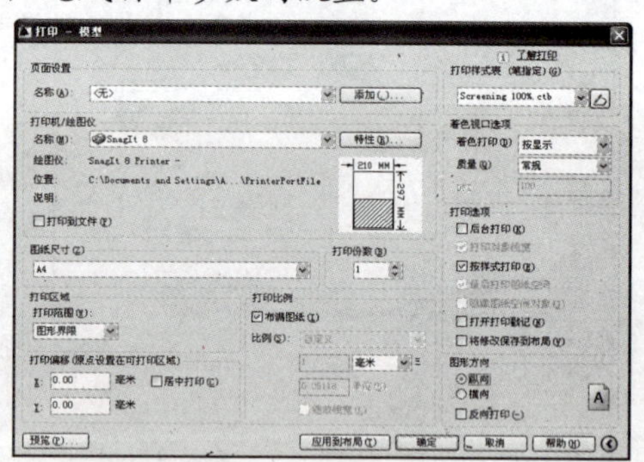

温馨提示牌 Warm and prompt licensing

单击“打印样式表(笔指定)”下拉列表框右侧的“编辑”按钮，在打开的“打印样式表编辑器”中，可以对打印样式进行设置。

## 12.1.2 打印到文件

若打印机与另一台计算机相连，而这台计算机没有安装 AutoCAD，这时就可以创建一个打印文件，然后将打印文件复制到另一台计算机进行打印。

新手演练 Novice exercises　创建打印文件

Step 01 选择“文件”|“打印”命令，打开“打印-模型”对话框，在“打印机/绘图仪”栏的“名称”下拉列表框中选择“Snagil”选项，然后在该栏的下方勾选“打印到文件”复选框，单击 确定 按钮。

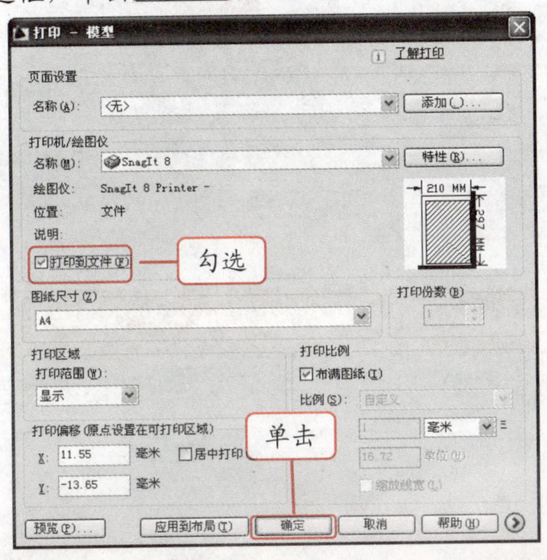


Step 02 在打开的“浏览打印文件”对话框中的“保存于”下拉列表框中选择保存位置，在“文件名”下拉列表框中输入文件名“我的打印文件”，单击 保存(S) 按钮。

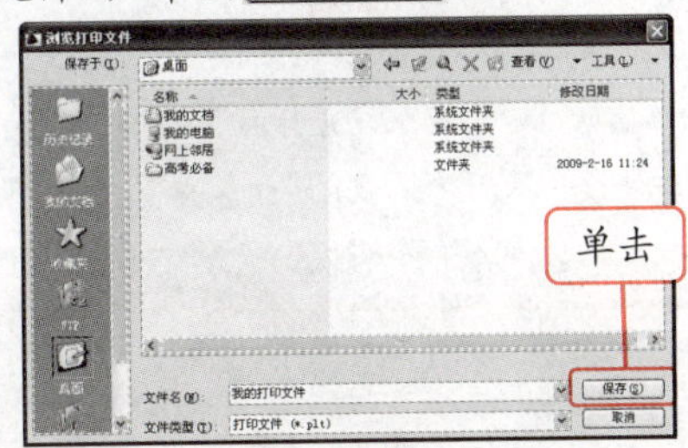


温馨提示牌 Warm and prompt licensing

在“打印-模型”对话框中的“名称”下拉列表框中选择不同的打印设备时，有些打印设备需要勾选“打印到文件”复选框，有些打印设备却能自动创建打印文件。

# 12.2 预览打印效果

在设置了打印参数后，可以通过打印预览来查看打印效果，对打印效果满意，就可以开始打印图形了。

知识点拨 Knowledge　预览制作好的图像的打印效果

Step 01 选择“文件”|“打开”命令，通过“选择文件”对话框，打开“圆螺母”图形文件，选择“文件”|“打印”命令。

Step 02 打开“打印-模型”对话框，在该对话框中进行打印参数的设置，然后单击 预览(P)... 按钮。

温馨提示牌 Warm and prompt licensing

在设置打印参数前，也可以先选择“文件”|“打印预览”命令打开预览窗口，对图形的效果进行预览，然后根据效果进行参数的设置。

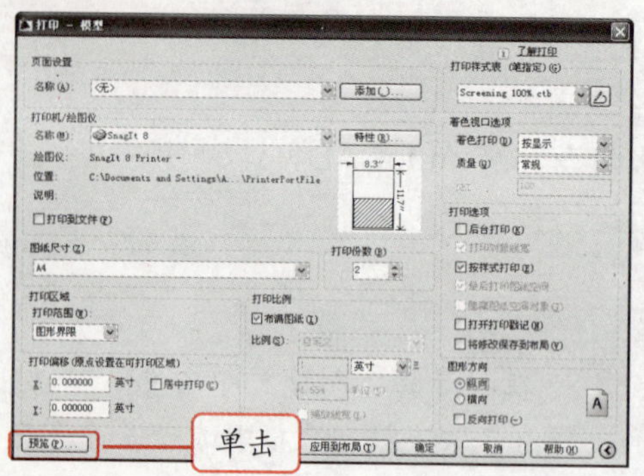


职场经验谈 Workplace Experience

打印预览可以查看在设置打印参数过程中是否出现错误，从而避免了浪费大量的资源。另外，单击其中的“关闭”按钮⊗可以关闭预览窗口。

Step 03 在打开的预览窗口中即可查看打印效果，在窗口的左上角将会有一个按钮组，单击其中的相应按钮后，可以对窗口进行平移、缩放等操作。

温馨提示牌 Warm and prompt licensing

在进行打印预览后，如果对效果满意，可以单击预览窗口左上方的按钮打印图形。

## 12.3 保存和调用打印设置

完成设置打印参数后，可以将经常使用的打印设置保存起来，方便以后打印图形时直接调用。

新手演练 Novice exercises　保存打印设置后进行调用

Step 01 选择“文件”|“打印”命令，打开“打印-模型”对话框，在设置好打印参数后，单击“页面设置”栏“名称”下拉列表框右侧的 添加(.)... 按钮。

Step 02 在打开的“添加页面设置”对话框中的“新页面设置名”文本框中输入名称“打印设置”，单击 确定(O) 按钮保存打印设置。

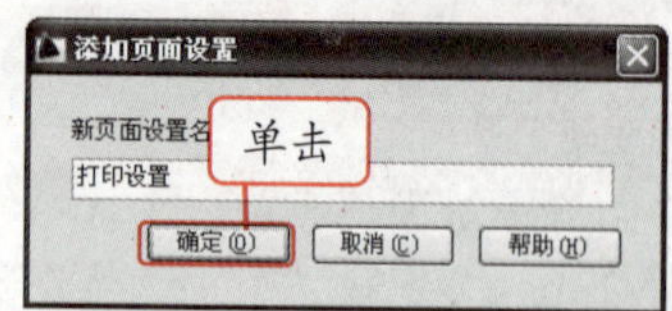


Step 03 关闭“打印-模型”对话框，并将图形文件以“打印设置”为名进行保存。

Step 04 新建一个图形文件，选择“文件”|“打印”命令，打开“打印-模型”对话框，在“页面设置”栏的“名称”下拉列表框中选择“输入”选项。

Step 05 在打开的“从文件选择页面设置”对话框中选择刚才保存的图形文件“打印设置”，单击 打开(O) 按钮。

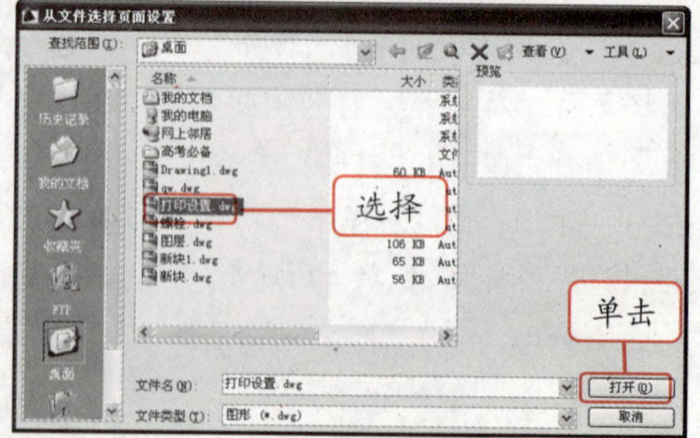

**Step 06** 在打开的“输入页面设置”对话框中的“页面设置”栏选择“打印设置”选项，单击 确定(O) 按钮。

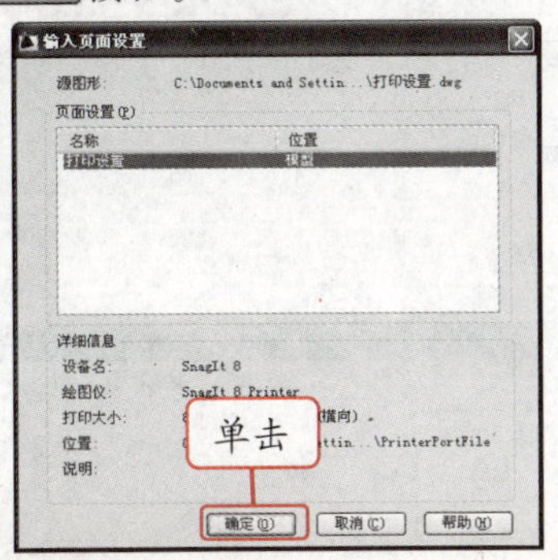


**Step 07** 返回到“打印-模型”对话框，在“页面设置”栏的“名称”下拉列表框中选择“打印设置”选项，完成打印设置的调用。

**温馨提示牌** Warm and prompt licensing

> 在进行建筑设计和机械设计时，打印图形的打印参数一般都是相同的，所以可以直接调用保存的打印参数，从而提高绘图效率。

## 12.4 图形文件的输入与输出

在 AutoCAD 2009 中，可以将图形文件输出为其他格式的文件，也可以将其他格式的文件输入到 AutoCAD 中。

### 1. 输出图形文件

有时为了需要，会在其他软件中打开 AutoCAD 图形文件，这时必须将其先输出为其他软件可接受的格式文件，如在 PhotoShop 中有时需要打开 AutoCAD 图形文件。

**新手演练** Novice exercises　输出“六角螺母”图形文件

**Step 01** 启动 AutoCAD 2009，打开“六角螺母”图形文件。

**Step 02** 选择“文件”|“输出”命令，打开“输出数据”对话框，在“保存于”下拉列表框中选择保存位置，在“文件类型”下拉列表框中选择“位图(*.bmp)”选项，单击 保存(S) 按钮。

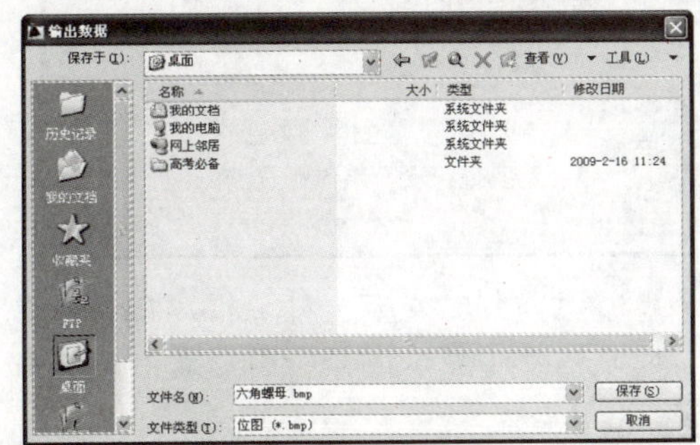


**Step 03** 返回绘图区，系统提示“选择对象或<全部对象和视口>”，框选绘制的六角螺母，按 Enter 键完成输出图形操作。

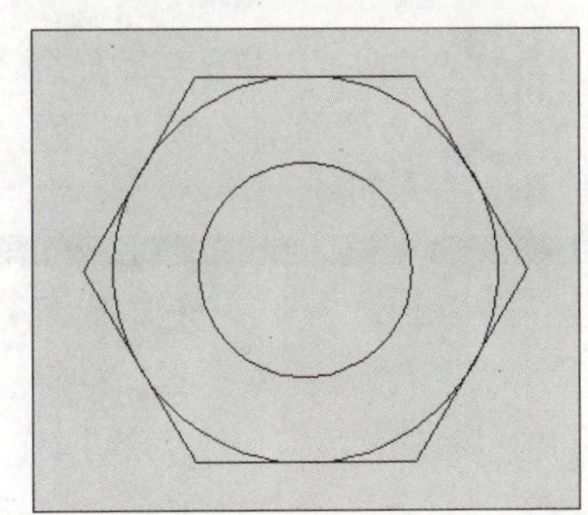

**温馨提示牌** Warm and prompt licensing

> 输入“EXPORT”或“EXP”，然后按 Enter 键，也可以打开“输出数据”对话框。

## 2. 输入文件

在使用 AutoCAD 绘制图形时，有时会输入其他文件以作为参考。可以导入的文件类型有图元文件、SCIS 以及 3DStudio 等，如将 3ds Max 文件输入到图形文件中。

**新手演练 Novice exercises** 将图元文件“蝉”输入到 AutoCAD 中

Step 01 启动 AutoCAD 2009，选择“文件”|“输入”命令。

**温馨提示牌 Warm and prompt licensing**

输入“IMPORT”或“IMP”，然后按 Enter 键，也可以打开“输入文件”对话框。

Step 02 打开“输入文件”对话框，在“查找范围”下拉列表框中选择保存位置，在文件类型下拉列表框中选择“图元文件”选项，在其上的列表框中选择“蝉”图元文件，单击打开(O)按钮。

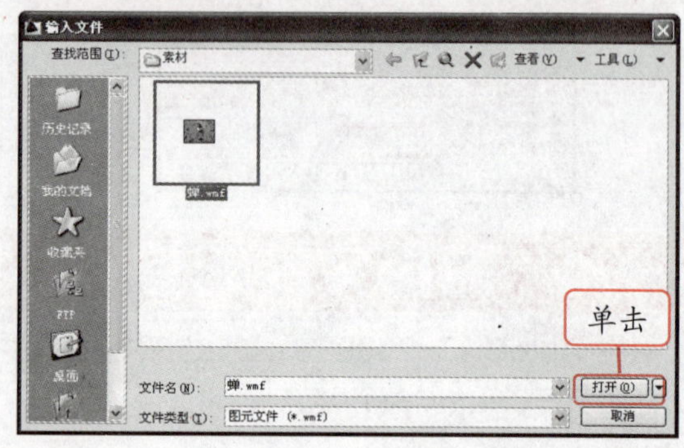


Step 03 此时系统就将自动将选择的文件输入到 AutoCAD 中。

# 12.5 创建电子图纸

在 AutoCAD 中还可以将图形创建为能在 Web 页面上浏览的.dwf 格式的电子图纸。该电子图纸可以通过 Internet 浏览器或 Autodesk 公司的 DWF Viewer 软件查看或打印。

**新手演练 Novice exercises** 创建电子图纸

Step 01 启动 AutoCAD 2009，选择“文件”|“发布”命令，在打开的“发布”对话框中单击“添加图纸”按钮。

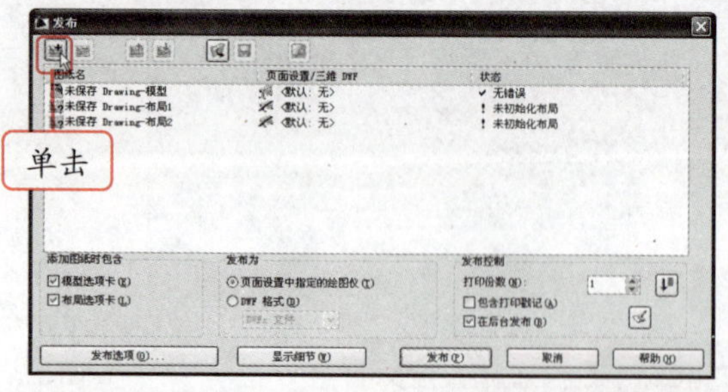


Step 02 在打开的“选择图形”对话框中找到需要的图形文件的保存位置，然后选择“轮盘”图形文件，单击选择(S)按钮，

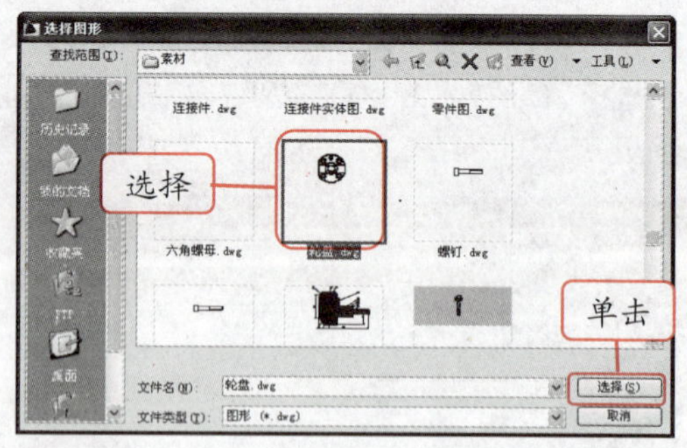


Step 03 返回到“发布”对话框，在“图纸名”列表框中将显示选择的图形文件，单击发布(P)按钮。

Step 04 在打开的“发布-保存图纸列表”对话框中单击[否(N)]按钮。

Step 05 在打开的“打印-正在处理后台作业”对话框中单击[确定]按钮，完成所有的操作。

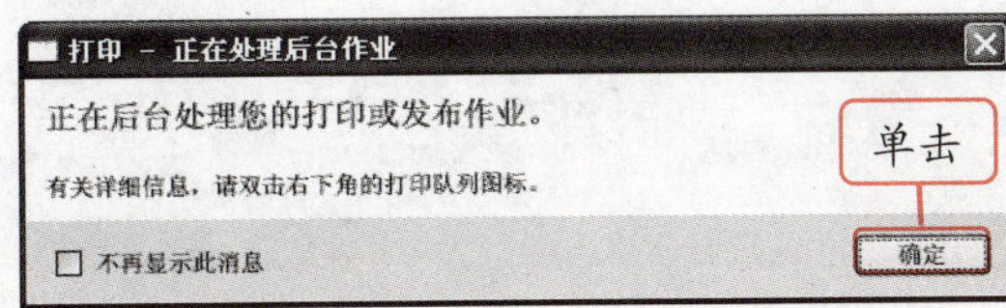


# 12.6 职场特训

本章主要介绍图形的打印、输入和输出的相关知识，包括设置打印参数、预览打印效果、保存和调用打印设置、图形文件的输入与输出以及创建电子图纸等知识。学习完章节内容后，下面通过两个实例巩固本章知识。

## 特训 1：打印“圆角螺栓”三维模型

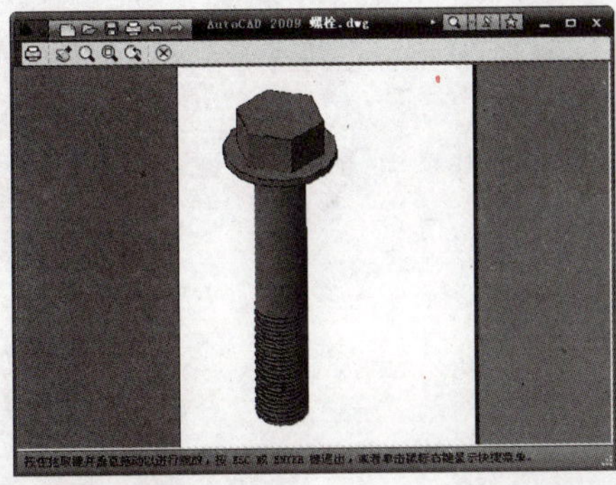

1. 打开“圆角螺栓”图形文件，打开“打印-模型”对话框。
2. 选择打印设备和图纸尺寸。
3. 调整打印区域和比例。
4. 设置打印方向，并预览效果，然后进行打印。

## 特训 2：将特训 1 中设置的打印参数进行保存

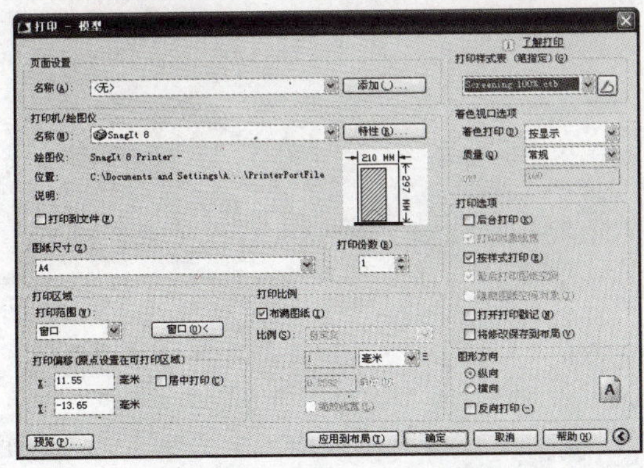


1. 在“打印-模型”对话框中单击“页面设置”栏“名称”下拉列表框右侧的[添加(.)...]按钮。
2. 在打开的“添加页面设置”对话框中的“新页面设置名”文本框中输入名称，单击[确定(O)]按钮保存打印设置。
3. 关闭“打印-模型”对话框，并将图形文件以“打印设置”为名进行保存。